1

松坂和夫｜数学入門シリーズ

集合・位相入門

Set and Topology
Kazuo Matsuzaka's
Introduction to Mathematics

岩波書店

はしがき

本書は，集合論および位相空間論の初歩的部分について解説した現代数学の入門書である．

集合の概念やそれにともなう二三の記号・用語は，近年高校数学の課程にも取り入れられているが，これらは今日の数学のあらゆる部門で常用されるものであり，いわば現代数学を語るための基礎的な言語という性格をもつものである．実際今日の数学では，ほとんどすべての理論のはじめに，まず1つの集合と，その上の数学的構造をこれらの言語によって記述する公理とが与えられ，そこを起点として理論が展開されるからである．さらに，少し進んだ理論においては，これらの基礎的な言語だけにとどまらず，集合や写像に関するもっと深い知識，濃度や順序に関するいくつかの基本的な知識などが，多かれ少なかれ要求されるであろう．

本書の前半の3章では，上述の意味で，現代数学のどの部門を学ぶ人にも必要となるような，集合に関する基礎概念を解説する．これはいわゆる素朴な立場からの集合論であるが，従来の書物にくらべれば，写像の概念の説明を特にていねいにしたこと，この概念の重要性を後の部分にもわたって一貫して強調したことが，特色として挙げられるであろう．実際，写像に関する諸概念に習熟することは，現代数学を学ぶ上にきわめて重要な意味をもつからである．濃度や順序数については，その概念の把握に重点をおいて述べた．それらの計算は，古典的な集合論で扱われるほどくわしくは述べなかったが，普通の数学で用いられる限りのことは，本書に述べた程度で十分間に合うであろう．他方，Zorn の補題およびそれに関連する事項については，現代数学におけるその重要性にかんがみ，かなりの紙数をあててくわしく解説したつもりである．

集合の上に与えられる数学的構造にはいろいろなものがあるが，位相はそのうちの最も重要なものの1つである．本書の後半の3章では，位相構造の与えられた集合，すなわち位相空間について解説する．第4章のはじめにも述べたように，このような空間の研究は，数学全般，ことに解析学にとって基礎的な意味をもつのである．本書では，入門書としての性格を考慮して，基本概念の説明に重点をおき，特に連結性，コンパクト性，距離空間などの概念を中心に述べた．位相空間の一般論に含まれるべき事項は本書に盛られた内容以外にもたくさんあるが，解説を基本的な主題にしぼったのは，このような入門書であまり各方面のこまかい議論にまで立ち入るのは，必ずしも適当でないと考えたからである．それでも，各節の終りに配した問題などを含めれば，かなりの部分が述べられているはずである．著者としては，読者が本書に述べたぐらいの内容をよく理解された上で，それぞれの専門分野に進まれればよいと思っている．

本書の構成に新奇を追うたところはべつだんない．むしろ著者は，初学者がなるべく自然に各種の基本概念を習得できるように，無理な抽象化を避け，材料を教育的な立場から選択し，配列もその面から考慮して，この本を書いたのである．たとえば，位相空間論のはじめに Euclid 空間の位相について概観したのも，こうした配慮によるものである．また第3章の最後に一節を設けて，Zorn の補題の代数系などへの応用について述べたのは，このような補題の意味を理解するためには，相当多くの応用例をみることが必要であると考えたからである．

本書の予備知識としては，だいたい高等学校の2年級程度の数学の知識があれば十分であろう．（第3章，§5を読むためには，群，ベクトル空間などの初歩的知識をもっていることがのぞましいが，これは一応本論からは独立した節である．）もちろん，現代数学への入門はある意味で抽象化への入門でもあるから，読者はある程度抽象的にものを考える能力および抽象的思考への興味をもっていなければならない．しかし本書では，上にも述べたように，抽象的議論に読者がなるべくはいりやすいように十分配慮したし，説明をずいぶんていねいにしたから，高校数学程度の素養と現代数学への興味とをもつ方ならば，あまり骨を折らずに本書を読み進んでいただけるものと思う．

なお，本書は集合および位相についての入門を述べたものであるが，これに，群・環・ベクトル空間など，代数系についての入門をつけ加えれば，現代数学を学ぶための基礎は一応できあがるであろう．著者としては，機会があれば，代数系の方面についても本書に似た形の書物を著してみたいと思っている．

本書が今回岩波書店から出版されるはこびとなったのは，恩師彌永昌吉先生の御配慮，お力添えによるものである．この紙上を借りて心から御礼申し上げたい．校正その他については，岩波書店の方々，特に荒井秀男氏にいろいろお世話をいただいた．また津田塾大学の片山孝次氏は本書の原稿の大半を通読され，いくつか有益な注意を与えられた．これらの方々にもこの機会に厚く御礼申し上げたい．

1968年4月

著　　者

ドイツ語の字母

ラテン文字		ドイツ文字		筆写体		名称
A	a	𝔄	𝔞	𝒜	𝒶	aː
B	b	𝔅	𝔟	ℬ	𝒷	beː
C	c	ℭ	𝔠	𝒞	𝒸	tseː
D	d	𝔇	𝔡	𝒟	𝒹	deː
E	e	𝔈	𝔢	ℰ	ℯ	eː
F	f	𝔉	𝔣	ℱ	𝒻	ɛf
G	g	𝔊	𝔤	𝒢	ℊ	geː
H	h	ℌ	𝔥	ℋ	𝒽	haː
I	i	ℑ	𝔦	ℐ	𝒾	iː
J	j	𝔍	𝔧	𝒥	𝒿	jɔt
K	k	𝔎	𝔨	𝒦	𝓀	kaː
L	l	𝔏	𝔩	ℒ	𝓁	ɛl
M	m	𝔐	𝔪	ℳ	𝓂	ɛm
N	n	𝔑	𝔫	𝒩	𝓃	ɛn
O	o	𝔒	𝔬	𝒪	ℴ	oː
P	p	𝔓	𝔭	𝒫	𝓅	peː
Q	q	𝔔	𝔮	𝒬	𝓆	kuː
R	r	ℜ	𝔯	ℛ	𝓇	ɛr
S	s	𝔖	𝔰, ſ	𝒮	ſ, 𝓈	ɛs
T	t	𝔗	𝔱	𝒯	𝓉	teː
U	u	𝔘	𝔲	𝒰	ŭ	uː
V	v	𝔙	𝔳	𝒱	𝓋	faʊ
W	w	𝔚	𝔴	𝒲	𝓌	veː
X	x	𝔛	𝔵	𝒳	𝓍	ɪks
Y	y	𝔜	𝔶	𝒴	𝓎	Ýpsi·lɔn
Z	z	ℨ	𝔷	𝒵	𝓏	tsɛt

目　　次

はしがき

第1章　集合と写像 …… 1

§1　集合の概念 …… 1

A）集合と元　B）集合の記法　C）集合の相等
D）部分集合　問　題

§2　集合の間の演算 …… 12

A）和集合　B）共通部分　C）差　D）普遍集合
E）集合系，巾集合　F）集合系の和集合，共通部分
問　題

§3　対応，写像 …… 22

A）2つの集合の直積　B）対応の概念　C）対応のグラフ
D）逆対応　E）写像　問　題

§4　写像に関する諸概念 …… 30

A）写像による像および原像　B）全射，単射，全単射
C）写像の合成　D）写像の縮小，拡大　E）写像の終集合に関する注意　F）写像の集合　問　題

§5　添数づけられた族，一般の直積 …… 42

A）元の無限列，有限列　B）元の族　C）集合族とその和集合，共通部分　D）一般の直積，選出公理　E）写像に関する一定理　F）多変数の写像　問　題

§6　同値関係 …… 52

A）関係の概念　B）同値関係　C）同値類，商集合
D）写像の分解　問　題

第2章　集合の濃度 …… 61

§1　集合の対等と濃度 …… 61

A) 集合の対等 B) Bernstein の定理 C) 濃度の概念 D) 濃度の大小 問 題

§2 可算集合, 非可算集合 ……70

A) 可算集合 B) 可算集合の性質 C) 連続の濃度, 非可算集合 D) 巾集合の濃度 問 題

§3 濃度の演算 ……78

A) 濃度の和と積 B) 濃度の巾 C) 濃度 $\aleph_0, \aleph$ に関する演算 問 題

第3章 順序集合, Zorn の補題 ……87

§1 順序集合 ……87

A) 順序関係 B) 順序集合, 部分順序集合 C) 最大(小)元, 極大(小)元, 上限, 下限 D) 順序同型 E) 双対概念, 双対の原理 問 題

§2 整列集合とその比較定理 ……97

A) 整列集合 B) 切片と超限帰納法 C) 整列集合の順序同型 D) 整列集合の比較定理 問 題

§3 Zorn の補題, 整列定理 ……105

A) 整列集合に関する一命題 B) Zorn の補題 C) Zorn の補題の変形 D) 整列定理 問 題

§4 順 序 数 ……116

A) 順序型, 順序数 B) 順序数の大小 C) 順序数の演算 D) 順序数と濃度 問 題

§5 Zorn の補題の応用 ……125

A) 濃度に関する二三の定理 B) 群論の一定理 C) ベクトル空間の基底の存在

第4章 位相空間 ……137

§1 $\boldsymbol{R}^n$ の距離と位相 ……137

A) n 次元 Euclid 空間 $\boldsymbol{R}^n$ B) $\boldsymbol{R}^n$ の部分集合の内部(開核), 外部, 境界 C) $\boldsymbol{R}^n$ の部分集合の閉包 D) $\boldsymbol{R}^n$ の開集合, 閉集合 E) 開核, 閉包の特徴づけ F) 開集合系の基底

G）連続関数　　問　題

§2　位相空間 …… 152

A）位相　B）開集合，開核　C）閉集合，閉包
D）内点，触点，外点，境界点，集積点，孤立点　E）近傍
問　題

§3　位相の比較，位相の生成 …… 165

A）位相の強弱　B）位相の生成　C）位相の準基底，基底
D）基本近傍系　E）可分位相空間　問　題

§4　連続写像 …… 175

A）連続写像　B）実連続関数　C）開写像，閉写像
D）同相写像，同相　問　題

§5　部分空間，直積空間 …… 186

A）誘導位相　B）相対位相，部分空間　C）直積位相，
直積空間　問　題

第5章　連結性とコンパクト性 …… 195

§1　連　結　性 …… 195

A）連結位相空間　B）連結性に関する諸定理　C）位相
空間の連結成分　D）連結空間族の直積空間　E）位相空
間 $\boldsymbol{R}$ の連結部分集合　F）弧状連結　問　題

§2　コンパクト性 …… 208

A）コンパクト位相空間　B）コンパクト空間の連続像と直積
C）コンパクト性と Hausdorff 空間　D）位相空間 $\boldsymbol{R}^n$ のコ
ンパクトな部分集合　E）局所コンパクト空間　F）コンパ
クト化の問題　問　題

§3　分離公理 …… 223

A）T_1-空間と Hausdorff 空間　B）正則空間　C）正規
空間　D）Urysohn の補題　問　題

第6章　距離空間 …… 234

§1　距離空間とその位相 …… 234

A）距離関数と距離空間　B）距離空間における位相の導入

C） 点列の収束 D） 距離空間の間の連続写像 E） 距離関数の同値 F） 部分距離空間と直積距離空間 問 題

§2 距離空間の正規性 …… 247

A） 部分集合の直径 B） 部分集合の間の距離 C） 距離空間の正規性 問 題

§3 距離空間の一様位相的性質 …… 253

A） 一様連続性 B） 一様位相的性質 C） 完備距離空間 D） 全有界距離空間 問 題

§4 コンパクト距離空間，距離空間の完備化 …… 264

A） Fréchet の意味のコンパクト性 B） Lindelöf の性質 C） コンパクト性の同等条件 D） 距離空間の完備化 問 題

§5 ノルム空間，Banach 空間 …… 275

A） ノルム空間 B） ノルム空間の例 C） Banach 空間 問 題

§6 Urysohn の距離づけ定理 …… 288

A） 距離づけ問題 B） Urysohn の定理 問 題

あとがき …… 293

解 答 …… 303

索 引 …… 325

第1章　集合と写像

§1　集合の概念

A)　集合と元

集合とは，いくつかのものをひとまとめにして考えた‘ものの集まり’のことである．

たとえば，‘自然数全体の集まり’，‘$0 \leqq x \leqq 1$ であるような実数 x 全体の集まり’(これはいわゆる‘実数の閉区間 $[0,1]$’である)，‘10より小さい(正の)素数全体の集まり’，‘$x^2+y^2<1$ という不等式を満たす平面上の点 (x,y) 全体の集まり’(これは‘原点を中心とする半径1の円の内部’にほかならない)，‘実数の閉区間 $[0,1]$ で定義された連続な実数値関数全体の集まり’，‘p,q,r という3つの文字の集まり’，‘p,q,r という3つの文字の順列全体の集まり’等はいずれも集合である．

これらの例のように，集合を構成する‘もの’には，数，点，関数，文字など，いろいろなものがある．一般に，われわれの論理的考察の対象となり得るものならば，どのような種類のものでも，集合を構成する‘もの’として考えることができる．

ただし，数学では厳密であることが何よりもたいせつであるから，われわれが‘集合’とよぶ‘ものの集まり’は，“どんなものをとってきても，それがその集まりの中にあるかないかがはっきりと定まっている”ようなものでなければならない．たとえば，‘十分大きい自然数全体の集まり’のようなものも，見方によれば，一種の‘ものの集まり’と考えることができるであろう．しかし，ある自然数——たとえば1000——が‘十分大きい’自然数であるかどうかは，人により，また場合により，まちまちに判断されるであろうから，この‘集まり’の範囲ははっきりしたものではない．このように，範囲が明確でない集まりは，数学では‘集合’とはいわないのである．すなわち，数学でいう集合とは，‘範囲のはっきりした集まり’である．はじめに挙げた‘自然数全体の集まり’などは，いずれも範囲がはっきりしているから，たしかに集合と考えられるのである．

集合は，普通 $A, B, \cdots, M, N, \cdots, X, Y, \cdots$ などのラテン大文字で表わされる．(もちろん必要に応じて他の文字も用いられる．) A が1つの集合であるとき，A の中にはいっている個々の‘もの’を，A の**元**(または**元素**，**要素**)という．‘もの’ a が集合 A の元であることを，記号で

$$a \in A \quad \text{または} \quad A \ni a$$

と書く．このことをまた a が A に**属する**，a は A に**含まれる**，A は a を**含む**，などともいう．$a \in A$ の否定(a が A の元でないこと)は

$$a \notin A \quad \text{または} \quad A \not\ni a$$

で表わす．($\notin$, $\not\ni$ のかわりに $\bar{\in}$, $\bar{\ni}$ という記号を用いている本もある．) 上に述べたように，集合は‘範囲がはっきりした集まり’であるから，ある集合 A と1つのもの a とを考えるときは，$a \in A$ または $a \notin A$ のいずれか一方だけが成り立つ．両方同時に成り立つことや，両方同時に成り立たないことはけっしてないのである．

注意　数学ではまた，しばしば幾何学的表現を用いて，集合のことを**空間**，その元のことを**点**ということがある．これらの語法が用いられる対象は，必ずしも幾何学的対象だけには限らない．

本項のはじめに挙げた例のうちで，たとえば‘自然数全体の集合’は無限に多くの元をもつが，‘10より小さい(正の)素数全体の集合’は2,3,5,7という4つの元しかもたない．一般に，無限に多くの元をもつ集合は**無限集合**，有限個の元しかもたない集合は**有限集合**とよばれる．

有限集合のうちには，特別な場合として，元をただ1つしか含まないような集合もある．元をただ1つしか含まない集合は，ものの‘集まり’とはいいがたいが，このようなものもやはり集合として取り扱ったほうが便利なのである．ただし，この場合，1つの‘もの’ a と，a だけから成る‘集合’ A とは，概念上異なるものであることをはっきり認識しておかなければならない．[さらに，

われわれは，元を1つも含まないような集合をも考えるが，それについては次項B）で述べる.］

集合のうちで，数学の各部門でひんぱんに現われる基本的ないくつかのものは，しばしば固有の記号によって表わされる．たとえば，‘自然数全体の集合’，‘整数全体の集合’，‘有理数全体の集合’，‘実数全体の集合’は，通常それぞれ太文字 $\boldsymbol{N}$, $\boldsymbol{Z}$, $\boldsymbol{Q}$, $\boldsymbol{R}$ で表わされる．本書でも以後，これらの文字はいつも上記の各集合を示すものとして，‘固有名詞的に’用いるものとする.

注意 たとえば，有理数という概念は数学的に明確に規定されたものであるから，‘有理数の全体’ $\boldsymbol{Q}$ が1つの集合を形づくることはいうまでもない．しかし，具体的に1つの数が与えられたとき，それが有理数であるかどうか，すなわち $\boldsymbol{Q}$ の元であるかどうかを‘実際に判定する’ことは，必ずしも容易でない場合がある．たとえば，$\sqrt{2}$ が有理数でないことは(高等学校で学んだように)直ちに示されるが，$2^{\sqrt{2}}$ が有理数であるかどうかを判定することはきわめてむずかしい．(実は $2^{\sqrt{2}} \notin \boldsymbol{Q}$ であるが，このことはようやく1927年に Gelfond により証明された．円周率 π，自然対数の底 e などが有理数でないことも知られているが，それらの証明も簡単ではない．また，$e+\pi$ や $e\pi$ などが有理数であるかないかは，今日もなお未解決である.)

一般に，A が集合ならば，どんなもの a をとってきても，$a \in A$ であるか $a \notin A$ であるかは，当然どちらかにはっきりと‘定まっている’．しかし，そのことと，具体的に与えられたある‘もの’について，そのどちらであるかを‘実際に判定する’こととは，別個の問題であることを認識しておくべきであろう.

B） 集合の記法

次に，個々の集合を‘具体的に’表わす記法について説明しよう.

一般に，元 $a, b, c, \cdots$ より成る集合を

(1.1) $$\{a, b, c, \cdots\}$$

という記号で表わす．これを集合の**外延的記法**という.

たとえば，3つの文字 p, q, r より成る集合は $\{p, q, r\}$，10より小さい(正の)素数全体の集合は $\{2, 3, 5, 7\}$，ただ1つのもの a のみから成る集合は $\{a\}$，自然数全体の集合 $\boldsymbol{N}$ は

$$\{1, 2, 3, 4, \cdots, n, \cdots\}$$

と表わされる．(この最後の例のように … を用いるときは，もちろん，… の部分が何を意味するかが正しく推察されるようになっていなければならない.)

上の記法(1.1)は，集合の元をもれなく提示しているわけであるから，きわめてみやすいものである．しかし一面，この記法は，そのすべての元を書き上げることができるか，または，そのいくつかの代表的な元を提示すれば残りの元を … によって容易に推察させることができるような集合に対してしか，有効に用いられない．(たとえば，実数全体の集合 $\boldsymbol{R}$ を外延的記法によって表わそうとしても，とうていうまくいかないであろう.) したがって，もっと一般の集合をも表現し得るようにするためには，別の記法を導入しなければならない．

われわれが取り扱う集合は，多くの場合，‘これこれの条件を満たすもの全体の集合’ あるいは ‘これこれの性質をもつもの全体の集合’ という形で提出される．次に説明する第二の記法は，このような形で提出された集合を表わすのに非常につごうがよいのであるが，それを述べる前に，まず，数学で用いる ‘条件’ あるいは ‘性質’ という語について少し説明しておこう．

一般に，ある変数——ここで**変数**というのは，われわれの考察の対象となるものを代表的に表わす文字のことである[1]—— を含む文章，たとえば

(i)　x は有理数である；

(ii)　y は $0 \leqq y \leqq 1$ であるような実数である；

(iii)　n は 10 より小さい正の素数である；

のようなものを，その変数についての**条件**または**性質**という．((i), (ii), (iii) はそれぞれ x についての条件，y についての条件，n についての条件である.) ただし，集合の場合と同じく，数学でいう条件(または性質)とは，その文章の変数のところに具体的な対象を代入した場合，結果として得られる文章が正しいか正しくないかが，いつもはっきりと定まってくるようなものでなければならない．(たとえば “m は十分大きい自然数である” というような文章は，m に具体的なものを入れた場合，正しいか正しくないかが必ずしもはっきりしないから，条件とはいえない.) 以後われわれは条件(または性質)を C などの文字

1)　‘変数’ といっても，その表わす対象は任意であって，必ずしも数だけに限らない．

で表わすこととし，それがたとえば変数 x についての条件であることを明示したい場合には $C(x)$ と書くことにする．

さて，いま，変数 x についての1つの条件 $C=C(x)$ が与えられたとしよう．そのとき，ある具体的なもの a を x のところに代入して得られる文章 $C(a)$ が正しいならば，a は**条件 C を満たす**，または a は**性質 C をもつ**という．条件 C を満たすようなもの全体は，1つの集合を形づくる．その集合を

$$\{x \mid C(x)\} \tag{1.2}$$

という記号で表わすのである．((1.2) のかわりに $\{x\,;C(x)\}$ と書くこともある.) これを集合の**内包的記法**という．

この記法を用いれば，たとえば上の条件(i), (ii), (iii)を満たすようなもの全体の集合は，それぞれ

$\{x \mid x$ は有理数である$\}$,

$\{y \mid y$ は $0\leqq y\leqq 1$ であるような実数である$\}$,

$\{n \mid n$ は10より小さい正の素数である$\}$

と表わされることになる．(この第一のものは集合 $\boldsymbol{Q}$ にほかならない.) なお，たとえば実数全体の集合を $\boldsymbol{R}$ と書くことはすでに知っているから，上の第二の集合を

$$\{y \mid y\in\boldsymbol{R},\ 0\leqq y\leqq 1\}$$

のように書くこともできる．さらにこの場合，考えている変数 y が実数であることが前後の関係等によって明らかであるときは，$y\in\boldsymbol{R}$ を省略して，簡単にこれを

$$\{y \mid 0\leqq y\leqq 1\}$$

と書くこともある．

注意 上の第二の集合はいわゆる閉区間 $[0,1]$ である．一般に，a,b を $a<b$ であるような2つの定まった実数とし，x を実数を表わす変数とするとき，集合 $\{x \mid a\leqq x\leqq b\}$, $\{x \mid a<x<b\}$ はそれぞれ a,b を両端とする($\boldsymbol{R}$ の)**閉区間**，**開区間**とよばれ，記号 $[a,b]$, (a,b) で表わされる[1]．また $\{x \mid a<x\leqq b\}$, $\{x \mid a\leqq x\}$, $\{x \mid x<b\}$ などの区間はそれぞれ $(a,b]$, $[a,\infty)$, $(-\infty,b)$ で表わされる．

---

1) 開区間の記号 (a,b) は2つの集合の直積 [§3, A)参照] の元を表わす記号と形式

ところで，ある条件 C を考えた場合，その条件を満たすものが1つも存在しないということもあり得るであろう．たとえば，“x は $x^2+1=0$ となる実数である”という条件を $C(x)$ とすれば，この条件を満たすようなものは1つも存在しない．このような場合をも含めて，$\{x \mid C(x)\}$ をいつも集合として取り扱うことができるようにするためには，‘元を全く含まない集合’というものを考えておかなければならない．そこでわれわれは，このようなものをも集合の仲間にとり入れることとし，それを**空集合**とよぶことにする．(そうすれば，$\{x \mid x \in \boldsymbol{R},\ x^2+1=0\}$ は空集合である，ということになる.)

本書では，空集合を ϕ という記号で表わす．空集合 ϕ は元を1つも含まないのであるから，どのようなもの a をとってきても

$$a \notin \phi$$

である．なお，外延的記法を利用すれば，空集合を

$$\{\quad\}$$

とも書くことができることに注意しておこう．

C)　集合の相等

集合の概念からいって当然のことであるが，集合は，その中味——元の全体——によって完全に決定される．すなわち，中味が全く同じでありながら，なおかつ異なるような2つの集合は存在しないのである．より形式的にいえば，‘集合の相等’は次のように定義される：集合 A, B は，全く同じ元から成るとき，すなわち A の任意の元は同時にまた B の元でもあり，B の任意の元は同時にまた A の元でもあるとき，**等しい**といわれる．そのとき $A=B$ と書く．

たとえば，2よりも大きく10よりも小さい素数全体の集合

$$A : \{x \mid x \text{ は } 2<x<10 \text{ である素数}\}$$

と，1より大きく8より小さい奇数全体の集合

上同じである．そのため，Bourbaki などでは開区間を表わすのに $]a, b[$ という記号を用いている．しかし，前後の文脈に注意すれば混同の恐れはないであろうから，本書では，開区間をやはり上のような慣用の記号で表わすこととする．

$$B:\{x \mid x\text{ は }1<x<8\text{ である奇数}\}$$

とは，述べ方は異なるが，両者ともに 3, 5, 7 という 3 つの元から成るから，これらは等しい：$A=B$.

またたとえば，$x^2+x-2>0$ という不等式を満たす実数全体の集合と，'$x<-2$ または $x>1$' という条件を満たす実数全体の集合とは等しい：

$$\{x \mid x\in\boldsymbol{R},\ x^2+x-2>0\}=\{x \mid x\in\boldsymbol{R},\ x<-2\text{ または }x>1\}.$$

実際，ある実数 a について $a^2+a-2>0$ が成り立つことと '$a<-2$ または $a>1$' が成り立つこととは明らかに同等であり，したがって上の 2 つの集合は全く同じ元から成るからである．同様にして

$$\{x \mid x\in\boldsymbol{R},\ x^2+x-2<0\}=\{x \mid x\in\boldsymbol{R},\ -2<x<1\}$$

という等式も成り立つ．——

ここで，前項 B) に述べた集合の記法について一二の注意をつけ加えよう．

前項の外延的記法によれば，元 $a, b, c, \cdots$ から成る集合を

$$\{a, b, c, \cdots\}$$

と書くのであった．しかし，この記法が矛盾なく用いられる背景には，実は上述の集合の相等の定義があることに，まず注意しなければならない．実際，もし，いずれも元 $a, b, c, \cdots$ から成りながら，なおかつ異なる集合 A, B があるとすれば，上の記号は A, B のどちらを示すのか不明であるから，記号自体無意味なものとなるであろう．(なお，集合は '元の全体' によって決定されるから，この記法で，元を書き並べる順序は任意に変えてもちろんさしつかえない．たとえば，$\{1,2,3,4\}=\{2,4,1,3\}=\{4,3,2,1\}$．また，同一の元を重複して書くこともべつに禁じられないが，同じものをいくつ書いてもその効果はただ 1 つだけ書いたのと同じである．たとえば $\{1,1,1,2,2,3,4\}=\{1,2,3,4\}$.)

また前項の内包的記法によれば，ある変数 x についての条件 $C(x)$ があるとき，この条件を満たすようなもの，すなわち $C(a)$ が正しくなるようなもの a 全体が作る集合を

$$\{x \mid C(x)\}$$

と書くのであった．この記法で，変数記号 $\dot{x}$ は，$C(x)$ という文章の中にあら

かじめ含まれていない他の任意の文字におきかえることができる．たとえば，y を $C(x)$ の中に含まれていない新しい変数記号とすれば，

$$\{x \mid C(x)\}=\{y \mid C(y)\}.$$

実際，具体的な1つの対象 a を $C(x)$ の x に代入しても，$C(y)$ の y に代入しても，結果として得られる文章は全く同じであるから，上の等式が成り立つことは明らかである．——

本項の最後に，今後本書でしばしば用いられる論理記号 $\Rightarrow$ および $\Leftrightarrow$ について説明しておく．

一般に，2つの文章 p, q が与えられたとき，

$$p \Rightarrow q$$

という文章は，“p が正しいときには q もまた正しい”ならば，正しいとされる．（$\Rightarrow$ は‘ならば’とよむ．）また，$p\Rightarrow q$ という文章と $q\Rightarrow p$ という文章とをいっしょにした文章を

$$p \Leftrightarrow q$$

で表わす．（$\Leftrightarrow$ は‘(論理的に)**同等**’とよむ．）これはもちろん，$p\Rightarrow q$ が正しく，かつ $q\Rightarrow p$ も正しいとき，またそのようなときに限り，正しいとするのである．（$p\Rightarrow q$ あるいは $p\Leftrightarrow q$ が正しいことを，$p\Rightarrow q$ あるいは $p\Leftrightarrow q$ が成り立つともいう．また通常，正否についてのことわり書きなしに，単に $p\Rightarrow q$ あるいは $p\Leftrightarrow q$ と書いた場合には，それぞれこれらの文章が正しいことを意味する．）

さて，集合 A, B が等しいというのは，どのような x をとってきても，その x が A の元であるならば同時にまた B の元でもあり，x が B の元であるならば同時にまた A の元でもある，ということであった．よって，上に説明した論理記号を用いれば，$A=B$ とは，任意の対象 x について

$$x \in A \Leftrightarrow x \in B$$

が正しいことである，といい表わされることになる．

D) 部分集合

集合 A, B において，A の元がすべてまた B の元でもあるならば，すなわち，

任意のもの x について

$$x \in A \Rightarrow x \in B$$

が正しいならば，A は B の**部分集合**であるといい，

$$A \subset B \quad \text{または} \quad B \supset A$$

と書く．このことをまた，A は B に**含まれる**，B は A を**含む**などともいう．その否定は

$$A \not\subset B \quad \text{または} \quad B \not\supset A$$

で表わす．

A が B の部分集合であるというときには，$A=B$ である特別の場合も除外されていない．$A \subset B$ でかつ $A \neq B$ であるときには，A は B の**真部分集合**であるという．たとえば，$\boldsymbol{N}=\{1, 2, 3, \cdots\}$ は $\boldsymbol{Z}=\{\cdots, -3, -2, -1, 0, 1, 2, 3, \cdots\}$ の真部分集合である：$\boldsymbol{N} \subset \boldsymbol{Z}$, $\boldsymbol{N} \neq \boldsymbol{Z}$.（$A$ が B の部分集合であることを $A \subseteq B$ と書き，A が B の真部分集合であることを $A \subset B$ で表わす流儀もあるが，この記法はこのごろではあまり用いられない.）

注意　上述のように，$A \subset B$ であることを，A は B に‘含まれる’，B は A を‘含む’などともいうが，他方 $a \in A$ という関係も，やはり a は A に‘含まれる’，A は a を‘含む’といわれる．このような語法は習慣に従ったまでであるが，$A \subset B$ という関係と $a \in A$ という関係とは別種の関係であるから，できればことばを使い分けることがのぞましい．赤摂也教授は，$A \subset B$ という関係を，A は B に‘つつまれる’，B は A を‘つつむ’とよぶことを提案されている．

定義から明らかに，$A=B$ であるための必要十分条件は

$$A \subset B \quad \text{かつ} \quad A \supset B$$

が成り立つことである．すなわち

(1.3)
$$A=B \Leftrightarrow A \subset B,\ A \supset B.$$

（したがって，与えられた集合 A, B について，$A=B$ であることを証明するには，$A \subset B$ であることと $A \supset B$ であることの両方を証明すればよい．実際，2つの集合が等しいことの証明は，ほとんどすべての場合に，このようにしておこなわれるのである.）

また，包含関係について，次の‘推移性’

(1.4) $$A \subset B,\ B \subset C \Rightarrow A \subset C$$

が成り立つことも明らかであろう.

ところで,空集合 ϕ と任意の集合 A との間の包含関係はどのように考えるべきであろうか.空集合 ϕ は元を全く含まない集合であるから,それは,いわば'最も小さい集合'であると考えられる.したがって,どんな集合 A に対しても,ϕ は A に含まれるとみなすのが自然であろう.そこでわれわれは,空集合 ϕ は任意の集合 A の部分集合である,すなわち

(1.5) $$\phi \subset A$$

であると約束することにする.

われわれはいま(1.5)を1つの約束であると述べた.しかし,次に述べるように,論理法則上の一般的な規約を用いれば,(1.5)を'証明'することもできる.その規約というのは次のようなものであるが,これらは,実はわれわれがいろいろな論証に際してしばしば無意識のうちに用いているものである.

前項に述べたように,$p \Rightarrow q$ という文章は,p が正しいとき q もまた正しいならば,正しいとされるのであった.これについて,われわれはさらに

(a) q が無条件に正しければ,p の正否にかかわらず $p \Rightarrow q$ は正しい;

(b) p が正しくないならば,q の正否にかかわらず $p \Rightarrow q$ は正しい;

という規約を設けるのである.

これらの規約のうち,(a)はきわめて'自然な'約束であるから,これを承認するのに困難はないであろう.それにくらべて,(b)のほうはいくぶん奇妙な規約に思われるかもしれない.しかし,これもやはり自然な約束であることが,次のように考えればわかる.

諸君はおそらく"ある命題の対偶が正しければもとの命題も正しい"という背理法の原理を承知していることであろう.すなわち p, q を2つの文章とし,p', q' でこれらの文章の否定を表わすとき,もし $q' \Rightarrow p'$ が正しいならば,$p \Rightarrow q$ もまた正しいのである.このことを普遍的な原理として認めることにすれば,規約(b)は規約(a)から次のようにして直ちに導かれる.

いま p, q を2つの文章とし,p は正しくないとする.それは p' が正しいと

いうことにほかならない．したがって(a)により，q' の正否にかかわりなく(すなわち q の正否にかかわりなく) $q'\Rightarrow p'$ は正しい．ゆえに上に述べた原理によって $p\Rightarrow q$ も正しい．——以上で，(b)も論理法則上‘自然な’約束であることが納得されたであろう．

さて，規約(b)を用いれば，(1.5)を次のように証明することができる．定義により，(1.5)を示すには，任意の x に対して

(1.6)　$$x\in\phi\Rightarrow x\in A$$

が正しいことをいえばよい．しかし，どんな x に対しても $x\notin\phi$ であるから，$x\in\phi$ は正しくない．したがって(b)により，(1.6) は正しいこととなる．

問　　題

1. 次のことをたしかめよ：$a\in A\Longleftrightarrow\{a\}\subset A$.

2. 集合 $\{1,2,3\}$ を内包的記法を用いて表わせ．

3. 次の集合を外延的記法で表わせ．(空集合は ϕ と書け.)

(a)　$\{x\mid x\in \boldsymbol{C},\ x^6=1\}$　　(b)　$\{x\mid x\in \boldsymbol{R},\ i(x+i)^4\in \boldsymbol{R}\}$

(c)　$\{y\mid y\in \boldsymbol{Q},\ y^3=2\}$　　(d)　$\{z\mid z\in \boldsymbol{Z},\ 0.1<2^z<100\}$

(e)　$\{n\mid n\in \boldsymbol{N},\ i^n=-1\}$　　(f)　$\{n\mid n\in \boldsymbol{N},\ i^{2n}=i\}$

ただし，上で $\boldsymbol{C}$ は複素数全体の集合を表わす．また i は虚数単位とする．

4. $a+b\sqrt{2}$ $(a,b\in \boldsymbol{Q})$ の形に表わされる実数全体の集合を A とするとき，次のことをたしかめよ．

(i)　$x\in A,\ y\in A\Rightarrow x+y\in A,\ x-y\in A,\ xy\in A.$

(ii)　$x\in A,\ x\neq 0\Rightarrow x^{-1}\in A.$

$a+b\sqrt{2}$ $(a,b\in \boldsymbol{Z})$ の形に表わされる実数全体の集合 A' については，上のことは成り立つか．

5. $\begin{pmatrix} a & b \\ -\bar{b} & \bar{a}\end{pmatrix}$ $(a,b\in \boldsymbol{C}$；$\bar{a},\bar{b}$ は a,b の共役複素数) の形の2次の行列全部の集合を A とする．X,Y が A に属する2つの行列ならば，$X+Y$，$X-Y$，XY も A に属することを示せ．また，$X=\begin{pmatrix} a & b \\ -\bar{b} & \bar{a}\end{pmatrix}$ が零行列でなければ(すなわち a,b の少なくとも一方が0でなければ)，X は正則行列で，その逆行列 X^{-1} も A に属することを示せ．

§2　集合の間の演算

A)　和集合

2つの集合 A, B が与えられたとき，A の元と B の元とを全部よせ集めて得られる集合を，A と B との**和集合**といい，

$$A \cup B$$

で表わす．記号 $\cup$ は**結び**(join あるいは cup)とよむ．内包的記法を用いて書けば

(2.1)
$$A \cup B = \{x \mid x \in A \text{ または } x \in B\}$$

である．A, B をそれぞれ第1図(1)のような円の内部で表わしたとすれば，$A \cup B$ は(2)の斜線をほどこした部分で表わされる．

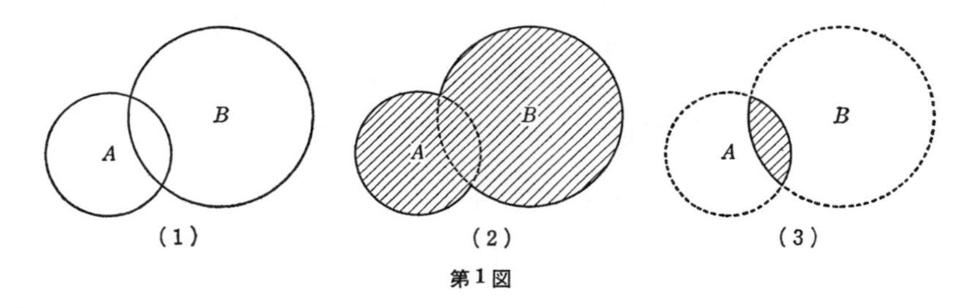

第1図

注意 1　集合を‘具体化’して考えるために，しばしば，集合を平面上の図形(点集合)として表わし，その直観を援用することがある．このような図形のことを **Venn の図形** あるいは **Euler の図形**という．

注意 2　(2.1)で，‘$x \in A$ または $x \in B$’というのは，‘$x \in A$ かつ $x \in B$’である場合も除外しない．すなわち，A, B の両方に共通な元は，やはり $A \cup B$ に属するのである．(一般に，数学の論理において，‘p または q’というときは，‘p かつ q’である場合をも含むことに，読者は注意しておくべきである．)

たとえば，$A = \{1, 2, 3, 4, 5\}$，$B = \{3, 5, 7, 9\}$ とすれば

$$A \cup B = \{1, 2, 3, 4, 5, 7, 9\}.$$

また，A を正の偶数全体の集合，B を正の奇数全体の集合とすれば

$$A \cup B = \boldsymbol{N}.$$

次に，和集合に関するいくつかの基本的なことがらを挙げよう．(以下に述べることは，いずれも，ほとんど明らかであるから，いちいち形式的な証明を与える必要はないであろう．例として(2.3)，(2.7)の証明を述べるだけにとどめる．)

(2.2)　$A \subset A \cup B, \quad B \subset A \cup B.$

(2.3)　$A \subset C,\ B \subset C \Rightarrow A \cup B \subset C.$

(2.3)の証明：$A \subset C$, $B \subset C$ とし，$x \in A \cup B$ とする．そのとき，$A \cup B$ の定義によって，$x \in A$ または $x \in B$. $x \in A$ ならば，$A \subset C$ であるから $x \in C$. $x \in B$ のときも，同様にして $x \in C$. ゆえに，いずれにしても $x \in C$ となる．すなわち，$x \in A \cup B$ ならば $x \in C$. よって $A \cup B \subset C$.

(2.2)によって，$A \cup B$ は A をも B をも含む．他方(2.3)によって，A をも B をも含む任意の集合は，$A \cup B$ を含まなければならない．その意味で，$A \cup B$ は，A, B 両方を含むような集合のうちで'最小'のものである．——

(2.4)　$A \cup A = A$　(巾等律)，

(2.5)　$A \cup B = B \cup A$　(交換律)，

(2.6)　$(A \cup B) \cup C = A \cup (B \cup C)$　(結合律)．

(2.6)の両辺を，括弧を省略して $A \cup B \cup C$ とも書く．これは3つの集合 A, B, C の元を全部よせ集めて得られる集合にほかならない．さらに(2.6)から，

$$\{(A \cup B) \cup C\} \cup D = (A \cup B) \cup (C \cup D) = A \cup \{B \cup (C \cup D)\}$$
$$= A \cup \{(B \cup C) \cup D\} = \{A \cup (B \cup C)\} \cup D.$$

この各辺の集合を $A \cup B \cup C \cup D$ と書く．一般に，n 個の集合 $A_1, A_2, \cdots, A_n$ があるとき，$A_1 \cup A_2 \cup \cdots \cup A_n$ という表現のどこにどのような順序で括弧をつけていっても，結果として得られる集合は全部同じであることが，これと同様にしてわかる．(くわしくは，n についての帰納法によって証明される．) そこで，結果として得られる集合を，括弧を省略して

$$A_1 \cup A_2 \cup \cdots \cup A_n \quad \text{あるいは} \quad \bigcup_{i=1}^{n} A_i$$

と書いてもさしつかえない．これは，明らかに $A_1, A_2, \cdots, A_n$ の元を全部よせ集めてできる集合であって，$A_1, A_2, \cdots, A_n$ の和集合とよばれる．——

$$A \subset B \Leftrightarrow A \cup B = B. \tag{2.7}$$

$$A \subset B \Rightarrow A \cup C \subset B \cup C. \tag{2.8}$$

$$\phi \cup A = A. \tag{2.9}$$

(2.7)の証明：$A \subset B$ ならば，$A \subset B$ かつ $B \subset B$ であるから，(2.3)によって $A \cup B \subset B$．一方(2.2)より $A \cup B \supset B$．ゆえに $A \cup B = B$．逆に $A \cup B = B$ とすれば，(2.2)より $A \subset A \cup B$ であるから，$A \subset B$．

なお，任意の集合 A に対して $\phi \subset A$ であるから，(2.9)は(2.7)の特別な場合とみなされることに注意しておこう．

B）　共通部分

2つの集合 A, B があるとき，A, B の両方に共通な元全体の集合を，A と B との**共通部分**といい，

$$A \cap B$$

で表わす．記号 $\cap$ は**交わり**(meet あるいは cap)とよむ．内包的記法で書けば

$$A \cap B = \{x \mid x \in A \text{ かつ } x \in B\} = \{x \mid x \in A,\ \ x \in B\}$$

である．(最右辺のコンマ‘,’は‘かつ’の意味である．今までにもすでに何回かコンマをこの意味に用いた.) A, B をそれぞれ p. 12 の第1図(1)のような円の内部で表わしたとすれば，$A \cap B$ は同図(3)の斜線をほどこした部分で表わされる．

たとえば，$A = \{1, 2, 3, 4, 5\}$，$B = \{3, 5, 7, 9\}$ とすれば

$$A \cap B = \{3, 5\}.$$

また，A を正の偶数全体の集合，B を正の奇数全体の集合とすれば

$$A \cap B = \phi.$$

一般に，$A \cap B \neq \phi$ であるときには A, B は**交わる**といい，$A \cap B = \phi$ であるときには A, B は**交わらない**または**互に素である**という．

共通部分についても，和集合の場合と同様に，次のことがらが成り立つ．

(2.2)′ $A \supset A \cap B, \quad B \supset A \cap B.$

(2.3)′ $A \supset C,\ B \supset C \Rightarrow A \cap B \supset C.$

(2.2)′, (2.3)′ により，$A \cap B$ は A, B の両方に含まれる集合のうちで‘最大’のものであることがわかる．

(2.4)′ $A \cap A = A$ (巾等律)，

(2.5)′ $A \cap B = B \cap A$ (交換律)，

(2.6)′ $(A \cap B) \cap C = A \cap (B \cap C)$ (結合律)．

(2.6)′ から，和集合の場合と同様に，$A_1 \cap A_2 \cap \cdots \cap A_n$ という表現のどこにどのような順序で括弧をつけても，結果として得られる集合には変わりがないことがしられる．そこで，括弧を省略して，この集合を

$$A_1 \cap A_2 \cap \cdots \cap A_n \quad \text{あるいは} \quad \bigcap_{i=1}^{n} A_i$$

と書く．これは $A_1, A_2, \cdots, A_n$ のすべてに共通な元全体から成る集合であって，$A_1, A_2, \cdots, A_n$ の共通部分とよばれる．

(2.7)′ $A \subset B \Leftrightarrow A \cap B = A.$

(2.8)′ $A \subset B \Rightarrow A \cap C \subset B \cap C.$

(2.9)′ $\phi \cap A = \phi.$

以上の(2.2)-(2.9)，(2.2)′-(2.9)′ は，それぞれ結び $\cup$ または交わり $\cap$ についての性質であるが，さらに $\cup$ と $\cap$ との間には，次の‘分配律’とよばれる関係(2.10), (2.10)′ が成り立つ：

(2.10) $(A \cup B) \cap C = (A \cap C) \cup (B \cap C),$

(2.10)′ $(A \cap B) \cup C = (A \cup C) \cap (B \cup C).$

実際，$x \in (A \cup B) \cap C$ は

(＊) ($x \in A$ または $x \in B$) かつ ($x \in C$)

を意味し，$x \in (A \cap C) \cup (B \cap C)$ は

(＊＊) ($x \in A$ かつ $x \in C$) または ($x \in B$ かつ $x \in C$)

を意味するが，(＊)と(＊＊)とは明らかに論理的に同等である．ゆえに(2.10)が成り立つ．(2.10)′ も同様である．

また，次の関係も明らかであろう．

(2.11)　　　$$(A\cup B)\cap A=A,$$

(2.11)′　　　$$(A\cap B)\cup A=A.$$

これらは‘吸収律’とよばれる．

なお，一般に集合 A, B が互に素であるときには，和集合 $A\cup B$ は A と B との**直和**であるといわれる．

C)　差

A, B が2つの集合のとき，A の元であって B の元でないもの全体のつくる集合を，A, B の**差**(くわしくは A から B をひいた差)といい，$A-B$ で表わす．すなわち

$$A-B=\{x\mid x\in A,\ \ x\notin B\}.$$

たとえば，$A=\{1,2,3,4,5\}$，$B=\{3,5,7,9\}$ ならば

$$A-B=\{1,2,4\}.$$

特に $A\supset B$ である場合には，$A-B$ を，A に対する B の**補集合**という．たとえば，B を正の奇数全体の集合とするとき，自然数全体の集合 $\boldsymbol{N}$ に対する B の補集合 $\boldsymbol{N}-B$ は，正の偶数全体の集合である．また，$\boldsymbol{R}$ に対する $\boldsymbol{Q}$ の補集合 $\boldsymbol{R}-\boldsymbol{Q}$ は，無理数全体の集合である．

D)　普遍集合

数学の理論においては，そのとき考えている集合はすべて，ある1つの定まった集合 X の部分集合である，ということがはっきりわかっているような場合が少なくない．そのような場合，その定まった集合 X のことを，その考察における**普遍集合**または**全体集合**(universal set)という．

普遍集合 X が与えられているときには，集合 A (X の部分集合)の X に対する補集合 $X-A$ を，単に A の補集合といい，通常，記号

$$A^c$$

で表わす．[c は complementary set (補集合)の c である．]

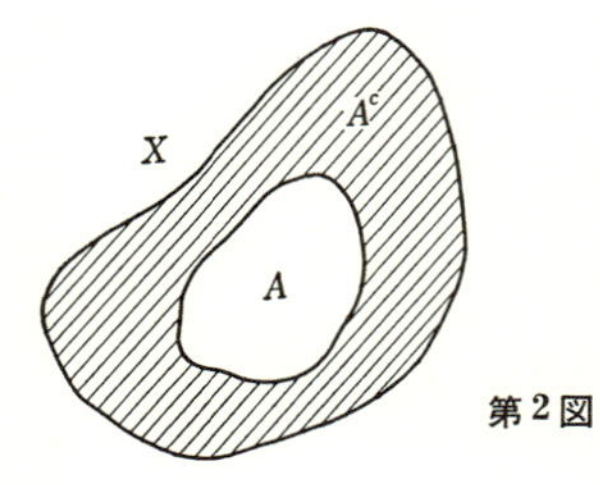

第2図

x を X の元を表わす変数とすれば,

$$A^c = \{x \mid x \notin A\},$$

あるいは

$$x \in A^c \Leftrightarrow x \notin A$$

である.

A^c の定義から, 明らかに次の諸法則が成立する.

(2.12) $$A \cup A^c = X, \quad A \cap A^c = \phi.$$

(2.13) $$A^{cc} = A.$$

(2.14) $$\phi^c = X, \quad X^c = \phi.$$

(2.15) $$A \subset B \Leftrightarrow A^c \supset B^c.$$

(ただし(2.13)で, A^{cc} は $(A^c)^c$, すなわち 'A の補集合の補集合' の意味である.)

また, 次の2つの法則は 'de Morgan の法則' とよばれる.

(2.16) $$(A \cup B)^c = A^c \cap B^c,$$

(2.16)′ $$(A \cap B)^c = A^c \cup B^c.$$

(2.16)の証明: x を X の元とするとき,

$$x \in (A \cup B)^c \Leftrightarrow x \notin A \cup B \Leftrightarrow x \notin A, \ x \notin B$$
$$\Leftrightarrow x \in A^c, \ x \in B^c \Leftrightarrow x \in A^c \cap B^c.$$

同様にして, (2.16)′ も証明される.

E) 集合系, 巾(べき)集合

'集合の集合', すなわちその元がすべてそれ自身集合であるような集合を,一般に，**集合系**[1]という．集合系は，その元である集合と区別する必要などから，しばしば，ドイツ大文字 $\mathfrak{A}, \mathfrak{B}, \mathfrak{M}, \mathfrak{N}, \cdots$ などで表わされる．

X を任意の集合とするとき，その部分集合全体のつくる集合系，すなわち，X のすべての部分集合の集合を，X の**巾集合**(power set)という．本書では，これを記号 $\mathfrak{P}(X)$ で表わす．

たとえば，$X=\{a, b, c\}$ ならば，その部分集合は

$$\phi,\ \{a\},\ \{b\},\ \{c\},\ \{a, b\},\ \{a, c\},\ \{b, c\},\ \{a, b, c\}$$

の8個である．したがって，$\mathfrak{P}(X)$ はこれら8個の集合を元とする集合となる．

また，$X=\phi$ ならば，その部分集合は ϕ ただ1つだけである．したがって，$\mathfrak{P}(\phi)$ はただ1個の元 ϕ から成る集合となる：$\mathfrak{P}(\phi)=\{\phi\}$．(これは空集合ではないこと，すなわち $\mathfrak{P}(\phi)=\phi$ ではないことに，注意しなければならない.)

一般に X が n 個の元から成る有限集合ならば，$\mathfrak{P}(X)$ は 2^n 個の元をもつ集合となることを，次に，n についての帰納法で証明しよう．$n=1$ ならば，X の部分集合は明らかに X 自身と ϕ の2つだけであるから，たしかにこのことは正しい．次に $n \geqq 2$ とし，簡単のため X の元を $1, 2, \cdots, n$ と書き，$X'=\{1, 2, \cdots, n-1\}$ とする．X の部分集合で n を含まないものは，X' の部分集合であるから，それらは帰納法の仮定によって 2^{n-1} 個存在する．また，X の部分集合で n を含むものは，X' の部分集合に n をつけ加えて得られるから，それらもやはり 2^{n-1} 個存在する．したがって，X の部分集合は，全部で $2^{n-1}+2^{n-1}=2^n$ 個存在することとなる．(なお，先に述べたように $\mathfrak{P}(\phi)$ はただ1個の元から成る集合であるから，上記のことは $n=0$ の場合にも成り立つことに注意しておこう.) ——

数学では，特に，ある1つの普遍集合 X の巾集合 $\mathfrak{P}(X)$ の部分集合であるような集合系が，しばしば考えられる．$\mathfrak{P}(X)$ の任意の部分集合，すなわち X のいくつかの部分集合——'部分集合の全体' でなくてもよい——から成る集合系を，一般に，X の**部分集合系**という．

---

1)　これは普通 '集合族' とよばれ，後に §5, C) で定義する集合族と語法上区別されないことが多いが，本書では，一応厳密を期するために，用語を使い分けることとする．

F）集合系の和集合，共通部分

1つの集合系 $\mathfrak{A}$ が与えられたとする．

そのとき，$\mathfrak{A}$ に属する少なくとも1つの集合の元となっているようなもの全体のつくる集合を，'$\mathfrak{A}$ に属するすべての集合の和集合'，あるいは簡単に(必ずしも正確ないい方ではないが)，'集合系 $\mathfrak{A}$ の和集合' といい，記号 $\bigcup\mathfrak{A}$ で表わす．$\mathfrak{A}$ に属する集合を表わす変数を A として，これを $\bigcup_{A\in\mathfrak{A}} A$ または $\bigcup\{A \mid A\in\mathfrak{A}\}$ などと書くこともある．

また，$\mathfrak{A}$ に属するすべての集合に共通な元全体の集合を，'$\mathfrak{A}$ に属するすべての集合の共通部分' あるいは '集合系 $\mathfrak{A}$ の共通部分' といい，記号 $\bigcap\mathfrak{A}$，$\bigcap_{A\in\mathfrak{A}} A$，$\bigcap\{A \mid A\in\mathfrak{A}\}$ などで表わす．

ここで，数学における定義，命題などの文章を，正確かつ簡潔に表わすために，しばしば用いられる2つの論理記号 $\forall$，$\exists$ を紹介しよう．

一般に，変数 x を含む1つの文章 p があるとき，'すべての x に対して p が成り立つ' ことを

$$\forall x(p)$$

という記号で表わし，'p が成り立つような x が(少なくとも1つ)存在する' ことを

$$\exists x(p)$$

という記号で表わす．(記号 $\forall$，$\exists$ は，それぞれ，'all'，'exist' の頭文字からつくられたのである．) また，X を1つの集合とするとき，'X のすべての元 x に対して p が成り立つ' あるいは 'p が成り立つような X の元 x が存在する' ということを，通常，それぞれ

$$\forall x\in X(p), \qquad \exists x\in X(p)$$

と表わす．

さて，いま紹介した論理記号を用いれば，集合系 $\mathfrak{A}$ の和集合 $\bigcup\mathfrak{A}$，共通部分 $\bigcap\mathfrak{A}$ は，明らかに，それぞれ

$$\bigcup\mathfrak{A} = \{x \mid \exists A\in\mathfrak{A}(x\in A)\},$$

$$\bigcap\mathfrak{A} = \{x \mid \forall A\in\mathfrak{A}(x\in A)\}$$

と書き表わされる．(このように‘記号’を用いることによって，普通の‘ことば’によるよりも，論理的な内容がよりはっきりと表わされることに，読者は注意すべきであろう.)

上の $\bigcup\mathfrak{A}$, $\bigcap\mathfrak{A}$ の定義から，明らかに次のことが成り立つ.

(2.17) $$\forall A\in\mathfrak{A}(A\subset\bigcup\mathfrak{A}).$$

(2.18) $$[\forall A\in\mathfrak{A}(A\subset C)]\Rightarrow\bigcup\mathfrak{A}\subset C.$$

(2.17)′ $$\forall A\in\mathfrak{A}(A\supset\bigcap\mathfrak{A}).$$

(2.18)′ $$[\forall A\in\mathfrak{A}(A\supset C)]\Rightarrow\bigcap\mathfrak{A}\supset C.$$

これらは明らかに(2.2), (2.3), (2.2)′, (2.3)′の一般化であって, (2.17), (2.18)は，$\bigcup\mathfrak{A}$ が，$\mathfrak{A}$ に属するすべての集合を含むような集合のうちで最小のものであること，また(2.17)′, (2.18)′は，$\bigcap\mathfrak{A}$ が，$\mathfrak{A}$ に属するすべての集合に含まれるような集合のうちで最大のものであることを，それぞれ示すのである.

注意 本書では上に説明した論理記号 $\forall, \exists$ を必ずしもひんぱんに用いるわけではない．しかし，これらの記号を紹介したついでに，これらの記号の用法について，なお一二の注意をつけ加えておこう.

一般に，$\forall, \exists$ をいくつか続けて書いた $\forall x\exists y\forall z(p)$ のような文章は，いつも‘左から順によむ’，すなわち，$\forall x(\exists y(\forall z(p)))$ のように括弧をつけたものとして解釈する習慣である．たとえば，$p(x, y)$ を 2 変数 x, y を含む文章とするとき，

(i) $$\forall x\exists y(p(x,y))$$

という文章は，$\forall x[\exists y(p(x,y))]$ の意味であって，これは，“すべての x に対して，$p(x,y)$ が成り立つような y が存在する”ことを表わす．また

(ii) $$\exists y\forall x(p(x,y))$$

という文章は，$\exists y[\forall x(p(x,y))]$ の意味であって，これは，“ある y が存在して，(その y と)すべての x に対して $p(x,y)$ が成り立つ”ことを表わす．((i), (ii) は明らかに論理的に同等ではない．(i)においては，x を与えるごとに，$p(x, y)$ を成り立たせる y が存在するのであるが，その y は x に応じて変わってもよいのである．それに対し，(ii)は，ある 1 つの定まった y があって，その y とすべての x に対して $p(x,y)$ が成り立つことを意味するのである．これらの差異をはっきりと認識することは，数学においてはきわめてたいせつである.)

また, $\forall x(p)$ を否定した文章は, 明らかに, “p が成り立たないような x が存在する” となるから，一般にある文章の否定を ′ をつけて表わすことにすれば，$(\forall x(p))'$ は $\exists x(p')$

と論理的に同等となる．同様にして，$(\exists x(p))'$ は $\forall x(p')$ と論理的に同等である．

このことから，一般に，$\forall x \exists y \forall z(p)$ のような文章の否定

$$(\forall x \exists y \forall z(p))'$$

は，p を p' に，$\forall, \exists$ をそれぞれ $\exists, \forall$ におきかえた文章

$$\exists x \forall y \exists z(p')$$

と論理的に同等であることが，容易に導かれる．(読者はくわしく考えてみよ.) これは，きわめて重要な論理法則であるから，読者はいろいろ具体的な例について練習をこころみるとよいであろう．

問　　題

以下 $A, B, C, \cdots$ は，いずれも，ある集合 X の部分集合とする．

1. 次の式を簡単にせよ．

(a)　$(A \cup B) \cap (A \cup B^c)$　　(b)　$(A \cup B) \cap (A^c \cup B) \cap (A \cup B^c)$

2. 次のことをたしかめよ：$A \cap B = \phi \Leftrightarrow A^c \supset B \Leftrightarrow A \subset B^c$.

3. 次のことを証明せよ．

(a)　$A - B = (A \cup B) - B = A - (A \cap B) = A \cap B^c$

(b)　$A - B = A \Leftrightarrow A \cap B = \phi$　　(c)　$A - B = \phi \Leftrightarrow A \subset B$

4. 次の等式を証明せよ．

(a)　$A - (B \cup C) = (A - B) \cap (A - C)$

(b)　$A - (B \cap C) = (A - B) \cup (A - C)$

(c)　$(A \cup B) - C = (A - C) \cup (B - C)$

(d)　$(A \cap B) - C = (A - C) \cap (B - C)$

(e)　$A \cap (B - C) = (A \cap B) - (A \cap C)$

5. 次の等式を証明せよ．

(a)　$(A - B) - C = A - (B \cup C)$

(b)　$A - (B - C) = (A - B) \cup (A \cap C)$

6. $A \subset C$ ならば，任意の B に対して $A \cup (B \cap C) = (A \cup B) \cap C$ であることを示せ．

7. 集合 A, B の**対称差** (symmetric difference) $A \triangle B$ を

$$A \triangle B = (A - B) \cup (B - A) = (A \cap B^c) \cup (A^c \cap B)$$

で定義する．これについて

(a)　$A \triangle B = B \triangle A$　　(b)　$A \triangle B = (A \cup B) - (A \cap B)$

(c)　$(A \triangle B) \triangle C = A \triangle (B \triangle C)$　　(d)　$A \cap (B \triangle C) = (A \cap B) \triangle (A \cap C)$

を証明せよ．

8. 次の等式を証明せよ.

(a) $A \triangle \phi = A$ (b) $A \triangle X = A^c$

(c) $A \triangle A = \phi$ (d) $A \triangle A^c = X$

9. $A_1 \triangle A_2 = B_1 \triangle B_2$ ならば，$A_1 \triangle B_1 = A_2 \triangle B_2$ であることを証明せよ.

§3 対応，写像

A) 2つの集合の直積

A, B を2つの集合とするとき，A の元 a と B の元 b との順序づけられた組[1] (a, b) 全体のつくる集合を，A と B との**直積**(または単に**積**)といい，

$$A \times B$$

で表わす. $A \times B$ の元 $(a, b), (a', b')$ $(a \in A,\ a' \in A;\ b \in B,\ b' \in B)$ は，$a=a'$, $b=b'$ のとき，かつそのときに限って等しいとするのである.

$A \times B$ の元 (a, b) に対して，a をその**第1成分**または**第1座標**，b をその**第2成分**または**第2座標**という.

例 $A=\{1, 2\}$, $B=\{p, q, r\}$ とすれば，

$$A \times B = \{(1, p), (1, q), (1, r), (2, p), (2, q), (2, r)\},$$

$$A \times A = \{(1, 1), (1, 2), (2, 1), (2, 2)\}.$$

(後の例で，$(1, 2)$ と $(2, 1)$ とは $A \times A$ の異なる元である.)

一般に，A が m 個，B が n 個の元から成る有限集合ならば，$A \times B$ は，明

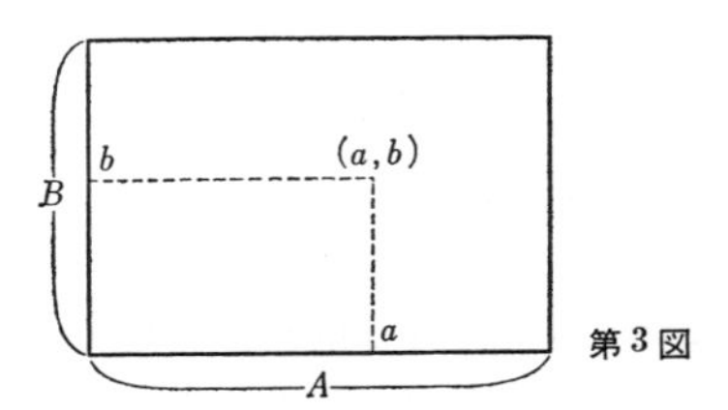

第3図

---

1) 順序づけられた組 (a, b) というのは，(下の説明から明らかなように) a と b とをこの順に'組み合せた'ものであって，a, b の順序—— a が第1，b が第2成分であること——が重要な意味をもつのである. ((a, b) と (b, a) は，$a=b$ でない限り，同じ'順序づけられた組'ではない.)

らかに mn 個の元をもつ集合となる．

$\boldsymbol{R}\times\boldsymbol{R}$ の元 (x, y) は，Descartes 座標を設けた平面上の点として表わされる．すなわち，座標平面は，$\boldsymbol{R}\times\boldsymbol{R}$ の‘幾何学的複写’と考えられる．一般に，(A, B の具体的な内容にかかわらず)，$A\times B$ に幾何学的な映像を与えるために，A, B をそれぞれ第3図のような水平線分(上の点集合)，垂直線分(上の点集合)で表わし，$A\times B$ を，それらの線分を2辺とする長方形で表わすことがある．

B) 対応の概念

以下，本節の B)-E) および次節では，数学において，集合と並んで最も基本的な概念である‘対応’，‘写像’の概念について説明する．

形式的な定義を与える前に，まず，日常的な例を1つ挙げよう．

いま，ある選挙で，各選挙人に候補者の一覧表を記載した投票用紙が配られているとし，各選挙人は，自分が信任する候補者(何人あってもよく，また1人もなくてもよい)の氏名にだけ ○ 印をつけて記名投票するものとする．この場合，各選挙人は，信任する候補者の氏名に ○ 印をつけることによって，結局，候補者全体の集合のある部分集合を指定することになる．したがって，選挙人全体の集合を X, 候補者全体の集合を Y とし，選挙人 x が信任する候補者の集合を $\Gamma(x)$ とすれば，この投票の結果として，X の元 $x, x', \cdots$ に対し，それぞれ1つずつ Y の部分集合 $\Gamma(x), \Gamma(x'), \cdots$ が定められる．(もし，2人の選挙人 x, x' が全く同じ候補者を信任しているならば，$\Gamma(x)=\Gamma(x')$ である．また，ある選挙人 x がすべての候補者を信任しないならば，$\Gamma(x)=\phi$ である．)——このように，1つの集合の各元に対して，もう1つの集合の部分集合が1つずつ定められた状態が，いわゆる‘対応’にほかならないのである．

そこで，あらためて，対応の定義を述べよう．

A, B を2つの集合とし，ある規則 Γ によって，A の各元 a に対してそれぞれ1つずつ B の部分集合 $\Gamma(a)$ が定められるとする．($\Gamma(a)$ のうちには同じものがあってもよい．すなわち $a \neq a'$ に対して，$\Gamma(a)=\Gamma(a')$ となることがあってもよい．また $\Gamma(a)=\phi$ となるような a があってもよい．) そのとき，その規

則 Γ のことを A から B への**対応**といい，A の元 a に対して定まる B の部分集合 $\Gamma(a)$ を，Γ による a の**像**という．また，A, B をそれぞれ対応 Γ の**始集合**，**終集合**という．

Γ が A から B への対応であることを，しばしば

$$\Gamma: A\to B \qquad (\text{または } A \xrightarrow{\Gamma} B)$$

のように書き表わす．

1つの対応 $\Gamma: A\to B$ を与えるということは，上述のように，A の各元 a に対して，その像 $\Gamma(a)$ $(\subset B)$ を定めることにほかならない．したがって，当然のことであるが，‘対応の相等’は次のように定義される：

Γ, Γ' がいずれも A から B への対応であって，A のいかなる元 a に対しても $\Gamma(a)=\Gamma'(a)$ が成り立つとき，Γ, Γ' は**等しい**といわれる．そのとき $\Gamma=\Gamma'$ と書く．

注意　$\Gamma(a)=\Gamma'(a)$ となるような A の元 a がどれほど多くあっても，少なくとも1つの a に対して $\Gamma(a)\neq\Gamma'(a)$ となっているならば，Γ, Γ' は等しくないのである．なお，2つの対応の相等を論じ得るためには，もちろん，それらの始集合，終集合がそれぞれ一致していることが前提であることに，注意しなければならない．

C)　対応のグラフ

Γ を A から B への対応とするとき，直積 $A\times B$ の部分集合

$$\{(a, b) \mid a\in A,\ \ b\in\Gamma(a)\}$$

を，Γ の**グラフ**といい，$G(\Gamma)$ と書く．

定義によって，$a\in A$, $b\in B$ に対し，$(a, b)\in G(\Gamma)$ と $b\in\Gamma(a)$ とは同等であ

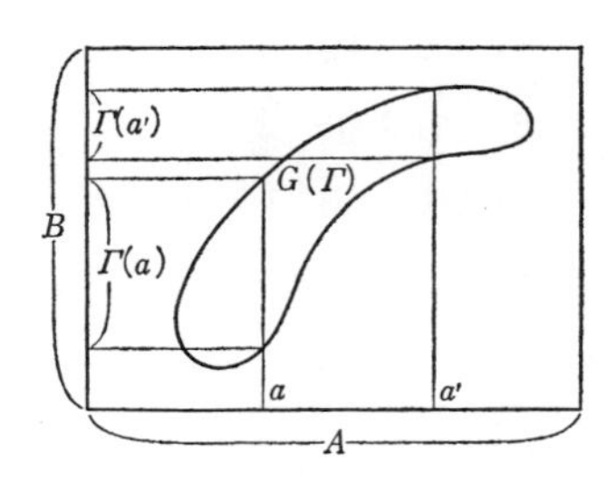

第4図

る．したがって，A の任意の元 a に対して

(3.1) $$\Gamma(a)=\{b \mid (a, b)\in G(\Gamma)\}$$

が成り立つ．(第4図参照.)

(3.1)から，対応 $\Gamma: A\to B$ は，そのグラフ $G(\Gamma)$ によって一意的に定められることがわかる．すなわち，Γ とともに Γ' も A から B への対応であるとき，$G(\Gamma)=G(\Gamma')$ ならば，$\Gamma=\Gamma'$ となる．実際，その場合は，(3.1)により，任意の $a\in A$ に対して $\Gamma(a)=\Gamma'(a)$ となるからである．(逆に，$\Gamma=\Gamma'$ ならば $G(\Gamma)=G(\Gamma')$ であることはいうまでもない.)

上では，対応 $\Gamma: A\to B$ から $A\times B$ の部分集合 $G(\Gamma)$ を定めたが，逆に，次の定理が成り立つ．

定理 1　$A\times B$ の任意の部分集合 G に対し，$G=G(\Gamma)$ となるような A から B への対応 Γ が(ただ1つ)存在する．

証明　そのような対応が1つより多くはないことは，すでに示した．

また，A の各元 a に対し，B の部分集合 $\Gamma(a)$ を

$$\Gamma(a)=\{b \mid (a, b)\in G\}$$

と定めて，対応 $\Gamma: A\to B$ をきめれば，

$$(a, b)\in G \Longleftrightarrow b\in\Gamma(a) \Longleftrightarrow (a, b)\in G(\Gamma)$$

であるから，$G=G(\Gamma)$ となる．(証明終)

以上によって，A から B への1つの対応を定めることは，$A\times B$ の1つの部分集合(すなわち $\mathfrak{P}(A\times B)$ の1つの元)を指定することと，本質的には変わりがないことがわかる．そこで，しばしば，対応 $\Gamma: A\to B$ を，そのグラフ $G=G(\Gamma)$ を用いて

$$\Gamma=(A, B; G)$$

のように書き表わす．

対応 $\Gamma: A\to B$ のグラフを G とするとき，$(a, b)\in G$ となる $b\in B$ が(少なくとも1つ)存在するような A の元 a 全体のつくる A の部分集合を，Γ の**定義域**という．また，$(a, b)\in G$ となる $a\in A$ が(少なくとも1つ)存在するような B の元 b 全体のつくる B の部分集合を，Γ の**値域**という．以下では，Γ の定

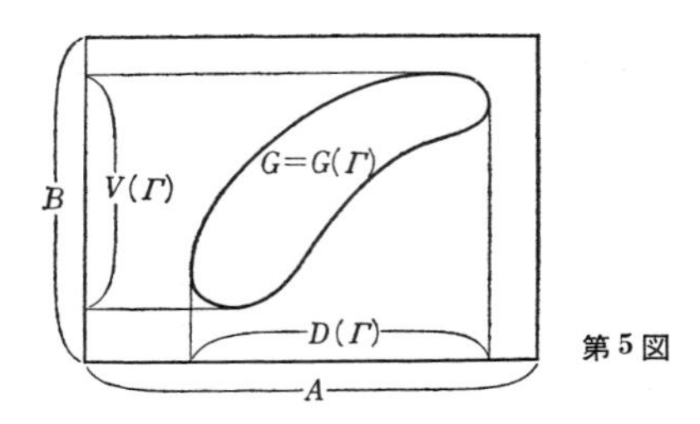

第5図

義域，値域を，それぞれ $D(\Gamma)$, $V(\Gamma)$ で表わす．すなわち

$$D(\Gamma)=\{a \mid \exists b\,((a,b)\in G)\},$$
$$V(\Gamma)=\{b \mid \exists a\,((a,b)\in G)\}.$$

A の元 a に対して，$(a,b)\in G$ となる $b\in B$ が存在することは，明らかに，$\Gamma(a)\neq\phi$ であることと同等であるから，Γ の定義域 $D(\Gamma)$ は，$\Gamma(a)\neq\phi$ であるような a 全体のつくる集合ということもできる．

D）逆対応

Γ を A から B への1つの対応とする．

そのとき，B の各元 b に対し，$b\in\Gamma(a)$ であるような(あるいは，同じことであるが，$(a,b)\in G(\Gamma)$ であるような) A の元 a 全体のつくる A の部分集合を $\varDelta(b)$ とすれば，B から A への対応 $\varDelta$ が定められる．このようにして定義された対応 $\varDelta: B\rightarrow A$ を，Γ の**逆対応**といい，Γ^{-1} で表わす．(第6図参照.)

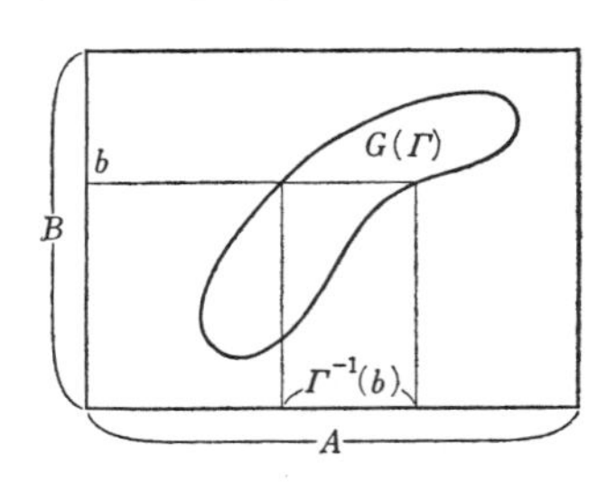

第6図

定義から明らかに，$a\in A$, $b\in B$ に対し，$b\in\Gamma(a)$ と $a\in\Gamma^{-1}(b)$ とは同等である：

(3.2) $$b\in\Gamma(a)\Longleftrightarrow a\in\Gamma^{-1}(b).$$

Γ^{-1} は B から A への対応であるから，そのグラフ $G(\Gamma^{-1})$ は $B\times A$ の部分集合であるが，グラフの定義および(3.2)によって，

$$(b,a)\in G(\Gamma^{-1}) \Longleftrightarrow a\in\Gamma^{-1}(b) \Longleftrightarrow b\in\Gamma(a) \Longleftrightarrow (a,b)\in G(\Gamma),$$

したがって

$$G(\Gamma^{-1})=\{(b,a)\,|\,(a,b)\in G(\Gamma)\}.$$

すなわち，$G(\Gamma^{-1})$ は $G(\Gamma)$ の元の成分の順序を入れかえた元全体の集合となる．

また，明らかに次のことが成り立つ．

(3.3) $$D(\Gamma^{-1})=V(\Gamma),\qquad V(\Gamma^{-1})=D(\Gamma).$$

(3.4) $$(\Gamma^{-1})^{-1}=\Gamma.$$

Γ^{-1} による B の元 b の像 $\Gamma^{-1}(b)$ を，Γ による b の**原像**または**逆像**ともいう．$\Gamma^{-1}(b)\neq\emptyset$ となるのは，$b\in V(\Gamma)$ のとき，かつそのときに限る．

E) 写　　像

A から B への対応 Γ は，次の性質(∗)をもつとき，特に A から B への**写像**とよばれる．

(∗) A の任意の元 a に対して，$\Gamma(a)$ は B のただ1つの元から成る集合である．

条件(∗)が成り立つときは，当然 $D(\Gamma)=A$ となっていること，すなわち，A から B への写像の定義域は A であることに，注意しなければならない．

写像は，通常

$$f, g, \cdots,\ \ F, G, \cdots,\ \ \varphi, \psi, \cdots,\ \ \Phi, \Psi, \cdots$$

などの文字で表わされる．

f を A から B への写像とすれば，A のどの元 a に対しても，その f による像 $f(a)$ は B の1つの元 b から成る集合 $\{b\}$ となっているわけであるが，この場合は，通常，($\{b\}$ のかわりに) b を f による a の**像**といい，また，$f(a)=\{b\}$ と書くかわりに，単に，$f(a)=b$ と書く．

写像 $f: A\to B$ による a の像が b であることを，a における f の**値**は b であ

る，f は a に b を**対応させる**，f は a を b に**写す**などともいう．

A から B への1つの写像を定めることは，A の各元ごとに，それに対応させるべき B の元を1つずつ定めることにほかならない．

例 1 たとえば，各実数 x に x^2+1 を対応させれば，$\boldsymbol{R}$ から $\boldsymbol{R}$ への1つの写像が得られる．この写像を f と書くことにすれば，当然，すべての $x \in \boldsymbol{R}$ に対して

$$f(x) = x^2+1$$

である．

同様に，各実数 x に $\sin x$ を対応させれば，また1つの $\boldsymbol{R}$ から $\boldsymbol{R}$ への写像が得られる．また，0でない各実数 x に $1/x$ を対応させれば，$\boldsymbol{R}-\{0\}$ から $\boldsymbol{R}$ への1つの写像が，$x \geqq 1$ であるような各実数 x に $\sqrt{x-1}$ を対応させれば，区間 $[1, \infty)=\{x \mid x \in \boldsymbol{R},\ x \geqq 1\}$ から $\boldsymbol{R}$ への1つの写像が得られる．

ここに挙げたような，$\boldsymbol{R}$ またはその部分集合から $\boldsymbol{R}$ への写像は，(1変数)微積分学などで普通'関数'(くわしくは'1価関数')とよばれているものにほかならない．

注意 A, B が一般の集合である場合にも，A から B への写像を，A から B への**関数**(または，A で定義され B に値をとる関数)ということがある．

例 2 A, B を任意の集合とするとき，B の元 b_0 を1つきめて，A の任意の元 a に対し $\varphi(a)=b_0$ と定めれば，φ は A から B への写像となる．このような写像を，(値 b_0 の)**定値写像**という．

例 3 A を任意の集合とするとき，A の各元 a に a 自身を対応させれば，A から A への1つの写像が得られる．この写像を，A の上の(または A における)**恒等写像**という．本書ではこれを記号 I_A で表わす．定義により，すべての $a \in A$ に対して

$$I_A(a) = a$$

である．——

A から B への写像 f のグラフ $G(f)$ は，明らかに，$(a, f(a))$ という形の $A \times B$ の元全体から成る集合となる．すなわち，任意の $a \in A$ に対して，

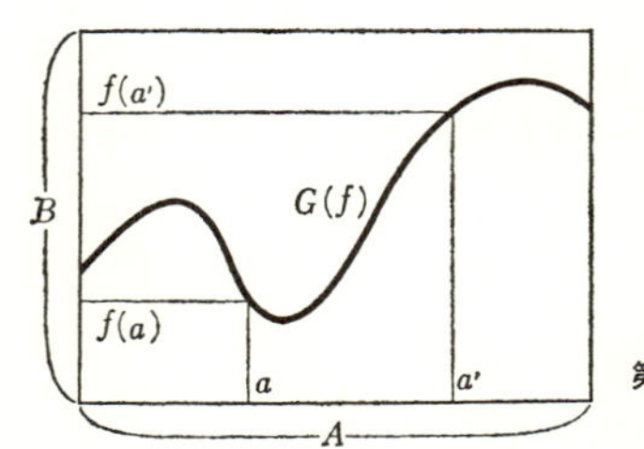

第7図

$(a, b) \in G(f)$ となるような B の元 b はただ1つだけ存在し，それが $f(a)$ となるのである．

このことの逆も含めて，次の定理が成立する．

定理 2　$A \times B$ の部分集合 G が，ある写像 $f: A \to B$ のグラフとなるためには，G が次の条件(＊＊)を満たすことが必要十分である．

(＊＊)　A の任意の元 a に対して，$(a, b) \in G$ となるような B の元 b がただ1つ存在する．

証明　写像のグラフがこの条件を満たすことは上に述べた．

逆に，G がこの条件(＊＊)を満たすとき，A の各元 a に対して，$(a, b) \in G$ となるような b(これは条件によってただ1つ存在する)を $f(a)$ とおけば，f は A から B への写像で，$G = G(f)$ となる．

問　　題

1. A, B がそれぞれ m 個，n 個の元から成る有限集合のとき，A から B への対応は全部でいくつあるか．

2. B)のはじめに挙げた対応 $\Gamma: X \to Y$ (X は選挙人全部の集合，Y は候補者全部の集合)の逆対応 $\Gamma^{-1}: Y \to X$ はどんな対応であるか，具体的に述べよ．

3.　対応 $\Gamma: A \to B$ が A から B への写像であるためには，次の(i)，(ii)の成り立つことが必要十分であることを示せ．

(i)　$D(\Gamma) = A$.

(ii)　B の相異なる任意の2元 b, b' に対して，$\Gamma^{-1}(b) \cap \Gamma^{-1}(b') = \phi$.

4.　A の上の恒等写像 I_A のグラフはどんな集合か．(この集合を $A \times A$ の**対角線集合**という．) また，A から B への値 b_0 の定値写像のグラフはどんな集合か．

§4　写像に関する諸概念

本節では，写像についていくつかの基本的な概念と命題を述べる．(以下に述べる概念や命題の中には，一般の対応に対して拡張され得るものも多いが，ここでは一応，写像のみに考察を限ることとする.)

A)　写像による像および原像

A から B への 1 つの写像 f が与えられたとする．

P を A の任意の部分集合とするとき，P の元 a の f による像 $f(a)$ を全部あつめてできる集合，より正確にいえば，$f(a)=b$ となる P の元 a が(少なくとも 1 つ)存在するような B の元 b 全体から成る集合を，f による P の**像**といい，$f(P)$ で表わす．すなわち

$$f(P)=\{b \mid \exists a \in P\ (f(a)=b)\}.$$

もちろん $f(P)$ は B の部分集合である．特に，定義域 A の f による像 $f(A)$ は，明らかに，f の値域 $V(f)$ と一致する．P が内包的記法によって

$$P=\{a \mid C(a)\}$$

のように表わされているときには，(多少略式の表現であるが)，$f(P)$ を

$$f(P)=\{f(a) \mid C(a)\}$$

と書くこともある．たとえば，明らかに $P=\{a \mid a \in P\}$ であるから，

$$f(P)=\{f(a) \mid a \in P\}.$$

特に $f(\{a\})=\{f(a)\}$．(対応の特別な場合としての写像の本来の定義では，この右辺が，f による a の像であった.) なお，

$$f(P)=\phi \Longleftrightarrow P=\phi$$

であることは，いうまでもない．

Q を B の任意の部分集合とするとき，A の元で，その像が Q の中にはいるようなもの全体の集合を，f による Q の**原像**または**逆像**といい，$f^{-1}(Q)$ で表わす．すなわち

$$f^{-1}(Q)=\{a \mid f(a)\in Q\}.$$

これはもちろん A の部分集合である．特に，b を B の1つの元とするとき，$f^{-1}(\{b\})=\{a \mid f(a)=b\}$ は $f^{-1}(b)$ と同じものである．(これが $\neq\phi$ となるのは，$b\in V(f)$ のとき，かつそのときに限る.) また，もちろん $f^{-1}(\phi)=\phi$ であるが，$Q\neq\phi$ であっても $f^{-1}(Q)=\phi$ となることはあり得る．なお，f は A から B への写像であるから，当然のことながら，A の任意の元 a に対して $f(a)\in B$，したがって

$$f^{-1}(B)=A$$

であることに注意しておこう．

定理 3　f を A から B への写像とするとき，f による像および原像について，次のことが成り立つ．ただし，P, P_1, P_2 は A の部分集合，Q, Q_1, Q_2 は B の部分集合である．

(4.1)　$P_1\subset P_2 \Rightarrow f(P_1)\subset f(P_2)$.

(4.2)　$f(P_1\cup P_2)=f(P_1)\cup f(P_2)$.

(4.3)　$f(P_1\cap P_2)\subset f(P_1)\cap f(P_2)$.

(4.4)　$f(A-P)\supset f(A)-f(P)$.

(4.1)′　$Q_1\subset Q_2 \Rightarrow f^{-1}(Q_1)\subset f^{-1}(Q_2)$.

(4.2)′　$f^{-1}(Q_1\cup Q_2)=f^{-1}(Q_1)\cup f^{-1}(Q_2)$.

(4.3)′　$f^{-1}(Q_1\cap Q_2)=f^{-1}(Q_1)\cap f^{-1}(Q_2)$.

(4.4)′　$f^{-1}(B-Q)=A-f^{-1}(Q)$.

(4.5)　$f^{-1}(f(P))\supset P$.

(4.5)′　$f(f^{-1}(Q))\subset Q$.

証明　(4.1), (4.1)′ は明らかであろう．他の公式のうち，ここでは(4.3), (4.3)′ および(4.5)′ の証明だけを与え，残りは，練習問題として読者にゆだねることとする．

(4.3)の証明．$P_1\cap P_2\subset P_1$ であるから，(4.1)によって $f(P_1\cap P_2)\subset f(P_1)$．同様にして $f(P_1\cap P_2)\subset f(P_2)$．したがって $f(P_1\cap P_2)\subset f(P_1)\cap f(P_2)$．(この証明で(2.2)′, (2.3)′ が用いられている.)

(4. 3)′ の証明. 上と同様に, (4. 1)′ (および(2. 2)′, (2. 3)′)から

(＊) $$f^{-1}(Q_1 \cap Q_2) \subset f^{-1}(Q_1) \cap f^{-1}(Q_2)$$

であることは, ただちに導かれる. 逆に, $a \in f^{-1}(Q_1) \cap f^{-1}(Q_2)$ とすれば, $a \in f^{-1}(Q_1)$ かつ $a \in f^{-1}(Q_2)$. $a \in f^{-1}(Q_1)$ であるから, $f(a) \in Q_1$. 同様に $f(a) \in Q_2$. ゆえに $f(a) \in Q_1 \cap Q_2$. したがって $a \in f^{-1}(Q_1 \cap Q_2)$. よって

(＊＊) $$f^{-1}(Q_1 \cap Q_2) \supset f^{-1}(Q_1) \cap f^{-1}(Q_2).$$

(＊), (＊＊)より(4. 3)′ が得られる.

(4. 5)′ の証明. $f(f^{-1}(Q)) \ni b$ とすれば, $f(a)=b$ となるような $f^{-1}(Q)$ の元 a がある. $a \in f^{-1}(Q)$ であるから, $f(a) \in Q$. すなわち $b \in Q$. したがって $f(f^{-1}(Q)) \subset Q$.

注意 上に証明した(4. 3), (4. 5)′ で, 等号は必ずしも成立しない.
たとえば, $A=\{1,2\}$, $B=\{p,q\}$ とし, A から B への写像 f を

$$f(1)=p, \quad f(2)=p$$

によって定め, $P_1=\{1\}$, $P_2=\{2\}$ とする. そうすれば, $P_1 \cap P_2=\phi$ であるから, $f(P_1 \cap P_2)=\phi$. 他方 $f(P_1)=\{p\}$, $f(P_2)=\{p\}$ であるから, $f(P_1) \cap f(P_2)=\{p\}$. よって

$$f(P_1 \cap P_2) \neq f(P_1) \cap f(P_2).$$

また, $Q=B$ とすれば, $f^{-1}(Q)=A$ であるが, 明らかに $f(f^{-1}(Q))=f(A)=\{p\}$ であるから,

$$f(f^{-1}(Q)) \neq Q.$$

(4. 4), (4. 5)で等号の成り立たない例を挙げることは, これも練習問題とする.

B) 全射, 単射, 全単射

f を A から B への写像とすれば, 写像の定義によって, その定義域 $D(f)$ は始集合 A と一致するが, 値域 $V(f)=f(A)$ は, 一般には, 終集合 B と一致しない. 特に,

$$f(A)=B$$

が成り立つとき, f は A から B への**全射**である, あるいは, f は A から B の**上への写像**であるという. $f: A \to B$ が全射であることは, B のどの元 b に対し

ても，$f^{-1}(b) \neq \phi$ であること，すなわち $f(a)=b$ となるような A の元 a が少なくとも1つ存在することにほかならない．

注意　上の語法に対応して，A から B への一般の写像を，A から B の**中への写像**ということがある．

また，写像 $f: A \to B$ は，A の任意の元 a, a' に対し，

$$a \neq a' \Rightarrow f(a) \neq f(a'),$$

あるいは，同じことであるが，

$$f(a)=f(a') \Rightarrow a=a'$$

が成り立つとき，A から B への**単射**である，または A から B への**1対1の写像**であるといわれる．$f: A \to B$ が単射であることは，f の値域 $V(f)$ の任意の元 b に対して，$f^{-1}(b)$ がいつも A のただ1つの元から成ることと，明らかに，同等である．

写像 $f: A \to B$ が同時に全射かつ単射であるとき，f は A から B への**全単射**であるという．

例 1　f_1, f_2, f_3, f_4, f_5 を，それぞれ次の式で定義された $\boldsymbol{R}$ から $\boldsymbol{R}$ への写像とする：

$$f_1(x)=x+1, \quad f_2(x)=x^3, \quad f_3(x)=x^3-x,$$
$$f_4(x)=a^x \ (a>0,\ a \neq 1), \quad f_5(x)=x^2.$$

f_1, f_2 は $\boldsymbol{R}$ から $\boldsymbol{R}$ への全単射である．f_3 は $\boldsymbol{R}$ から $\boldsymbol{R}$ への全射であるが，単射ではない．$f_4: \boldsymbol{R} \to \boldsymbol{R}$ は単射であるが，全射ではない．f_5 は全射でも単射でもない．（読者は，これらのことを，くわしく考えてみよ．）

例 2　A を任意の集合，P をその部分集合とするとき，P の各元 a に a 自身を対応させることによって，P から A への1つの写像 i を定めることができる．この写像 i は明らかに，P から A への単射である．これを，P から A への**標準的単射**という．特に $P=A$ の場合は，標準的単射 $i: P \to A$ は A の上の恒等写像 I_A となるが，これは明らかに，A から A への全単射である．——

f を A から B への写像とするとき，その逆対応 $f^{-1}: B \to A$ は，一般には，写像ではない．どのような場合に，これが写像となるかについては，次の定理

が成り立つ．

定理 4　写像 $f: A \to B$ の逆対応 $f^{-1}: B \to A$ が写像となるための必要十分条件は，f が A から B への全単射であることである．またそのとき，f^{-1} は B から A への全単射となる．

証明　対応 $f^{-1}: B \to A$ が写像であることは，定義によって，B の任意の元 b の f^{-1} による像 $f^{-1}(b)$ が，A のただ1つの元から成ること，すなわち，B のどの元 b に対しても，$f(a)=b$ となるような A の元 a が1つしかもただ1つだけあることを意味する．これは，明らかに，$f: A \to B$ が全単射であることを示す性質にほかならない．すなわち，f^{-1} が写像であるための必要十分条件は，f が全単射であることである．

次に，$f: A \to B$ を全単射とする．そのとき，$f^{-1}: B \to A$ は写像となるが，その逆対応 $(f^{-1})^{-1}=f$ が写像であるから，上に論じた f と f^{-1} の関係を逆にして考えれば，$f^{-1}: B \to A$ も全単射であることがわかる．（証明終）

$f: A \to B$ が全単射である場合，定理4によってその逆対応 $f^{-1}: B \to A$ も写像となるが，それを f の**逆写像**という．この場合は，写像の記法に従って，$f^{-1}(b)=\{a\}$ のかわりに $f^{-1}(b)=a$ と書く．$f^{-1}(b)=a$ は，明らかに，$f(a)=b$ と同等である．

C)　写像の合成

A, B, C を3つの集合とし，A から B への写像 f，B から C への写像 g が与えられたとする．そのとき，A の元 a を任意に与えれば，まず，a の f による像として B の元 $f(a)$ が定まり，次に，$f(a)$ の g による像として C の元 $g(f(a))$ が定まる．このようにして，A の各元 a に対し，それぞれ1つずつ C の元 $g(f(a))$ が定まるから，a に $g(f(a))$ を対応させる A から C への写像 φ が考えられる．この写像 $\varphi: A \to C$ を，f と g との**合成写像**または**積**といい，$g \circ f$（または gf）で表わす．（この語法および記法で，f, g の順序に注意しなければならない．第8図参照．）定義により，すべての $a \in A$ に対して

$$(g \circ f)(a) = g(f(a))$$

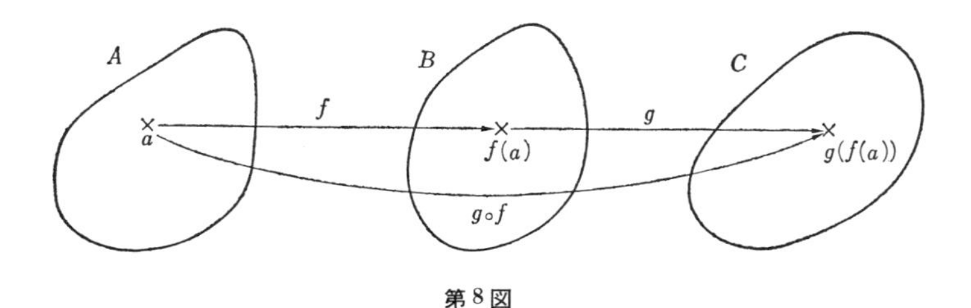

第8図

である.

注意 写像 f と g との合成写像は，上のように，f の終集合と g の始集合(定義域)とが一致するときに限って，定義されるのである.

定理 5 $f:A\to B,\ g:B\to C$ とするとき，f,g がともに全射ならば，$g\circ f:A\to C$ も全射である．また，f,g がともに単射ならば，$g\circ f$ も単射；f,g がともに全単射ならば，$g\circ f$ も全単射である.

証明 f,g がともに全射であるとし，c を C の任意の元とする．そのとき，g が全射であるから，$c=g(b)$ となるような B の元 b があり，f が全射であるから，その b に対して $b=f(a)$ となるような A の元 a がある．したがって，$c=g(b)=g(f(a))=(g\circ f)(a)$．ゆえに，$g\circ f$ は全射である.

次に，$f,\ g$ がともに単射であるとし，A の元 $a,\ a'$ に対して，$(g\circ f)(a)=(g\circ f)(a')$ とする．そのとき，$g(f(a))=g(f(a'))$，$f(a)\in B$，$f(a')\in B$ で，g が単射であるから，$f(a)=f(a')$．f が単射であるから，これからまた $a=a'$．ゆえに，$g\circ f$ は単射である.

定理の最後の部分は前の2つから明らかである.

定理 6 (1) 写像の合成については‘結合律’が成り立つ．すなわち，A,B,C,D を集合とし，$f:A\to B,\ g:B\to C,\ h:C\to D$ を写像とするとき，

$$(h\circ g)\circ f=h\circ(g\circ f). \tag{4.6}$$

(この結果により，(4.6)の両辺を単に $h\circ g\circ f$ と書くことができる．4つ以上の写像の合成についても同様である.)

(2) A から B への任意の写像 f に対して，

$$f\circ I_A=f,\qquad I_B\circ f=f.$$

(3) f を A から B への全単射とすれば,

$$f^{-1}\circ f = I_A, \quad f\circ f^{-1} = I_B.$$

証明 (1) $(h\circ g)\circ f$, $h\circ(g\circ f)$ の定義域, 終集合はそれぞれ A, D であるから, A の任意の元 a に対して

(＊) $$((h\circ g)\circ f)(a) = (h\circ(g\circ f))(a)$$

が成り立つことを示せばよい. 定義によって

$$((h\circ g)\circ f)(a) = (h\circ g)(f(a)) = h(g(f(a))),$$
$$(h\circ(g\circ f))(a) = h((g\circ f)(a)) = h(g(f(a))).$$

ゆえに(＊)が成り立つ.

(2), (3) の証明は, 練習問題として, 読者にまかせよう.

注意 $g\circ f$ が定義されても, $f\circ g$ が定義されるとは限らない. また $g\circ f$, $f\circ g$ の両方が定義されても, それらは一般には等しくない. (すなわち, 写像の合成について'交換律'は成り立たない.)

$g\circ f \neq f\circ g$ であるような, きわめて簡単な例は, 次のようにして作られる: A を少なくとも2つの元を含む集合とし, a, b を A の相異なる2元とする. そこで, $f: A\to A$ を値 a の定値写像, $g: A\to A$ を値 b の定値写像とすれば, もちろん $f\neq g$ で, また明らかに $g\circ f = g$, $f\circ g = f$. したがって $g\circ f \neq f\circ g$.

D) 写像の縮小, 拡大

f を A から B への写像, f' を A' から B への写像とし, $A\supset A'$ とする. そのとき, A' のすべての元 a に対して

$$f(a) = f'(a)$$

となっているならば, f' を, $f: A\to B$ の定義域を A' に**縮小**(または**制限**)した

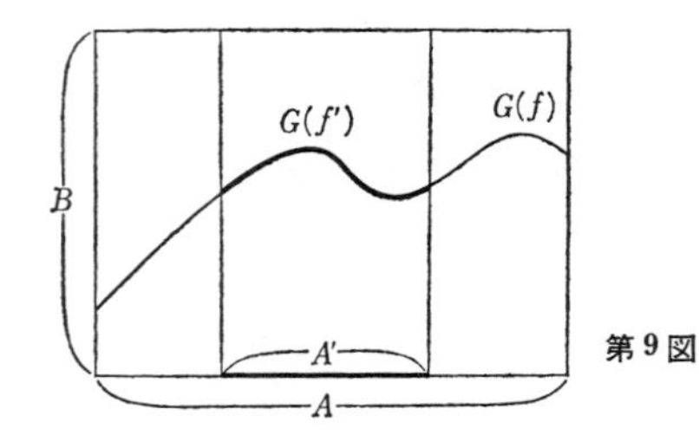

第9図

写像，あるいは簡単に，f の A' への縮小といい，逆に，f を，$f':A'\to B$ の定義域を A に**拡大**(または**延長**)した写像，あるいは簡単に，f' の A への拡大という．

$f:A\to B$ および A の部分集合 A' が与えられたとき，f の A' への縮小は，明らかに，一意的に定まる．それを，しばしば，記号 $f|A'$ で表わす．しかし，$f':A'\to B$ および A' を含む集合 A が与えられたとき，f' の A への拡大は，一般に多数存在する．

E)　写像の終集合に関する注意

写像は対応の特別なものであって，1つの写像には，必ずその定義域(始集合)および終集合が，それぞれ確定したものとして，付随している．したがって，2つの写像は，それらの定義域が一致しないか，または終集合が一致しないならば，当然，等しくないのである．(p. 24 の‘対応の相等’の定義に関する注意参照.) しかし，写像の終集合については，このような厳格な立場を少しゆるめて，いくらか自由に考えたほうがつごうのよいこともある．以下にそのことを説明しよう．

f を A から B への写像とし，B' を，f の値域 $V(f)$ を含むような任意の1つの集合——たとえば，$B\subset B'$ であればもちろんよい——とする．そのとき，A の各元 a の f による像 $f(a)$ は $V(f)$ の元であるから，それはまた，B' の元であるとも考えられる．このように，A の各元 a の像 $f(a)$ を B' の元と考えることにすれば，a に $f(a)$ を対応させるのは，A から B' への写像となる．

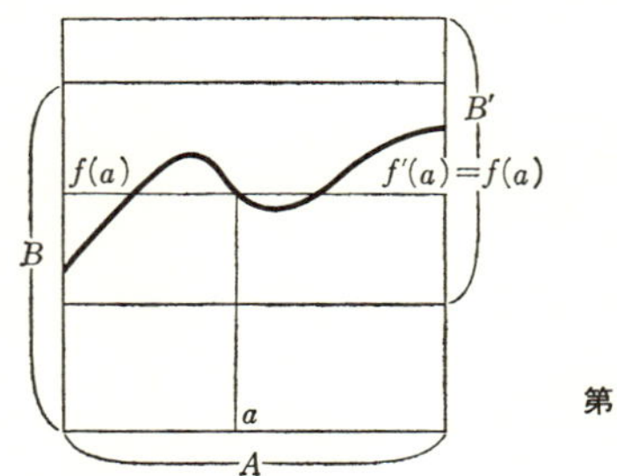

第10図

概念を明確にするため，上のように考えて得られる A から B' への写像を，'$f:A\to B$ の終集合を B' に変えた写像'とよぶことにしよう．(特に，B' として $V(f)$ をとれば，$f:A\to B$ の終集合を $V(f)$ に変えた写像は，明らかに，A から $V(f)$ への全射となる.)

さて，いま $f:A\to B$ の終集合を B' に変えた写像を f' で表わせば，$f':A\to B'$ で，$B=B'$ でない限り，f, f' の終集合は異なるから，いままでの厳密な意味では，これら2つの写像は等しくない．しかし，f, f' の定義域はともに A であって，しかも A のすべての元 a に対して

$$f(a)=f'(a)$$

となっているから，両者は'本質的には異ならない'とも考えられる．実際，場合によっては，このような2つの写像 f, f' を等しい($f=f'$)と考えたほうが便利なこともあるのである．このように考える立場を'終集合を重視しない'立場ということにしよう．この立場をとる場合には，ある写像の終集合を任意に変えて得られる写像は，すべて同一のものとみなされる．ことばをかえていえば，写像は，その定義域と定義域の各元の像のみによって定まる概念とされ，終集合は，像の全体(すなわち値域)を含むような集合でありさえすれば，何であってもよいとされるのである．

もっとも，このような立場がとられることは，けっして多くはない．本書ではこれからも，A から B への写像，あるいは写像 $f:A\to B$ などというときは，いままでどおり，定義域とともに終集合をも重視しているものとする．終集合を重視しない立場をとっていることをはっきりと示したい場合には，定義域だけを強調して，'A を定義域とする写像'，'A で定義された写像'などの語法を用いることにしよう．

F)　写像の集合

A, B を任意の集合とするとき，A から B への写像全部の集合を，$\mathfrak{F}(A, B)$ または B^A で表わす．この集合は，しばしば，A の上の B の**配置集合**とよばれる．

A, B をそれぞれ m 個, n 個の元から成る有限集合とすれば, $\mathfrak{F}(A,B)=B^A$ は n^m 個の元をもつ集合となる. (このことは, 記号 B^A の根拠を与えるものである.) 実際, A の m 個の元を $1,2,\cdots,m$ で表わせば, A から B への写像 f は, $1,2,\cdots,m$ のおのおのにおける f の値

$$f(1),\ f(2),\ \cdots,\ f(m)$$

をきめることによって定まる. しかるに, B は n 個の元をもつから, $f(1)$ のきめ方は n 通りあり, そのおのおのに対して $f(2)$ のきめ方も n 通りある. 以下同様であるから, 結局, A から B への写像は全部で n^m 個存在することとなる. ——

X を1つの集合(普遍集合), A をその任意の部分集合とするとき,

$$\chi_A(x)=\begin{cases}1 & (x\in A\ のとき),\\ 0 & (x\in A^c=X-A\ のとき)\end{cases}$$

によって定められる X から $\{0,1\}$ への写像 χ_A を, (X における) A の**特徴関数**または**定義関数**という. (特に, すべての $x\in X$ に対して $\chi_X(x)=1$, $\chi_\phi(x)=0$ である.)

明らかに, $A\neq A'$ ($A\in\mathfrak{P}(X)$, $A'\in\mathfrak{P}(X)$) ならば, $\chi_A\neq\chi_{A'}$ である.

逆に, X から $\{0,1\}$ への任意の写像 f が与えられたとき, X の部分集合 $\{x\mid f(x)=1\}=f^{-1}(1)$ を A とおけば, 明らかに, $\chi_A=f$ となる.

以上により, X の1つの部分集合を定めることは, X から $\{0,1\}$ への1つの写像を定めることと, 内容的に異ならないことがわかる. くわしくいえば, $\mathfrak{P}(X)$ の各元 A に, $\mathfrak{F}(X,\{0,1\})=\{0,1\}^X$ の元 χ_A を対応させる写像を Φ とすれば, Φ は $\mathfrak{P}(X)$ から $\{0,1\}^X$ への全単射である. このことを根拠として, $\mathfrak{P}(X)$ はしばしば 2^X という記号でも表わされる. [X が n 個の元から成る有限集合である場合, $\mathfrak{P}(X)=2^X$ が 2^n 個の元から成ることは, すでに§2, E)でもみた.]

問　　題

1. (4.2), (4.2)′ を証明せよ.

2. (4.5)を証明せよ．また(4.5)で等号の成り立たない例を挙げよ．

3. $f: A \to B$ が単射ならば，(4.5)で等号が成り立つこと，また，$f: A \to B$ が全射ならば，(4.5)′で等号が成り立つことを示せ．

4. $f: A \to B$ が単射ならば，(4.3)で等号が成り立つことを示せ．

5. (4.4)について，

(a)　これを証明せよ．　(b)　等号の成り立たない例を挙げよ．

(c)　f が単射ならば等号が成り立つことを示せ．

6. (4.4)′を証明せよ．

7. 定理6の(2)，(3)を証明せよ．

8. $f: A \to B$，$g: B \to C$ をともに全単射とすれば，$g \circ f: A \to C$ も全単射である(定理5)．そのとき，$(g \circ f)^{-1} = f^{-1} \circ g^{-1}$ であることを示せ．

9. $f: A \to B$，$g: B \to C$ とするとき，

(a)　A の任意の部分集合 P に対して $(g \circ f)(P) = g(f(P))$，

(b)　C の任意の部合集合 R に対して $(g \circ f)^{-1}(R) = f^{-1}(g^{-1}(R))$

であることを示せ．

10. $f: A \to B$，$g: B \to C$ とするとき，

(a)　$g \circ f$ が全射ならば，g は全射，

(b)　$g \circ f$ が単射ならば，f は単射

であることを示せ．

11. $f: A \to B$ を全射とし，$g: B \to C$，$g': B \to C$ とする．そのとき，$g \circ f = g' \circ f$ ならば $g = g'$ であることを示せ．

12. $f: A \to B$，$f': A \to B$ とし，$g: B \to C$ を単射とする．そのとき，$g \circ f = g \circ f'$ ならば $f = f'$ であることを示せ．

13. $f: A \to B$，$g: B \to C$ のとき，

(a)　$g \circ f$ が全射で g が単射ならば，f は全射，

(b)　$g \circ f$ が単射で f が全射ならば，g は単射

であることを示せ．

14. $f: A \to B$，$g: B \to A$，$g': B \to A$ について，$g \circ f = I_A$，$f \circ g' = I_B$ が成り立てば，f は全単射で，$g = g' = f^{-1}$ であることを証明せよ．

15. X を普遍集合，A, B を X の部分集合とするとき，すべての $x \in X$ に対して $\chi_A(x) \leqq \chi_B(x)$ が成り立つことと，$A \subset B$ であることとは，同等であることをたしかめよ．

また，すべての $x \in X$ について次の等式が成り立つことを証明せよ．

(a)　$\chi_{A \cap B}(x) = \chi_A(x) \chi_B(x)$．

(b)　$\chi_{A\cup B}(x)=\chi_A(x)+\chi_B(x)-\chi_{A\cap B}(x)$.

(c)　$\chi_{A^c}(x)=1-\chi_A(x)$.

(d)　$\chi_{A-B}(x)=\chi_A(x)(1-\chi_B(x))$.

(e)　$\chi_{A\triangle B}(x)=|\chi_A(x)-\chi_B(x)|$　　($A\triangle B$ は対称差).

16. A を m 個, B を n 個の元から成る有限集合とする. そのとき, A から B への単射が(少なくとも1つ)存在するための必要十分条件は $m\leqq n$, A から B への全射が(少なくとも1つ)存在するための必要十分条件は $m\geqq n$ であることを示せ. また, $m=n$ の場合, A から B への全射, 単射, 全単射の概念はすべて一致することをたしかめよ.

17. A を m 個, B を n 個の元から成る有限集合とするとき, A から B への単射の総数を $(n)_m$ または ${}_n\mathrm{P}_m$ で表わす. (前問によって, $m>n$ ならば $(n)_m=0$ である.) $1\leqq m\leqq n$ ならば

(＊)　$$(n)_m=n(n-1)(n-2)\cdots(n-m+1)$$

であることを示せ.

(特に, $(n)_n=n(n-1)\cdots2\cdot1$ を $n!$ と書き, また $0!=1$ と規約する. そうすれば, (＊)は

$$(n)_m=\frac{n!}{(n-m)!}$$

とも書かれる. なおまた, $(n)_0=1$ と規約する.)

18. B を n 個の元から成る有限集合とするとき, B の m 個の元から成る部分集合の総数を $\binom{n}{m}$ または ${}_n\mathrm{C}_m$ で表わす. (もちろん $m>n$ ならば $\binom{n}{m}=0$ である.) $0\leqq m\leqq n$ のとき

$$\binom{n}{m}=\frac{(n)_m}{m!}=\frac{n(n-1)\cdots(n-m+1)}{m!}=\frac{n!}{m!(n-m)!}$$

であることを示せ. また

$$\binom{n}{0}+\binom{n}{1}+\binom{n}{2}+\cdots+\binom{n}{n}=2^n,$$

$$\binom{n}{0}-\binom{n}{1}+\binom{n}{2}-\binom{n}{3}+\cdots+(-1)^n\binom{n}{n}=0$$

であることを, (集合論的考察によって)示せ.

19*. A を m 個, B を n 個の元から成る有限集合とするとき, A から B への全射の総数を $S(m,n)$ で表わすこととする.

(a)　集合論的考察により, $n^m=\sum_{k=1}^{n}\binom{n}{k}S(m,k)$ を示せ.

(b)　(a)(および前問の公式)を用い, n に関する帰納法によって

$$S(m,n)=\sum_{k=0}^{n}(-1)^{n-k}\binom{n}{k}k^m$$

を証明せよ.

(16, 17によって，$m<n$ ならば $S(m,n)=0$，$m=n$ ならば $S(m,n)=n!$ であるから，上の結果から特に

$$\sum_{k=0}^{n}(-1)^{n-k}\binom{n}{k}k^m=\begin{cases}0 & (m<n \text{ のとき}),\\ n! & (m=n \text{ のとき})\end{cases}$$

が導かれる.)

§5　添数づけられた族，一般の直積

A)　元の無限列，有限列

高等学校で，われわれは(実数の)数列の概念を学んだ．それは，たとえば

(i)　$1,\ \frac{1}{2},\ \frac{1}{3},\ \frac{1}{4},\ \cdots,\ \frac{1}{n},\ \cdots$

(ii)　$1,\ -1,\ 1,\ -1,\ \cdots,\ (-1)^{n-1},\ \cdots$

のように，数を1列に並べたもののことであるが，この概念について，もう少しくわしく考えてみよう.

いま，1つの数列が与えられたとき，各自然数 n に，その数列の n 番目の数――第 n 項――を対応させれば，$\boldsymbol{N}$ から $\boldsymbol{R}$ への1つの写像が得られる．たとえば，上の(i)からは $\alpha(n)=1/n$ によって写像 $\alpha:\boldsymbol{N}\to\boldsymbol{R}$ が得られ，(ii)からは $\beta(n)=(-1)^{n-1}$ によって写像 $\beta:\boldsymbol{N}\to\boldsymbol{R}$ が得られる．逆に，$\boldsymbol{N}$ から $\boldsymbol{R}$ への任意の写像 γ が与えられたならば，γ による1の像 $\gamma(1)$，2の像 $\gamma(2)$，…，n の像 $\gamma(n)$，…を1列に並べることによって，数列

$$\gamma(1),\ \gamma(2),\ \cdots,\ \gamma(n),\ \cdots$$

が得られる．しかも，われわれが暗黙のうちに了解していたところによれば，2つの数列が‘等しい’というのは，それらの第1項，第2項，…，第 n 項，…がそれぞれ一致するという意味であった．このことは，写像 $\gamma:\boldsymbol{N}\to\boldsymbol{R}$ から定まる上の数列と，$\gamma':\boldsymbol{N}\to\boldsymbol{R}$ から定まる数列

$$\gamma'(1),\ \gamma'(2),\ \cdots,\ \gamma'(n),\ \cdots$$

とは，$\gamma=\gamma'$ のときかつそのときに限って等しい，ということにほかならない．したがって，(実数の)数列とは，結局，$\boldsymbol{N}$ から $\boldsymbol{R}$ への写像そのもののことである，と考えても，少しもさしつかえないこととなる．

同様に，平面 π 上の点列とは，$\boldsymbol{N}$ から平面 π への写像にほかならないと考えられる．

そこで，一般に，$\boldsymbol{N}$ から1つの集合 A への写像 a のことを，また，A の**元の列**(くわしくは**無限列**)ともいうこととする．この語法を用いる場合は，$\boldsymbol{N}$ の元 n の a による像 $a(n)$ を通常 a_n と書き，a を

$$a_1,\ a_2,\ \cdots,\ a_n,\ \cdots$$

あるいは $(a_n \mid n \in \boldsymbol{N})$，$(a_n)_{n \in \boldsymbol{N}}$ (または略して単に (a_n)) などの記号で表わす．a_n を，この元の列の**第 n 項**という．

A の元の列 $a=(a_n)_{n \in \boldsymbol{N}}$ は，上に述べたように $\boldsymbol{N}$ から A への写像であるが，その写像による $\boldsymbol{N}$ の元 n の像 a_n を全部あつめてできる集合 $\{a_n \mid n \in \boldsymbol{N}\}$ は，A の部分集合である．これは，写像 a の値域にほかならない．これをまた $\{a_n\}_{n \in \boldsymbol{N}}$ (または略して $\{a_n\}$) とも書く．

注意　$(a_n)_{n \in \boldsymbol{N}}$ と $\{a_n\}_{n \in \boldsymbol{N}}$ との間には，概念上明確な違いがあるから，混同しないように注意しなければならない．たとえば，p. 42 の数列(ii)を (a_n) とすれば，その値域は2元 $-1, 1$ のみから成るから，$\{a_n\}=\{-1, 1\}$ である[1]．

また，n を1つの与えられた自然数とするとき，集合 $\{1, 2, \cdots, n\}$ から集合 A への写像 a を，A の元の**有限列**(くわしくは，**長さ n** の有限列)といい，これを

$$a_1,\ a_2,\ \cdots,\ a_n$$

あるいは $(a_i \mid i \in \{1, 2, \cdots, n\})$，$(a_i \mid i=1, 2, \cdots, n)$，$(a_i)_{i=1,2,\cdots,n}$ などと書く．もちろん，a_i は写像 a による i の像 $a(i)$ を意味するのである．集合 A から(くり返しを許して)元を n 個選んでつくったいわゆる‘重複順列’の概念は，これと全く同じものである．

---

1)　通常，微積分学の書物では，数列自身を記号 $\{a_n\}$ で表わすことが多いが，集合論の一般的記法に忠実である立場からは，この習慣は好ましくない．

B)　元の族

'元の列' をさらに一般化した概念として，'元の族' の概念がある．

一般に，ある集合 Λ から集合 A への写像 a を，しばしば，A の**元の族**，くわしくは，Λ によって**添数づけられた** A の元の族という．その場合，Λ の各元 λ の a による像 $a(\lambda)$ を a_λ と書き，a を

$$(a_\lambda \mid \lambda \in \Lambda) \quad \text{または} \quad (a_\lambda)_{\lambda \in \Lambda}$$

などで表わす．$a=(a_\lambda)_{\lambda \in \Lambda}$ の定義域 Λ をこの族の**添数集合**（Λ の元を**添数**）ともいう．$a=(a_\lambda)_{\lambda \in \Lambda}$ の値域 $\{a_\lambda \mid \lambda \in \Lambda\}$――これは A の部分集合である――は，$\{a_\lambda\}_{\lambda \in \Lambda}$ ともしるされる．（添数集合を明示する必要がない場合には，$(a_\lambda)_{\lambda \in \Lambda}$，$\{a_\lambda\}_{\lambda \in \Lambda}$ を略して，それぞれ単に (a_λ), $\{a_\lambda\}$ と書く.）

なお，終集合 A を特に指定しないで，単に 'Λ によって添数づけられた族 $(a_\lambda)_{\lambda \in \Lambda}$' というときは，$\Lambda$ を定義域とし，その各元 λ において値 a_λ をとる（終集合を重視しない）写像のことを意味する．

注意 1　$\boldsymbol{N}$（あるいは $\{1, 2, \cdots, n\}$）のような集合は，その元の間に '順序' があり，その順序についていわゆる '整列集合' をなしている．（この概念については，後に第3章§2でくわしく述べる.）添数集合がこのような整列集合である場合に，'元の族' は特に '元の列' ともよばれるのである．

注意 2　添数集合は，一般には，どのような集合であってもよい．しかし，それを表わす文字としては，普通 $\Lambda, M, \cdots, I, J, \cdots$ などがよく用いられる．

C)　集合族とその和集合，共通部分

Λ によって添数づけられた族 $(A_\lambda)_{\lambda \in \Lambda}$ で，Λ の各元 λ においてとる値 A_λ がそれぞれ1つの集合であるようなものを，（Λ によって添数づけられた）**集合族**という．（すなわち，集合族 $(A_\lambda)_{\lambda \in \Lambda}$ というのは，Λ からある集合系への写像であるが，この概念においては，通常，その '終集合' は重視されない.）集合族 $(A_\lambda)_{\lambda \in \Lambda}$ の値域 $\{A_\lambda\}_{\lambda \in \Lambda}$ は，明らかに1つの集合系である．

集合族 $(A_\lambda)_{\lambda \in \Lambda}$ に対し，1つの集合 X があって，どの $\lambda \in \Lambda$ についても $A_\lambda \subset X$ となっている場合には，$(A_\lambda)_{\lambda \in \Lambda}$ を X の**部分集合族**という．

集合族 $(A_\lambda)_{\lambda \in \Lambda}$ が与えられたとき，$x \in A_\lambda$ となる Λ の元 λ が（少なくとも1

つ)存在するような x 全体の集合を，(必ずしも正確ないい方ではないが)この族の**和集合**という．また，Λ のどの元 λ に対しても $x \in A_\lambda$ であるような x 全体の集合を，この族の**共通部分**という．これらをそれぞれ記号 $\bigcup_{\lambda \in \Lambda} A_\lambda$, $\bigcap_{\lambda \in \Lambda} A_\lambda$ で表わす．すなわち

$$\bigcup_{\lambda \in \Lambda} A_\lambda = \{x \mid \exists \lambda \in \Lambda (x \in A_\lambda)\},$$

$$\bigcap_{\lambda \in \Lambda} A_\lambda = \{x \mid \forall \lambda \in \Lambda (x \in A_\lambda)\}.$$

明らかに，これらはそれぞれ，集合系 $\{A_\lambda\}_{\lambda \in \Lambda}$ の和集合，共通部分 [§2, F) 参照] と一致する．$\left(\bigcup_{\lambda \in \Lambda} A_\lambda \text{ は } \bigcup (A_\lambda \mid \lambda \in \Lambda),\ \bigcup \{A_\lambda \mid \lambda \in \Lambda\}\right.$ などともしるされる．$\left.\bigcap_{\lambda \in \Lambda} A_\lambda \text{ についても同様である．}\right)$

注意 $\Lambda = \{1, 2, \cdots, n\}$ のとき，$\bigcup_{\lambda \in \Lambda} A_\lambda$, $\bigcap_{\lambda \in \Lambda} A_\lambda$ が§2, A), B) で定義した $\bigcup_{i=1}^{n} A_i$, $\bigcap_{i=1}^{n} A_i$ と同じものであることは，いうまでもない．なお，$\Lambda = \boldsymbol{N}$ のとき，$\bigcup_{\lambda \in \Lambda} A_\lambda$ は $\bigcup_{n=1}^{\infty} A_n$ などとも書かれる．

$\bigcup_{\lambda \in \Lambda} A_\lambda$ は，すべての λ に対する A_λ を含むような集合のうちで最小のもの，$\bigcap_{\lambda \in \Lambda} A_\lambda$ は，すべての λ に対する A_λ に含まれるような集合のうちで最大のものである．

集合族の和集合，共通部分について，次のような公式が成り立つ．

(5.1) $$\left(\bigcup_{\lambda \in \Lambda} A_\lambda\right) \cap B = \bigcup_{\lambda \in \Lambda} (A_\lambda \cap B),$$

(5.1)′ $$\left(\bigcap_{\lambda \in \Lambda} A_\lambda\right) \cup B = \bigcap_{\lambda \in \Lambda} (A_\lambda \cup B).$$

これらは分配律(2.10), (2.10)′ の一般化である．

また，$(A_\lambda)_{\lambda \in \Lambda}$ が普遍集合 X の部分集合族である場合には，

(5.2) $$\left(\bigcup_{\lambda \in \Lambda} A_\lambda\right)^c = \bigcap_{\lambda \in \Lambda} A_\lambda^c,$$

(5.2)′ $$\left(\bigcap_{\lambda \in \Lambda} A_\lambda\right)^c = \bigcup_{\lambda \in \Lambda} A_\lambda^c.$$

これらは de Morgan の法則(2.16), (2.16)′ の一般化である．

さらに，f を集合 A から集合 B への写像とし，$(P_\lambda)_{\lambda \in \Lambda}$, $(Q_\mu)_{\mu \in M}$ をそれぞれ A, B の部分集合族とすれば，

(5.3) $$f\left(\bigcup_{\lambda \in \Lambda} P_\lambda\right) = \bigcup_{\lambda \in \Lambda} f(P_\lambda),$$

(5.4)　$$f\left(\bigcap_{\lambda\in\Lambda}P_\lambda\right)\subset\bigcap_{\lambda\in\Lambda}f(P_\lambda),$$

(5.3)′　$$f^{-1}\left(\bigcup_{\mu\in M}Q_\mu\right)=\bigcup_{\mu\in M}f^{-1}(Q_\mu),$$

(5.4)′　$$f^{-1}\left(\bigcap_{\mu\in M}Q_\mu\right)=\bigcap_{\mu\in M}f^{-1}(Q_\mu).$$

これらは(4.2), (4.3), (4.2)′, (4.3)′の一般化である.

上の(5.1)-(5.4)′の証明は，練習問題として，すべて読者にゆだねよう.

D)　一般の直積，選出公理

$(A_\lambda)_{\lambda\in\Lambda}$ を1つの与えられた集合族とするとき，Λ で定義された写像 $\boldsymbol{a}$ で，次の条件

(＊)　　Λ のどの元 λ に対しても $\boldsymbol{a}(\lambda)=a_\lambda\in A_\lambda$

を満足するようなもの全体の集合，いいかえれば，条件(＊)を満たす族 $(a_\lambda)_{\lambda\in\Lambda}$ 全体の集合を，集合族 $(A_\lambda)_{\lambda\in\Lambda}$ の**直積**(または単に**積**)といい，記号

$$\prod_{\lambda\in\Lambda}A_\lambda$$

で表わす．直積 $\prod_{\lambda\in\Lambda}A_\lambda$ に対して，各 A_λ をその**直積因子**という.

特に，$\Lambda=\{1,2\}$ とすれば，$\prod_{\lambda\in\{1,2\}}A_\lambda$ は，$a_1\in A_1$，$a_2\in A_2$ であるような族 $\boldsymbol{a}=(a_\lambda)_{\lambda\in\{1,2\}}=(a_1,a_2)$ 全体の集合となるが，これは前に§3, A)で定義した2つの集合の直積 $A_1\times A_2$ にほかならない．一般に，Λ が有限集合 $\Lambda=\{1,2,\cdots,n\}$ であるとき，$\prod_{\lambda\in\Lambda}A_\lambda$ は,

$$A_1\times A_2\times\cdots\times A_n\quad\text{または}\quad\prod_{i=1}^{n}A_i$$

とも書かれる．これは，$a_1\in A_1$，$a_2\in A_2$，…，$a_n\in A_n$ であるような族 $(a_1,a_2,\cdots,a_n)$ 全体の集合である．(なお，この場合，‘族’のかわりにしばしば‘組’という語も用いられる.) また $\Lambda=\boldsymbol{N}$ のときには，$\prod_{\lambda\in\Lambda}A_\lambda$ は $\prod_{n=1}^{\infty}A_n$ ともしるされる.

また $(A_\lambda)_{\lambda\in\Lambda}$ において，すべての $\lambda\in\Lambda$ に対し A_λ が同じ集合 A である場合には，直積 $\prod_{\lambda\in\Lambda}A_\lambda$ は，Λ で定義され，その各元の像が A の元であるような写像全体の集合となるが，これは，(写像の終集合を重視すれば) Λ から A への写像全体の集合にほかならないと考えられる．すなわち，この場合 $\prod_{\lambda\in\Lambda}A_\lambda$ は

A^{Λ} と同一視される．

次に，集合論において1つの原理として認められている'選出公理'について説明しよう．

いま，集合族 $(A_\lambda)_{\lambda\in\Lambda}$ において，$A_\lambda=\phi$ であるような $\lambda\in\Lambda$ が少なくとも1つ存在するならば，$\prod_{\lambda\in\Lambda} A_\lambda=\phi$ であることは，直ちに示される．(実際，Λ のある元 λ_0 に対して $A_{\lambda_0}=\phi$ とすれば，Λ で定義されたいかなる写像 $\boldsymbol{a}$ についても $\boldsymbol{a}(\lambda_0)=a_{\lambda_0}\notin A_{\lambda_0}$. したがって，条件(＊)を満たすような写像は1つも存在しない.) このことの逆(の対偶)にあたる命題：

$$\text{(AC)} \qquad \forall\lambda\in\Lambda(A_\lambda\neq\phi)\Rightarrow\prod_{\lambda\in\Lambda}A_\lambda\neq\phi$$

を，**選出公理**(axiom of choice)というのである．

われわれは以後，この命題を承認されたものとして話を進めるが，先に進む前に，この命題について少しばかり注釈をつけ加えておこう．

命題(AC)は，くわしくいえば，空でない集合から成る族 $(A_\lambda)_{\lambda\in\Lambda}$ が与えられたとき，Λ で定義された写像 $\boldsymbol{a}$ で，その各元 λ においてとる値 $\boldsymbol{a}(\lambda)=a_\lambda$ が A_λ の元であるようなものが(少なくとも1つ)存在する，ということを意味する．ところで，そのような写像 $\boldsymbol{a}$ を1つ定めることは，"すべての $\lambda\in\Lambda$ に対し，A_λ からそれぞれ1つの元 a_λ を'いっせいに'選び出して指定する"ということにほかならない．いま，どの A_λ も空ではないとしているのであるから，Λ が有限集合ならば，このような'選出'が可能であることはいうまでもない．(すなわち，Λ が有限集合の場合には，命題(AC)は全く自明である.) しかし，Λ が無限集合であるときには，"すべての A_λ から a_λ を'いっせいに'選出する"ということは，(何等かの規則によって，その選出の方法が具体的に指示されているのでない限り)，いわば'理念上の操作'ともいうべきものであろう．このような理念上の操作の可能性を，1つの原理として認めることにしたのが，選出公理にほかならないのである．

注意　集合論におけるこの命題の重要性に注目し，これを公理として提出したのは Zermelo (1904) である．

集合族 $(A_\lambda)_{\lambda\in\Lambda}$ において，どの $\lambda\in\Lambda$ に対しても $A_\lambda\neq\phi$ であるとし，この族

の直積を $\prod_{\lambda\in\Lambda} A_\lambda = A$ とする．(AC)によって，この場合 $A \neq \phi$ である．λ を Λ の1つのきめられた元とするとき，A の元 a の λ においてとる値 $a(\lambda)=a_\lambda$ $(\in A_\lambda)$ を，a の λ **成分**あるいは λ **座標**という．A の各元 a にその λ 成分 a_λ を対応させれば，A から A_λ への1つの写像が得られる．この写像を，A から A_λ への**射影**(projection)といい，しばしば記号 pr_λ (あるいは proj_λ) で表わす．定義によって，$a=(a_\lambda)_{\lambda\in\Lambda}$ ならば

$$\mathrm{pr}_\lambda(a) = a_\lambda$$

である．

E) 写像に関する一定理

選出公理の1つの応用として，次の定理を証明しよう．(ただし，この定理の証明で選出公理が用いられるのは，(a)の後半の部分だけである．)

定理 7 f を A から B への写像とする．

(a) f が全射であるとき，またそのときに限り，$f\circ s=I_B$ となるような写像 $s: B\to A$ が存在する．

(b) f が単射であるとき，またそのときに限り，$r\circ f=I_A$ となるような写像 $r: B\to A$ が存在する．

証明 (a) $f\circ s=I_B$ となるような写像 $s: B\to A$ が存在する場合，f が全射であることは容易に示される．(§4，問題10(a)参照.)

逆に，$f: A\to B$ が全射であるとしよう．その場合，B のどの元 b に対しても，その原像 $f^{-1}(b)$ は空ではない．したがって $f^{-1}(b)=A_b$ とおけば，$(A_b)_{b\in B}$ は空でない集合から成る集合族となる．ゆえに(AC)により，B で定義された写像 s で，すべての $b\in B$ に対し，$s(b)\in A_b$ となるものが存在する．$s(b)\in A_b \subset A$ であるから，s は B から A への写像と考えられるが，この s に対して，$f\circ s=I_B$ が成り立つのである．

実際，b を B の任意の元とし，$s(b)=a$ とすれば，$a\in A_b=f^{-1}(b)$ であるから，$f(a)=b$．したがって

$$(f\circ s)(b) = f(s(b)) = f(a) = b = I_B(b).$$

ゆえに $f\circ s=I_B$ となる．

(b)　$r\circ f=I_A$ となるような $r:B\to A$ が存在する場合，f が単射であることは容易に示される．(§4，問題10(b)参照.)

逆に，$f:A\to B$ が単射であるとしよう．そのとき，f の終集合を $V(f)$ に変えた写像を f' とすれば，$f':A\to V(f)$ は全単射である．その逆写像を r': $V(f)\to A$ とする．そこで，A の1つの元 a_0 を任意にきめておき，B から A への写像 r を

$$r(b)=\begin{cases} r'(b) & (b\in V(f)\ \text{のとき}), \\ a_0 & (b\in B-V(f)\ \text{のとき}) \end{cases}$$

によって定義すれば，$r\circ f=I_A$ となることが次のように示される．

a を A の任意の元とし，$f(a)=f'(a)=b$ とすれば，$b\in V(f)$ で，$r'=f'^{-1}$ であるから，$a=r'(b)=r(b)$．したがって

$$(r\circ f)(a)=r(f(a))=r(b)=a=I_A(a).$$

ゆえに $r\circ f=I_A$．(証明終)

$f:A\to B$ が全射であるとき，$f\circ s=I_B$ となるような写像 $s:B\to A$ を f の‘右逆写像’，$f:A\to B$ が単射であるとき，$r\circ f=I_A$ となるような写像 $r:B\to A$ を f の‘左逆写像’ということがある．これらは，一般に，f に対して一意的には定まらない．

系　A, B を2つの集合とするとき，A から B への単射が存在するための必要十分条件は，B から A への全射が存在することである．

証明　A から B への単射 φ が存在すれば，定理の(b)によって $\psi\circ\varphi=I_A$ となるような B から A への写像 ψ が存在し，この ψ は((a)により)全射である．逆に，B から A への全射 ψ が存在すれば，定理の(a)によって $\psi\circ\varphi=I_A$ となる A から B への写像 φ が存在し，この φ は((b)により)単射である．

F)　多変数の写像

写像 $f:A\to B$ の定義域 A が直積 $A_1\times A_2\times\cdots\times A_n$ の部分集合である場合には，A の元 a は，当然 $(a_1, a_2, \cdots, a_n)$ (ただし $a_i\in A_i$) の形をしている．し

たがって，この場合，f による a の像 $f(a)$ は，$f((a_1, a_2, \cdots, a_n))$，あるいは簡単に $f(a_1, a_2, \cdots, a_n)$ とも書かれる．この書き方では，$(a_1, a_2, \cdots, a_n)$ という元の組に対して f のとる値が定まる，という事情が強調されているわけである．そこで，この記法を用いる場合，f はまた‘n 変数の写像’であるともいわれる．

特に，‘$M \times M$ から M への写像’という形の‘2変数の写像’は，数学ではきわめてしばしば現われる．

たとえば，x, y を実数とするとき，$f(x, y) = x + y$，$g(x, y) = xy$ とおけば，f, g はいずれも $\boldsymbol{R} \times \boldsymbol{R}$ から $\boldsymbol{R}$ への写像である．

また，X を1つの集合とするとき，$\mathfrak{P}(X)$ の元 A, B に対して $\varphi(A, B) = A \cup B$，$\psi(A, B) = A \cap B$ とおけば，φ, ψ は $\mathfrak{P}(X) \times \mathfrak{P}(X)$ から $\mathfrak{P}(X)$ への写像となる．

これらの例と同様に，一般に，集合 M の2元から M の1つの元をつくり出す操作——このような操作のことを，しばしば，M における**算法**(あるいは**演算**)という——は，$M \times M$ から M への(2変数の)写像にほかならないと考えられる．

問題

1. 実数の区間 $[0, 1/n]$ を A_n，$(0, 1/n]$ を B_n，$(-1/n, n)$ を C_n $(n \in \boldsymbol{N})$ とするとき，$\bigcup_{n=1}^{\infty} A_n$，$\bigcap_{n=1}^{\infty} A_n$，$\bigcup_{n=1}^{\infty} B_n$，$\bigcap_{n=1}^{\infty} B_n$，$\bigcup_{n=1}^{\infty} C_n$，$\bigcap_{n=1}^{\infty} C_n$ を求めよ．

2. (5.1)，(5.1)′ を証明せよ．

3. (5.2)，(5.2)′ を証明せよ．

4. (5.3)，(5.4)，(5.3)′，(5.4)′ を証明せよ．

5. 次の等式を証明せよ．

(a) $$\left(\bigcup_{\lambda \in \Lambda} A_\lambda\right) \cap \left(\bigcup_{\mu \in M} B_\mu\right) = \bigcup_{(\lambda, \mu) \in \Lambda \times M} (A_\lambda \cap B_\mu),$$

(b) $$\left(\bigcap_{\lambda \in \Lambda} A_\lambda\right) \cup \left(\bigcap_{\mu \in M} B_\mu\right) = \bigcap_{(\lambda, \mu) \in \Lambda \times M} (A_\lambda \cup B_\mu),$$

(c) $$\left(\bigcup_{\lambda \in \Lambda} A_\lambda\right) \times \left(\bigcup_{\mu \in M} B_\mu\right) = \bigcup_{(\lambda, \mu) \in \Lambda \times M} (A_\lambda \times B_\mu),$$

(d) $$\left(\bigcap_{\lambda \in \Lambda} A_\lambda\right) \times \left(\bigcap_{\mu \in M} B_\mu\right) = \bigcap_{(\lambda, \mu) \in \Lambda \times M} (A_\lambda \times B_\mu).$$

6. 集合族 $(A_\lambda)_{\lambda\in\Lambda}$ において，$\lambda\neq\lambda'$ ならば $A_\lambda\cap A_{\lambda'}=\phi$ とし，各 $\lambda\in\Lambda$ について f_λ を A_λ から B への写像とする．そのとき，$\bigcup_{\lambda\in\Lambda}A_\lambda$ から B への写像 f で，すべての f_λ の拡大であるものが一意的に存在することを示せ．

7. 集合族 $(A_\lambda)_{\lambda\in\Lambda}$ において，すべての $\lambda\in\Lambda$ に対し A_λ は空でないとする．そのとき，$A=\prod_{\lambda\in\Lambda}A_\lambda$ から各直積因子 A_λ への射影 pr_λ は A から A_λ への全射であることを示せ．

8. $(A_\lambda)_{\lambda\in\Lambda}$，$(B_\lambda)_{\lambda\in\Lambda}$ を同じ添数集合 Λ をもつ2つの集合族とし，すべての $\lambda\in\Lambda$ に対して $A_\lambda\neq\phi$ とする．そのとき，$\prod_{\lambda\in\Lambda}A_\lambda\subset\prod_{\lambda\in\Lambda}B_\lambda$ となるためには，すべての $\lambda\in\Lambda$ に対して $A_\lambda\subset B_\lambda$ であることが必要十分であることを示せ．

9. $\left(\prod_{\lambda\in\Lambda}A_\lambda\right)\cap\left(\prod_{\lambda\in\Lambda}B_\lambda\right)=\prod_{\lambda\in\Lambda}(A_\lambda\cap B_\lambda)$ を示せ．

10. $(A_\lambda)_{\lambda\in\Lambda}$，$(B_\lambda)_{\lambda\in\Lambda}$ を同じ添数集合 Λ をもつ2つの集合族とし，各 $\lambda\in\Lambda$ について A_λ から B_λ への写像 f_λ が与えられたとする．そのとき，$\prod_{\lambda\in\Lambda}A_\lambda$ の各元 $(a_\lambda)_{\lambda\in\Lambda}$ に $\prod_{\lambda\in\Lambda}B_\lambda$ の元 $(f_\lambda(a_\lambda))_{\lambda\in\Lambda}$ を対応させれば，$\prod_{\lambda\in\Lambda}A_\lambda$ から $\prod_{\lambda\in\Lambda}B_\lambda$ への1つの写像 f が得られる．この写像 f が全射(または単射)であるためには，すべての $\lambda\in\Lambda$ について f_λ が全射(または単射)であることが必要十分であることを示せ．

11. $f:A\to B$ を全射とし，s,s' をともに f の右逆写像とする．そのとき $V(s)$，$V(s')$ の一方が他方に含まれていれば $s=s'$ であることを証明せよ．

12. $f:A\to B$，$f':B\to C$ とする．

(a)　f,f' がともに全射のとき，s,s' をそれぞれ f,f' の右逆写像とすれば，$s\circ s'$ は $f'\circ f$ の右逆写像となることを示せ．

(b)　f,f' がともに単射のとき，r,r' をそれぞれ f,f' の左逆写像とすれば，$r\circ r'$ は $f'\circ f$ の左逆写像となることを示せ．

13. g を B から C への写像，h を A から C への写像とする．そのとき，$h=g\circ f$ となるような写像 $f:A\to B$ が存在するための必要十分条件は，$V(h)\subset V(g)$ が成り立つことであることを示せ．(したがって特に，g が全射ならば，必ず $h=g\circ f$ となる f が存在する．)

14. f を A から B への写像，h を A から C への写像とする．そのとき，$h=g\circ f$ となるような写像 $g:B\to C$ が存在するための必要十分条件は，A の元 a,a' に対し

$$f(a)=f(a')\Rightarrow h(a)=h(a')$$

が成り立つことであることを示せ．(したがって特に，f が単射ならば，必ず $h=g\circ f$ となる g が存在する．)

15. A,A',B,B' を4つの集合とし，A' から A への写像 u，B から B' への写像 v が与えられているとする．そのとき，$\mathfrak{F}(A,B)$ の各元 f に $\mathfrak{F}(A',B')$ の元 $v\circ f\circ u$ を対応させれば，$\mathfrak{F}(A,B)$ から $\mathfrak{F}(A',B')$ への写像 Φ が得られる：$\Phi(f)=v\circ f\circ u$．これについて

次のことを示せ.

(a)　u が全射，v が単射ならば，Φ は単射である.

(b)　u が単射，v が全射ならば，Φ は全射である.

§6　同値関係

A)　関係の概念

前に§1, B)で1変数の条件を考えたが，2個以上の変数を含む条件，たとえば

(i)　x, y は有理数で $x<y$ である；

(ii)　x, y, z は実数で $x^2+y^2=2z$ である；

(iii)　p, l は平面 π 上の点および直線で，p は l の上にある；

のようなものは，一般に，それらの変数の間の**関係**とよばれる．変数の個数が n ならば，それを n 変数の関係という．上の(i), (iii)は2変数の関係，(ii)は3変数の関係である.

関係に含まれる各変数には，それぞれその‘変域’，すなわち，その変数に代入することのできるもの全体から成る集合が定まっている．たとえば，上の(i)の変数 x, y の変域はともに $\boldsymbol{Q}$；(ii)の変数 x, y, z の変域はいずれも $\boldsymbol{R}$；(iii)の変数 p, l の変域は，それぞれ，平面 π 上の点全体の集合，平面 π 上の直線全体の集合である.

以後，関係を一般に R のような文字で表わし，R が n 変数 $x_1, x_2, \cdots, x_n$ の関係で，各変数の変域がそれぞれ $X_1, X_2, \cdots, X_n$ であるならば，それを

$$R(x_1, x_2, \cdots, x_n) \qquad (x_i \text{ の変域は } X_i)$$

のように書く．(もちろん，R が数学の概念としての関係である以上，各変数 $x_1, x_2, \cdots, x_n$ にそれぞれ具体的な元 $a_1, a_2, \cdots, a_n$ を代入した場合，$R(a_1, a_2, \cdots, a_n)$ が成り立つか成り立たないかは，いずれか一方だけに，いつもはっきりと定まっていなければならない.)

特に，数学では

$$R(x, y) \qquad (x, y \text{ の変域はともに } A)$$

という形の‘2変数の関係’がよく考えられる．本節では，これから先，このような関係だけをとりあつかう．このような関係のことを，以後簡単に‘A における関係’とよぶこととし，またこの場合，$R(x, y)$ を xRy とも書くこととする．

R を集合 A における1つの関係とするとき，aRb が成り立つような A の元 a, b の組 (a, b) の全体は，$A \times A$ の1つの部分集合を形づくる．この集合を関係 R の**グラフ**といい，$G(R)$ で表わす．すなわち

$$G(R) = \{(a, b) \mid a \in A,\ \ b \in A,\ \ aRb\}.$$

逆に，$A \times A$ の任意の部分集合 G が与えられたとき，$G = G(R)$ となるような A における関係 R を(ただ1つだけ)定義することができる．すなわち，A の元 a, b に対し，$(a, b) \in G$ のときまたそのときに限って aRb が成り立つとして，関係 R を定めればよい．

したがって，A における1つの関係を定めることは，結局，$A \times A$ の1つの部分集合を与えることと，本質的に異ならないことがわかる．

注意　§3, C) でみたように，A から A への1つの対応を定めることも，そのグラフとよばれる $A \times A$ の部分集合を指定することと，同等であった．このことと上に述べたこととを考え合わせれば，‘A における関係’という概念と‘A から A への対応’という概念とは，実質的には全く同じものであることがわかる．(両概念の間には，いわばニュアンスの違いがあるだけである．)

なお今後，R が A における関係で，$a, b \in A$ のとき，単に‘aRb’と書いたならば，それは‘aRb が成り立つ’という意味であると約束しておく．

B)　同値関係

集合 A における関係 R が次の(1), (2), (3)を満たすとき，R は A における**同値関係**であるという．

(1)　A のすべての元 a に対して aRa.

(2)　A の元 a, b に対し

$$aRb \Rightarrow bRa.$$

(3)　A の元 a, b, c に対し

$$aRb,\ \ bRc \Rightarrow aRc.$$

(1), (2), (3)をそれぞれ**反射律**，**対称律**，**推移律**といい，これら3つを合わせて**同値律**という．

注意　なお一般に，(1)を満たすような関係は**反射的**，(2)を満たすような関係は**対称的**，(3)を満たすような関係は**推移的**であるといわれる．同値関係は，反射的，対称的，かつ推移的であるような関係にほかならない．

同値関係はまた，しばしば，$\equiv$ あるいは $\sim$ などの記号で表わされる．

R が A における同値関係であるとき，aRb であるような A の元 a, b は，R に関して**同値**であるといわれる．

次に同値関係のいくつかの例を挙げよう．

例 1　A を任意の集合とし，R を A の元の間の相等関係 $=$ とすれば，これは A における1つの同値関係である．実際，$a=b$ という関係はいうまでもなく同値律を満足するからである．これはいわば‘最も原始的な’同値関係である．

例 2　整数の集合 $\boldsymbol{Z}$ と1つの定まった正の整数 n とを考える．$\boldsymbol{Z}$ の元 a, b は，$a-b$ が n で割り切れるとき，n に関して(あるいは，n を**法**として)**合同**であるといわれ，$a\equiv b \pmod n$ または略して $a\equiv b\ (n)$ としるされる．この関係 $\equiv \pmod n$ は $\boldsymbol{Z}$ における1つの同値関係である．実際，まず任意の $a\in\boldsymbol{Z}$ に対し，$a-a=0$ で，0は n で割り切れるから，$a\equiv a \pmod n$ である．また $a, b\in\boldsymbol{Z}$ に対し，$a-b$ が n で割り切れるならば，$b-a=-(a-b)$ ももちろん n で割り切れる．すなわち $a\equiv b \pmod n$ ならば $b\equiv a \pmod n$ である．最後に $a, b, c\in\boldsymbol{Z}$ に対し，$a-b$, $b-c$ がともに n で割り切れれば，$a-c=(a-b)+(b-c)$ もやはり n で割り切れる．すなわち $a\equiv b \pmod n$, $b\equiv c \pmod n$ ならば $a\equiv c \pmod n$ である．以上で，$\equiv \pmod n$ は反射律，対称律，推移律を満たすことが示された．

例 3　f を集合 A から集合 B への1つの写像とする．A の元 x, y に対し，それらの f による像が一致するとき(すなわち $f(x)=f(y)$ となるとき)，またそのときに限り，xRy として，関係 R を定義すれば，これは明らかに，A に

おける同値関係となる．これを写像 f に**付随する**同値関係といい，しばしば $R(f)$ で表わす．

例 4　集合 A とその部分集合系 $\mathfrak{M}$ について，次の(i), (ii)が成り立つとき，$\mathfrak{M}$ は A の**直和分割**である，A は $\mathfrak{M}$ に属する集合の**直和**である(あるいは簡単に，A は $\mathfrak{M}$ の直和である)，などという．

(i)　$\bigcup \mathfrak{M} = A$.

(ii)　$\mathfrak{M}$ の相異なる2元は互に素である．すなわち

$$\mathfrak{M} \ni C, C'; \quad C \neq C' \Rightarrow C \cap C' = \phi.$$

$\mathfrak{M}$ を A の直和分割とすれば，A のどの元 a に対しても，条件(i)によって $a \in C$ となる $\mathfrak{M}$ の元 C が存在するが，条件(ii)によってそのような C はただ1つしかない．すなわち，A の任意の元は1つしかもただ1つの $\mathfrak{M}$ の元に含まれる．そこで，A の元 a, b に対し，a を含む $\mathfrak{M}$ の元と b を含む $\mathfrak{M}$ の元とが一致するとき，またそのときに限り，aRb であるとして，A における関係 R を定義する．(たとえば，第11図において xRy であるが，xRz ではない.) このようにして定義された R が同値関係であることは，直ちに証明される．これを，直和分割 $\mathfrak{M}$ に**付随する**同値関係という．

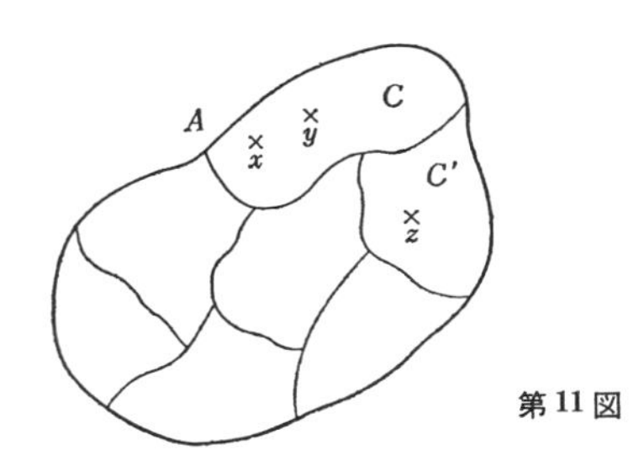

第11図

C)　同値類，商集合

前項の例4でみたように，集合 A の1つの直和分割 $\mathfrak{M}$ が与えられれば，それから‘自然な方法で’ A における1つの同値関係——$\mathfrak{M}$ に付随する同値関係——が得られる．逆に，A における任意の同値関係は，A のある直和分割に

付随する同値関係と考えられることを，次に示そう．

R を A における1つの同値関係とする．そのとき，A の各元 a に対して，aRx であるような A の元 x 全体の集合を $C_R(a)$ または略して $C(a)$ で表わす．すなわち

$$C(a) = \{x \mid x \in A,\ aRx\}.$$

これについて，次のことが成り立つ：

(6.1) $$a \in C(a),$$

(6.2) $$aRb \Longleftrightarrow C(a)=C(b),$$

(6.3) $$C(a) \neq C(b) \Rightarrow C(a) \cap C(b)=\phi.$$

(6.1)は反射律 aRa から明らかである．

(6.2)の証明：まず aRb とする．そのとき $x \in C(a)$ とすれば，aRx で，対称律により bRa，aRx．したがって，推移律により bRx．ゆえに $x \in C(b)$．よって $C(a) \subset C(b)$．同様にして $C(b) \subset C(a)$．ゆえに $C(a)=C(b)$ となる．逆に $C(a)=C(b)$ とすれば，(6.1)により $b \in C(b)$ であるから，$b \in C(a)$．ゆえに aRb．

(6.3)の証明：$C(a) \neq C(b)$ ならば，(6.2)によって aRb ではない．このとき，もし $C(a) \cap C(b) \neq \phi$ とすれば，$c \in C(a) \cap C(b)$ となる c が存在し，aRc，bRc．これより aRc，cRb．よって aRb．これは矛盾である．——

$C(a)=C_R(a)$ を同値関係 R による a の**同値類**あるいは略して a の**類**という．また，A のある元の同値類となっているような A の部分集合，すなわち，ある $C(a)$ と一致するような A の部分集合を，単に R による同値類(あるいは類)という．R による同値類全体の集合を $\mathfrak{M}$ とする．これは A の部分集合系であって，(6.1)により，A のどの元 a も $\mathfrak{M}$ の元 $C(a)$ に含まれるから，$\bigcup \mathfrak{M}=A$．また(6.3)により，$\mathfrak{M}$ の相異なる2元は互に素である．したがって，$\mathfrak{M}$ は A の直和分割となる．さらに(6.2)(および(6.1))によれば，aRb であることと，a, b が $\mathfrak{M}$ の同一の元に含まれることとは同等である．すなわち，与えられた R はこの直和分割 $\mathfrak{M}$ に付随する同値関係にほかならない．

以上を，次の定理としてまとめておこう．

定理 8　R を A における同値関係とするとき，R による同値類全体の集合を $\mathfrak{M}$ とすれば，$\mathfrak{M}$ は A の直和分割であって，$\mathfrak{M}$ に付随する同値関係は与えられた R と一致する．——

A における同値関係 R から上の $\mathfrak{M}$ をつくること(すなわち，'A を R による同値類に分割すること')を，A の R による**類別**(あるいは**分類**)という．また，同値類全体の集合 $\mathfrak{M}$ を，A の R による**商集合**ともよび，通常，これを記号 A/R で表わす．

A の R による各同値類 C は，それに含まれる1つの元を指定することによって完全に定まる．実際，a を C の1つの元とすれば，明らかに $C=C(a)$ となるからである．この意味で，同値類 C に属する各元はしばしば C の**代表**とよばれる．

例 1　任意の集合 A において，いつも，2つの'極端な'同値関係が考えられる．

1つは，元の間の相等関係 $=$ である．この関係については，A のどの元 a もただそれ自身だけと同値であり，したがって a の同値類 $C_{(=)}(a)$ は a のみから成る集合 $\{a\}$ となる．それゆえ，この関係による A の商集合は $A/(=)=\{\{a\} \mid a\in A\}$ となる．(この集合は，厳密にいえば A と同じものではないけれども，実質的には A 自身と変わりがないと考えられるであろう．したがって普通には，$A/(=)$ は集合 A と同一視して取り扱われる．)

他の1つは，'A のすべての元 a, b に対して aR^*b' として定義される関係 R^* である．(これが A における1つの同値関係であることはいうまでもない．) この関係 R^* については，任意の $a\in A$ に対して $C_{R^*}(a)=A$．したがって，A 自身が R^* による1つの同値類となり，また R^* による同値類はこれのみである．よって，A/R^* はただ1つの元から成る集合 $\{A\}$ となる．

元の相等関係については，A の各元はそれぞれ，それ1つだけで1つの同値類を形づくり，R^* については，A 全体が1つの同値類を形づくる．その意味で，相等関係は'最もこまかい同値関係'，R^* は'最も粗(あら)い同値関係'である．(これらの両極端な同値関係は，明らかに，数学的な興味には乏しいものである．しかし，このような同値関係についても，それによる類別，商集合などの明確な認識を得ておくことは必要である.)

例 2 n を1つの与えられた正の整数とし，$\boldsymbol{Z}$ における n を法とする合同関係 $\equiv (\mathrm{mod}\, n)$ [B)の例2] を考える．定義から明らかに，整数 $0, 1, 2, \cdots, n-1$ は，互に(n を法として)合同ではない．それゆえ，これら n 個の整数の $\equiv (\mathrm{mod}\, n)$ による同値類 $C(0), C(1), \cdots, C(n-1)$ はすべて相異なる．一方，任意の整数 m は，よく知られた除法の定理によって，

$$m = qn+r ; \quad q \in \boldsymbol{Z},\ r \in \boldsymbol{Z},\ 0 \leqq r < n$$

の形に一意的に表わされ，$m \equiv r\ (\mathrm{mod}\, n)$ となる．したがって $C(m)$ は $C(0)$, $C(1), \cdots, C(n-1)$ のいずれか1つと一致する．ゆえに，$\equiv (\mathrm{mod}\, n)$ による $\boldsymbol{Z}$ の同値類は上の n 個によってつくされる．すなわち，商集合 $\boldsymbol{Z}/(\equiv (\mathrm{mod}\, n))$ は n 個の元から成る集合

$$\{C(0),\ C(1),\ \cdots,\ C(n-1)\}$$

となる．——

ふたたび一般論にもどって，A を任意の集合とし，R を A における1つの同値関係とする．そのとき，A の各元 a に商集合 A/R の元 $C(a)$ を対応させれば，A から A/R への1つの写像が得られる．この写像を，A から A/R への**自然な写像**，あるいは**標準的写像**という．それを φ とすれば，定義によって，A の任意の元 a に対して $\varphi(a) = C(a)$ である．A/R の元はすべて $C(a)$ の形に表わされるから，自然な写像 φ は A から A/R への全射である．また定義から明らかに，A の元 a, b に対し，$\varphi(a) = \varphi(b)$ となることは aRb であることと同等である．したがって，与えられた R はこの φ に付随する同値関係 [B)の例3参照] とも考えられる．

D) 写像の分解

f を集合 A から集合 B への写像とし，f に付随する A における同値関係を $R(f) = R$ とする．このとき，A から商集合 A/R への標準的写像を φ とすれば，定義により，$a, a' \in A$ に対し

$$\varphi(a)=\varphi(a') \Longleftrightarrow aRa' \Longleftrightarrow f(a)=f(a').$$

したがって，A/R の各元 $\varphi(a)$ に対し B の元 $f(a)$ は一意的に定まるから，$\varphi(a)$ に $f(a)$ を対応させる A/R から B への写像 g' が考えられる．これは明らかに A/R から B への単射である．また明らかに，$V(g')=V(f)$ であるから，g' の終集合を $V(f)$ に変えた写像を g とすれば，g は A/R から $V(f)$ への全単射となる．そこで，$V(f)$ から B への標準的単射 [§4, B), 例 2] を j とすれば，

$$A \xrightarrow{\varphi} A/R \xrightarrow{g} V(f) \xrightarrow{j} B$$

となり，しかも，A の任意の元 a に対して

$$(j\circ g\circ\varphi)(a) = j(g(\varphi(a))) = g(\varphi(a)) = f(a)$$

であるから，

$$f = j\circ g\circ\varphi \tag{6.4}$$

となる．すなわち，任意の写像 f は，このようにしていつも 3 つの‘成分’に‘分解’されるのである．((6.4) において，φ は A から $A/R(f)$ への全射，g は $A/R(f)$ から $V(f)$ への全単射，j は $V(f)$ から B への単射である．g を特に，写像 f に**付随する全単射**という．なお，与えられた f が全射ならば (6.4) の j の部分，f が単射ならば (6.4) の φ の部分を，それぞれとり去ることができる.)
この‘分解’は，代数系の理論などにおいて，きわめて有用である．

問　　題

1. 次のような関係の例を挙げよ．

(a) 反射的，対称的であるが，推移的でない．

(b) 反射的，推移的であるが，対称的でない．

2. 集合 A における対称的かつ推移的な関係 R が，次の条件 (*) を満たすならば，R は同値関係であることを示せ．

(*) 任意の $a\in A$ に対して，aRx となるような $x\in A$ が (少なくとも 1 つ) 存在する．

3. 集合 A における反射的な関係 R が，条件

$$aRb,\ bRc \Rightarrow cRa$$

を満たすならば，R は同値関係であることを示せ．

4. $A=\boldsymbol{Z}\times(\boldsymbol{Z}-\{0\})$ とする．A の元 (m,n), (m',n') に対し

$$(m,n)R(m',n') \iff mn'=m'n$$

として関係 R を定義すれば，R は A における同値関係であることを証明せよ．(この同値関係 R による商集合 A/R の元 $\varphi(m,n)$ ($\varphi: A\to A/R$ は標準的写像) は，有理数 m/n を表わすものと考えられる.)

5. $A\times B$ から A への射影 pr_1 に付随する同値関係による $A\times B$ の商集合は，どのような元から成るか.

6. R を A における同値関係，φ を A から A/R への自然な写像とし，また f を A から B への写像とする．そのとき，$f=g\circ\varphi$ となるような A/R から B への写像 g が存在するための必要十分条件は，A の元 a, a' に対し "$aRa' \Rightarrow f(a)=f(a')$" が成り立つことであることを証明せよ.

第2章 集合の濃度

§1 集合の対等と濃度

A) 集合の対等

集合 A から集合 B への全単射が(少なくとも1つ)存在するとき，B は A に**対等**(equipotent)であるという．このことを以後 $A \sim B$ と書く．

定理 1 集合の対等について，次のことが成り立つ．

(1.1) $$A \sim A,$$

(1.2) $$A \sim B \Rightarrow B \sim A,$$

(1.3) $$A \sim B,\ B \sim C \Rightarrow A \sim C.$$

証明 A の上の恒等写像 I_A は A から A への全単射である．よって(1.1)が成り立つ．また，A から B への全単射 f が存在すれば，第1章定理4によって，その逆写像 f^{-1} は B から A への全単射となる．ゆえに(1.2)が成り立つ．最後に，A から B への全単射 f，B から C への全単射 g が存在すれば，第1章定理5によって，それらの合成写像 $g \circ f$ は A から C への全単射となる．したがって(1.3)も成り立つ．(証明終)

(1.2)によって，$A \sim B$ であることを‘A と B とは(互に)対等である’のようにいい表わすこともできる．

なお，空集合 ϕ は，ただそれ自身のみと対等であるとする．

例 1 A を n 個の元から成る有限集合とすれば，集合 B が A に対等であるためには，B もまた n 個の元をもつ有限集合であることが，明らかに必要十分である(第1章§4，問題16参照)．したがって特に，有限集合は，その真部分集合とけっして対等になり得ない．

例 2 P を正の偶数全体の集合とすれば，$\boldsymbol{N} \sim P$. ——実際，各自然数 n に対して $f(n)=2n$ とおけば，f は明らかに $\boldsymbol{N}$ から P への全単射となる．

例 3 直積 $\boldsymbol{N} \times \boldsymbol{N}$ は $\boldsymbol{N}$ と対等である：$\boldsymbol{N} \times \boldsymbol{N} \sim \boldsymbol{N}$. ——これを示すには，

たとえば，次のように定義された $\boldsymbol{N}\times\boldsymbol{N}$ から $\boldsymbol{N}$ への写像 f を考えればよい：$\boldsymbol{N}\times\boldsymbol{N}$ の任意の元 (i,j) に対して

$$f(i,j)=2^{i-1}(2j-1).$$

この f が $\boldsymbol{N}\times\boldsymbol{N}$ から $\boldsymbol{N}$ への全単射であることは，次のように示される．$\boldsymbol{N}$ の任意の元 n は $n=2^pq$ (p は負でない整数，q は正の奇数）の形に一意的に表わされ，また，負でない整数 p，正の奇数 q は，それぞれ一意的に，$p=i-1$, $i\in\boldsymbol{N}$; $q=2j-1$, $j\in\boldsymbol{N}$ と表わされる．よって，任意の $n\in\boldsymbol{N}$ に対し，$n=2^{i-1}(2j-1)$ となるような $(i,j)\in\boldsymbol{N}\times\boldsymbol{N}$ がただ1つだけ存在する．ゆえに f は全単射である．

例 4 実数の任意の2つの閉区間 $[a,b]$, $[c,d]$ は互に対等である．任意の2つの開区間 (a,b), (c,d) も互に対等である．——実際，$[a,b]$ から $[c,d]$ への写像 f を

$$f(x)=\frac{d-c}{b-a}(x-a)+c$$

によって定義すれば，明らかに f は $[a,b]$ から $[c,d]$ への全単射となる（第12図参照）．また，この写像の定義域を (a,b) に縮小し，終集合を (c,d) に変えれば，(a,b) から (c,d) への全単射が得られる．

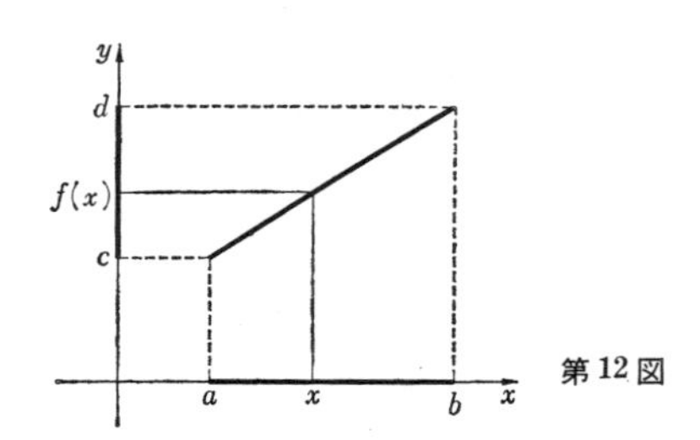

第12図

例 5 実数の任意の開区間は実数全体の集合 $\boldsymbol{R}$ と対等である．——たとえば，開区間 $(-1,1)$ で定義された関数

$$f(x)=\frac{x}{1-x^2}$$

を考えれば，f がこの開区間から $\boldsymbol{R}$ への全単射であることは容易に示される．

(読者はみずから考えよ.) よって, $(-1,1)\sim \boldsymbol{R}$. 例4によって開区間はすべて互に対等であるから, 結局, どの開区間も $\boldsymbol{R}$ 全体と対等となる.

注意　実は, 任意の閉区間 $[a,b]$ も $\boldsymbol{R}$ と(したがってまた, 任意の開区間と)対等であるが, このことを, $[a,b]$ から $\boldsymbol{R}$ への全単射を'具体的に'つくることによって, 直接に示すのは, 必ずしも容易ではない. たとえば, われわれが普通に考える'連続関数'の範囲では, このような全単射をつくることは不可能である. 実際, 微積分学で知られている'中間値の定理'および'最大最小値の定理'によれば, 任意の閉区間 $[a,b]$ 上で定義された実連続関数 f の値域はまた1つの閉区間 $[\alpha,\beta]$ となり, $\boldsymbol{R}$ 全体とはならないからである. このように, '具体的な'全単射をみいだすことが簡単でない場合には, 次項の定理2などが有効に用いられる.

B)　Bernstein の定理

集合 A,B が対等であることを示すには, もちろん, A から B への全単射をつくってみせればよいわけであるが, このような全単射の存在を, (いちいち'具体的に'構成するまでもなく), ある一般的な原理によって保証することのできる場合がある. 次の定理は, そのような保証を与える命題として, 実用上最も有効なものである.

定理 2 (Bernstein の定理)　A から B への単射が存在し, B から A への単射も存在すれば, A と B とは対等である.

定理の証明に移る前に, この定理をいろいろの形に述べかえておこう.

まず, 第1章定理7の系によれば, 集合 X から集合 Y への単射が存在することと, Y から X への全射が存在することとは同等であるから, 定理2は, 次の定理2′あるいは定理2″のように述べかえることができる.

定理 2′　A から B への単射および全射が存在すれば, A から B への全単射が存在する.

定理 2″　A から B への全射が存在し, B から A への全射も存在すれば, A と B とは対等である.

また, 集合 X から集合 Y への単射 φ が存在するとき, $\varphi(X)=V(\varphi)=Y_1$ とおけば, φ の終集合を Y_1 に変えた写像 φ_1 は X から Y_1 への全単射である.

したがって $X\sim Y_1$, $Y_1\subset Y$ となる．逆に，$X\sim Y_1$ であるような Y の部分集合 Y_1 が存在するとき，X から Y_1 への全単射 φ_1 の終集合を Y に変えた写像 φ は X から Y への単射となる．ゆえに，定理2は，また次の形にも述べかえられる．

定理2‴　A, B を2つの集合とし，A と対等であるような B の部分集合 B_1 および B と対等であるような A の部分集合 A_1 が存在する，と仮定する．そのとき，A と B とは対等である．——

定理2の証明　f を A から B への単射，g を B から A への単射とする．このとき，A から B への全単射 F が存在することを示すのが，われわれの目標である．もし f が全射ならば，f 自身が A から B への全単射であるから，$F=f$ とすればよい．そこで以下では $f(A)=V(f)$ は B には等しくないとし，$f(A)$ の B に対する補集合を $B-f(A)=B_0$ とする．次に

$$g(B_0)=A_1,\ f(A_1)=B_1,\ \cdots,\ g(B_{n-1})=A_n,\ f(A_n)=B_n,\ \cdots$$

として，A の部分集合族 $(A_n)_{n=1,2,3,\cdots}$, B の部分集合族 $(B_n)_{n=0,1,2,\cdots}$ を定め，

$$\bigcup_{n=1}^{\infty}A_n=A_*,\qquad \bigcup_{n=0}^{\infty}B_n=B_*,$$

$$A-A_*=A^*,\qquad B-B_*=B^*$$

とおく．このとき

$$f(A^*)=B^*, \tag{1.4}$$

$$g(B_*)=A_* \tag{1.5}$$

であることが，次のように示される．まず，f は単射であるから，第1章§4，問題5(c)によって

$$f(A^*)=f(A)-f(A_*)=(B-B_0)-f(A_*)=B-(B_0\cup f(A_*)).$$

ここで，第1章(5.3)により

$$f(A_*)=f\left(\bigcup_{n=1}^{\infty}A_n\right)=\bigcup_{n=1}^{\infty}f(A_n)=\bigcup_{n=1}^{\infty}B_n,$$

したがって $B_0\cup f(A_*)=\bigcup_{n=0}^{\infty}B_n=B_*$, ゆえに

$$f(A^*)=B-B_*=B^*.$$

すなわち(1.4)が成り立つ．また，第1章(5.3)によって

$$g(B_*) = g\left(\bigcup_{n=0}^{\infty} B_n\right) = g\left(\bigcup_{n=1}^{\infty} B_{n-1}\right) = \bigcup_{n=1}^{\infty} g(B_{n-1}) = \bigcup_{n=1}^{\infty} A_n = A_*.$$

すなわち(1.5)が成り立つ．

さて，f は単射で，(1.4)が成り立つから，f の定義域を A^* に縮小し，かつ終集合を B^* に変えた写像を F^* とすれば，

$$F^* : A^* \to B^*$$

は全単射である．同様に，g が単射で，(1.5)が成り立つから，g の定義域を B_* に縮小し，かつ終集合を A_* に変えた写像を G_* とすれば，$G_* : B_* \to A_*$ も全単射である．この逆写像である A_* から B_* への全単射を

$$F_* : A_* \to B_*$$

とする．そこで，A から B への写像 F を

$$F(a) = \begin{cases} F^*(a) & (a \in A^* \text{ のとき}), \\ F_*(a) & (a \in A_* \text{ のとき}) \end{cases}$$

によって定義すれば，$F: A \to B$ は明らかに全単射となる[1]．(証明終)

定理2-2‴ の1つの応用として，実数の任意の閉区間 $[a, b]$ が $\boldsymbol{R}$ と対等であること(前項，例5の後の注意)を示しておこう．$[a, b]$ は，もちろん $\boldsymbol{R}$ の部分集合である自分自身と対等である．また，前項の例5により，$\boldsymbol{R}$ は $[a, b]$ の部分集合 (a, b) と対等である．ゆえに，定理2‴ により，$[a, b]$ と $\boldsymbol{R}$ とは対等となる．

C)　濃度の概念

集合の間の対等関係は，定理1によって‘同値関係’である．したがって，この関係により‘集合全体の集まり’を‘同値類’に‘類別’することができる．(実は，‘集合全体の集まり’というのは，われわれが今まで考えてきた意味での集合ではない[2]．それゆえ，第1章の§6で用いた語法をそのまま今の場合にも

1)　上の証明で A^* や B^* は ϕ となることもあり得るが，その場合は $F=F_*$ とすればよい．

2)　あとがき参照．

応用するのは，必ずしも適当ではないのであるが，'類別'の考えを少し広めて用いることは，当然，認めてもよいであろう.）このように，'集合全体の集まり'を対等関係によって類別したときの各'同値類'を，**濃度**あるいは**基数**(cardinal number, cardinality または power[1]）という．集合 A の属する類を'A の濃度'といい，記号 card A で表わす．定義によって，$A \sim B$ であることと card A＝card B であることとは同等である：

$$A \sim B \Longleftrightarrow \operatorname{card} A = \operatorname{card} B.$$

注意　card A はまた $|A|$, $\bar{\bar{A}}$ などの記号でも表わされるが，これらの記号は別の意味に混同される恐れもあるから，本書では用いない．

A を n 個の元をもつ有限集合とすれば，A)の例1でみたように，$A \sim B$ となるのは，B も n 個の元をもつ有限集合であるとき，またそのときに限る．したがって，A の対等関係による類は，n 個の元をもつような集合の全体から成る．したがって，この類，すなわち A の濃度を表わす標識として，自然数 n を用いることにしても，全くさしつかえない．たとえば，$\operatorname{card}\{1\} = \operatorname{card}\{a\} = 1$，$\operatorname{card}\{1, 2\} = 2$．このように，有限集合の濃度を表わすには，自然数 1, 2, 3, … および 0 が用いられる．ただし，0 は，もちろん空集合 ϕ の濃度を表わすのである．

上に述べたことからわかるように，有限集合については，濃度は'元の個数'の同意語に過ぎない．したがって，一般の集合の濃度という概念は，'元の個数'という概念の拡張であると考えられる．

自然数または 0 で表わされる濃度，すなわち有限集合の濃度を**有限の濃度**といい，無限集合の濃度を**無限の濃度**という．たとえば，自然数全体の集合 $\boldsymbol{N}$ の濃度は，1つの無限の濃度である．これを**可算の濃度**あるいは**可付番の濃度**といい，記号 $\aleph_0$ または $\mathfrak{a}$ で表わす．（$\aleph_0$ はアレフ・ゼロとよむ．$\aleph$ はヘブライ語の第1字母である.）すなわち，card $\boldsymbol{N} = \aleph_0$（あるいは $\mathfrak{a}$）．また，実数全体の集合 $\boldsymbol{R}$ の濃度も1つの無限の濃度である．これを**連続の濃度**といい，$\aleph$ または $\mathfrak{c}$ で表わす．すなわち，card $\boldsymbol{R} = \aleph$（あるいは $\mathfrak{c}$）．[$\aleph_0$, $\aleph$ が異なる

1)　原語はドイツ語で Mächtigkeit.

無限の濃度であることは，§2, C)で示される.]

なお，一般に濃度を表わすには，ドイツ小文字 $\mathfrak{m}, \mathfrak{n}, \mathfrak{p}, \cdots$ などが用いられることが多い.（ただし，$\mathfrak{a}$ および $\mathfrak{c}$ は，通常，上に述べたような特定の濃度の意味に用いられる.）

D)　濃度の大小

有限集合の元の個数——有限の濃度——については，もちろん，その間に大小の順序が考えられる.（それは，自然数の間の大小の順序である.）一般に，集合の濃度とよばれるものは‘元の個数’を拡張した概念であったから，一般の濃度の間にも，当然，‘大小’の概念が考えられてしかるべきであろう．本項では，‘濃度の大小’の定義について考えよう.

‘濃度の大小’を定める考え方のすじみちは次の通りである.

(i)　B を1つの集合，B_1 をその部分集合とするとき，“B_1 の濃度は B の濃度を超えない”，すなわち“$\mathrm{card}\, B_1 \leqq \mathrm{card}\, B$ である”と定める.

このように定めることは，‘大小’の観念からいって，きわめて当然の処置である．ただし，この場合，B_1 が B の真部分集合 ($B_1 \subset B$, $B_1 \neq B$) であっても，‘B_1 の濃度は B の濃度よりも小さい’($\mathrm{card}\, B_1 < \mathrm{card}\, B$) と定義することはできないことに，注意しなければならない．実際，A) の例2でみたように，正の偶数全体の集合 P は $\boldsymbol{N}$ の真部分集合であるが，$P \sim \boldsymbol{N}$ であるから，$\mathrm{card}\, P = \mathrm{card}\, \boldsymbol{N}$. また，同じく例5でみたように，実数の開区間 $(a, b) = J$ は $\boldsymbol{R}$ の真部分集合であるが，$J \sim \boldsymbol{R}$ であるから，$\mathrm{card}\, J = \mathrm{card}\, \boldsymbol{R}$. このように，$B$ が無限集合であるときには，B_1 が B の真部分集合であっても，$B_1 \sim B$ となることがあるから，$\mathrm{card}\, B_1 < \mathrm{card}\, B$ と定義するわけにはいかないのである．——

(ii)　A, B を2つの集合とするとき，A が B のある部分集合 B_1 と対等であるならば，$\mathrm{card}\, A \leqq \mathrm{card}\, B$ と定める.

実際，$A \sim B_1$ となるような B の部分集合 B_1 が存在すれば，$\mathrm{card}\, A = \mathrm{card}\, B_1$ であるから，定義(i)を承認する以上，(ii)は当然の帰結である.

なお，B) でも述べたように，A が B のある部分集合と対等であることは，

A から B への単射が存在することと同等であるから，(ii)は次のように述べかえてもよい．

(ii)′　A から B への単射が存在するとき，$\mathrm{card}\,A \leqq \mathrm{card}\,B$ と定める．

上の(ii)(あるいは(ii)′)は，‘A の濃度’，‘B の濃度’ に関する大小の定義であるが，なお厳密には，‘濃度自身’ に関する大小の定義が必要である．そこで，濃度自身に関する大小を，さらに，次のように定める．

(iii)　$\mathfrak{m}, \mathfrak{n}$ を2つの濃度とし，$\mathrm{card}\,A=\mathfrak{m}$，$\mathrm{card}\,B=\mathfrak{n}$ とする．そのとき，A から B への単射が存在すれば，$\mathfrak{m} \leqq \mathfrak{n}$ と定める．

この定義については，これが濃度 $\mathfrak{m}, \mathfrak{n}$ のみに対して矛盾なく定義され，A, B のとり方にはよらないことを，たしかめておかなければならない．すなわち，“$\mathrm{card}\,A=\mathfrak{m}$，$\mathrm{card}\,B=\mathfrak{n}$ であるような，ある A, B に対して，A から B への単射が存在すれば，$\mathrm{card}\,A'=\mathfrak{m}$，$\mathrm{card}\,B'=\mathfrak{n}$ であるいかなる A', B' に対しても，やはり A' から B' への単射が存在する” ことを，示さなければならない．しかし，このことは直ちに証明される．実際，$\mathrm{card}\,A=\mathrm{card}\,A'=\mathfrak{m}$，$\mathrm{card}\,B=\mathrm{card}\,B'=\mathfrak{n}$ とすれば，A' から A への全単射 φ，B から B' への全単射 ψ が存在する．そこでいま，A から B への単射 f が存在するとすれば，第1章定理5によって，$\psi \circ f \circ \varphi$ は A' から B' への単射となる．――

以上に考えてきたことをとりまとめて，あらためてはっきりと濃度の大小の定義を述べよう：

$\mathfrak{m}, \mathfrak{n}$ を2つの濃度とする．A, B をそれぞれ $\mathrm{card}\,A=\mathfrak{m}$，$\mathrm{card}\,B=\mathfrak{n}$ であるような任意の集合とするとき，もし A から B への単射が存在する(あるいは，A が B のある部分集合と対等である)ならば，$\mathfrak{m}$ は $\mathfrak{n}$ を**超えない**(または，$\mathfrak{m}$ は $\mathfrak{n}$ **以下である**，$\mathfrak{n}$ は $\mathfrak{m}$ **以上である**)といい，

$$\mathfrak{m} \leqq \mathfrak{n} \quad (\text{あるいは } \mathfrak{n} \geqq \mathfrak{m})$$

と書く．

定義および第1章定理7の系によって，$\mathfrak{m} \leqq \mathfrak{n}$ であることは，また B から A への全射が存在することとも同等である．

特に $\mathfrak{m}, \mathfrak{n}$ が有限の濃度 m, n であるときには，上に定義した大小の順序は，

自然数(および0)の間の通常の意味における大小の順序 $m \leqq n$ と，明らかに一致する．したがって，上に定義した大小関係は，自然数(および0)の間の大小関係を一般の濃度について拡張したものであると考えられる．

また，濃度の大小について，定義(および定理2)から直ちに次の定理が導かれる．(この定理は，$\leqq$ が実際‘順序’とよぶのにふさわしい性質をもつことを示すものである.)

定理 3 濃度の間の関係 $\leqq$ について，次のことが成り立つ．

(1.6) $$\mathfrak{m} \leqq \mathfrak{m},$$

(1.7) $$\mathfrak{m} \leqq \mathfrak{n},\ \ \mathfrak{n} \leqq \mathfrak{m} \Rightarrow \mathfrak{m} = \mathfrak{n},$$

(1.8) $$\mathfrak{m} \leqq \mathfrak{n},\ \ \mathfrak{n} \leqq \mathfrak{p} \Rightarrow \mathfrak{m} \leqq \mathfrak{p}.$$ [1]

証明 (1.6), (1.8)は明らかであろう．(くわしくは練習問題とする.)

(1.7)の証明．card $A = \mathfrak{m}$，card $B = \mathfrak{n}$ である集合 A, B をとれば，$\mathfrak{m} \leqq \mathfrak{n}$ であるから A から B への単射が存在し，また $\mathfrak{n} \leqq \mathfrak{m}$ であるから B から A への単射が存在する．したがって，定理2により A, B は対等となる．ゆえに $\mathfrak{m} = \mathfrak{n}$.

注意 (1.7)は，定理2 (Bernstein の定理)を別の形に述べかえただけに過ぎない．

$\mathfrak{m} \leqq \mathfrak{n}$ であって，$\mathfrak{m} = \mathfrak{n}$ でないときには

$$\mathfrak{m} < \mathfrak{n} \quad (\text{あるいは } \mathfrak{n} > \mathfrak{m})$$

と書き，$\mathfrak{m}$ は $\mathfrak{n}$ より**小さい**，$\mathfrak{n}$ は $\mathfrak{m}$ より**大きい**という．

明らかに，任意の有限の濃度は任意の無限の濃度よりも小さい．また，B が有限集合で B_1 がその真部分集合ならば，card $B_1 <$ card B である．

注意 濃度の大小については，なお1つの重大な論点が残っている．定義および(1.7)から明らかに，$\mathfrak{m}, \mathfrak{n}$ を2つの濃度とするとき，

$$\mathfrak{m} < \mathfrak{n}, \qquad \mathfrak{m} = \mathfrak{n}, \qquad \mathfrak{m} > \mathfrak{n}$$

という3つの関係は，どの2つも両立しない．逆に，どんな濃度 $\mathfrak{m}, \mathfrak{n}$ を与えた場合にも，これら3つの関係のいずれか1つが必ず成り立つであろうか．すなわち，任意の2つの濃度は必ず‘比較可能’であろうか．この問題の答も(当然予想されるように)実は肯定的であるが，その証明はしばらく後にゆずり，第3章§3, D)で述べることとする．

---

1) このような定理について考えるときには，$\leqq$ の定義を忠実に考えることが必要である．はじめから記号 $\leqq$ の常識的な意味にとらわれてはならない．

問　　題

1. (1.6), (1.8) を証明せよ.

2. $X\subset Y\subset Z$, $X\sim Z$ ならば, $X\sim Y$, $Y\sim Z$ であることを示せ.

3. 実数のある開区間を含むような $\boldsymbol{R}$ の任意の部分集合は $\boldsymbol{R}$ と対等であることを示せ.（したがって特に, 実数の任意の区間―― $[a,b)$, (a,∞), $(-\infty,b]$ 等――はすべて $\boldsymbol{R}$ と対等である.）

4. $B\neq\phi$ ならば, $\mathrm{card}(A\times B)\geqq\mathrm{card}\,A$ であることを示せ.

5. 集合族 $(A_\lambda)_{\lambda\in\Lambda}$ において, すべての $\lambda\in\Lambda$ に対し $A_\lambda\neq\phi$ で, また $\lambda\neq\lambda'$ ならば $A_\lambda\cap A_{\lambda'}=\phi$ とする. そのとき $\mathrm{card}\left(\bigcup_{\lambda\in\Lambda}A_\lambda\right)\geqq\mathrm{card}\,\Lambda$ であることを証明せよ.

6. 集合族 $(A_\lambda)_{\lambda\in\Lambda}$ において, どの $\lambda\in\Lambda$ についても A_λ は少なくとも 2 つの元を含むとする. そのとき $\mathrm{card}\left(\prod_{\lambda\in\Lambda}A_\lambda\right)\geqq\mathrm{card}\,\Lambda$ であることを証明せよ.

7. 集合 A から集合 B への全射が存在すれば, B は A のある商集合 A/R (R は A におけるある同値関係) と対等であることを示せ.

8. A を実数の開区間 $(-1,1)$ とし, B を閉区間 $[-1,1]$ とする. また $f:A\to B$ を標準的単射 ($f(x)=x$) とし, $g:B\to A$ を $g(x)=x/2$ で定義された単射とする. このとき, これらの単射 f,g から定理 2 の証明のようにして構成される全単射 $F:A\to B$ はどのような写像となるか. 具体的に述べてみよ.

§2　可算集合, 非可算集合

A)　可算集合

card $\boldsymbol{N}=\aleph_0$ を可算あるいは可付番の濃度ということは, §1, C) で述べた. 一般に, 濃度 $\aleph_0$ をもつような集合, すなわち $\boldsymbol{N}$ と対等であるような集合は, **可算集合**あるいは**可付番集合** (countable set, denumerable set) とよばれる.

A を可算集合とすれば, 定義によって $\boldsymbol{N}$ から A への全単射がある. そのような全単射の 1 つを f とし, f による $\boldsymbol{N}$ の元 $1,2,\cdots,n,\cdots$ の像をそれぞれ $a_1,a_2,\cdots,a_n,\cdots$ とすれば

$$A=\{a_1,a_2,\cdots,a_n,\cdots\}$$

（ただし, $i\neq j$ ならば $a_i\neq a_j$）

となる．すなわち，可算集合においては，適当な方法によって，そのすべての元にもれなく1つずつ自然数の番号がつけられる．（'可算' あるいは '可付番' の語は，この意味で用いられるのである.）

定理 4 任意の無限集合は，必ず可算集合を部分集合として含む.

証明 M を1つの与えられた無限集合とする．M からまず任意に1つの元をとって，それを a_1 と名づける．次に，$M-\{a_1\}$ からまた任意に1つの元をとって，それを a_2 と名づける．一般に，a_1 から a_n までがすでに選ばれたとき，M は無限に多くの元を含むから，当然 $M\neq\{a_1, a_2, \cdots, a_n\}$，したがって $M-\{a_1, a_2, \cdots, a_n\}\neq\phi$ である．そこで，$M-\{a_1, a_2, \cdots, a_n\}$ からさらに任意に1つの元をとって，それを a_{n+1} と名づける．このようにして，$\boldsymbol{N}$ のすべての元 $1, 2, \cdots, n, \cdots$ に対して，M から元 $a_1, a_2, \cdots, a_n, \cdots$ をとり出せば，$\{a_1, a_2, \cdots, a_n, \cdots\}$ は M の可算な部分集合となる．——

以上は，きわめて平易で直観的な証明であるが，上のようにして，すべての自然数 $1, 2, \cdots, n, \cdots$ に対して M の元 $a_1, a_2, \cdots, a_n, \cdots$ がとり出せることの背景には，厳密にいえば，選出公理がひそんでいることに注意しなければならない．それゆえ，われわれは，もう一度上の証明を精密化して述べ直すことにしよう.

その前に，（幾分形式的なことであるが），次の概念を用意しておく.

一般に，$\mathfrak{M}$ を1つの集合系とするとき，$\mathfrak{M}$ を定義域とし，$\mathfrak{M}$ の各元 A において値 A をとるような写像 Φ は，$\mathfrak{M}$ を添数集合とする1つの集合族と考えられる．この集合族 Φ を '$\mathfrak{M}$ から自明的に定まる集合族' という．族の記法によれば，Φ は $(\Phi_A)_{A\in\mathfrak{M}}$ と表わされるが，定義によって $\mathfrak{M}$ の任意の元 A に対し $\Phi_A=\Phi(A)=A$ であるから，通常，これを簡単に $(A)_{A\in\mathfrak{M}}$ で表わす.

そこで，定理4の証明にもどろう.

前のとおり，M を与えられた1つの無限集合とし，そのすべての空でない部分集合の集合を $\mathfrak{M}$ とする．（すなわち，$\mathfrak{M}=\mathfrak{P}(M)-\{\phi\}$ とする.）そのとき，集合族 $(A)_{A\in\mathfrak{M}}$ は空でない集合から成る集合族であるから，選出公理によって，すべての $A\in\mathfrak{M}$ に対して $a_A\in A$ であるような元の族 $(a_A)_{A\in\mathfrak{M}}$ が存在する．このような族 $(a_A)_{A\in\mathfrak{M}}$ を1つ定めておき，

$$a_1 = a_M, \quad a_2 = a_{M-\{a_1\}}, \quad \cdots, \quad a_{n+1} = a_{M-\{a_1,\cdots,a_n\}}, \quad \cdots$$

として M の元 $a_1, a_2, a_3, \cdots$ を定めれば，$\{a_1, a_2, a_3, \cdots\}$ は M の可算な部分集合となる．(証明終)

定理4と濃度の大小の定義から直ちに次の系が得られる．

系 $\mathfrak{m}$ を任意の無限の濃度とすれば，$\aleph_0 \leqq \mathfrak{m}$．すなわち，$\aleph_0$ は無限の濃度のうちで最小である．

この系によって，$\mathfrak{m} < \aleph_0$ である濃度 $\mathfrak{m}$ は有限の濃度(自然数または0)であることがわかる．一般に，濃度が $\aleph_0$ 以下であるような集合，すなわち有限であるかまたは可算であるような集合を，**たかだか可算**な集合という．

B) 可算集合の性質

可算(あるいは，たかだか可算)な集合については，いろいろな性質があるが，本項ではその主要なものを次の2つの定理として挙げておく．

定理 5 (1) A, B をともにたかだか可算な集合とすれば，直積 $A \times B$ もたかだか可算な集合である．なお，この場合，A, B がともに空でなく少なくともその一方が可算ならば，$A \times B$ は可算集合である．

(2) 集合族 $(A_\lambda)_{\lambda \in \Lambda}$ (ただし $\Lambda \neq \emptyset$) において，どの $\lambda \in \Lambda$ に対しても A_λ はたかだか可算であるとし，また添数集合 Λ もたかだか可算であるとすれば，和集合 $\bigcup_{\lambda \in \Lambda} A_\lambda$ もたかだか可算な集合である．(このことを，通常“たかだか可算な集合のたかだか可算個の和集合は，たかだか可算である”といい表わす．) なお，この場合，A_λ のうちに少なくとも1つ可算なものが存在すれば，$\bigcup_{\lambda \in \Lambda} A_\lambda$ は可算集合である．

証明 (1) A, B をともにたかだか可算とすれば，A から $\boldsymbol{N}$ への単射 f，B から $\boldsymbol{N}$ への単射 g が存在する．そこで，$A \times B$ から $\boldsymbol{N} \times \boldsymbol{N}$ への写像 φ を

$$\varphi(a, b) = (f(a), g(b)) \qquad (a \in A, \ b \in B)$$

によって定義すれば，φ は明らかに単射となる．したがって $\mathrm{card}(A \times B) \leqq \mathrm{card}(\boldsymbol{N} \times \boldsymbol{N})$．しかるに，§1, A)の例3によって $\mathrm{card}(\boldsymbol{N} \times \boldsymbol{N}) = \aleph_0$．ゆえに $\mathrm{card}(A \times B) \leqq \aleph_0$．すなわち，$A \times B$ はたかだか可算である．——これで

前半が示された．

後半は，たとえば A が可算集合で，$B \neq \phi$ ならば，B の1つの元を b とするとき，容易にわかるように $A \times \{b\}$ は可算集合であり，しかもそれが $A \times B$ に含まれることから明らかである．

(2)　前半の命題を証明する．(後半は前半から明らかである．) 仮定により $\Lambda\,(\neq \phi)$ はたかだか可算であるから，(1)によって $\Lambda \times \boldsymbol{N}$ は可算である．また，各 $\lambda \in \Lambda$ に対し A_λ はたかだか可算であるから，$\boldsymbol{N}$ から A_λ への全射 f_λ が存在する．そこで，$\Lambda \times \boldsymbol{N}$ から $A = \bigcup_{\lambda \in \Lambda} A_\lambda$ への写像 φ を

$$\varphi(\lambda, n) = f_\lambda(n) \qquad (\lambda \in \Lambda,\ n \in \boldsymbol{N})$$

と定義すれば，φ は $\Lambda \times \boldsymbol{N}$ から A への全射となる．実際，a を A の任意の元とすれば，$a \in A_\lambda$ となる Λ の元 λ が存在し，そのような1つの λ に対して，f_λ は $\boldsymbol{N}$ から A_λ への全射であるから，$a = f_\lambda(n)$ となる $\boldsymbol{N}$ の元 n が存在する．すなわち，$a = \varphi(\lambda, n)$ となる $\Lambda \times \boldsymbol{N}$ の元 (λ, n) が存在する．ゆえに φ は全射である．したがって $\mathrm{card}\, A \leqq \mathrm{card}(\Lambda \times \boldsymbol{N}) = \aleph_0$.（証明終）

系　有理整数全体の集合 $\boldsymbol{Z}$，有理数全体の集合 $\boldsymbol{Q}$ は可算集合である．

証明　まず，定理5(2)から明らかに

$$\boldsymbol{Z} = \{1, 2, 3, \cdots\} \cup \{0\} \cup \{-1, -2, -3, \cdots\}$$

は可算である．したがって，定理5(1)により $\boldsymbol{Z} \times \boldsymbol{N}$ も可算となる．

次に，$\boldsymbol{Q}$ が可算であることを示そう．$\boldsymbol{Q}$ の任意の元は a/b $(a \in \boldsymbol{Z},\ b \in \boldsymbol{N})$ の形に表わされるから，$\boldsymbol{Z} \times \boldsymbol{N}$ から $\boldsymbol{Q}$ への写像 φ を

$$\varphi(a, b) = \frac{a}{b} \qquad (a \in \boldsymbol{Z},\ b \in \boldsymbol{N})$$

と定義すれば，φ は $\boldsymbol{Z} \times \boldsymbol{N}$ から $\boldsymbol{Q}$ への全射となる．したがって $\mathrm{card}\, \boldsymbol{Q} \leqq \mathrm{card}(\boldsymbol{Z} \times \boldsymbol{N}) = \aleph_0$. もちろん $\mathrm{card}\, \boldsymbol{Q} \geqq \aleph_0$ であるから，$\mathrm{card}\, \boldsymbol{Q} = \aleph_0$.

定理 6　A を無限集合，B をそのたかだか可算な部分集合とする．そのとき，$A-B$ が無限集合ならば，$A-B$ は A と対等である．

証明　$A-B=A_1$ とする．仮定により，A_1 は無限集合であるから，定理4によって A_1 は可算集合 C を含む．$A_1-C=A_2$ とおけば，A は A_2 と $B \cup C$

との直和，A_1 は A_2 と C との直和となる．$B\cup C$ は可算である(定理5(2))から，$B\cup C$ から C への全単射 f_1 が存在する．そこで，A から A_1 への写像 f を

$$f(a)=\begin{cases} a & (a\in A_2 \text{ のとき}),\\ f_1(a) & (a\in B\cup C \text{ のとき}) \end{cases}$$

と定義すれば，f は明らかに A から A_1 への全単射となる．(証明終)

系 1　A を無限集合，B をたかだか可算な集合とすれば，$A\cup B$ は A と対等である．

証明　$(A\cup B)-A=C$ とおけば，$C\subset B$ で，C もたかだか可算である．そして $(A\cup B)-C=A$ であるから，定理によって $A\sim A\cup B$．(証明終)

なお，定理6において，A が無限集合，B がその有限部分集合である場合には，$A-B$ は当然無限集合となるから，$A-B\sim A$ となる．すなわち，無限集合 A からその有限個の元(たとえば，特に1個の元)をとり除いて得られる集合は，A と対等である．ゆえに，次の系が得られる．

系 2　任意の無限集合は，それ自身と対等な真部分集合を含む．

前にも注意したように，有限集合はけっしてその真部分集合と対等になり得ない．したがって，この系2の性質は無限集合を特徴づけるものであるということができる．

C)　連続の濃度，非可算集合

定理5の系でみたように，$\boldsymbol{Z}$ や $\boldsymbol{Q}$ は可算集合である．しかし，無限集合のうちには，可算でないものも存在する．(いいかえれば，$\aleph_0$ よりも大きい無限の濃度が存在する．) 実際，実数全体の集合 $\boldsymbol{R}$ は可算集合ではないことが示されるのである．すなわち，次の定理が成り立つ．

定理 7　連続の濃度 $\aleph$ は可算の濃度 $\aleph_0$ より大きい：

$$\aleph_0<\aleph. \tag{2.1}$$

この定理は，'実数の連続性' とよばれる $\boldsymbol{R}$ の基本的性質にもとづいて，いろいろの方法で証明される．しかし，この性質を数学的に整理された形に述べ

ることは後にゆずり［第3章§1, C)の例2参照］，ここでは，実数が十進法による無限小数として表わされるという周知の事実——このことも，実は‘実数の連続性’から導かれるのであるが——を用いて，この定理を証明することとする．(これは，Cantor による古典的な証明である.)

定理7の証明　§1, A)の例5で示したように，実数の任意の開区間は $\boldsymbol{R}$ と対等である．したがって，たとえば開区間 $J=(0,1)$ も連続の濃度 $\aleph$ をもつ．$\aleph_0 \leqq \aleph$ であることは明らかであるから，(2.1)を示すには，$\aleph_0 \neq \aleph$ であること，すなわち $\boldsymbol{N}$ と J とが対等でないことをいえばよい．それには，$\boldsymbol{N}$ から J への任意の写像がけっして全射とはなり得ないことを証明すれば十分である．

J の任意の元(すなわち，0より大きく1より小さい任意の実数)は，十進法の無限小数として

(*)　　$0.a_1a_2\cdots a_n\cdots$　　(各 a_i は0から9までの整数)

の形に表わされる．ただし，たとえば $0.25000\cdots=0.24999\cdots$ のように2通りの表わし方があるもの(いわゆる‘有限小数’)については，記法に一意性をもたらすために，いつも前者の記法を採用することとする．逆に，(*)の形の無限小数で，$a_n \neq 0$ となる n が少なくとも1つ存在し，また9が無限に続くことはないようなものは，それぞれ1つの J の元を表わし，かつ，そのような2つの無限小数 $0.a_1a_2\cdots a_n\cdots$，$0.b_1b_2\cdots b_n\cdots$ が J の同じ元を表わすのは，明らかに，すべての n に対して $a_n=b_n$ であるときに限る．

さて，いま f を $\boldsymbol{N}$ から J への任意の1つの写像としよう．われわれの目標は，f が全射ではないこと，すなわち，f の値域 $V(f)=\{f(1), f(2), \cdots, f(n), \cdots\}$ が J 全体とはなり得ないことの証明である．$V(f)$ の各元を，(上の約束に従って)無限小数で表わしたものをそれぞれ

$$
\begin{aligned}
&f(1) = 0.a_1^{(1)}a_2^{(1)}\cdots a_n^{(1)}\cdots,\\
&f(2) = 0.a_1^{(2)}a_2^{(2)}\cdots a_n^{(2)}\cdots,\\
(**)\qquad &\cdots\cdots\cdots\cdots\cdots\cdots\\
&f(n) = 0.a_1^{(n)}a_2^{(n)}\cdots a_n^{(n)}\cdots,\\
&\cdots\cdots\cdots\cdots\cdots\cdots
\end{aligned}
$$

とする．そこで，各$n \in \boldsymbol{N}$に対して，b_nを

$$b_n = \begin{cases} 1 & (a_n{}^{(n)} \text{ が偶数のとき}), \\ 2 & (a_n{}^{(n)} \text{ が奇数のとき}) \end{cases}$$

によって定め，

$$\beta = 0.b_1 b_2 \cdots b_n \cdots$$

とおく．そうすれば，もちろんβも0より大きく1より小さい実数，すなわちJの元であるが，どの自然数nに対しても，b_nの定め方によって，βの小数第n位b_nと$f(n)$の小数第n位$a_n{}^{(n)}$とは相異なる．したがって，どの$n \in \boldsymbol{N}$に対してもβは$f(n)$と等しくない．ゆえに$\beta \notin V(f)$．これで$V(f)$はJ全体とは一致しないことが示された．(証明終)

注意　上の証明の要点は，(＊＊)の‘対角線’からつくられる小数$0.a_1{}^{(1)}a_2{}^{(2)}\cdots a_n{}^{(n)}\cdots$に注目して，これとすべての小数位において異なる小数βを考えるところにある．この証明で用いたような論法は，しばしば(Cantor の) **対角線論法**とよばれる．

一般に，可算でないような無限集合，すなわち$\aleph_0$よりも大きい濃度をもつような集合を，**非可算集合**という．定理7によって，実数全体の集合$\boldsymbol{R}$は1つの非可算集合である．

D)　巾集合の濃度

前項で，連続の濃度$\aleph$は可算の濃度$\aleph_0$よりも大きいことを示した．実は，もっと一般に，いかなる濃度に対しても，それよりもさらに大きい濃度が必ず存在すること(したがって，結局，“いくらでも大きい濃度が存在する”こと)が，次の定理によって保証される．

定理 8　Mを任意の集合とするとき，その巾集合$\mathfrak{P}(M)$の濃度はMの濃度よりも大きい．すなわち，$\mathrm{card}\, M < \mathrm{card}\, \mathfrak{P}(M)$.

証明　Mの各元aに$\mathfrak{P}(M)$の元$\{a\}$を対応させる写像は，明らかにMから$\mathfrak{P}(M)$への単射である．したがってまず$\mathrm{card}\, M \leqq \mathrm{card}\, \mathfrak{P}(M)$が得られる．次に，$\mathrm{card}\, M \neq \mathrm{card}\, \mathfrak{P}(M)$であること，すなわち$M$と$\mathfrak{P}(M)$とは対等でないことを示そう．それには，$M$から$\mathfrak{P}(M)$への任意の写像がけっして全射と

はなり得ないことを証明すればよい．

f を M から $\mathfrak{P}(M)$ への任意の1つの写像とする．そのとき，M の各元 a の f による像 $f(a)$ は $\mathfrak{P}(M)$ の元，すなわち M の部分集合である．したがって，M の任意の元 a に対し，$a \in f(a)$ あるいは $a \in M-f(a)$ (すなわち $a \notin f(a)$) のいずれか一方しかも一方だけが必ず成り立つ．いま，$a \notin f(a)$ であるような M の元 a 全体のつくる M の部分集合を B とする．すなわち

$$B=\{x \mid x \in M,\ x \notin f(x)\}.$$

そうすれば，M のどの元 a に対しても $f(a) \neq B$ であることが，次のように示される．a を M の任意の1つの元とすれば，上にも述べたように $a \in f(a)$ であるか，$a \notin f(a)$ であるかのいずれかである．もし $a \in f(a)$ ならば，a は条件 '$x \notin f(x)$' を満足しないこととなるから，$a \notin B$ となる．したがって2つの集合 $f(a), B$ の一方は a を含み，他方は a を含まないから，$f(a) \neq B$ となる．また，もし $a \notin f(a)$ ならば，a は条件 '$x \notin f(x)$' を満足することとなるから，$a \in B$ となる．したがってこの場合も上と同じく $f(a) \neq B$ となる．以上で，任意の $a \in M$ に対して $f(a) \neq B$ であることが証明された．これは，B が f の値域 $V(f)$ には属さないことを意味するから，f は全射ではない．

問　　題

1. 可算集合の無限部分集合は可算であることを示せ．

2. A を可算集合とすれば，次の条件 (i), (ii), (iii) を満たす A の部分集合族 $(A_n)_{n \in \boldsymbol{N}}$ が存在することを証明せよ．

(i)　すべての n について A_n は可算集合である．

(ii)　$A=\bigcup_{n=1}^{\infty} A_n$.

(iii)　$n \neq n' \Rightarrow A_n \cap A_{n'}=\phi$.

3. 有理数 a, b を端点とする開区間 (a, b) 全体の集合は可算であることを示せ．

4. 開区間の集合 $\mathfrak{J}$ があって，$\mathfrak{J}$ に属するどの2つの開区間も互に素であるとする．そのとき，$\mathfrak{J}$ はたかだか可算な集合であることを証明せよ．

(ヒント：どの開区間も必ず有理数を含むことに注意せよ．)

5. A を可算集合とし，その有限部分集合全体の集合を $\mathfrak{A}$ とすれば，$\mathfrak{A}$ は可算集合で

あることを証明せよ.

6. 有理整数を係数とする代数方程式

$$a_nx^n+a_{n-1}x^{n-1}+\cdots+a_1x+a_0=0 \qquad (a_n\neq 0,\ n\geqq 1)$$

の根となるような複素数を**代数的数**という. 代数的数全体の集合は可算集合であることを証明せよ.

(ヒント: 有理整数を係数とする多項式 $f(x)=a_nx^n+a_{n-1}x^{n-1}+\cdots+a_0$ $(a_n\neq 0,\ n\geqq 1)$ に対して

$$h(f)=n+|a_n|+|a_{n-1}|+\cdots+|a_0|$$

とおく. $h(f)$ は2以上の自然数で, 2以上の任意の自然数 h を与えるとき, $h=h(f)$ となるような1次以上の多項式 $f(x)$ の集合 F_h は有限集合である. したがって, F_h に属する多項式の根となるような代数的数の集合も有限集合となる.)

7. 無理数全体の集合の濃度は $\aleph$ であることを証明せよ.

§3　濃度の演算

A)　濃度の和と積

自然数の和および積の拡張として, 濃度の**和**および**積**を次のように定義する.

まず, $\mathfrak{m},\mathfrak{n}$ を2つの濃度とするとき, $\mathfrak{m}=\mathrm{card}\,A$, $\mathfrak{n}=\mathrm{card}\,B$, $A\cap B=\phi$ であるような集合 A, B をとり,

$$\mathrm{card}(A\cup B)=\mathfrak{m}+\mathfrak{n}$$

と定義する. この和の定義は, 集合 A, B のとり方にはよらない. 実際, A, B とともに A', B' も $\mathfrak{m}=\mathrm{card}\,A'$, $\mathfrak{n}=\mathrm{card}\,B'$, $A'\cap B'=\phi$ である集合とすれば, $A\sim A'$, $B\sim B'$ であるから, A から A' への全単射 f, B から B' への全単射 g が存在する. そこで, $A\cup B$ から $A'\cup B'$ への写像 φ を, $x\in A$ に対しては $\varphi(x)=f(x)$, $x\in B$ に対しては $\varphi(x)=g(x)$ として定義すれば, 明らかに φ は $A\cup B$ から $A'\cup B'$ への全単射となる. したがって $A\cup B\sim A'\cup B'$. ゆえに $\mathrm{card}(A\cup B)=\mathfrak{m}+\mathfrak{n}$ は, 濃度 $\mathfrak{m},\mathfrak{n}$ に対して一意的に定まるのである.

なお, もう1つ, 上の和の定義がいつも可能であることを保証するには, 濃度 $\mathfrak{m},\mathfrak{n}$ に対して, 必ず $\mathrm{card}\,A=\mathfrak{m}$, $\mathrm{card}\,B=\mathfrak{n}$, $A\cap B=\phi$ であるような集合 A, B のあることをいっておかなければならない. しかし, このことは, 次の

ようにして簡単に知られる．まず card $A=\mathfrak{m}$, card $B=\mathfrak{n}$ となる A, B があることは，当然である．このとき，もし $A\cap B\neq\phi$ ならば，$A'=\{0\}\times A=\{(0,a)\mid a\in A\}$, $B'=\{1\}\times B=\{(1,b)\mid b\in B\}$ とおけば，明らかに $A\sim A'$, $B\sim B'$ (すなわち card $A'=\mathfrak{m}$, card $B'=\mathfrak{n}$)，かつ $A'\cap B'=\phi$ となるから，A, B のかわりにこの A', B' をとればよい．

上の和の定義において，$\mathfrak{m}, \mathfrak{n}$ が自然数(有限の濃度) $\boldsymbol{m}, \boldsymbol{n}$ である場合には，$\boldsymbol{m}+\boldsymbol{n}$ は通常の意味での自然数の和と一致することは明らかである．

また，次のような性質も明らかであろう．

(3.1) $$\mathfrak{m}+\mathfrak{n} = \mathfrak{n}+\mathfrak{m},$$

(3.2) $$(\mathfrak{m}+\mathfrak{n})+\mathfrak{p} = \mathfrak{m}+(\mathfrak{n}+\mathfrak{p}),$$

(3.3) $$\mathfrak{m}+0 = \mathfrak{m},$$

(3.4) $$\mathfrak{m}\leqq\mathfrak{m}',\ \ \mathfrak{n}\leqq\mathfrak{n}' \Rightarrow \mathfrak{m}+\mathfrak{n}\leqq\mathfrak{m}'+\mathfrak{n}'.$$

次に，濃度 $\mathfrak{m}, \mathfrak{n}$ に対して，$\mathfrak{m}=$card A, $\mathfrak{n}=$card B となる集合 A, B をとり，

$$\mathrm{card}(A\times B) = \mathfrak{m}\mathfrak{n}$$

と定義する．この積も $\mathfrak{m}, \mathfrak{n}$ によって一意的に定まり，A, B のとり方にはよらない．それをみるには，$A\sim A'$, $B\sim B'$ ならば $A\times B\sim A'\times B'$ であることをたしかめればよいわけであるが，この検証は練習問題として読者にゆだねる．

$\mathfrak{m}, \mathfrak{n}$ が自然数 $\boldsymbol{m}, \boldsymbol{n}$ ならば，いま定義した積は通常の意味での自然数の積と一致する [第1章§3, A)]．

また，次の性質も明らかである．

(3.5) $$\mathfrak{m}\mathfrak{n} = \mathfrak{n}\mathfrak{m},$$

(3.6) $$(\mathfrak{m}\mathfrak{n})\mathfrak{p} = \mathfrak{m}(\mathfrak{n}\mathfrak{p}),$$

(3.7) $$\mathfrak{m}\cdot 0 = 0, \qquad \mathfrak{m}\cdot 1 = \mathfrak{m},$$

(3.8) $$\mathfrak{m}\leqq\mathfrak{m}',\ \ \mathfrak{n}\leqq\mathfrak{n}' \Rightarrow \mathfrak{m}\mathfrak{n}\leqq\mathfrak{m}'\mathfrak{n}',$$

(3.9) $$(\mathfrak{m}+\mathfrak{n})\mathfrak{p} = \mathfrak{m}\mathfrak{p}+\mathfrak{n}\mathfrak{p}.$$

(上の(3.1)-(3.9)をくわしく検証することは，すべて練習問題とする.)

注意　(3.1)-(3.9)のような性質は，自然数(および0)の間の和，積に関する性質と全く同じである．しかし，無限の濃度をも考える場合には，“$\mathfrak{m}+\mathfrak{p}=\mathfrak{n}+\mathfrak{p} \Rightarrow \mathfrak{m}=\mathfrak{n}$；$\mathfrak{m}\mathfrak{p}=\mathfrak{n}\mathfrak{p} \Rightarrow \mathfrak{m}=\mathfrak{n}$”のような‘簡約律’は成り立たないことに注意しなければならない．(たとえば，定理5から明らかに，$\aleph_0=1+\aleph_0=2+\aleph_0=\cdots=\aleph_0+\aleph_0$，$\aleph_0=2\aleph_0=3\aleph_0=\cdots=\aleph_0\aleph_0$ である.)

なお，次の定理は和と積とを関連づけるものとして重要である．

定理 9　集合族 $(A_\lambda)_{\lambda\in\Lambda}$ において，$\mathrm{card}\,\Lambda=\mathfrak{n}$，すべての $\lambda\in\Lambda$ に対して $\mathrm{card}\,A_\lambda=\mathfrak{m}$ とし，また λ, λ' が Λ の異なる元ならば $A_\lambda\cap A_{\lambda'}=\phi$ であるとする．そのときは

$$\mathrm{card}\left(\bigcup_{\lambda\in\Lambda} A_\lambda\right) = \mathfrak{m}\mathfrak{n}$$

となる．(この定理は，いわば“$\mathfrak{m}$ を $\mathfrak{n}$ 回加え合わせたものは $\mathfrak{m}\mathfrak{n}$ である”ことを意味する.)

証明　$\mathrm{card}\,A=\mathfrak{m}$ である1つの集合 A をとれば，どの $\lambda\in\Lambda$ についても $A\sim A_\lambda$ であるから，A から A_λ への全単射 f_λ がある．そこで $A\times\Lambda$ から $B=\bigcup_{\lambda\in\Lambda} A_\lambda$ への写像 f を

$$f(a, \lambda) = f_\lambda(a) \qquad (a\in A,\ \lambda\in\Lambda)$$

と定義すれば，f は $A\times\Lambda$ から B への全単射となる．実際，$A\times\Lambda$ の元 (a, λ)，(a', λ') に対し，$f(a, \lambda)=f(a', \lambda')$ すなわち $f_\lambda(a)=f_{\lambda'}(a')$ とすれば，$f_\lambda(a)\in A_\lambda$，$f_{\lambda'}(a')\in A_{\lambda'}$ で，もし $\lambda\neq\lambda'$ ならば $A_\lambda\cap A_{\lambda'}=\phi$ であるから，当然 $\lambda=\lambda'$．また f_λ は単射であるから $a=a'$．すなわち，$f(a, \lambda)=f(a', \lambda')$ ならば $(a, \lambda)=(a', \lambda')$．ゆえに f は単射である．また b を B の任意の元とすれば，$b\in A_\lambda$ となるような $\lambda\in\Lambda$ が(ただ1つ)あり，f_λ は A から A_λ への全射であるから，$b=f_\lambda(a)$ となる A の元 a がある．すなわち，$b=f(a, \lambda)$ となるような $(a, \lambda)\in A\times\Lambda$ が存在する．ゆえに f は全射である．――したがって，$\mathrm{card}\,B=\mathrm{card}(A\times\Lambda)=\mathfrak{m}\mathfrak{n}$．(証明終)

定理9によって，特に

$$\mathfrak{m}+\mathfrak{m} = \mathfrak{m}2 = 2\mathfrak{m},\ \ \mathfrak{m}+\mathfrak{m}+\mathfrak{m} = \mathfrak{m}3 = 3\mathfrak{m},\ \ \cdots$$

となる．

B) 濃度の巾

濃度 $\mathfrak{m}, \mathfrak{n}$ (ただし $\mathfrak{m}\geqq 1$, $\mathfrak{n}\geqq 1$) に対して, $\mathfrak{m}=\mathrm{card}\,A$, $\mathfrak{n}=\mathrm{card}\,B$ である集合 A, B をとり, $\mathfrak{F}(A, B)=B^A$ の濃度を**巾** $\mathfrak{n}^{\mathfrak{m}}$ と定義する:

$$\mathrm{card}\,B^A = \mathfrak{n}^{\mathfrak{m}}.$$

A, B とともに A', B' も $\mathfrak{m}=\mathrm{card}\,A'$, $\mathfrak{n}=\mathrm{card}\,B'$ である集合とすれば, $A\sim A'$, $B\sim B'$ であるから, A' から A への全単射 u, B から B' への全単射 v がある. そこで, $\mathfrak{F}(A, B)=B^A$ の各元 f に, $\mathfrak{F}(A', B')=B'^{A'}$ の元 $v\circ f\circ u$ を対応させれば, この写像は B^A から $B'^{A'}$ への全単射となる(第1章§5, 問題15参照). したがって $B^A\sim B'^{A'}$, すなわち $\mathrm{card}\,B^A=\mathrm{card}\,B'^{A'}$. ゆえに, 上の巾 $\mathfrak{n}^{\mathfrak{m}}$ は $\mathfrak{n}, \mathfrak{m}$ に対して一意的に定まり, 集合 A, B のとり方にはよらない.

特に $\mathfrak{m}, \mathfrak{n}$ が自然数 m, n の場合には, 第1章§4, F) でみたことからわかるように, この巾は通常の意味での自然数の巾と一致する.

明らかに

$$\mathfrak{n}^1 = \mathfrak{n}, \qquad 1^{\mathfrak{m}} = 1 \tag{3.10}$$

が成り立つ. また

$$\mathfrak{n}\leqq\mathfrak{n}', \ \ \mathfrak{m}\leqq\mathfrak{m}' \Rightarrow \mathfrak{n}^{\mathfrak{m}}\leqq\mathfrak{n}'^{\mathfrak{m}'} \tag{3.11}$$

であることは, 上と同様に, 第1章§5, 問題15から直ちに導かれる. (くわしくは練習問題とする.)

次の定理は, 一般の濃度の巾についてもいわゆる‘指数法則’が成り立つことを示すものである.

定理 10　0でない任意の濃度 $\mathfrak{m}, \mathfrak{n}, \mathfrak{p}$ に対して, 次の等式が成り立つ.

$$\mathfrak{p}^{\mathfrak{m}}\mathfrak{p}^{\mathfrak{n}} = \mathfrak{p}^{\mathfrak{m}+\mathfrak{n}}, \tag{3.12}$$

$$(\mathfrak{m}\mathfrak{n})^{\mathfrak{p}} = \mathfrak{m}^{\mathfrak{p}}\mathfrak{n}^{\mathfrak{p}}, \tag{3.13}$$

$$(\mathfrak{p}^{\mathfrak{m}})^{\mathfrak{n}} = \mathfrak{p}^{\mathfrak{m}\mathfrak{n}}. \tag{3.14}$$

証明　A, B, C をそれぞれ濃度 $\mathfrak{m}, \mathfrak{n}, \mathfrak{p}$ をもつ集合とし, $A\cap B=\phi$ とする. (最後の仮定 ‘$A\cap B=\phi$’ は(3.12)の証明だけに必要である.)

(3.12)の証明. φ を $C^{A\cup B}$ の任意の元, すなわち $A\cup B$ から C への任意の写像とするとき, その定義域をそれぞれ A, B に縮小した写像を φ_A, φ_B とすれば，φ_A, φ_B はそれぞれ C^A, C^B の元である．このように，写像の縮小を考えることにより，$C^{A\cup B}$ の各元 φ に対して $C^A\times C^B$ の元 (φ_A, φ_B) が定まる．逆に，$C^A\times C^B$ の任意の元 (f, g) (すなわち，A から C への任意の写像 f と B から C への任意の写像 g) を与えるとき，$\varphi_A=f$, $\varphi_B=g$ となるような $C^{A\cup B}$ の元 φ は，

$$\varphi(x) = \begin{cases} f(x) & (x \in A \text{ のとき}), \\ g(x) & (x \in B \text{ のとき}) \end{cases}$$

として，一意的に定められる．ゆえに，$C^{A\cup B}$ の各元 φ に $C^A\times C^B$ の元 (φ_A, φ_B) を対応させる写像は，$C^{A\cup B}$ から $C^A\times C^B$ への全単射である．したがって $C^{A\cup B}\sim C^A\times C^B$．これより (3.12) が得られる．

(3.13) の証明．$A\times B$ から A への射影を pr_1, B への射影を pr_2 で表わすこととする．いま，φ を $(A\times B)^C$ の任意の元，すなわち C から $A\times B$ への任意の写像とすれば，$\mathrm{pr}_1\circ\varphi$, $\mathrm{pr}_2\circ\varphi$ はそれぞれ A^C, B^C の元である．このように，射影との合成を考えることにより，$(A\times B)^C$ の各元 φ に対して $A^C\times B^C$ の元 $(\mathrm{pr}_1\circ\varphi, \mathrm{pr}_2\circ\varphi)$ が定まる．逆に，$A^C\times B^C$ の任意の元 (f, g) (すなわち，C から A への任意の写像 f と C から B への任意の写像 g) を与えるとき，$\mathrm{pr}_1\circ\varphi=f$, $\mathrm{pr}_2\circ\varphi=g$ となるような $(A\times B)^C$ の元 φ は，明らかに

$$\varphi(x) = (f(x), g(x)) \qquad (x \in C)$$

として，一意的に定められる．ゆえに，$(A\times B)^C$ の各元 φ に $A^C\times B^C$ の元 $(\mathrm{pr}_1\circ\varphi, \mathrm{pr}_2\circ\varphi)$ を対応させる写像は，$(A\times B)^C$ から $A^C\times B^C$ への全単射である．したがって $(A\times B)^C\sim A^C\times B^C$．これより (3.13) が得られる．

(3.14) の証明．f を $\mathfrak{F}(A\times B, C)$ の任意の元，すなわち $A\times B$ から C への任意の写像とする．そのとき，B の元 y を1つ固定すれば，A の各元 x に $f(x, y)$ を対応させるのは A から C への写像，すなわち $\mathfrak{F}(A, C)$ の元である．この写像は y に対して定まるから，これを f_y と書くこととする: $f_y\in\mathfrak{F}(A, C)$．次に，B の各元 y に対して，上のようにして定まる f_y を対応させれば，B から $\mathfrak{F}(A, C)$ への1つの写像，すなわち $\mathfrak{F}(B, \mathfrak{F}(A, C))$ の1つの元が得られる．この元を $\tilde{f}$ と書くことにしよう: $\tilde{f}\in\mathfrak{F}(B, \mathfrak{F}(A, C))$．定義により，任意の $y\in B$ に対して $\tilde{f}(y)=f_y$，また任意の $x\in A$ に対して $f_y(x)=f(x, y)$．したが

って，任意の$(x, y) \in A\times B$に対して

$$f(x, y) = (\tilde{f}(y))(x)$$

である．以上のように，$\mathfrak{F}(A\times B, C)=C^{A\times B}$の各元$f$から$\mathfrak{F}(B, \mathfrak{F}(A, C))=(C^A)^B$の元$\tilde{f}$が定まるが，逆に，$(C^A)^B$の任意の元$g$を与えるとき，

$$f(x, y) = (g(y))(x) \qquad (x \in A,\ y \in B)$$

として，$C^{A\times B}$の元fを定めれば，明らかに$\tilde{f}=g$となり，またこのfのほかに$\tilde{f}'=g$となる$f' \in C^{A\times B}$は存在しない．ゆえに，fに$\tilde{f}$を対応させるのは$C^{A\times B}$から$(C^A)^B$への全単射である．したがって$C^{A\times B}\sim(C^A)^B$．よって(3.14)が成り立つ．（証明終）

第1章§5, D)でみたように，直積$\prod_{\lambda\in\Lambda} B_\lambda$において，すべての$\lambda\in\Lambda$に対し$B_\lambda=B$である場合は，この直積は$B^\Lambda$と実質的には同じものである．よって，$\mathrm{card}\,\Lambda=\mathfrak{m}$，$\mathrm{card}\,B=\mathfrak{n}$とすれば，

$$\mathrm{card}\left(\prod_{\lambda\in\Lambda} B_\lambda\right) = \mathfrak{n}^\mathfrak{m}$$

となる．（これは，積と巾とを関連づけるもので，“$\mathfrak{n}$を$\mathfrak{m}$回掛け合わせたものは$\mathfrak{n}^\mathfrak{m}$である”ことを示している．）したがって特に，

$$\mathfrak{n}\cdot\mathfrak{n} = \mathfrak{n}^2,\ \ \mathfrak{n}\cdot\mathfrak{n}\cdot\mathfrak{n} = \mathfrak{n}^3,\ \ \cdots$$

となる．

また，第1章§4, F)で述べたことからわかるように，集合Mの巾集合$\mathfrak{P}(M)$は$\mathfrak{F}(M, \{0, 1\})=\{0, 1\}^M$と対等である．（この事実にもとづいて，$\mathfrak{P}(M)$は$2^M$とも書かれるのであった．）よって，$M$の濃度を$\mathfrak{m}$とすれば，$\mathfrak{P}(M)$の濃度は$2^\mathfrak{m}$となる．このことに注意すれば，定理8は，簡単に

$$(3.15) \qquad 2^\mathfrak{m} > \mathfrak{m}$$

と表わされる．

C) 濃度 $\aleph_0$, $\aleph$ に関する演算

前項までに濃度の和，積，巾を定義したが，特に，たかだか可算の濃度および連続の濃度について，これらの演算を考えてみよう．（なお本項では，記法の便宜上，可算の濃度，連続の濃度をそれぞれ$\mathfrak{a}$, $\mathfrak{c}$で表わすこととする．）

定理 11 濃度 $\mathfrak{a}(=\aleph_0)$, $\mathfrak{c}(=\aleph)$ に関して次のことが成り立つ.

(3.16) $\mathfrak{n}\leqq\mathfrak{a}\Rightarrow\mathfrak{n}+\mathfrak{a}=\mathfrak{a}.$ (特に $\mathfrak{a}+\mathfrak{a}=\mathfrak{a}.$)

(3.17) $\mathfrak{n}\leqq\mathfrak{c}\Rightarrow\mathfrak{n}+\mathfrak{c}=\mathfrak{c}.$ (特に $\mathfrak{a}+\mathfrak{c}=\mathfrak{c}+\mathfrak{c}=\mathfrak{c}.$)

(3.18) $1\leqq\mathfrak{n}\leqq\mathfrak{a}\Rightarrow\mathfrak{n}\mathfrak{a}=\mathfrak{a}.$ (特に $\mathfrak{a}\mathfrak{a}=\mathfrak{a}.$)

(3.19) $2\leqq\mathfrak{n}\leqq\mathfrak{a}\Rightarrow\mathfrak{n}^{\mathfrak{a}}=\mathfrak{c}.$ (特に $2^{\mathfrak{a}}=\mathfrak{a}^{\mathfrak{a}}=\mathfrak{c}.$)

(3.20) $1\leqq\mathfrak{n}\leqq\mathfrak{c}\Rightarrow\mathfrak{n}\mathfrak{c}=\mathfrak{c}.$ (特に $\mathfrak{a}\mathfrak{c}=\mathfrak{c}\mathfrak{c}=\mathfrak{c}.$)

(3.21) $2\leqq\mathfrak{n}\leqq\mathfrak{c}\Rightarrow 2^{\mathfrak{c}}=\mathfrak{n}^{\mathfrak{c}}.$ (特に $2^{\mathfrak{c}}=\mathfrak{a}^{\mathfrak{c}}=\mathfrak{c}^{\mathfrak{c}}.$)

証明 (3.16)は定理5(2) (または定理6, 系1)から明らかである. また, (3.18)は定理5(1)から明らかである.

(3.17)の証明. たとえば, 実数の区間 $A=(-1,0)$, $B=[0,1)$ を考えれば, $A\cap B=\phi$, $A\cup B=(-1,1)$ で, A, B, $A\cup B$ の濃度はいずれも $\mathfrak{c}$ である. したがって

$$\mathfrak{c}+\mathfrak{c}=\mathfrak{c}.$$

よって一般に $\mathfrak{n}\leqq\mathfrak{c}$ ならば, (3.4)より $\mathfrak{c}\leqq\mathfrak{n}+\mathfrak{c}\leqq\mathfrak{c}+\mathfrak{c}=\mathfrak{c}$. ゆえに $\mathfrak{n}+\mathfrak{c}=\mathfrak{c}$.

(3.19)の証明. $2\leqq\mathfrak{n}\leqq\mathfrak{a}$ とすれば, まず(3.11)により $2^{\mathfrak{a}}\leqq\mathfrak{n}^{\mathfrak{a}}$. 一方, (3.15)より $\mathfrak{n}<2^{\mathfrak{n}}$ であるから, (3.11), (3.14), (3.18)により

$$\mathfrak{n}^{\mathfrak{a}}\leqq(2^{\mathfrak{n}})^{\mathfrak{a}}=2^{\mathfrak{n}\mathfrak{a}}=2^{\mathfrak{a}}.$$

ゆえに

$$(*)\qquad 2\leqq\mathfrak{n}\leqq\mathfrak{a}\Rightarrow 2^{\mathfrak{a}}=\mathfrak{n}^{\mathfrak{a}}$$

となる. この $2^{\mathfrak{a}}=\mathfrak{n}^{\mathfrak{a}}$ が実は $\mathfrak{c}$ に等しいことが, 次のように示される.

定理7の証明のときにも考えたように, 実数の区間 $J=(0,1)$ に属する任意の実数 α は, 十進小数として—— 0.25000…=0.24999… のような‘有限小数’は, いつも前者の記法で表わすこととして—— 一意的に

$$\alpha=0.a_1a_2\cdots a_n\cdots$$

の形に展開される. ここで, 各 a_n は0から9までの整数であるから, この十進小数の第 n 位を第 n 項とする数列 $(a_n)_{n\in\boldsymbol{N}}$ は, $\boldsymbol{N}$ から集合 $\{0,1,\cdots,9\}$ への写像, すなわち $\{0,1,\cdots,9\}^{\boldsymbol{N}}$ の元と考えられる. しかも, J の異なる元には異なる展開が対応するから, J の各元 α に, その展開から上のようにして定ま

る数列 $(a_n)_{n\in \boldsymbol{N}}$ を対応させる写像は，J から $\{0, 1, \cdots, 9\}^{\boldsymbol{N}}$ への単射である．したがって

$$\mathfrak{c} = \mathrm{card}\, J \leqq \mathrm{card}\,\{0, 1, \cdots, 9\}^{\boldsymbol{N}} = 10^{\mathfrak{a}}.$$

一方，たとえば $\{1, 2\}^{\boldsymbol{N}}$ の元，すなわち，そのすべての項が1または2であるような数列 $(a_n)_{n\in \boldsymbol{N}}$ に対して，十進小数 $0.a_1a_2\cdots a_n\cdots$ は J の1つの元を表わし，かつ，そのような2つの異なる数列からつくられる十進小数の表わす2つの J の元はもちろん異なる実数である．すなわち，$\{1, 2\}^{\boldsymbol{N}}$ の各元 $(a_n)_{n\in \boldsymbol{N}}$ に，その第 n 項を小数第 n 位とする十進小数を対応させる写像は，$\{1, 2\}^{\boldsymbol{N}}$ から J への単射である．ゆえに

$$2^{\mathfrak{a}} = \mathrm{card}\,\{1, 2\}^{\boldsymbol{N}} \leqq \mathrm{card}\, J = \mathfrak{c}.$$

したがって $2^{\mathfrak{a}} \leqq \mathfrak{c} \leqq 10^{\mathfrak{a}}$ となるが，(＊)によって $2^{\mathfrak{a}} = 10^{\mathfrak{a}}$ であるから，$2^{\mathfrak{a}} = \mathfrak{c}$ となる．

(3.20)の証明．(3.19)により $\mathfrak{c} = 2^{\mathfrak{a}}$ であるから，(3.12), (3.16)によって

$$\mathfrak{c}\mathfrak{c} = 2^{\mathfrak{a}}2^{\mathfrak{a}} = 2^{\mathfrak{a}+\mathfrak{a}} = 2^{\mathfrak{a}} = \mathfrak{c}.$$

したがってまた一般に，$1 \leqq \mathfrak{n} \leqq \mathfrak{c}$ ならば，(3.8)により $\mathfrak{c} \leqq \mathfrak{n}\mathfrak{c} \leqq \mathfrak{c}\mathfrak{c} = \mathfrak{c}$．ゆえに $\mathfrak{n}\mathfrak{c} = \mathfrak{c}$．

(3.21)は，(3.18)から(＊)が導かれたのと同様にして(3.20)から導かれるから，練習問題として読者に残そう．(証明終)

定理11の(3.19), (3.20)によって，

$$\boldsymbol{N}\times\boldsymbol{R}, \quad \boldsymbol{R}\times\boldsymbol{R}, \quad \mathfrak{P}(\boldsymbol{N}) = 2^{\boldsymbol{N}}, \quad \mathfrak{F}(\boldsymbol{N}, \boldsymbol{N}) = \boldsymbol{N}^{\boldsymbol{N}}$$

はすべて $\boldsymbol{R}$ と対等であることがわかる．

濃度 $2^{\mathfrak{c}}$ は，しばしば文字 $\mathfrak{f}$ で表わされる．(3.15)によって $\mathfrak{f} > \mathfrak{c}$．また(3.21)により $\mathfrak{f} = 2^{\mathfrak{c}} = \mathfrak{c}^{\mathfrak{c}}$ であるから，$\mathfrak{f}$ は $\mathfrak{F}(\boldsymbol{R}, \boldsymbol{R}) = \boldsymbol{R}^{\boldsymbol{R}}$，すなわち $\boldsymbol{R}$ から $\boldsymbol{R}$ への写像全部の集合の濃度に等しい．

注意 実は，一般に $\mathfrak{m}$ が無限の濃度ならば，

$$\mathfrak{n} \leqq \mathfrak{m} \Rightarrow \mathfrak{n} + \mathfrak{m} = \mathfrak{m},$$
$$1 \leqq \mathfrak{n} \leqq \mathfrak{m} \Rightarrow \mathfrak{n}\mathfrak{m} = \mathfrak{m},$$
$$2 \leqq \mathfrak{n} \leqq \mathfrak{m} \Rightarrow 2^{\mathfrak{m}} = \mathfrak{n}^{\mathfrak{m}}$$

が成り立つのである．その証明については，第3章§5, A)を参照せよ．

問　　題

1. (3.1)-(3.9)をたしかめよ．

2. $A \sim A'$，$B \sim B'$ ならば $A \times B \sim A' \times B'$ であることを示せ．

3. (3.11)を証明せよ．

4. (3.21)を証明せよ．

5. $\mathfrak{m}$ が無限の濃度ならば，$\mathfrak{m} + \aleph_0 = \mathfrak{m}$ であることを示せ．

6. 次のことを証明せよ．

(a)　$1 \leqq \mathfrak{n} \leqq \aleph_0 \Rightarrow \aleph^{\mathfrak{n}} = \aleph$,

(b)　$\mathfrak{n} \leqq \mathfrak{f} \Rightarrow \mathfrak{n} + \mathfrak{f} = \mathfrak{f}$,

(c)　$1 \leqq \mathfrak{n} \leqq \mathfrak{f} \Rightarrow \mathfrak{n}\mathfrak{f} = \mathfrak{f}$,

(d)　$1 \leqq \mathfrak{n} \leqq \aleph \Rightarrow \mathfrak{f}^{\mathfrak{n}} = \mathfrak{f}$,

(e)　$2 \leqq \mathfrak{n} \leqq \mathfrak{f} \Rightarrow 2^{\mathfrak{f}} = \mathfrak{n}^{\mathfrak{f}}$.

7. A が濃度 $\aleph$ をもつ集合ならば，濃度 $\aleph$ の集合 Λ を添数集合とする A の部分集合族 $(A_\lambda)_{\lambda \in \Lambda}$ で，次の性質(i), (ii), (iii)をもつものが存在することを示せ．

(i)　すべての $\lambda \in \Lambda$ について A_λ は可算集合である．

(ii)　$A = \bigcup_{\lambda \in \Lambda} A_\lambda$.

(iii)　$\lambda \neq \lambda' \Rightarrow A_\lambda \cap A_{\lambda'} = \phi$.

8. $\boldsymbol{R}$ の有限部分集合全体の集合の濃度を求めよ．

9. 可算集合 A の可算部分集合全体の集合 $\mathfrak{A}$ の濃度を求めよ．

第3章　順序集合, Zorn の補題

§1　順序集合

A)　順序関係

集合 A における関係 O が次の (1), (2), (3) を満たすとき, O を A における**順序関係**または簡単に**順序** (order) という.

(1)　A のすべての元 a に対して aOa.

(2)　A の元 a, b に対し

$$aOb,\ \ bOa \Rightarrow a=b.$$

(3)　A の元 a, b, c に対し

$$aOb,\ \ bOc \Rightarrow aOc.$$

(1), (3) はそれぞれ O が反射的, 推移的 [第1章§6, B) 参照] であることを示している. また, (2) は**反対称律**とよばれ, 一般にこれを満たすような関係は**反対称的**であるといわれる. 順序(関係)は, 反射的, 推移的で, かつ反対称的でもあるような関係である. なお, 上の (1), (2), (3) は, これら全部を合わせて, しばしば**順序の公理**とよばれる.

例 1　自然数の間の通常の大小関係 $\leqq$ は, 明らかに $\boldsymbol{N}$ における1つの順序である. 同様に, 整数の間の大小関係, 有理数の間の大小関係, 実数の間の大小関係は, それぞれ $\boldsymbol{Z}, \boldsymbol{Q}, \boldsymbol{R}$ における順序である.

例 2　自然数 b が自然数 a によって整除される(割り切れる)ことを, $a \prec b$[1] と書くことにすれば, 関係 $\prec$ が (1), (2), (3) を満たすことは直ちに検証される. すなわち, 自然数の間の'整除関係' $\prec$ も $\boldsymbol{N}$ における1つの順序である. ($a \prec b$ ならばもちろん通常の大小の順序の意味で $a \leqq b$ であるが, 逆は必ずしも成り立たない.)

---

1)　この関係は, 整数論では通常 $a|b$ としるされる.

例 3　$\mathfrak{M}$ を任意の集合系(たとえば，ある集合 X の巾集合 $\mathfrak{P}(X)$)とし，$\mathfrak{M}$ の元 A, B に対し，'A が B の部分集合である' という関係 $A \subset B$ を考える．この'包含関係' $\subset$ は，明らかに $\mathfrak{M}$ における1つの順序である．

これらの例をはじめとして，数学ではいろいろな種類の順序が考えられる．

一般に，順序は記号 $\leqq$ で表わすことが多い．本書でも以後，順序についての一般的な議論をする場合には，順序をこの記号で表わすこととする．念のため，この記号を用いて順序の公理(1), (2), (3)を書き直しておこう：

(1.1)
$$a \leqq a,$$

(1.2)
$$a \leqq b,\ \ b \leqq a \Rightarrow a = b,$$

(1.3)
$$a \leqq b,\ \ b \leqq c \Rightarrow a \leqq c.$$

$\leqq$ を集合 A における1つの順序とするとき，A の元 a, b に対し，$a \leqq b$ が成り立つならば，(順序 $\leqq$ について) a は b **以下**である，b は a **以上**である，a は b を**超えない**などという．$a \leqq b$ は $b \geqq a$ とも書く．また，$a \leqq b$ かつ $a \neq b$ であることを，$a < b$ あるいは $b > a$ と書き，a は b より**小さい**，b は a より**大きい**，a は b より**前にある**，b は a より**後にある**，などという．関係 $<$ については，明らかに

(1.4)
$$a < b \Rightarrow b \nless a, \qquad (\nless \text{ は } < \text{ の否定})$$

(1.5)
$$a < b,\ \ b < c \Rightarrow a < c$$

が成り立つ．

A の元 a, b に対し，$a \leqq b$ または $b \leqq a$ のいずれかが成り立つとき，a, b は(順序 $\leqq$ について)**比較可能**であるという．A のどの2元も必ず $\leqq$ について比較可能であるとき，$\leqq$ は A における**全順序**または**線形順序**であるといわれる．たとえば，自然数の間の大小の順序 $\leqq$ は，もちろん $\boldsymbol{N}$ における全順序である．しかし，自然数の間の整除による順序 $\prec$ (上の例2)は，$\boldsymbol{N}$ における全順序ではない．(たとえば，2と3とは $\prec$ について比較可能ではない．) また，X が少なくとも2元をもつ集合ならば，X の部分集合の間の包含による順序 $\subset$ も，直ちにわかるように，$\mathfrak{P}(X)$ における全順序ではない．(読者はみずから考えよ．)

注意　全順序に対して，一般の順序を**半順序**ということがある．

B) 順序集合，部分順序集合

集合 A に1つの順序 $\leqq$ が定められたとき，A とその順序 $\leqq$ とをひとまとめにした概念——より形式的にいえば，‘A と $\leqq$ との組’——$(A, \leqq)$ を**順序集合**という．すなわち，順序集合 $(A, \leqq)$ というのは，集合 A の上に‘順序 $\leqq$’とよばれる1つの‘数学的構造’が与えられたものである．したがって，$(A, \leqq)$ と単なる集合 A との間には，概念上明確な差異がある．($\leqq_1$, $\leqq_2$ が A における2つの異なる順序ならば，$(A, \leqq_1)$ と $(A, \leqq_2)$ とは当然異なる順序集合と考えなければならない.) 順序集合 $(A, \leqq)$ に対して，集合 A はその**台集合**(underlying set)または単に**台**とよばれる．

順序集合$(A, \leqq)$において，もし $\leqq$ が全順序ならば，これを**全順序集合**または**線形順序集合**という．

上にも述べたように，順序集合$(A, \leqq)$とその台 A とは区別して考えなければならないが，順序 $\leqq$ の意味があらかじめわれわれにはっきりわかっているような場合などには，$(A, \leqq)$を略して単に‘順序集合 A’ともいう．

特に，本書で以後，$\boldsymbol{N}, \boldsymbol{Z}, \boldsymbol{Q}, \boldsymbol{R}$ を順序集合と考える場合には，他に特別な指示を与えない限り，いつも通常の大小関係 $\leqq$ を順序として考えるものとする．また，任意の集合系 $\mathfrak{M}$ を順序集合として取り扱う場合には，これも他にことわらない限り，包含関係 $\subset$ を順序とする順序集合$(\mathfrak{M}, \subset)$を考えるものとする．

順序集合 $(A, \leqq)$ の台 A の元や部分集合を，そのまま，この順序集合の元，部分集合とよぶ．

M を順序集合 $(A, \leqq)$ の空でない任意の部分集合とするとき，M の元 a, b に対し

$$a \leqq b \quad \text{のときまたそのときに限り} \quad a \leqq_M b$$

として関係 $\leqq_M$ を定義すれば，$\leqq_M$ が M における順序となることは直ちにみられる．このとき，順序集合 $(M, \leqq_M)$ を順序集合 $(A, \leqq)$ の**部分順序集合**という．$\leqq_M$ は A における順序 $\leqq$ を M 上に制限して考えたものに過ぎないから，これも通常やはり $\leqq$ で表わす．このように，順序集合の空でない任意の部分集合には，‘自然に’また順序が定められ，その部分集合自身も順序集合と考え

られる．(順序集合の部分集合について考える場合は，単に部分集合というときも，このように順序を考えに入れることが多いのである．)

$(A, \leqq)$ が全順序集合ならば，明らかに，その任意の部分(順序)集合も全順序集合である．ただし，$(A, \leqq)$ が全順序集合でなくても，その適当な部分集合は全順序集合となることがある．たとえば，(極端な場合であるが) A のただ1つの元から成る部分集合はいつも全順序部分集合である．

C)　最大(小)元，極大(小)元，上限，下限

本項では，$(A, \leqq)$ を1つの与えられた順序集合とし，以下それを略して単に A と書く．

A に1つの元 a があって，A のいかなる元 x に対しても $x \leqq a$ が成り立つとき，a を A の**最大元**といい，それを $\max A$ で表わす．同様に，$a \in A$ で，いかなる $x \in A$ に対しても $x \geqq a$ が成り立つならば，a を A の**最小元**といい，$\min A$ で表わす．$\max A$ や $\min A$ はいつも存在するとは限らないが，これらが存在する場合には，いずれも一意的に定まる．たとえば，a, a' をともに A の最大元とすれば，a が最大元であることから $a' \leqq a$．また a' が最大元であることから $a \leqq a'$．したがって $a = a'$ となる．

また，a が A の元で，$a < x$ となるような A の元 x が存在しないとき，a を A の**極大元**という．同様にして，A の**極小元**も定義される．(読者は自分でその定義を述べてみよ．) A の極大元や極小元も一般に存在するとは限らない．

もし最大元 $\max A$ が存在すれば，それは A の唯一の極大元である．実際，$\max A = a$ が存在する場合，a が A の極大元であることは定義から明らかである．また a' を a と異なる A の任意の元とすれば，$a' < a$ であるから，a' は A の極大元ではない．したがって a は A の唯一の極大元である．同様に，最小元 $\min A$ が存在する場合には，それは A の唯一の極小元となる．しかし，$\max A$ あるいは $\min A$ が存在しなくても，A の極大元あるいは極小元は存在することがあり，しかもそれが多数存在することもある．(次の例1を参照せよ．)

ただし，A が全順序集合である場合には，A の最大元と極大元，最小元と極小元の概念は，それぞれ一致する．(この証明は練習問題とする．)

例 1 $A=\boldsymbol{N}-\{1\}=\{2,3,4,\cdots\}$ を台とし，整除関係 $\prec$ を順序とする順序集合 $A=(A,\prec)$ を考える．この順序集合 A の最小元は存在しない．実際，もし $a\in A$ が A の最小元ならば，A のすべての元 x に対して $a\prec x$ となり，a $(\geqq 2)$ はすべての整数 $x(\geqq 2)$ を割り切ることとなるが，そのようなことは不可能であるからである．しかし，A の極小元は無数に存在する．実際，$a\in A$ が A の極小元であることは，$x\prec a$ となるような(a 以外の) A の元 x が存在しないこと，すなわち a が a と異なる 2 以上の整数ではけっして割り切れないことを意味する．これは a が素数であるということにほかならない．すなわち $A=(A,\prec)$ の極小元は無数に存在し，それらは素数 $2,3,5,7,\cdots$ である．(なお明らかに，この順序集合 A の最大元や極大元は存在しない．) ——

次に，M を A の 1 つの空でない部分集合とする．

前項に述べたように M 自身 1 つの順序集合であるから，M についてももちろんその最大元，極大元などの概念が定義される．それらは M 自身の中で定義される概念であるが，次に，M と全体集合 A との関連において考えられる一二の重要な概念について説明しよう．

a が A の 1 つの元で，M のすべての元 x に対して $x\leqq a$ が成り立つとき，a を M の A における**上界**という．a が M の上界ならば，$a\leqq a'$ であるような A の元 a' ももちろん M の上界である．M の上界が(少なくとも 1 つ)存在するとき，M は A において**上に有界**であるという．たとえば，M に最大元 $\max M=a$ が存在する場合は，a はもちろん M の 1 つの上界であるから，M は上に有界となる．[ただし，M が上に有界であっても $\max M$ が存在するとは限らない．たとえば，順序集合 $\boldsymbol{R}$ の区間 $(-\infty,0)$ は($\boldsymbol{R}$ において)上に有界であるが，その最大元は存在しない．] 同様に，a が A の元で，任意の $x\in M$ に対して $x\geqq a$ が成り立つとき，a を M の A における**下界**といい，M の下界が(少なくとも 1 つ)存在するならば，M は A において**下に有界**であるという．M が上にも下にも有界である場合は，M は単に**有界**であるという．

以下しばらく，M の(A における)上界全部の集合，下界全部の集合をそれぞれ M^*, M_* で表わすこととする．M が上に有界であること，下に有界であることは，それぞれ $M^* \neq \emptyset$ であること，$M_* \neq \emptyset$ であることにほかならない．

M が上に有界，すなわち $M^* \neq \emptyset$ であって，しかも $\min M^*$ が存在するとき，それを M の A における**最小上界**または**上限**(supremum)といい，$\sup M$ で表わす．M が上に有界であっても，必ずしも $\sup M$ が存在するとは限らないが，$\sup M$ が存在する場合には，それは M によって一意的に定まる．定義から明らかに，$\sup M = a$ とすれば，次の(i)，(ii)が成り立つ．

(i)　M の任意の元 x に対して $x \leqq a$.

(ii)　a' が A の元で，M の任意の元 x に対し $x \leqq a'$ が成り立つとすれば，$a \leqq a'$.

逆に，A の元 a について上の(i)，(ii)が成り立てば，$a = \sup M$ となる．((i)は $a \in M^*$ であることを示し，(ii)は a が M^* の最小元であることを示す.)

M の上限 $\sup M = a$ が存在して，それが M に属するときは，上の(i)から明らかに a は M の最大元 $\max M$ となる．逆に，$\max M = a$ が存在すれば，a についてもちろん(i)が成り立ち，また M^* の任意の元 a' に対して，($a \in M$ であるから)当然 $a \leqq a'$，すなわち(ii)も成り立つ．したがって $a = \sup M$ となる．しかし，$\max M$ が存在しなくても $\sup M$ が存在することはあり得る．(その場合は $\sup M \notin M$ であるから，M のすべての元 x に対して $x < \sup M$ となる.) たとえば，$\boldsymbol{R}$ の区間 $M = (-\infty, 0)$ には最大元は存在しないが，明らかに $\boldsymbol{R}$ において $\sup M = 0$ となる．

以上に述べたことを念のため整理すれば，上に有界であるような A の空でない部分集合 M について，次の3つの場合が考えられることとなる：

(a)　$\max M$ が存在する．(この場合は $\sup M$ も存在して $\max M = \sup M$.)

(b)　$\max M$ は存在しないが $\sup M$ は存在する．(この場合は $\sup M \notin M$.)

(c)　$\sup M$ が存在しない．(この場合は $\max M$ も存在しない.) ——

上と同様に，M が下に有界(すなわち $M_* \neq \emptyset$)であって，$\max M_*$ が存在するとき，それを M の A における**最大下界**または**下限**(infimum)といい，

$\inf M$ で表わす．この概念についても，もちろん，上に述べたのと同様のことが成り立つ．

例 2 上の(c)の場合にあたる例を1つ挙げよう．

順序集合 $\boldsymbol{Q}$ を全体集合とし，その部分集合

$$M = \{x \mid x \in \boldsymbol{Q},\ 0<x,\ x^2<2\}$$

を考える．もちろん M は空ではなく，また上に有界である(たとえば $1 \in M$, $2 \in M^*$)．しかし，この M は上限をもたないことが次のように示される．実際，いかなる有理数の2乗も2となることはないから，もし($\boldsymbol{Q}$ の中に) $\sup M=a$ が存在したとすれば，もちろん $0<a$ で，$a^2<2$ または $a^2>2$. もし $a^2<2$ ならば，$a \in M$ であるから，$a=\max M$ となる．しかるに $a'=(3a+4)/(2a+3)$ とおけば，a' も正の有理数で，容易に示されるように $a'^2<2$, $a<a'$. したがって $a' \in M$, $a<a'$ となる．これは $a=\max M$ であることに矛盾する．一方，$a^2>2$ ならば，上と同様に a' を定めるとき，今度は $a'^2>2$, $a>a'$. したがって $a' \in M^*$, $a>a'$ となる．これは $a=\min M^*$ であることに矛盾する．(読者は上に述べたことをくわしく考えよ.) ——

このように，順序集合 $\boldsymbol{Q}$ においては，その空でない上に有界な部分集合がいつも上限をもつとは限らない．

しかし，たとえば上の M を，順序集合 $\boldsymbol{R}$ の部分集合と考えた場合には，M は($\boldsymbol{R}$ の中では)上限をもち，$\sup M=\sqrt{2}$ となる．実は，順序集合 $\boldsymbol{R}$ においては，その任意の空でない上に有界な部分集合が必ず上限をもつ(同様に，任意の空でない下に有界な部分集合が必ず下限をもつ)ことが知られている．これがいわゆる‘実数の連続性’とよばれる性質にほかならないのである[1]．

例 3 $\mathfrak{M}$ を任意の集合系とする．$\mathfrak{N}$ を $\mathfrak{M}$ の空でない部分集合とするとき，

---

1) 本書では，実数のいろいろな性質は一応既知としている．この‘連続性’とよばれる性質もすでに熟知の読者も多いであろうが，後の章でこの性質をしばしば用いるから，ここに——後に使用される形で——それを述べておいたのである．(‘実数の連続性’の述べ方には，他にもいろいろな形式がある.) なお，‘実数の連続性’という語は歴史的な用法によるものであるが，位相空間における写像の‘連続性’などと混同しないためには，‘実数の完備性’という語を用いたほうが適当であろう．

集合系 $\mathfrak{N}$ の和集合 $\bigcup\mathfrak{N}=\bigcup\{N\mid N\in\mathfrak{N}\}$ が $\mathfrak{M}$ の元であれば，それは順序集合 $\mathfrak{M}$ における $\mathfrak{N}$ の上限となる：$\sup\mathfrak{N}=\bigcup\mathfrak{N}$. このことは，第1章の(2.17)，(2.18)より直ちにみられる．

上の例2でもみたように，一般に A が順序集合で，$M\subset A_1\subset A$ であるとき，M が A_1 の中に上限をもたなくても，A の中には上限をもつことがある．また，その逆の場合もあり得る．さらに，M が A_1, A の中にそれぞれ異なる上限をもつような場合もある．そこで，こうした事態にまぎれがないように対処するために，(必要があれば)たとえば A の中で考えた M の上限を $\sup_A M$ (下限を $\inf_A M$) と書くことがある．

D)　順序同型

$(A, \leqq)$, $(A', \leqq')$ を2つの順序集合とする．

f が A から A' への写像で，A の任意の元 a, b に対し

(1.6)　$$a\leqq b \Rightarrow f(a)\leqq' f(b)$$

が成り立つとき，f を $(A, \leqq)$ から $(A', \leqq')$ への(あるいは略して A から A' への)**順序(を保つ)写像**または**単調写像**という．f が順序写像で，(1.6)の逆

(1.7)　$$f(a)\leqq' f(b) \Rightarrow a\leqq b$$

も成り立つ場合は，f は単射となる．実際，A の元 a, b に対し $f(a)=f(b)$ とすれば，$f(a)\leqq' f(b)$ かつ $f(b)\leqq' f(a)$ であるから，(1.7)により $a\leqq b$ かつ $b\leqq a$. したがって $a=b$ となる．そこで，(1.7)をも満たすような順序写像は A から A' への**順序単射**とよばれる．(f が順序単射であることは，f が順序写像でかつ単射であることとは必ずしも一致しない.) f が順序単射で，さらに A から A' への全射でもある場合は，f を A から A' への**順序同型写像**という．その場合，f の逆写像 f^{-1} は，明らかに A' から A への順序同型写像となる．

順序集合 $(A, \leqq)$ から順序集合 $(A', \leqq')$ への順序同型写像が(少なくとも1つ)存在するとき，両者は**順序同型**であるという．本書ではこのことを，$(A, \leqq)\simeq(A', \leqq')$ (または略して $A\simeq A'$) と書くことにする．

順序集合の間の順序同型関係については，明らかに，次のことが成り立つ．

(1.8) $$(A, \leqq) \simeq (A, \leqq),$$

(1.9) $$(A, \leqq) \simeq (A', \leqq') \Rightarrow (A', \leqq') \simeq (A, \leqq),$$

(1.10) $$(A, \leqq) \simeq (A', \leqq'),\ (A', \leqq') \simeq (A'', \leqq'') \Rightarrow (A, \leqq) \simeq (A'', \leqq'').$$

(これらのくわしい証明は練習問題とする.)

$(A, \leqq) \simeq (A', \leqq')$ であるとき，$(A, \leqq)$ から $(A', \leqq')$ への順序同型写像の1つを f とすれば，順序に関する諸関係で $(A, \leqq)$ の上で成り立つことは，f によってそのまま $(A', \leqq')$ の上にうつされ，逆に $(A', \leqq')$ の上で成り立つことは，f^{-1} によってそのまま $(A, \leqq)$ の上にうつされる．このことは明らかである．(たとえば，A のある元 $\boldsymbol{a}$ とある部分集合 $\boldsymbol{M}$ の f による像をそれぞれ $\boldsymbol{a}', \boldsymbol{M}'$ とするとき，もし $\boldsymbol{a} = \sup \boldsymbol{M}$ であるならば，$\boldsymbol{a}' = \sup \boldsymbol{M}'$ であり，その逆も成り立つ.) したがって，順序同型な $(A, \leqq)$, $(A', \leqq')$ は，順序集合として全く‘同じ構造’をもつと考えられる．

なお，$(A, \leqq)$ から $(A', \leqq')$ への順序同型写像は，A から A' への全単射であるから，$A \simeq A'$ (順序同型) となるためには，もちろん $A \sim A'$ (対等) であることが必要である．しかし，$A \sim A'$ であっても $A \simeq A'$ であるとは限らない．たとえば，$\boldsymbol{N}, \boldsymbol{Z}, \boldsymbol{Q}$ は互に対等であるが，順序集合 $\boldsymbol{N}, \boldsymbol{Z}, \boldsymbol{Q}$ はどの2つも順序同型ではない．(このことも練習問題とする.)

また，f が $(A, \leqq)$ から $(A', \leqq')$ への順序単射ならば，その終集合を $f(A) = A_1'$ に変えた写像は，明らかに $(A, \leqq)$ から $(A_1', \leqq')$ への順序同型写像であり，逆に，f' が $(A, \leqq)$ から $(A', \leqq')$ の部分順序集合 $(A_1', \leqq')$ への順序同型写像ならば，その終集合を A' に変えた写像は，$(A, \leqq)$ から $(A', \leqq')$ への順序単射となる．すなわち，$(A, \leqq)$ から $(A', \leqq')$ への順序単射が存在することは，$(A, \leqq)$ が $(A', \leqq')$ のある部分順序集合と順序同型であることと同等である．

注意 なおこれまで，順序集合(の台)は，当然空集合ではないと考えてきたが，便宜上空集合 ϕ も(そこでは本来順序というものを考えることはできないわけであるが) 1つの順序集合とみなすことがある．ϕ を順序集合と考えるときは，もちろん，これに順序同型なものは ϕ 自身のみであるとする．

E)　双対概念，双対の原理

$\leqq$ を集合 A における1つの順序とするとき，A の元 a, b に対し，

$$b \leqq a \quad \text{のときまたそのときに限り} \quad a \leqq^{-1} b$$

として関係 $\leqq^{-1}$ を定義すれば，明らかに，$\leqq^{-1}$ もまた A における1つの順序となる．これを $\leqq$ の**双対順序**といい，また $(A, \leqq^{-1})$ を $(A, \leqq)$ の**双対順序集合**という．

定義により，順序 $\leqq$ に関して a が b 以上であれば，双対順序 $\leqq^{-1}$ に関しては a は b 以下となる．このように，双対順序を考えるとき互に‘入れかわる’概念を，順序についての**双対概念**という．たとえば，上の‘以上と以下’をはじめ，‘大きいと小さい’，‘最大元と最小元’，‘上限と下限’などは，それぞれ互に他の双対概念である．(たとえば‘比較可能’というような概念は，その双対概念と論理的に同等である．実際，A の元 a, b が順序 $\leqq$ について比較可能ならば，明らかに a, b は双対順序 $\leqq^{-1}$ についても比較可能であり，その逆も成り立つからである．このように，その双対概念と論理的に同等であるような概念は**自己双対的**であるといわれる.)

順序集合に関する命題に対し，その命題の中に現われる順序に関する概念をそれぞれその双対概念でおきかえて得られる命題を，はじめの命題の**双対命題**という．ある順序集合についてある命題が成り立つならば，その双対順序集合については前の命題の双対命題が成り立つことは，いうまでもない．このことから直ちに，次のことが導かれる："一般に，順序に関するある条件 C を満たすような任意の順序集合について成り立つ1つの命題があるならば，その双対命題は，C の中に含まれている諸概念を，それぞれその双対概念でおきかえて得られる条件 C' を満たすような任意の順序集合について成り立つ." この事実は順序集合における**双対の原理**とよばれる．

問　　題

1. 集合 A に(1.4)，(1.5)を満たす関係 $<$ が与えられたとき，‘$a<b$ または $a=b$’であることを $a \leqq b$ で表わせば，$\leqq$ は A における順序となることを示せ．(この意味で，

(1.4), (1.5) を満たす関係 $<$ を A における順序とよぶこともできる.)

2. A が全順序集合ならば，A の最大元と極大元，最小元と極小元の概念はそれぞれ一致することを示せ.

3. X を空でない集合とし，$\mathfrak{P}(X)$ から ϕ だけをとり除いた集合系を $\mathfrak{M}$ とする. ($\subset$ を順序とする) 順序集合 $\mathfrak{M}$ の極小元とはどのようなものか. また $\mathfrak{M}$ が最小元をもつのはどのような場合か.

4. A を全順序集合，M をその部分集合とするとき，A の元 a が M の上限であるための必要十分条件は，次の (i), (ii) で与えられることを示せ.

(i)　M の任意の元 x に対して $x \leqq a$.

(ii)　a' を $a' < a$ である A の元とすれば，$a' < x$ となるような M の元 x が存在する.

5. $a_1, \cdots, a_n \in \boldsymbol{N}$ とするとき，順序集合 $(\boldsymbol{N}, \prec)$ における $\{a_1, \cdots, a_n\}$ の上限，下限はそれぞれ何になるか.

6. (1.8), (1.9), (1.10) を証明せよ.

7. $(A, \leqq)$ を全順序集合，$(A', \leqq')$ を順序集合とするとき，A から A' への写像 f が

$$a < b \Rightarrow f(a) <' f(b)$$

を満足すれば，f は順序単射であることを示せ.

8. $\boldsymbol{R}$ とその任意の開区間とは順序同型であることを示せ.

9. $\boldsymbol{N}, \boldsymbol{Z}, \boldsymbol{Q}, \boldsymbol{R}$ はどの 2 つも順序同型でないことを証明せよ.

10. 集合 X から $\{0, 1\}$ への写像全体の集合 $\mathfrak{F}(X, \{0, 1\})$ を簡単のため C とし，$C \ni \chi, \chi'$ に対し，$\chi \leqq \chi'$ であるとは，すべての $x \in X$ に対して $\chi(x) \leqq \chi'(x)$ であることと定める. このとき $\leqq$ は C における順序で，$(C, \leqq) \simeq (\mathfrak{P}(X), \subset)$ となることを証明せよ.

§2　整列集合とその比較定理

A)　整列集合

自然数全体の集合 $\boldsymbol{N}$ は大小の順序 $\leqq$ について全順序集合をなすが，さらにこの順序集合は次の定理に述べる重要な性質を有する.

定理 1　$\boldsymbol{N}$ の任意の空でない部分集合は最小元をもつ.

証明　この定理は数学的帰納法によって次のように証明される.

M を $\boldsymbol{N}$ の空でない部分集合とする. $M \neq \phi$ であるから，M は少なくとも 1 つの自然数を含む. もし $1 \in M$ ならば，もちろん $1 = \min M$ である. そこで，

M が n 以下のある自然数を含むような場合には，この定理が成り立つものとして，$n+1 \in M$ の場合にもこの定理が成り立つことを証明する．この場合，もし M が n 以下のある自然数をも含むならば，帰納法の仮定によって M は最小元をもつ．また M が n 以下のどの自然数も含まないならば，当然 $n+1=\min M$ となる．（証明終）

一般に，W が全順序集合で，その空でない任意の部分集合がいつも最小元をもつとき，W を**整列集合**(well-ordered set)という[1]．$\boldsymbol{N}$ は最も典型的な整列集合である．また，有限の全順序集合は明らかに整列集合である．

注意　上の整列集合の定義で，W の順序が‘全順序’であるという仮定は実は不要である．（すなわち，それは後の条件から自然に導かれる．）実際，a, b を W の任意の2元とすれば，後の条件によって $\min\{a, b\}$ が存在するが，$\min\{a, b\}=a$ ならば $a \leqq b$，$\min\{a, b\}=b$ ならば $a \geqq b$．いずれにしても a, b は比較可能となる．ゆえに，W の順序は全順序である．

われわれは次に，整列集合の性質を調べるのであるが，そのためにまず，1つの概念を用意しておこう．

一般に A を任意の順序集合とし，a, b を A の2つの元とする．もし $a<b$ で，$a<x<b$ となるような A の元 x が存在しないならば，A の中で b は a の**直後の元**，a は b の**直前の元**であるという．もし A が全順序集合であるならば，b が a の直後の元であることは，b が a よりも大きい A の元の集合 $\{x \mid x \in A,\ a<x\}$ の最小元であることと同等である．（このことはきわめて容易に示されるから，読者の練習問題とする．）したがって A が全順序集合である場合，もし A の元 a の直後の元が存在するならば，それは a に対して一意的に定まる．同様に，やはり A が全順序集合であるという仮定のもとに，a が b の直前の元であることは，a が $\{x \mid x \in A,\ x<b\}$ の最大元であることと同等である．したがって b の直前の元は(もし存在すれば) b に対して一意的に定まる．

さてそこで，整列集合の考察にもどろう．

定義から明らかに，整列集合の任意の部分集合はやはり整列集合である．

---

1)　本節以後，順序集合を略式にその台集合と同一の記号で表わし，特に必要のある場合のほかは，順序の記号を付記しない．

また，W を任意の整列集合とすれば，次のことが成り立つ．

(i)　$\min W$ が存在する．

(ii)　a を W の任意の元とするとき，もし a よりも後にある W の元が存在すれば，a の直後の元 a' が存在する．

実際，(i)は定義から明らかである．また(ii)の仮定のもとに，$W'=\{x \mid x \in W, a<x\}$ は空ではなく，したがって整列集合の定義により，$\min W'$ が存在する．それを a' とすれば，a' は a の直後の元である．

上の(i)，(ii)は，順序集合 $\boldsymbol{N}$ が最小元 1 をもち，また $\boldsymbol{N}$ の任意の元 n に対してその直後の元 $n+1$ が存在する，という周知の性質の，一般の整列集合への拡張である．

ただし，$\boldsymbol{N}$ においては，1 以外の任意の自然数は必ず直前の元を有するが，この性質は一般の整列集合 W では必ずしも満たされない．すなわち，a を W の元とするとき，($a \neq \min W$ であっても) a の直前の元は必ずしも存在するとは限らない．しかし，a の直前の元が存在する場合には，(上にも注意したように)それは a に対して一意的に定まる．

例　整列集合 W の元 $a(\neq \min W)$ が直前の元をもたないような例は，次のようにして簡単につくられる．いま，ω を自然数と異なる 1 つの記号とし，$\boldsymbol{N} \cup \{\omega\}=W$ とおく．W において順序 $\leqq$ を次のように定める："$\boldsymbol{N}$ の元に対しては $\leqq$ は大小の順序そのままとし，また任意の $n \in \boldsymbol{N}$ と ω に対しては $n<\omega$ とする．" このように $\leqq$ を定めれば，W は明らかに整列集合となるが，その元 ω は直前の元をもたない．

B)　切片と超限帰納法

W を 1 つの整列集合とする．

a を W の 1 つの元とするとき，a よりも小さいような W の元全体の集合を，W の a による**切片**といい，$W\langle a\rangle$ で表わす：

$$W\langle a\rangle = \{x \mid x \in W,\ x<a\}.$$

明らかに，$a=\min W$ のときまたそのときに限り $W\langle a\rangle=\phi$ である．また前項で注意したように，a が W の中に直前の元 a_* をもつことは，$a_*=\max W\langle a\rangle$ であることと同等である．またもし，$a(\neq\min W)$ が W の中に直前の元をもたないならば，a は $W\langle a\rangle$ の W における上限 $\sup W\langle a\rangle$ となる．このことは次のように証明される．まず，a が $W\langle a\rangle$ の1つの上界であることは，定義から明らかである．また a' を $W\langle a\rangle$ の任意の上界とするとき，もし $a'<a$ ならば $a'\in W\langle a\rangle$ となり，したがって $a'=\max W\langle a\rangle$ となる．ゆえに a' は a の直前の元となるが，これは仮定に反するから，$a\leqq a'$ でなければならない．したがって a は $W\langle a\rangle$ の最小の上界，すなわち $W\langle a\rangle$ の上限である．

念のため，上に述べたことをもう1度まとめて記しておこう：($a\neq\min W$ のとき)，a が W の中に直前の元 a_* をもつならば $a_*=\max W\langle a\rangle$ であり，a が直前の元をもたなければ $a=\sup W\langle a\rangle$ である．

いま，W' を W の部分集合とし，それが次の性質をもっていると仮定する：“W の任意の元 a に対して

(2.1) $$W\langle a\rangle\subset W'\Rightarrow a\in W'.\text{”}$$

このとき実は，$W'=W$ でなければならないことが次のようにして示される．実際，もし $W'\neq W$ ならば，$W-W'\neq\phi$ であるから，整列集合の定義によって $\min(W-W')=a$ が存在する．このとき $W\langle a\rangle\cap(W-W')=\phi$ であるから $W\langle a\rangle\subset W'$．したがって条件(2.1)により $a\in W'$ となる．しかるに一方 $a\in W-W'$ であるから，これは矛盾である．ゆえに $W'=W$ でなければならない．

上に述べたことから，直ちに次の定理が得られる．

定理 2 整列集合 W の元に関するある命題 P があって，それについて次の(*)が示されたとすれば，P は W のすべての元に対して成り立つ．

(*) a を W の任意の元とするとき，$x<a$ である W の各元 x について P が成り立つと仮定すれば，P は a についても成り立つ．

実際，P が成り立つような W の元全体の集合を W' とすれば，(*)によって，W' は性質(2.1)をもつからである．

定理2は明らかに自然数に関する数学的帰納法の一般化であって，**超限帰納法**とよばれる．

注意　$(*)$で，aが$\min W=a_0$のときは，$x<a_0$となるxは存在しないから，"$x<a_0$であるWの各元xに対してPが成り立てば"という仮定は全く条件がないのと同じである．したがって，$(*)$は"Pが$\min W=a_0$について成り立つ"ことを当然含意している．すなわち，もっとわかりやすくいえば，$(*)$は次の$(*)_0$, $(*)'$の2つの部分から成るのである．

$(*)_0$　Pは$a_0=\min W$について成り立つ．

$(*)'$　aをa_0と異なるWの任意の元とするとき，$x<a$であるWの各元xについてPが成り立てば，Pはaについても成り立つ．

(実際に超限帰納法による証明をする場合には，この形式によることが多い．)

また，次の補題は切片を特徴づけるものとしてしばしば有用である．

補題 1　Jが整列集合Wの部分集合で，次の条件

$$x\in J,\ \ y\in W,\ \ x>y\Rightarrow y\in J \tag{2.2}$$

を満たすとする．このとき，JはW自身であるか，またはWのある切片と一致する．(逆に，WまたはWの切片が(2.2)を満たすことは明らかである．)

証明　Jが(2.2)を満たすとし，かつ$J\neq W$とする．そのときJはWのある切片となることを示そう．いま，$W-J\neq\phi$としたから，$\min(W-J)=a$が存在する．そこで，$x\in W\langle a\rangle$すなわち$x<a$とすれば，$x\notin W-J$であるから，$x\in J$. 逆に$x\in J$とするとき，もし$x\geqq a$ならば条件(2.2)によって$a\in J$となるが，これは$a\in W-J$であることに矛盾するから，$x<a$, すなわち$x\in W\langle a\rangle$. ゆえに$J=W\langle a\rangle$となる．(証明終)

最後に，Wの元$a, b, \cdots$による切片$W\langle a\rangle, W\langle b\rangle, \cdots$相互の間の関係について考えよう．

これについては，明らかに，$a\leqq b$ならば$W\langle a\rangle\subset W\langle b\rangle$. 逆に，$W\langle a\rangle\subset W\langle b\rangle$のとき，もし$a>b$とすれば$b\in W\langle a\rangle$, $b\notin W\langle b\rangle$となって矛盾するから，$a\leqq b$. したがって

$$a\leqq b\Leftrightarrow W\langle a\rangle\subset W\langle b\rangle \tag{2.3}$$

となる．(2.3)により，Wの切片全体から成るWの部分集合系$\{W\langle a\rangle\}_{a\in W}$を$\mathfrak{W}$とすれば，$W$の各元$a$に$\mathfrak{W}$の元$W\langle a\rangle$を対応させる写像は，$W$から$\mathfrak{W}(=(\mathfrak{W}, \subset))$への順序同型写像であることがわかる．

また，$W \ni a, b$；$a<b$ ならば，$a \in W\langle b\rangle$ で，明らかに，$W\langle b\rangle$ の a による切片 $(W\langle b\rangle)\langle a\rangle$ は，W の a による切片 $W\langle a\rangle$ と一致する．

C）整列集合の順序同型

本項では，次項 D) で‘整列集合の比較定理’を証明するための準備として，整列集合の順序同型に関する二三の補題を述べよう．

補題 2　f を整列集合 W からそれ自身への順序単射とすれば，W のすべての元 x に対して $f(x) \geqq x$ が成り立つ．

証明　仮りに，$f(x)<x$ となるような W の元 x があるとすれば，

$$M=\{x \mid x \in W,\ f(x)<x\}$$

は空でないから，$\min M=x_0$ が存在する．$x_0 \in M$ であるから，$f(x_0)<x_0$ で，f は順序単射であるから，これより $f(f(x_0))<f(x_0)$．したがって $f(x_0)$ も M の元となる．これは x_0 が M の最小元であることに反する．

補題 3　整列集合 W はその任意の切片と決して順序同型にならない．また a, b を W の異なる2元とすれば，$W\langle a\rangle$ と $W\langle b\rangle$ も順序同型にならない．

証明　もし W からその切片 $W\langle a\rangle$ への順序同型写像 f が存在したとすれば，f（の終集合を W に変えた写像）は W からそれ自身への順序単射で，$f(a) \in W\langle a\rangle$ であるから，$f(a)<a$．これは補題2に反する．したがって，W と $W\langle a\rangle$ は順序同型でない．後半は，$a \neq b$ ならば $W\langle a\rangle, W\langle b\rangle$ の一方が他方の切片となることに注意すれば，前半に帰着する．

補題 4　整列集合 W, W' が順序同型ならば，W の任意の切片 $W\langle a\rangle$ に対して，それと順序同型になるような W' の切片 $W'\langle a'\rangle$ が存在する．かつ，このとき a' は a に対して一意的に定まる．

証明　f を W から W' への順序同型写像とすれば，明らかに

$$f(W\langle a\rangle)=W'\langle f(a)\rangle$$

となるから，f の定義域を $W\langle a\rangle$ に縮小し，かつ終集合を $W'\langle f(a)\rangle$ に変えれば，$W\langle a\rangle$ から $W'\langle f(a)\rangle$ への順序同型写像が得られる．よって $f(a)=a'$ とおけば，$W\langle a\rangle \simeq W'\langle a'\rangle$ となる．また，$W\langle a\rangle \simeq W'\langle a'\rangle$ となるような a' が

(a に対して)一意的に定まることは，補題3(および(1.9)，(1.10))から明らかである．——

本項の最後に，上の補題4(およびその証明)から得られる1つの定理を挙げておく．

定理 3　整列集合 W, W' が順序同型ならば，W から W' への順序同型写像は一意的に定まる．特に，W からそれ自身への順序同型写像は，W 上の恒等写像 I_W のほかにない．

証明　$W \simeq W'$ とし，f, g をともに W から W' への順序同型写像とする．そうすれば，W の任意の元 a に対し，補題4の証明で示したように，$W\langle a\rangle \simeq W'\langle f(a)\rangle$，$W\langle a\rangle \simeq W'\langle g(a)\rangle$ となるから，一意性によって $f(a)=g(a)$．ゆえに $f=g$．定理の後半は前半から明らかである．

D)　整列集合の比較定理

前項の補題3，補題4，および前々項の補題1を用いて，整列集合に関する次の重要な定理を証明することができる．

定理 4 (比較定理)　W, W' を2つの整列集合とすれば，次の3つの場合のいずれか1つ，しかも1つだけが起こる．

1)　$W \simeq W'$.

2)　W' のある元 a' が存在して，$W \simeq W'\langle a'\rangle$.

3)　W のある元 a が存在して，$W\langle a\rangle \simeq W'$.

なお，上の2)，3)の場合に，a', a はそれぞれ一意的に定まる．

証明　上の3つの場合のうち，1)と2)，1)と3)が両立し得ないことは補題3から明らかである．また2)，3)の場合に a', a がそれぞれ一意的に定まることも，同じく補題3から明らかである．2)と3)が両立しないことは次のように示される．仮りに2)，3)が両立したとすれば，$W \simeq W'\langle a'\rangle$ から，補題4によって $W\langle a\rangle$ は $W'\langle a'\rangle$ のある切片 $(W'\langle a'\rangle)\langle b'\rangle$ と順序同型になる．しかるに $(W'\langle a'\rangle)\langle b'\rangle = W'\langle b'\rangle$ であるから，$W\langle a\rangle \simeq W'\langle b'\rangle$．これと3)とが両立することは，補題3に矛盾する．

以上で，1),2),3)のどの2つの場合も両立し得ないことがわかったから，次に，これらのいずれかの場合が起こることを示そう．

そのために，W の元 x と W' の元 x' で，

(＊)
$$W\langle x\rangle \simeq W'\langle x'\rangle$$

という関係を満たすような組を考える．W の元 x で，それに対し(＊)を満たす $x'\in W'$ が存在するようなもの全体の集合を J とし，同様に，W' の元 x' で，それに対し(＊)を満たす $x\in W$ が存在するようなもの全体の集合を J' とする．補題3から明らかに，J の各元 x に対して(＊)を満たす $x'\in J'$ は一意的に定まり，逆に，J' の各元 x' に対して(＊)を満たす $x\in J$ は一意的に定まる．したがって，J の各元 x に(＊)を満たすような J' の元 x' を対応させる写像を f とすれば，f は J から J' への全単射となる．

次に，W の元 x, y に対し，$x\in J$, $x>y$ とすれば，$y\in J$ であること，さらにこの場合，$f(x)=x'$, $f(y)=y'$ とすれば，$x'>y'$ となることを示そう．実際，$x\in J$, $x>y$, $f(x)=x'$ とすれば，$W\langle x\rangle\simeq W'\langle x'\rangle$ で，$x>y$ であるから，$W\langle y\rangle$ は $W\langle x\rangle$ の切片である．したがって補題4により，$W\langle y\rangle$ は $W'\langle x'\rangle$ のある切片 $(W'\langle x'\rangle)\langle y_1'\rangle$ と順序同型になる．すなわち

$$W\langle y\rangle \simeq (W'\langle x'\rangle)\langle y_1'\rangle = W'\langle y_1'\rangle.$$

したがって y も J の元である．かつ，f の定義によって $f(y)=y'$ は上の y_1' に等しいが，$y_1'\in W'\langle x'\rangle$ であるから $x'>y'$.

上で，次の2つのことが示された．

a)　W の部分集合 J は補題1の条件(2.2)を満たす．

b)　$J\ni x, y$；$x>y$ ならば $f(x)>f(y)$.

b) によって，f は J から J' への順序同型写像である．また a) によって，J は W 全体となるか，または W のある切片 $W\langle a\rangle$ となる(補題1)．同様にして，J' も W' 全体となるか，または W' のある切片 $W'\langle a'\rangle$ となる．$J=W$, $J'=W'$ ならば 1) が；$J=W$, $J'=W'\langle a'\rangle$ ならば 2) が；$J=W\langle a\rangle$, $J'=W'$ ならば 3) が成り立つ．最後の $J=W\langle a\rangle$, $J'=W'\langle a'\rangle$ の場合は起こり得ない．実際，もし $J=W\langle a\rangle$, $J'=W'\langle a'\rangle$ ならば，$J\simeq J'$ すなわち $W\langle a\rangle\simeq W'\langle a'\rangle$ より a

も J に属することとなるが，これは明らかに矛盾であるからである．これで，定理は完全に証明された．（証明終）

問　題

1. A を順序集合，a を A の1つの元とする．A の元 b が a の直後の元であるためには，b が $\{x \mid x \in A,\ a<x\}$ の極小元であることが必要十分であることを示せ．（したがって特に A が全順序集合である場合には，b が a の直後の元であることは，b が $\{x \mid x \in A,\ a<x\}$ の最小元であることと同等である.）

2. 順序集合 A の元の列 $(a_n)_{n \in \boldsymbol{N}}$ で，$a_1<a_2<\cdots<a_n<\cdots$ となるものを A における**昇鎖**という．これと双対的に A における**降鎖**が定義される．A が全順序集合であるとき，A が整列集合であるための必要十分条件は，A において降鎖が存在しないことであることを示せ．

3. W を整列集合，W' をその部分集合とすれば，W' は W または W の切片と順序同型であることを示せ．

4. n 個の元から成る有限整列集合は，通常の順序による $\{1, 2, \cdots, n\}$ と順序同型であることを示せ．また，任意の無限整列集合は $\boldsymbol{N}$ と順序同型であるか，または $\boldsymbol{N}$ と順序同型な切片を含むことを示せ．

5. $(W, \leqq)$ が整列集合で，その双対順序集合 $(W, \leqq^{-1})$ も整列集合ならば，W は有限集合であることを示せ．

6. 整列集合 W から順序集合 W' の上への順序写像 f が存在すれば，W' も整列集合であることを示せ．

（ヒント：W' に降鎖が存在するとして矛盾を導け.）

7. W が $\boldsymbol{R}$ の整列部分集合ならば，W はたかだか可算であることを証明せよ．

（ヒント：W の各元 x に対し，x が W の最大元でなければ $\varphi(x)=\min\{y \mid y \in W,\ x<y\}$，$x$ が W の最大元ならば $\varphi(x)=x+1$ として，$\boldsymbol{R}$ の開区間 $(x, \varphi(x))$ を $G(x)$ とする．そうすれば，$W \ni x, x'$；$x \neq x'$ のとき $G(x) \cap G(x')=\phi$．そこで，第2章§2，問題4を用いる.）

§3　Zorn の補題，整列定理

A)　整列集合に関する一命題

本節ではいわゆる‘Zorn の補題’および‘整列定理’について述べる．これらの命題は，後の D)に示すように，実は選出公理と論理的に同等であるが，数学の理論への応用には，これらの命題の形のほうが選出公理よりも効果的であることが多いのである．

本項ではまず，これらの命題を証明するための準備として，整列集合に関する補題をもう1つ挙げておこう．(これは本質的には簡単なものである．)

補題 1　$(W_\lambda)_{\lambda\in\Lambda}$ を集合 A の部分集合族とし，各 W_λ にはそれぞれ順序 $\leqq_\lambda$ が定められていて，$(W_\lambda, \leqq_\lambda)$ は整列集合をなし，また λ, λ' を Λ の異なる2元とすれば，$(W_\lambda, \leqq_\lambda)$, $(W_{\lambda'}, \leqq_{\lambda'})$ のいずれか一方は他方の切片になっているとする．そのとき，$W=\bigcup_{\lambda\in\Lambda} W_\lambda$ の任意の2元 x, y に対して，

$$(*)\qquad x\in W_\lambda, \quad y\in W_\lambda$$

となるような $\lambda\in\Lambda$ が必ず存在する．その場合，$x\leqq_\lambda y$ であるか $y\leqq_\lambda x$ であるかに応じて，それぞれ $x\leqq y$, $y\leqq x$ と定義すれば，関係 $\leqq$ は$(*)$を満足する λ のとり方に依存しないで定まる．かつ，このようにして定義された $\leqq$ は W における順序関係で，$(W, \leqq)$ は整列集合となる．また，任意の $\lambda\in\Lambda$ に対し，$(W_\lambda, \leqq_\lambda)$ は $(W, \leqq)$ と一致するかまたはその切片となる．

証明　1)　$x, y\in W$ とすれば，$W=\bigcup_{\lambda\in\Lambda} W_\lambda$ であるから，$x\in W_\lambda$, $y\in W_{\lambda'}$ となる λ, λ' があるが，W_λ, $W_{\lambda'}$ のいずれか一方は他方の部分集合であるから，たとえば $W_{\lambda'}\subset W_\lambda$ とすれば，y も W_λ の元となる．すなわち，x, y に対して$(*)$を満たすような $\lambda\in\Lambda$ が必ず存在する．

2)　$x, y\in W$ とし，x, y がともに W_λ の元であり，またともに $W_{\lambda'}$ $(\lambda\neq\lambda')$ の元でもあるとする．その場合，$(W_\lambda, \leqq_\lambda)$, $(W_{\lambda'}, \leqq_{\lambda'})$ のいずれか一方は他方の切片，したがって部分順序集合であるから，

$$x\leqq_\lambda y \Leftrightarrow x\leqq_{\lambda'} y; \qquad y\leqq_\lambda x \Leftrightarrow y\leqq_{\lambda'} x.$$

よって，$x\leqq y$ または $y\leqq x$ の定義は$(*)$を満足する λ のとり方にはよらない．

3)　$x, y, z\in W$ とすれば，これらを全部含むような W_λ が存在することは，1)と同様にして容易にわかる．このことから，$\leqq$ が W における順序関係であることは直ちに示される．

4)　次に$(W, \leqq)$が整列集合であること，すなわち M を W の任意の空でな

い部分集合とすれば，($\leqq$ に関して) $\min M$ が存在することを示そう．$M \neq \phi$ であるから，$M \cap W_\lambda \neq \phi$ となるような $\lambda \in \Lambda$ がある．いま，λ をこのような Λ の1つの元とすれば，$(W_\lambda, \leqq_\lambda)$ は整列集合であるから，$\leqq_\lambda$ に関して

$$\min(M \cap W_\lambda) = a$$

が存在する．この a が $\leqq$ に関する M の最小元 $\min M$ となるのである．実際，x を M の任意の元とするとき，もし $x \in W_\lambda$ ならば，$x \in M \cap W_\lambda$ であるから，もちろん $a \leqq_\lambda x$，したがって $a \leqq x$．また $x \notin W_\lambda$ ならば，$x \in W_{\lambda'}$ となる Λ の元 λ' $(\neq \lambda)$ があるが，この場合 $W_{\lambda'} \not\subset W_\lambda$ であるから，$(W_{\lambda'}, \leqq_{\lambda'})$ は $(W_\lambda, \leqq_\lambda)$ の切片ではあり得ない．したがって $(W_\lambda, \leqq_\lambda)$ が $(W_{\lambda'}, \leqq_{\lambda'})$ の切片となる．しかも $a \in W_\lambda$，$x \in W_{\lambda'} - W_\lambda$ であるから，当然 $a \leqq_{\lambda'} x$．ゆえにこの場合も $a \leqq x$ となる．

5)　最後に，任意の $(W_\lambda, \leqq_\lambda)$ は $(W, \leqq)$ と一致するかまたはその切片となることを示そう．もし W_λ が他の $W_{\lambda'}$ をすべて含むならば，$W_\lambda = W$ で，その場合 $(W_\lambda, \leqq_\lambda)$ と $(W, \leqq)$ が一致することは明らかである．そうでない場合には，W_λ は W の真部分集合となるが，そのときも W_λ 上で $\leqq_\lambda$ と $\leqq$ とが一致していること，したがって $(W_\lambda, \leqq_\lambda)$ が $(W, \leqq)$ の部分順序集合であることは，$\leqq$ の定義から明らかである．よってそのとき，前者が後者の切片であることを示すには，W_λ が $(W, \leqq)$ の部分集合として§2，補題1の条件(2.2)を満たすこと，すなわち

$$x \in W_\lambda,\ \ y \in W,\ \ x > y \Rightarrow y \in W_\lambda$$

であることをいえばよい．この場合，x, y をともに含むような $W_{\lambda'}$ をとれば，$\lambda = \lambda'$ であるか，$(W_{\lambda'}, \leqq_{\lambda'})$ が $(W_\lambda, \leqq_\lambda)$ の切片であるか，$(W_\lambda, \leqq_\lambda)$ が $(W_{\lambda'}, \leqq_{\lambda'})$ の切片であるかのいずれかであるが，はじめの2つの場合に $y \in W_\lambda$ であることはいうまでもない．また最後の場合にも，$x \in W_\lambda$，$x >_{\lambda'} y$ で，W_λ は $(W_{\lambda'}, \leqq_{\lambda'})$ の部分集合として当然§2の(2.2)を満たすから，$y \in W_\lambda$ となる．(証明終)

系　$(W_\lambda)_{\lambda \in \Lambda}$ を順序集合 A の部分集合族とし，各 W_λ は A の部分順序集合として整列集合であるとする．また，λ, λ' を Λ の異なる2元とすれば，W_λ，

$W_{\lambda'}$ のいずれか一方は他方の切片になっているとする．そのときは，$\bigcup_{\lambda\in\Lambda}W_\lambda=W$ も(A の部分順序集合として)整列集合である．かつ，任意の W_λ は(W 全体と一致しない限り) W の切片となる．

これは上の補題から明らかであろう．(補題の各 W_λ における順序 $\leqq_\lambda$ を，A における順序 $\leqq$ の‘縮小’と考えればよい．)

B)　Zorn の補題

本項では，選出公理を用いて Zorn の補題を証明するが，Zorn の補題について述べるためには，まず次の概念を用意しなければならない．

順序集合 A は，その任意の(空でない)全順序部分集合が A の中に上限を有するとき，**帰納的**(inductive)であるといわれる．

注意　上に述べた帰納的順序集合の定義は，通常のそれとは少し異なっている．(定理6の後の注意参照.) 本書で上の定義を採用したのは，次の定理の証明で，われわれは，今までに述べてきた整列集合に関するいくつかの命題を利用したいからである．(実際には Zorn の補題の証明を整列集合に関する命題とは無関係に与えることもできるのであるが，本書で次に与える証明のほうが，思考内容の点で幾分直接的また直観的であろうと思われる.)

定理 5 (Zorn の補題)　帰納的な順序集合は(少なくとも1つ)極大元をもつ．

この定理は次の2つの補題(補題2, 3)から導かれる．これらの補題のうち，その証明に選出公理が用いられるのは補題3である．(また補題2の証明に，整列集合に関する命題が用いられる.)

補題 2　A を帰納的な順序集合とし，φ は A から A への写像で，A のすべての元 x に対し $\varphi(x)\geqq x$ となるものとする．そのとき，$\varphi(a)=a$ となるような A の元 a が(少なくとも1つ)存在する．

証明　A の1つの元 x_0 を任意に固定しておき，A の部分集合 W で，次の条件(i)-(iv)を満たすものを考える．

(i)　W は(A の部分順序集合として)整列集合である．

(ii)　$\min W=x_0$.

(iii)　W の元 x が W の中に直前の元 x_* をもつならば，$x=\varphi(x_*)$.

(iv) W の元 $x(\neq x_0)$ が W の中に直前の元をもたなければ，W の x による切片 $W\langle x\rangle=\{y\mid y\in W,\ y<x\}$ の A における上限が x と一致する：$x=\sup_A W\langle x\rangle$.

以上の4条件を満たすような A の部分集合は，実際存在する．たとえば，x_0 のみから成る集合 $\{x_0\}$ は明らかにこれらの条件を((iii), (iv)は 'trivial に')満足するからである．そこで，条件(i)-(iv)を満たすような A の部分集合の全体を $\mathfrak{W}$ とする．(いま注意したことによって，$\mathfrak{W}$ は空ではない.)

次に，$\mathfrak{W}\ni W, W'$ とすれば，$W=W'$ であるか，またはそのいずれか一方が他方の切片と一致することを示そう．$\mathfrak{W}$ の元 W, W' は整列集合であるから，定理4によって，とにかく $W\simeq W'$ であるか，またはそのいずれか一方が他方の切片に順序同型である．いずれの場合も同様であるから，たとえば W が W' のある切片 $W'\langle b'\rangle$ に順序同型であるとし，W から $W'\langle b'\rangle$ への順序同型写像を f とする．このとき，実は W の任意の元 x に対して $f(x)=x$，したがって $W=W'\langle b'\rangle$ となることが，次のように超限帰納法によって示されるのである．まず $x_0=\min W=\min W'=\min W'\langle b'\rangle$ であるから，$f(x_0)=x_0$ は明らかである．次に，x を W の x_0 以外の任意の元とし，$y<x$ であるような W のすべての元 y に対して $f(y)=y$ と仮定する．そのとき，もし x が W の中に直前の元 x_* をもつならば，f が順序同型写像であることから，$f(x_*)$ は $W'\langle b'\rangle$ の中で，したがってまた W' の中で，$f(x)$ の直前の元となる．しかるに $f(x_*)=x_*$ であるから，条件(iii)によって

$$f(x)=\varphi(f(x_*))=\varphi(x_*)=x$$

となる．また，x が W の中に直前の元をもたない場合は，同じく f が順序同型写像であるから，$f(x)$ も $W'\langle b'\rangle$ の中に，したがってまた W' の中に直前の元をもたない．かつ，f による $W\langle x\rangle$ の像は明らかに $(W'\langle b'\rangle)\langle f(x)\rangle=W'\langle f(x)\rangle$ となるが，$W\langle x\rangle$ の任意の元 y に対して $f(y)=y$ であるから，$W\langle x\rangle=W'\langle f(x)\rangle$．したがって条件(iv)により

$$f(x)=\sup_A W'\langle f(x)\rangle=\sup_A W\langle x\rangle=x$$

となる．

以上で，$\mathfrak{W}$ に属する任意の2つの集合は一致するかまたは一方が他方の切片であることが示された．したがって，$\bigcup \mathfrak{W} = W_0$ とおけば，補題1の系により W_0 も整列集合となる．さらに，同じ系によって $\mathfrak{W}$ の任意の元は W_0 と一致するかまたは W_0 の切片である．このことに注意すれば，W_0 も条件(ii)，(iii)，(iv)を満たすことが容易に検証される．(読者はくわしく考えよ.) ゆえに W_0 も $\mathfrak{W}$ の元となる．これは(包含関係 $\subset$ の意味で) $\mathfrak{W}$ の最大元である．

A は帰納的で，W_0 は A の整列部分集合であるから，定義により $\sup_A W_0 = a$ が存在する．この a は W_0 の元でなければならない．実際，もし $a \notin W_0$ ならば，$W_0 \cup \{a\} = W_0'$ もまた条件(i)-(iv)を満足することが(W_0' が整列集合で，その a による切片 $W_0'\langle a \rangle$ が W_0 と一致すること，などに注意すれば)直ちにみられる．しかし，これは W_0 が $\mathfrak{W}$ の最大元であることに反する．したがって $a \in W_0$，よって $a = \max W_0$ となる．

この a に対して $\varphi(a) = a$ が成り立つことを示そう．もし $\varphi(a) \neq a$ ならば，$\varphi(a) > a$ でなければならないが，その場合は($a = \max W_0$ であるから) $\varphi(a) \notin W_0$．そして，今度は $W_0 \cup \{\varphi(a)\} = W_0''$ が条件(i)-(iv)を満たすことが，上と同様にして直ちに知られる．これも W_0 の最大性に反する．よって $\varphi(a) = a$ でなければならない．(証明終)

補題 3　A を極大元をもたない順序集合とすれば，A から A への写像 φ で，A のすべての元 x に対して $\varphi(x) > x$ となるものが存在する．

証明　A のすべての空でない部分集合から成る集合系を $\mathfrak{M}$ とする．選出公理によって，$\mathfrak{M}$ で定義された写像 Φ で，$\mathfrak{M}$ のすべての元 M に対し $\Phi(M) \in M$ となるものが存在する．

いま，A は極大元をもたないと仮定されているから，A の元 x に対して $\{y \mid y \in A,\ y > x\} = M_x$ とおけば，どの $x \in A$ に対しても $M_x \neq \emptyset$，すなわち $M_x \in \mathfrak{M}$．そこで，A の任意の元 x に対し

$$\varphi(x) = \Phi(M_x)$$

として，A から A への写像 φ を定義すれば，$\varphi(x) \in M_x$ であるから，$\varphi(x) > x$ となる．(証明終)

補題2と補題3から定理5が得られることは明らかであろう．

C)　Zorn の補題の変形

Zorn の補題は，種々の，少しずつ形式の異なる命題に変形される．次の定理に掲げる一連の命題は，いずれも，Zorn の補題の変形とみなされるものである．

定理を述べる前に，1つの概念を用意しておく．

一般に，ある集合 X の部分集合に関する性質 C があって，X の部分集合 Y がその性質 C をもつことと，Y のすべての有限部分集合が性質 C をもつこととが同等であるとき，C を**有限的な性質**(または**有限的な条件**)という．

定理 6　定理5(Zorn の補題)は次の命題(a)-(d)のいずれとも同等である．

(a)　C を集合 X の部分集合に関する有限的な条件とし，C を満たすような X の部分集合 Y が少なくとも1つ存在するとする．そのとき，C を満たす X の(包含関係の意味で)極大な部分集合が存在する．(Tukey)

(b)　任意の順序集合は(包含関係の意味で)極大な全順序部分集合をもつ．(Kuratowski)

(c)　順序集合 A において，その任意の(空でない)全順序部分集合が上に有界ならば，A は極大元をもつ．

(d)　$\mathfrak{M}$ を集合系とし，その($\subset$ に関する)任意の全順序部分集合 $\mathfrak{N}$ に対して，$\mathfrak{N}$ のすべての元を部分集合として含む $\mathfrak{M}$ の元が存在するとする．そのとき，$\mathfrak{M}$ の中には極大な集合が存在する．

証明　この証明はある程度概略にとどめ，細部は読者の補充にゆだねる．

'定理5 ⇒ (a)' の証明．C を満たすような X の部分集合の全体を $\mathfrak{M}$ とすれば，$\mathfrak{M}$ は(順序 $\subset$ の意味で)帰納的な順序集合となる．実際，$\mathfrak{N}$ を $\mathfrak{M}$ の任意の全順序部分集合とするとき，$\bigcup\mathfrak{N}=\bigcup\{N \mid N\in\mathfrak{N}\}=N^*$ とおけば，$N^*\in\mathfrak{M}$ となり，したがってこれが $\mathfrak{M}$ における $\mathfrak{N}$ の上限となるのである．$N^*\in\mathfrak{M}$ であることは次のようにしてみられる．$N'=\{x_1, \cdots, x_r\}$ を N^* の任意の有限部分集合とすれば，$x_i\in N_i$ となる $\mathfrak{N}$ の元 N_i $(i=1, \cdots, r)$ があるが，$\mathfrak{N}$ は包含関

係について全順序集合をなしているから，$N_1, \cdots, N_r$ のうちに最大の集合がある．それをたとえば N_r とすれば，$N' \subset N_r$ となり，N_r は C を満たすから，条件 C の有限性によって N' も C を満たす．したがってまた N^* も条件 C を満たす．ゆえに $N^* \in \mathfrak{M}$ となる．以上で $\mathfrak{M}=(\mathfrak{M}, \subset)$ が帰納的な順序集合であることがわかったから，定理5によってそれは極大元をもつ．

'(a) ⇒ (b)' の証明．順序集合 A の部分集合が全順序集合であるという性質は有限的である．実際，A の部分集合 M が全順序集合であるというのは，M の任意の2元が比較可能であることにほかならないが，このことは明らかに，M の任意の有限部分集合の2元がいつも比較可能であることと同等であるからである．ゆえに(a)によって A は極大な全順序部分集合をもつ．

'(b) ⇒ (c)' の証明．(b)によって存在する A の極大な全順序部分集合の1つを B とし，(c)の仮定によって存在する B の(A における)上界の1つを b とする．この b は A の極大元となる．実際，もし $b<b'$ となる A の元 b' が存在したとすれば，もちろん $b' \notin B$ で，$B \cup \{b'\}$ も全順序集合となるが，それは B の極大性に反する．

'(c) ⇒ (d)' の証明．順序集合 $(\mathfrak{M}, \subset)$ に(c)を適用すればよい．

'(c) ⇒ 定理5' は明らかである．また '(d) ⇒ (a)' は，上の '定理5 ⇒ (a)' の証明中の記法で，N^* が $\mathfrak{N}$ のすべての元を含む $\mathfrak{M}$ の元となっていることに注意すれば，これも明らかである．

以上で，定理5および(a), (b), (c), (d)はすべて同等な命題であることが証明された．

注意　定理6の命題(c)は定理5に最も近い形をしているが，その仮定の部分は"A が帰納的である"という仮定よりも明らかに弱い形である．したがって，このほうが定理5よりも'いっそうよい'命題と考えられる．実は，通常 Zorn の補題とよばれるのは，この命題(c)のほうである．また通常，帰納的な順序集合とよばれるものも，実は(c)の仮定を満足するような順序集合，すなわち"任意の空でない全順序部分集合が上に有界であるような順序集合"である．(本書の意味の帰納的順序集合を '強い意味の帰納的順序集合' とよんでいる書物もある．)

なお，A が帰納的な順序集合ならば，x_0 を A の1つの元とするとき，A の

部分集合 $A'=\{x \mid x \in A,\ x_0 \leqq x\}$ も明らかに帰納的である．このことに注意すれば，定理5およびそれに同等な定理6の諸命題を，たとえば次のように，多少一般化することができる．

定理 5′ A を帰納的な順序集合，x_0 を A の1つの元とすれば，A の極大元 x で，しかも $x \geqq x_0$ であるものが存在する．

定理 6(a)′ C を集合 X の部分集合に関する有限的な条件とし，Y_0 を C を満たすような X の1つの部分集合とする．そのとき，C を満たす X の極大な部分集合で，しかも Y_0 を含むものが存在する．

D) 整列定理

Zorn の補題を用いて，次の‘Zermelo の整列定理’が証明される．

定理 7 (整列定理) A を任意の集合とするとき，A に適当な順序 $\leqq$ を定義して，$(A, \leqq)$ を整列集合とすることができる．

証明 A の各部分集合の上には，一般に，幾通りもの順序関係が定義される．いま，A の部分集合 W とそこで定義された順序 O との組——すなわち，W を台集合とする順序集合 (W, O)——を考え，このような組のうち，整列集合となっているものの全体を $\mathfrak{M}$ とする．$\mathfrak{M}$ は空ではない．たとえば，A のただ1つの元 a から成る集合 $\{a\}$ には一意的に順序 O が定義されるが，この $(\{a\}, O)$ はもちろん整列集合である．

次に，$\mathfrak{M}$ の2元 (W, O), (W', O') に対し，両者が一致するとき(すなわち $W=W'$, $O=O'$ であるとき)，または (W, O) が (W', O') の切片となっているとき，

$$(W, O)\,\rho\,(W', O')$$

として，関係 ρ を定義する．このように定義された ρ が，$\mathfrak{M}$ における順序となることは直ちにみられる．しかも，この順序 ρ について，$\mathfrak{M}$ は帰納的な順序集合となる．実際，$\mathfrak{N}$ を(ρ に関する) $\mathfrak{M}$ の任意の全順序部分集合とするとき，A) の補題1から明らかに，$\mathfrak{N}$ の元 (W, O) の台集合全部の和集合 $\bigcup\{W \mid (W, O) \in \mathfrak{N}\} = W^*$ には，次のような性質をもつ順序 O^* が定義される：

(i) (W^*, O^*) は整列集合である．(したがって $(W^*, O^*) \in \mathfrak{M}$.)

(ii) $\mathfrak{N}$ の各元 (W, O) は (W^*, O^*) と一致するか，またはその切片となる．(したがって $(W, O)\rho(W^*, O^*)$.)

この (W^*, O^*) が $\mathfrak{M}$ における $\mathfrak{N}$ の上限となることは明らかである[1]．したがって $(\mathfrak{M}, \rho)$ は帰納的となる．ゆえに Zorn の補題によって，$(\mathfrak{M}, \rho)$ には極大元 (W_0, O_0) が存在する．このとき，実は $W_0=A$ でなければならないことが次のように示される．もし $W_0 \neq A$ ならば，$A-W_0$ から1つの元 a をとって，$W_0 \cup \{a\}=W_1$ とし，a を最後の元として W_0 の順序 O_0 を W_1 の順序 O_1 に拡張する．(すなわち，W_0 の上では O_1 は O_0 そのままとし，また W_1 の任意の元 x に対して xO_1a とするのである.) そうすれば，明らかに $(W_1, O_1) \in \mathfrak{M}$ で，(W_0, O_0) は (W_1, O_1) の切片となる．すなわち，(W_1, O_1) は順序 ρ の意味で (W_0, O_0) よりも大きい $\mathfrak{M}$ の元となる．これは (W_0, O_0) の極大性に反するから，$W_0=A$ でなければならない．そこで O_0 を $\leqq$ とすれば，$\leqq$ は A における順序で，しかも $(A, \leqq)$ は整列集合となる．(証明終)

われわれはいままでに選出公理から Zorn の補題を導き，Zorn の補題から整列定理を導いたが，逆に，整列定理から選出公理は次のようにきわめて容易に導かれる．

選出公理というのは，空でない集合から成る族 $(A_\lambda)_{\lambda \in \Lambda}$ が与えられたとき，各 A_λ から同時に1つの元 a_λ を選び出せることを主張するものであったが，ここで各 A_λ は $\bigcup_{\lambda \in \Lambda} A_\lambda$ の部分集合と考えられるから，この公理は明らかに次の命題と同等である："任意の集合 A の空でないすべての部分集合の全体を $\mathfrak{M}$ とするとき，任意の $M \in \mathfrak{M}$ に対して $\Phi(M) \in M$ となるような $\mathfrak{M}$ で定義された写像 Φ が存在する．" いま，整列定理からこの命題を導こう．整列定理によれば，A に適当な順序 $\leqq$ を定義して $(A, \leqq)$ を整列集合とすることができる．そこで，A の空でない各部分集合 M に対し

$$\Phi(M) = \min M$$

とおけば，この Φ は明らかに所要の性質を満足する．——

1) 定理6(c)によれば，実は (W^*, O^*) が $\mathfrak{N}$ の上界であることに注意するだけでよい．

以上で，選出公理，Zorn の補題，整列定理はすべて互に同等な命題であることがわかった．

本項の最後に，整列定理および整列集合の比較定理(定理 4)を用いれば，濃度の比較可能定理——第 2 章 §1, D) の末尾の注意参照——が容易に導かれることを示そう．

定理 8 任意の 2 つの濃度は比較可能である．すなわち，$\mathfrak{m}, \mathfrak{n}$ を任意の濃度とすれば，$\mathfrak{m} \leqq \mathfrak{n}$ または $\mathfrak{n} \leqq \mathfrak{m}$ のいずれかが成り立つ．

証明 A, B をそれぞれ $\mathrm{card}\, A = \mathfrak{m}$，$\mathrm{card}\, B = \mathfrak{n}$ であるような集合とする．定理 7 によって，A, B にそれぞれ適当な順序 $\leqq_A$, $\leqq_B$ を導入して，$(A, \leqq_A)$, $(B, \leqq_B)$ を整列集合とすることができる．そのとき，定理 4 により，(i) $(A, \leqq_A)$ が $(B, \leqq_B)$ またはその切片と順序同型となるか，あるいは，(ii) $(B, \leqq_B)$ が $(A, \leqq_A)$ の切片と順序同型となるか，のいずれかである．(i)の場合には，A は B またはその部分集合と対等であるから，$\mathfrak{m} \leqq \mathfrak{n}$ となる．また(ii)の場合は，B が A の部分集合と対等であるから $\mathfrak{n} \leqq \mathfrak{m}$ となる．(証明終)

問　　題

1. 定理 6 の証明をくわしく考えよ．

2. $\mathfrak{M}$ は空でない集合 A の部分集合系——$\mathfrak{P}(A)$ の部分集合——で，次の条件$(*)$を満たすとする．“$(*)$ $\mathfrak{M}$ に属するどの有限個の集合も交わる．すなわち $\mathfrak{M} \ni M_1, \cdots, M_n$ (n は任意の自然数)ならば $M_1 \cap \cdots \cap M_n \neq \phi$.” そのとき，$\mathfrak{M}$ を含む A の部分集合系 $\mathfrak{M}_0$ で次の性質(i), (ii)をもつものが存在することを示せ．

(i) $\mathfrak{M}_0$ も条件$(*)$を——もちろん$(*)$の $\mathfrak{M}$ を $\mathfrak{M}_0$ として——満たす．

(ii) $N \in \mathfrak{P}(A)$ が $\mathfrak{M}_0$ のどの元とも交わるならば $N \in \mathfrak{M}_0$.

(ヒント：条件$(*)$は $\mathfrak{M} \subset \mathfrak{P}(A)$ に関する有限的な条件である．したがって $\mathfrak{M}$ を含み$(*)$を満たす $\mathfrak{P}(A)$ の部分集合のうちに極大な $\mathfrak{M}_0$ が存在する．この $\mathfrak{M}_0$ について，“$\mathfrak{M}_0$ に属する有限個の元の共通部分は $\mathfrak{M}_0$ に属する” ことを示し，さらに(ii)を導け.)

3. $\boldsymbol{R}$ の部分集合 B_0 で，次の性質(i), (ii)をもつものが存在することを示せ．(このような B_0 のことを $\boldsymbol{R}$ の **Hamel の基底**という.)

(i) $b_1, \cdots, b_m$ を B_0 の相異なる元，$r_1, \cdots, r_m$ を有理数とするとき，

$$r_1 b_1 + \cdots + r_m b_m = 0 \Rightarrow r_1 = \cdots = r_m = 0.$$

(ii)　x を0でない任意の実数とすれば，

$$x=r_1b_1+\cdots+r_kb_k$$

となるような B_0 の相異なる元 $b_1,\cdots,b_k$，および0でない有理数 $r_1,\cdots,r_k$ が一意的に存在する．

(ヒント：$\boldsymbol{R}$ の部分集合 B に関する条件“(＊) $b_1,\cdots,b_m$ を B の相異なる元，$r_1,\cdots,r_m$ を有理数とするとき，$r_1b_1+\cdots+r_mb_m=0 \Rightarrow r_1=\cdots=r_m=0$”は有限的な条件であることに注意して，(＊)を満たす極大な部分集合を B_0 とせよ.)

4. 次のようにして，Zorn の補題(定理5)から直接に定理8を導け：

A,B を任意の2つの集合とし，A のある部分集合から B への単射であるような写像全部の集合を $\mathfrak{F}$ とする．

(a)　$\mathfrak{F}$ の元 f,f' に対し，$D(f)\subset D(f')$ で，f' の定義域を $D(f)$ に縮小した写像が f となっているとき，$f\leqq f'$ と定義すれば，$\leqq$ は $\mathfrak{F}$ における順序関係となることを示せ．また，$(\mathfrak{F},\leqq)$ は帰納的な順序集合であることを示せ．

(b)　(a)によって $(\mathfrak{F},\leqq)$ には極大元 f_0 が存在する．この f_0 について，$D(f_0)=A$ あるいは $V(f_0)=B$ のいずれかが必ず成り立つことを示せ．($D(f_0)=A$ ならば $\mathrm{card}\,A\leqq\mathrm{card}\,B$，$V(f_0)=B$ ならば $\mathrm{card}\,B\leqq\mathrm{card}\,A$ となる.)

§4　順　序　数

A)　順序型，順序数

第2章で述べたように，各集合 A にはそれぞれその濃度 $\mathrm{card}\,A$ が付随せしめられ，集合 A,B の濃度が等しいことは A,B が対等であることと同等であった．あるいは，——より形式的な述べ方をすれば——，集合全体の集まりを対等関係によって‘類別’したときの各‘同値類’が濃度であった．順序集合の間の順序同型関係も，§1, D)でみたように同値律を満たす((1.8), (1.9), (1.10))から，これと全く同様のことが考えられる．すなわち，順序集合全体の集まりを順序同型関係によって‘同値類’に‘類別’することができる．その各‘同値類’を**順序型**(order type)というのである[1]．A が与えられた1つの順序集合であ

1)　‘集合全体の集まり’と同じく，‘順序集合全体の集まり’もわれわれがこれまで考えてきた意味での集合ではない．しかし，前の場合と同じ思想によって，このような‘集まり’についても‘類別’の概念を認めることにするのである．

るとき，A の属する‘同値類’を‘A の順序型’といい，それを $\mathrm{ord}\,A$ で表わす．このようにして，各順序集合 A にはそれぞれその順序型 $\mathrm{ord}\,A$ が付随せしめられる．かつ，その定義によって，順序集合 A, B に対し

$$\mathrm{ord}\,A=\mathrm{ord}\,B \Longleftrightarrow A\simeq B$$

である．

特に，整列集合の順序型は**順序数**(ordinal number)とよばれる．(整列集合に順序同型な順序集合はもちろんまた整列集合であるから，‘整列集合の順序型’という語法には矛盾がないことに注意すべきである．) われわれは本節では以後順序数のみを取り扱い，それらを一般に $\mu, \nu, \rho, \cdots$ などの文字で表わすこととする．

n 個の元から成る有限整列集合は，どれも，自然な順序による整列集合 $\{1, 2, \cdots, n\}$ と順序同型である(§2, 問題4)．そこで，その順序数を(濃度の場合と同じく) n で表わす．また，空集合も便宜上1つの整列集合と考え，その順序数を0とする．これらの，自然数 n または0で表わされる順序数を**有限順序数**といい，そうでない順序数，すなわち無限整列集合の順序数を**無限順序数**または**超限順序数**という．特に，自然の順序による整列集合 $\boldsymbol{N}$ の順序数 $\mathrm{ord}\,\boldsymbol{N}$ を通常 ω で表わす．

B) 順序数の大小

μ, ν を2つの順序数とし，A, B をそれぞれ $\mathrm{ord}\,A=\mu$, $\mathrm{ord}\,B=\nu$ であるような整列集合とすれば，定理4によって，次の3つの場合のいずれか1つしかも1つだけが起こる：(i) A, B は順序同型である；(ii) A は B のある切片と順序同型である；(iii) B は A のある切片と順序同型である．(i)の場合には定義によって $\mu=\nu$ であるが，(ii)の場合には $\mu<\nu$, (iii)の場合には $\nu<\mu$ と定義する．(もちろん，この場合 $\mu<\nu$ または $\nu<\mu$ の定義が A, B のとり方に関係せず μ, ν のみに対して確定することをたしかめておかなければならない．しかし，その検証は容易であるから，読者にゆだねよう．) そこで，通常のように $\mu<\nu$ または $\mu=\nu$ であることを $\mu\leqq\nu$ と書くことにすれば，$\leqq$ は明らか

に順序数の間の全順序となる．

特に有限順序数の間では，いま定義した順序 $\leqq$ が自然数または0の間の通常の大小の順序と一致することは明らかである．また，§2，問題4でみたように，任意の無限整列集合は $\boldsymbol{N}$ と順序同型であるか，または $\boldsymbol{N}$ と順序同型な切片を含むから，任意の超限順序数 μ に対して $\omega\leqq\mu$ となる．すなわち，ω は‘最小’の超限順序数である．

次に，順序数から成るような任意の集合を考えよう．そのような集合は順序数の間の大小の順序に関して全順序集合をなすが，実は，さらにくわしく次の定理が成り立つ．

定理 9　順序数から成る任意の集合は大小の順序に関して整列集合をなす．

証明には，この定理の特別な場合である次の補題を用いる．

補題　μ を1つの順序数とし，$\nu<\mu$ であるような順序数 ν 全体の集合を S_μ とすれば，S_μ は整列集合であって，しかも $\mathrm{ord}\,S_\mu=\mu$ となる．

証明　A を $\mathrm{ord}\,A=\mu$ であるような1つの整列集合とすれば，順序数 ν が μ より小さいことは，定義によって，ν が A のある切片の順序型であることと同等である．すなわち，a を A の任意の元とし，$\mathrm{ord}\,A\langle a\rangle=\nu$ とすれば，$\nu\in S_\mu$．逆に $\nu\in S_\mu$ とすれば，$\mathrm{ord}\,A\langle a\rangle=\nu$ となるような A の元 a が存在し，しかもそのような a は，§2の補題3により，ν に対して一意的に定まる．したがって，A の各元 a に $\mathrm{ord}\,A\langle a\rangle=\nu$ を対応させる写像は A から S_μ への全単射である．かつ，この全単射が順序を保存することは明らかである．よって $A\simeq S_\mu$．ゆえに S_μ は整列集合で $\mathrm{ord}\,S_\mu=\mu$．

定理の証明　S を順序数から成る任意の集合，T をその空でない任意の部分集合とする．T の1つの元 μ をとるとき，もし μ より小さい T の元が存在しないならば，もちろん $\mu=\min T$ である．また，μ より小さい T の元が存在する場合は，$T'=\{\nu\mid\nu\in T,\ \nu<\mu\}$ は S_μ の空でない部分集合で，S_μ は整列集合であるから $\min T'$ が存在する．それは明らかに T の最小元である．（証明終）．

なお，定理9の補題の S_μ に最大元が存在する場合は，それは μ の‘直前の順序数' となる．一般に，順序数 μ に対して，その直前の順序数が存在するとき，μ を**孤立数**という．それに対して，直前の順序数をもたないような 0 以外の順序数を**極限数**という．(‘最小の順序数' 0 は孤立数のうちに含める.) たとえば，ω は明らかに 1 つの極限数である．また，任意の極限数は，明らかに超限順序数である．

C) 順序数の演算

第 2 章§3 で濃度の和，積，巾を定義したが，順序数についてもこれらの演算を考えることができる．しかし，本項では順序数の和および積のみについて述べることとし，巾については練習問題の中で触れるだけにとどめる．(なお，本項の叙述は幾分簡略であるが，細部の論点の補充は，これも練習問題として，読者自身にゆだねるものとする.)

μ, ν を 2 つの順序数とするとき，その和 $\mu+\nu$ を次のように定める．

A, B をそれぞれ $\mathrm{ord}\, A=\mu$, $\mathrm{ord}\, B=\nu$ で，かつ $A\cap B=\phi$ である整列集合とする．(このような A, B がとれることは，濃度の和の定義(p. 78)の場合と同様にして容易に示される.) 和集合 $A\cup B$ に次の(i), (ii)によって順序 $\leqq$ を導入する：(i) $\leqq$ は A, B それぞれの上では A または B に与えられている順序と一致するものとする；(ii) A の任意の元 a と B の任意の元 b に対しては $a<b$ とする．——このように $A\cup B$ に順序 $\leqq$ を定めれば，この順序について $A\cup B$ が整列集合となることは直ちに認められる．(この整列集合は，いわば “A の後に B を並べた整列集合” である.) そこで，この整列集合 $A\cup B$ の順序数 $\mathrm{ord}(A\cup B)$ を $\mu+\nu$ と定めるのである．この和 $\mu+\nu$ の定義が μ, ν のみによって定まり，A, B のとり方に無関係であることは明らかであろう．

μ, ν が有限順序数ならば，上に定義した $\mu+\nu$ は自然数(または 0)の間の通常の和と一致する．

明らかに $\mu+0=0+\mu=\mu$. また，容易に示されるように，順序数の和について次のことが成り立つ．

(4.1) $$(\mu+\nu)+\rho = \mu+(\nu+\rho),$$

(4.2)　　$\nu<\nu' \Rightarrow \mu+\nu<\mu+\nu'$,

(4.3)　　$\mu<\mu' \Rightarrow \mu+\nu\leqq\mu'+\nu$.

(これらの証明は練習問題とする.)

注意　順序数の加法について上のように結合律(4.1)は成り立つが，交換律 $\mu+\nu=\nu+\mu$ は一般には成り立たない．たとえば，明らかに $1+\omega=\omega$ であるが，一方 $\omega+1>\omega$ であるから，$1+\omega\neq\omega+1$．また(4.3)の終結の部分 '$\mu+\nu\leqq\mu'+\nu$' で等号をはぶくことはできない．たとえば $\omega=1+\omega=2+\omega$.

μ を任意の順序数とするとき，$\mu+1$ は明らかに μ より大きい順序数のうちで最小のものである．すなわち $\mu+1$ は μ の'直後の順序数'である．このように，任意の順序数にはいつでもその直後の順序数が存在する．[ただし，任意の順序数が直前の順序数をもつとは限らないことは，B)で注意した.]

次に，順序数 μ, ν の積 $\mu\nu$ を定義しよう．

A, B をそれぞれ ord $A=\mu$, ord $B=\nu$ である整列集合とする．(今度は必ずしも $A\cap B=\phi$ でなくてもよい.) 直積 $A\times B$ に次のように順序 $\leqq$ を導入する．すなわち，$A\times B$ の元 $(a, b), (a', b')$ に対し，$(a, b)\leqq(a', b')$ であるとは，(i) $b<b'$ であること；または，(ii) $b=b'$ で $a\leqq a'$ であること，と定義する．((i)の場合に a, a' の大小はどうなっていてもよい.) このように定義した $\leqq$ が実際 $A\times B$ における順序となっていることは容易にたしかめられる．(読者はくわしく検討せよ.) さらに，この順序について $A\times B$ は整列集合となることが次のように示される．M を $A\times B$ の空でない任意の部分集合とするとき，$A\times B$ から B への射影 pr_B による M の像

$$B' = \mathrm{pr}_B M = \{b \mid \exists a \in A\,((a, b) \in M)\}$$

は B の空でない部分集合であるから，その最小元 b_0 が存在する．次に

$$A' = \{a \mid (a, b_0) \in M\}$$

は A の空でない部分集合であるから，その最小元 a_0 が存在する．このように a_0, b_0 を定めれば，(a_0, b_0) は M の最小元となる．実際，(a, b) を M の任意の元とすれば，$b\in B'$ であるから，$b_0\leqq b$．このときもし $b_0<b$ ならば，定義によって $(a_0, b_0)<(a, b)$．また $b_0=b$ ならば，$a\in A'$ であるから $a_0\leqq a$．したがっ

てこの場合も定義により $(a_0, b_0) \leqq (a, b)$ となる．ゆえに (a_0, b_0) は M の最小元である．——これで，$A\times B$ は整列集合であることがわかった．

この整列集合の順序数 $\mathrm{ord}(A\times B)$ を $\mu\nu$ と定める．(この定義も A, B のとり方にはよらない．) 特に μ, ν が有限順序数の場合は，この積は自然数(または0)の間の通常の積と一致する．また明らかに $\mu 0=0\mu=0$, $\mu 1=1\mu=\mu$ である．

——以上が順序数の積の定義であるが，これにはまた次のような解釈を与えることができる．

いま，$(A_\lambda)_{\lambda\in\Lambda}$ を順序数 ν の整列集合 Λ を添数集合とする集合族とし，すべての $\lambda\in\Lambda$ に対して A_λ は順序数 μ の整列集合とする．また $\lambda, \lambda'\in\Lambda$, $\lambda\neq\lambda'$ ならば，$A_\lambda\cap A_{\lambda'}=\phi$ であるとする．このとき，和集合 $\bigcup_{\lambda\in\Lambda} A_\lambda=U$ に以下のように順序を導入すれば，U は順序数 $\mu\nu$ の整列集合となるのである．

U の元 x, y の(U の中での)順序は次のように定めるものとする．(i) x, y が同じ A_λ に属する場合は，A_λ の中で $x\leqq y$ であるか $x\geqq y$ であるかに応じて(U の中でも) $x\leqq y$ または $x\geqq y$ と定める．(ii) $x\in A_\lambda$, $y\in A_{\lambda'}$, $\lambda\neq\lambda'$ の場合は，$\lambda<\lambda'$ であるか $\lambda>\lambda'$ であるかに応じて $x<y$ または $x>y$ と定める．

このように U における順序を定めれば，この順序について U が整列集合となることは直ちにたしかめられる．(U はいわば，"順序数 μ の整列集合を ν 個並べて作った整列集合" である．)

この U の順序数が $\mu\nu$ であることは次のように示される．A を $\mathrm{ord}\,A=\mu$ である1つの整列集合とすれば，$A\simeq A_\lambda$ であるから，A から A_λ への順序同型写像 f_λ が存在する．そこで前に定義した意味での整列集合 $A\times\Lambda$ から $U=\bigcup_{\lambda\in\Lambda} A_\lambda$ への写像 f を

$$f(a, \lambda)=f_\lambda(a) \qquad (a\in A,\ \lambda\in\Lambda)$$

と定義すれば，f は全単射であって——このことはすでに第2章定理9の証明でみた——，しかも，$A\times\Lambda$ および U における順序の定義から明らかに，これは $A\times\Lambda$ から U への順序同型写像となる．(読者はくわしく考えよ．) ゆえに $A\times\Lambda\simeq U$. したがって $\mathrm{ord}\,U=\mu\nu$ となる．

上に述べたことは，順序数 μ, ν の積 $\mu\nu$ は "μ を ν 回加えたもの" にほかな

らないことを意味している．(しかし，$\mu\nu$ は“ν を μ 回加えたもの”ではないことに注意しなければならない．たとえば，$\mu 2=\mu+\mu$ であるが，2μ は一般に $\mu+\mu$ とは等しくない.)

順序数の積については，なお次のことが成り立つ．

(4.4) $$(\mu\nu)\rho=\mu(\nu\rho),$$

(4.5) $$\nu<\nu',\ 0<\mu \Rightarrow \mu\nu<\mu\nu',$$

(4.6) $$\mu<\mu',\ 0<\nu \Rightarrow \mu\nu\leqq\mu'\nu.$$

(ただし，上にも述べたように交換律 $\mu\nu=\nu\mu$ は必ずしも成り立たない．また (4.6) の終結の部分 ‘$\mu\nu\leqq\mu'\nu$’ で等号をはぶくことも一般にはできない.)

また，順序数の和と積については次の‘左分配律’が成り立つ．

(4.7) $$\rho(\mu+\nu)=\rho\mu+\rho\nu.$$

(ただし，‘右分配律’ $(\mu+\nu)\rho=\mu\rho+\nu\rho$ は一般には成り立たない.)

以上の (4.4)-(4.7) の検証，および交換律や右分配律の成立しない例を挙げることなどは，すべて練習問題とする．

D) 順序数と濃度

本節の終りに順序数と濃度の関係について一二の概念を述べておく．

μ を1つの順序数とするとき，A, A' をともにその順序型が μ であるような整列集合とすれば，両者は順序同型であるから，当然対等でもある．したがって $\mathrm{card}\,A=\mathrm{card}\,A'$ となる．すなわち，順序数 μ に対して，μ を順序型にもつような整列集合 A の濃度 $\mathrm{card}\,A$ は一意的に定まる．この濃度を‘順序数 μ の濃度’とよび，以下 $\mathfrak{p}(\mu)$ で表わすこととする．

明らかに，μ が有限順序数 n である場合は $\mathfrak{p}(n)=n$. また一般に

(4.8) $$\mu<\nu \Rightarrow \mathfrak{p}(\mu)\leqq\mathfrak{p}(\nu),$$

(4.9) $$\mathfrak{p}(\mu+\nu)=\mathfrak{p}(\mu)+\mathfrak{p}(\nu),$$

(4.10) $$\mathfrak{p}(\mu\nu)=\mathfrak{p}(\mu)\mathfrak{p}(\nu)$$

が成り立つことも $\mathfrak{p}(\mu)$ の定義から明らかである．

逆に，$\mathfrak{m}$ を任意の濃度とし，A を $\mathrm{card}\,A=\mathfrak{m}$ であるような1つの集合とす

る．定理7によって A に適当な順序 $\leqq$ を導入して，$(A, \leqq)$ を整列集合とすることができる．その整列集合の順序数を μ とすれば，明らかに $\mathfrak{p}(\mu)=\mathfrak{m}$．すなわち，任意の濃度 $\mathfrak{m}$ はある順序数 μ の濃度として表わされる．このように，与えられた濃度 $\mathfrak{m}$ に対して $\mathfrak{p}(\mu)=\mathfrak{m}$ となるような順序数 μ を‘濃度 $\mathfrak{m}$ に属する順序数’という．

$\mathfrak{m}$ が有限の濃度ならばもちろん $\mathfrak{m}$ に属する順序数は一意的に定まるが，$\mathfrak{m}$ が無限の濃度である場合には $\mathfrak{m}$ に属する順序数は無限に多く存在する．実際，μ を $\mathfrak{m}$ に属する1つの順序数とするとき，第2章定理6の系1によって，$\mu+1, \mu+2, \cdots$ などを順序型にもつ整列集合はどれも順序型 μ の整列集合と対等であり，したがって $\mathfrak{m}=\mathfrak{p}(\mu)=\mathfrak{p}(\mu+1)=\mathfrak{p}(\mu+2)=\cdots$ となるからである．

このように濃度 $\mathfrak{m}$ に対して $\mathfrak{p}(\mu)=\mathfrak{m}$ となるような順序数 μ は（$\mathfrak{m}$ が無限の濃度ならば）無数に存在するが，そのような μ のうちに最小の順序数があることが次のように示される．いま，$\mathfrak{m}$ よりも大きい1つの濃度 $\mathfrak{n}$ をとり——たとえば，$\mathfrak{n}=2^{\mathfrak{m}}$ とすればよい——，$\mathfrak{n}$ に属する1つの順序数を ν とする．そうすれば，(4.8)から明らかに，$\mathfrak{m}$ に属する任意の順序数 μ に対して $\mu<\nu$．したがって $\mathfrak{m}$ に属する順序数の全体 S は S_ν（ν より小さい順序数全部の集合）の部分集合となるが，定理9の補題によって S_ν は整列集合であるから，$\min S$ が存在するのである．

濃度 $\mathfrak{m}$ に属する最小の順序数を $\mathfrak{m}$ の**始数**という．ここではそれを $\alpha(\mathfrak{m})$ で表わす．たとえば，明らかに $\alpha(\aleph_0)=\omega$．また一般に，$\mathfrak{m}$ が無限の濃度である場合は $\alpha(\mathfrak{m})$ はいつも極限数となる．実際，もし $\alpha(\mathfrak{m})$ が孤立数であったとすれば，その直前の順序数を ρ として $\alpha(\mathfrak{m})=\rho+1$ と書かれるが，明らかに $\mathfrak{p}(\rho)=\mathfrak{p}(\rho+1)=\mathfrak{m}$ であるから，ρ も $\mathfrak{m}$ に属する順序数となる．これは $\alpha(\mathfrak{m})$ の定義に反する．

明らかに

$$\mathfrak{m}<\mathfrak{n} \Rightarrow \alpha(\mathfrak{m})<\alpha(\mathfrak{n}).$$

したがって，濃度から成る任意の集合 $\mathfrak{M}$ があるとき，順序数の集合 $\{\alpha(\mathfrak{m}) \mid \mathfrak{m} \in \mathfrak{M}\}$ を S とすれば，$\mathfrak{M}$ の各元 $\mathfrak{m}, \mathfrak{n}, \cdots$ にそれぞれ S の元 $\alpha(\mathfrak{m}), \alpha(\mathfrak{n}), \cdots$

を対応させる写像は，$\mathfrak{M}$ から S への順序同型写像となる．定理9によれば，順序数から成る任意の集合は整列集合であるから，上のことから次の定理が得られる．

定理 10　濃度から成る任意の集合は大小の順序に関して整列集合をなす．

問　　題

1. (4.1)-(4.3) を証明せよ．

2. 順序数 μ, ν について，$\mu<\nu$ であることは $\nu=\mu+\rho$ となるような順序数 $\rho>0$ が存在することと同等である．このことを示せ．

3. 順序数の和について

$$\mu+\nu<\mu+\nu' \Rightarrow \nu<\nu',$$
$$\mu+\nu=\mu+\nu' \Rightarrow \nu=\nu'$$

を示せ．'$\mu+\nu=\mu'+\nu \Rightarrow \mu=\mu'$' は成り立つか．

4. (4.4)-(4.6) を証明せよ．

5. $\omega=2\omega=3\omega=\cdots=n\omega=\cdots$ を示せ．（この例によって，(4.6) の終結の部分で等号をはぶくことはできないことがわかる．また $\omega2=\omega+\omega>\omega$ であるから $2\omega\neq\omega2$．したがって乗法の交換律も成り立たない．）

6. 順序数の積について

$$\mu\nu<\mu\nu' \Rightarrow \nu<\nu',$$
$$\mu\nu=\mu\nu',\ 0<\mu \Rightarrow \nu=\nu'$$

を示せ．'$\mu\nu=\mu'\nu,\ 0<\nu \Rightarrow \mu=\mu'$' は成り立つか．

7. (4.7) を証明せよ．また $(\mu+\nu)\rho=\mu\rho+\nu\rho$ の成立しない例を挙げよ．

8. 順序数 $\mu(>0)$ が孤立数であることは，$\mathrm{ord}\,A=\mu$ であるような整列集合 A に最大元が存在することと同等であることを示せ．

9. μ, ν を順序数とするとき，$\nu>0$ ならば，$\mu+\nu$ は ν が孤立数のときかつそのときに限って孤立数であり，また $\mu>0$, $\nu>0$ ならば，$\mu\nu$ は μ および ν がともに孤立数のときかつそのときに限って孤立数であることを示せ．

10*. $(A_\alpha)_{\alpha\in\Lambda}$ を整列集合 Λ を添数集合とする集合族とし，各 A_α は e_α を最小元とする整列集合とする．直積 $\prod_{\alpha\in\Lambda} A_\alpha$ の元 $a=(a_\alpha)_{\alpha\in\Lambda}$ で，Λ のたかだか有限個の元 α を除けば $a_\alpha=e_\alpha$ であるようなものを考え，そのような a 全体の作る $\prod_{\alpha\in\Lambda} A_\alpha$ の部分集合を A とする．A に次のように順序を導入する．すなわち，A の相異なる2元 $a=(a_\alpha)$, $a'=(a_\alpha')$ に対し，$a_\alpha\neq a_\alpha'$ であるような Λ の元 α の最大なものを $\bar{\alpha}$ とするとき ($a_\alpha\neq a_\alpha'$

となる α は有限個しか存在しないから，必ずそのうちに最大元が存在する)，$a_{\bar{\alpha}}<a_{\bar{\alpha}}'$ であるか $a_{\bar{\alpha}}>a_{\bar{\alpha}}'$ であるかに応じてそれぞれ $a<a'$ または $a>a'$ と定める．このように A に順序を導入すれば，この順序について A は整列集合となることを証明せよ．

——上述のことを用いて順序数の**整列積**を定義することができる．すなわち，整列集合 Λ を添数集合とする順序数の族 $(\mu_\alpha)_{\alpha\in\Lambda}$ が与えられたとき，各 α に対して $\mathrm{ord}\,A_\alpha=\mu_\alpha$ であるような整列集合 A_α をとり，これから上のようにして作った整列集合 A の順序数を $(\mu_\alpha)_{\alpha\in\Lambda}$ の整列積 $\prod_{\alpha\in\Lambda}\mu_\alpha$ と定義するのである．[$\Lambda=\{1,2\}$ の場合は，$\prod_{\alpha\in\Lambda}\mu_\alpha$ は明らかに C) で定義した積 $\mu_1\mu_2$ と一致する.] 特に，すべての $\alpha\in\Lambda$ に対して $\mu_\alpha=\mu$ で，$\mathrm{ord}\,\Lambda=\nu$ であるとき，$\prod_{\alpha\in\Lambda}\mu_\alpha$ を μ^ν と書く．(これが巾の定義である.)

11*. 順序数の巾について指数法則 $\mu^\nu\mu^\rho=\mu^{\nu+\rho}$，$(\mu^\nu)^\rho=\mu^{\nu\rho}$ が成り立つことを示せ．(しかし $(\mu\nu)^\rho=\mu^\rho\nu^\rho$ は一般に成り立たない．たとえば $(\omega2)^2=\omega2\omega2=\omega^2 2\neq\omega^2 4=\omega^2 2^2$.)

§5　Zorn の補題の応用

Zorn の補題(およびその変形)は現代数学の各方面できわめて重要な応用をもっている．この補題は，(その形からいって当然のことであるが)，ある種のものの‘存在’を示すために有効に用いられる．その場合，具体的な構成方法までは与えられないのが普通であるが，むしろこの補題は，単純な具体的構成法では示されないような‘存在’を積極的に肯定するところに意義があるのである．

本書では，これまでに，たとえば§3の整列定理の証明に Zorn の補題を用いたし，また§3の問題の中に Zorn の補題のいくつかの応用を与えた．また後半の位相空間論の部分では，たとえば Tychonoff の定理(第5章定理13)の証明に Zorn の補題が用いられるであろう．

しかし，このような補題の使用に慣れるためには，もっと多くの経験を積むことがおそらく必要である．そのため，本節では本論をいくらか離れて，Zorn の補題の代数系などへの二三の応用例を与えておくことにする．本節を設けたのはいわば参考のためであって，ここでは代数系に関するいくつかの概念が仮定される．それゆえ，位相空間論に早く進みたい読者は，本節を省略してもさしつかえない．[ただし本節の最初の項 A)はこれまで述べてきた集合論に関す

る話題である.]

A)　濃度に関する二三の定理

本項では Zorn の補題を用いて，濃度に関するいくつかの命題を証明する. これは，本書の主題の1つである‘集合論’に直接関係するものである.

定理 11　$\mathfrak{m}$ を1つの無限の濃度とし，$\mathfrak{n}$ を $\mathfrak{m}\geqq\mathfrak{n}$ であるような任意の濃度とする. そのとき

$$\mathfrak{m}+\mathfrak{n}=\mathfrak{m} \tag{5.1}$$

が成り立つ.

証明　明らかに $\mathfrak{m}\leqq\mathfrak{m}+\mathfrak{n}\leqq\mathfrak{m}+\mathfrak{m}=2\mathfrak{m}$ であるから，(5.1)を示すには，

$$2\mathfrak{m}=\mathfrak{m}$$

を証明すれば十分である.

I を2つの元 $0, 1$ から成る集合 $\{0,1\}$ とし，A を $\mathrm{card}\,A=\mathfrak{m}$ であるような1つの集合とする. A の部分集合 B と，$I\times B$ を定義域とする写像 f との組 (B,f) で，次の条件(＊)を満足するものを考える:

(＊)　f は $I\times B$ から B への全単射である.

このような組 (B,f) はたしかに存在する. 実際，A は無限集合であるから，可算集合 B_0 を含む. すでに知っているように $2\aleph_0=\aleph_0$ (第2章定理11) であるから，$I\times B_0$ と B_0 とは対等である. したがって $I\times B_0$ から B_0 への全単射 f_0 が存在し，この B_0 と f_0 との組 (B_0,f_0) はたしかに(＊)を満足する.

そこで，条件(＊)を満足する組 (B,f) 全体の集合を $\mathfrak{M}$ とする. (上の注意によって $\mathfrak{M}$ は空ではない.) また叙述を明確にするため，$\mathfrak{M}$ の元 (B,f) を以下一般に P のような文字で表わし，$P=(B,f)$ であるとき，$B=B_P$，$f=f_P$ と書くことにする. いま，$\mathfrak{M}$ の2つの元 $P=(B_P,f_P)$，$Q=(B_Q,f_Q)$ に対し，$B_P\subset B_Q$ (したがって $I\times B_P\subset I\times B_Q$) で，写像 f_Q が f_P の拡大となっているとき (すなわち $I\times B_P$ 上で f_Q が f_P と一致しているとき)，$P\leqq Q$ として，順序 $\leqq$ を導入する. そのとき，この順序 $\leqq$ について $\mathfrak{M}$ は帰納的な順序集合となることが次のように示される.

$\mathfrak{N}$ を $\mathfrak{M}$ の任意の全順序部分集合とする．そのとき $\bigcup_{P\in\mathfrak{N}} B_P = B^*$ とおけば，$I\times B^*$ を定義域とする写像 f^* で，すべての $f_P(P\in\mathfrak{N})$ の拡大となっているようなものを定義することができる．実際，x を $I\times B^*$ の任意の元とすれば，$x\in I\times B_P$ となる $P\in\mathfrak{N}$ が存在するが，もし $I\times B_P$ とともに $I\times B_Q$ $(Q\in\mathfrak{N})$ も x を含むならば，$\mathfrak{N}$ は順序 $\leqq$ について全順序集合をなしているから，$B_P\subset B_Q$ または $B_P\supset B_Q$ のいずれかであり，f_P, f_Q のいずれか一方は他方の拡大となっている．したがって $f_P(x)=f_Q(x)$ となる．すなわち，$I\times B^*$ の元 x に対し，$f_P(x)$ は，$x\in I\times B_P$ となるような $P\in\mathfrak{N}$ のとり方に関係しないで定まるのである．そこで，この一意的に定まる $f_P(x)$ を $f^*(x)$ と定義すれば，f^* は明らかに $I\times B^*$ から B^* への全単射となる．したがって $(B^*, f^*)\in\mathfrak{M}$ であり，これは明らかに $\mathfrak{M}$ における $\mathfrak{N}$ の上限である．ゆえに $\mathfrak{M}$ は(順序 $\leqq$ について)帰納的な順序集合となる．

したがって Zorn の補題により，$\mathfrak{M}$ には極大元$(\tilde{B}, \tilde{f})$が存在する．このとき $A-\tilde{B}=C$ とおけば，C は有限集合であることを示そう．もし C が有限でないとすれば，C は可算な集合 B' を含む．そこで $\tilde{B}'=\tilde{B}\cup B'$(直和) とおけば，もちろん

$$I\times\tilde{B}' = (I\times\tilde{B})\cup(I\times B') \quad (\text{直和})$$

となるが，前にも注意したように $I\times B'$ と B' とは対等であるから，$I\times B'$ から B' への全単射 f' が存在する．そこで，$I\times\tilde{B}$ の上では $\tilde{f}$ と一致し，$I\times B'$ の上では f' と一致するような写像 $\tilde{f}': I\times\tilde{B}'\to\tilde{B}'$ を考えれば，これは明らかに全単射となる．したがって，$(\tilde{B}', \tilde{f}')$ は $(\tilde{B}, \tilde{f})$ よりも大きい $\mathfrak{M}$ の元となる．これは $(\tilde{B}, \tilde{f})$ が $\mathfrak{M}$ の極大元であることに矛盾するから，$A-\tilde{B}=C$ は有限集合でなければならない．

さて，C が有限集合で，$A=\tilde{B}\cup C$ であるから，第2章定理6の系1によって $\mathrm{card}\,A=\mathrm{card}\,\tilde{B}$，したがって $\mathrm{card}\,\tilde{B}=\mathfrak{m}$ である．また $\tilde{B}$ は $I\times\tilde{B}$ と対等で，$\mathrm{card}(I\times\tilde{B})=2\mathfrak{m}$ である．ゆえに $2\mathfrak{m}=\mathfrak{m}$ となる．(証明終)

上の定理から明らかに，$\mathfrak{m}$ が無限の濃度である場合には

$$\mathfrak{m} = 2\mathfrak{m} = 3\mathfrak{m} = 4\mathfrak{m} = \cdots$$

となる．

次の定理の証明では，Zorn の補題とともに上の定理の結果をも用いる．

定理 12　$\mathfrak{m}$ を1つの無限の濃度とし，$\mathfrak{n}$ を $\mathfrak{m} \geqq \mathfrak{n} \geqq 1$ であるような任意の濃度とする．そのとき

$$\mathfrak{m}\mathfrak{n} = \mathfrak{m} \tag{5.2}$$

が成り立つ．

証明　明らかに $\mathfrak{m} \leqq \mathfrak{m}\mathfrak{n} \leqq \mathfrak{m}\mathfrak{m} = \mathfrak{m}^2$ であるから，(5.2)を示すには，

$$\mathfrak{m}^2 = \mathfrak{m}$$

を証明すれば十分である．

A を $\mathrm{card}\,A = \mathfrak{m}$ であるような1つの集合とする．A の部分集合 B と，$B \times B$ を定義域とする写像 f との組 (B, f) で，次の条件(＊＊)を満足するものを考える：

(＊＊)　f は $B \times B$ から B への全単射である．

このような組 (B, f) はたしかに存在する．実際，これもすでに示したように $\aleph_0{}^2 = \aleph_0$ (第2章定理11)であるから，B として A の1つの可算部分集合をとり，f として $B \times B$ から B への1つの全単射をとればよい．

そこで前定理の証明と同様に，(＊＊)を満足する組 (B, f) 全部の集合を $\mathfrak{M}$ とし，$\mathfrak{M}$ の2元 (B, f), (B', f') に対し，$B \subset B'$ (したがって $B \times B \subset B' \times B'$) で，$f'$ が f の拡大となっているとき，$(B, f) \leqq (B', f')$ として順序 $\leqq$ を導入する．そのとき，この順序について $\mathfrak{M}$ が帰納的順序集合となることも，前定理の証明と全く同様にして証明される．したがって $\mathfrak{M}$ は極大元 $(\tilde{B}, \tilde{f})$ をもつ．もちろん $\tilde{B}$ は無限集合，すなわち $\mathrm{card}\,\tilde{B} \geqq \aleph_0$ である．

いま，$A - \tilde{B} = C$ とおく．このとき $\mathrm{card}\,C < \mathrm{card}\,\tilde{B}$ でなければならないことが次のようにして示される．かりに $\mathrm{card}\,C \geqq \mathrm{card}\,\tilde{B}$ であるとすれば，C は $\tilde{B}$ と対等な部分集合 B_1 を含む．そこで $\tilde{B}' = \tilde{B} \cup B_1$ (直和)とおけば，

$$\tilde{B}' \times \tilde{B}' = (\tilde{B} \times \tilde{B}) \cup (\tilde{B} \times B_1) \cup (B_1 \times \tilde{B}) \cup (B_1 \times B_1) \quad (\text{直和})$$

となるが，$\tilde{B} \times B_1$, $B_1 \times \tilde{B}$, $B_1 \times B_1$ はいずれも $\tilde{B} \times \tilde{B}$ と，したがって $\tilde{B}$ と対等であるから，$D = (\tilde{B} \times B_1) \cup (B_1 \times \tilde{B}) \cup (B_1 \times B_1)$ とおけば，前定理11によ

って

$$\mathrm{card}\, D = 3\,\mathrm{card}\, \tilde{B} = \mathrm{card}\, \tilde{B} = \mathrm{card}\, B_1$$

となる．したがって D から B_1 への全単射 g が存在する．そこで，$\tilde{B}\times\tilde{B}$ 上では $\tilde{f}$ と一致し，D 上では g と一致するような写像 $\tilde{f}'$ を考えれば，$\tilde{f}'$ は明らかに $\tilde{B}'\times\tilde{B}'$ から $\tilde{B}'$ への全単射となり，$(\tilde{B}',\tilde{f}')$ は $(\tilde{B},\tilde{f})$ よりも大きい $\mathfrak{M}$ の元となる．これは $(\tilde{B},\tilde{f})$ の極大性に反するから，$\mathrm{card}\, C<\mathrm{card}\, \tilde{B}$ でなければならない．

$A=\tilde{B}\cup C$ (直和) で，上に示したように $\mathrm{card}\, \tilde{B}>\mathrm{card}\, C$，また $\mathrm{card}\, \tilde{B}\geqq\aleph_0$ であるから，ふたたび定理 11 によって

$$\mathrm{card}\, A = \mathrm{card}\, \tilde{B}+\mathrm{card}\, C = \mathrm{card}\, \tilde{B}$$

となる．したがって $\mathrm{card}\, \tilde{B}=\mathfrak{m}$ である．しかも $\tilde{B}\times\tilde{B}$ と $\tilde{B}$ とは対等であった．ゆえに $\mathfrak{m}^2=\mathfrak{m}$ が成り立つ．(証明終)

系 $\mathfrak{m}$ を無限の濃度，$\mathfrak{n}$ を $\mathfrak{m}\geqq\mathfrak{n}\geqq 2$ であるような濃度とする．そのとき

$$\mathfrak{n}^{\mathfrak{m}} = 2^{\mathfrak{m}}. \tag{5.3}$$

証明 $\mathfrak{n}\geqq 2$ であるから，もちろん $\mathfrak{n}^{\mathfrak{m}}\geqq 2^{\mathfrak{m}}$ である．また第 2 章で示した不等式 $\mathfrak{n}<2^{\mathfrak{n}}$ の両辺を $\mathfrak{m}$ 乗すれば $\mathfrak{n}^{\mathfrak{m}}\leqq(2^{\mathfrak{n}})^{\mathfrak{m}}=2^{\mathfrak{m}\mathfrak{n}}$ となるが，上の定理によって $\mathfrak{m}\mathfrak{n}=\mathfrak{m}$ であるから $\mathfrak{n}^{\mathfrak{m}}\leqq 2^{\mathfrak{m}}$．したがって(5.3)が成り立つ．

B) 群論の一定理

本項および次項では，Zorn の補題の代数学における簡単な応用例について述べる．

本項では群論への 1 つの応用を示そう．以下に述べるような種類の議論は，他の代数系の場合にもしばしば有効に用いられるものである．

本項を読むためには，読者が‘群’の概念についていくばくかの知識をもっていることがおそらく必要であろう．しかし，以下の定理の叙述のために必要なだけの定義は，ここにとりまとめて，最初に述べておくことにする．

G を空でない 1 つの集合とし，α を G の 2 元の順序づけられた組に対して G の 1 つの元を定める算法，すなわち $G\times G$ から G への 1 つの写像とする．

この算法 α による $(a,b)\in G\times G$ の像 $\alpha(a,b)$ を，ここでは簡単に ab と書く．このとき，次の (Gi)-(Giii) が成り立つならば，G は与えられた算法 α について**群**をなすという．

(Gi)　任意の $a,b,c\in G$ に対して $(ab)c=a(bc)$．

(Gii)　G に1つの元 e があって，G のすべての元 a に対して

$$ea=ae=a$$

が成り立つ．

(Giii)　G の任意の元 a に対して

$$a^{-1}a=aa^{-1}=e$$

となるような G の元 a^{-1} が存在する．

（上では $\alpha(a,b)$ を ab と書いたが，これをどういう記号で表わすかは群論にとって本質的なことではない．ここで積の記法を用いたのは，これが記号的にもっとも簡単なものであるからである．）

(Gii) の e は G の**単位元**，(Giii) の a^{-1} は a の**逆元**とよばれる．単位元 e がただ1つだけであること，また a の逆元 a^{-1} が a に対して一意的に定まることは，以上の'群の公理'から直ちに証明される[1]．

H を群 G の空でない部分集合とする．H が G において定義されているのと同じ算法についてそれ自身群をなすとき，H は G の**部分群**であるという．G の部分集合 H が G の部分群であるためには，明らかに，次の (i), (ii), (iii) の成り立つことが必要かつ十分である．

(i)　G の単位元 e は H に属する：$e\in H$.

(ii)　$a,b\in H$ ならば $ab\in H$.

(iii)　$a\in H$ ならば $a^{-1}\in H$.

特に G 自身はもちろん G の1つの部分群である．G と異なる G の部分群を G の**真部分群**という．

---

1)　なお一般の群においては，算法の交換律 $ab=ba$ は必ずしも要請されない．群 G において，算法の交換律 $ab=ba$ も成り立つ場合には，G は**可換群**または**アーベル群**とよばれる．

$(H_\lambda)_{\lambda\in\Lambda}$ を群 G の部分群の族とすれば，共通部分 $\bigcap_{\lambda\in\Lambda} H_\lambda$ もやはり G の部分群である．このことも容易に示される．また，この事実から直ちに，M を G の任意の部分集合とするとき，M を含むような G の部分群のうちに最小のものが存在することがわかる．(それには，M を含むような G のすべての部分群の共通部分を考えればよい.) それを M で**生成**された G の部分群とよぶ．ここでは，これを $[M]$ で表わすこととする．特に，$[M]=G$ となるとき，(いいかえれば，M を含むような G の部分群が G 以外に存在しないとき)，M を群 G の**生成団**あるいは**生成系**という．群 G が G の適当な有限部分集合によって生成されるとき，すなわち G の生成団でしかも有限集合であるものが存在するとき，G は**有限生成**であるといわれる．

さて本項で，われわれが証明しようとするのは次の定理である．

定理 13　G を有限生成の群とし，H を G の1つの真部分群とする．そのとき，H を含むような G の極大な真部分群 K が存在する．(ここで‘極大’というのはもちろん包含関係の意味でいうのである.)

まず次の補題を証明する．(Zorn の補題はこの補題の証明に用いられる.)

補題　G を群，g を G の1つの元，H を G の1つの部分群とし，H は元 g を含まないとする．そのとき，H を含み，g を含まない G の部分群のうちに極大なものが存在する．

証明　H を含み，g を含まないような G の部分群 K 全部の集合を $\mathfrak{M}$ とする．(もちろん H 自身は $\mathfrak{M}$ に属するから，$\mathfrak{M}$ は空ではない.) $\mathfrak{M}$ が包含関係 $\subset$ について帰納的な順序集合をなすことをいえば，Zorn の補題によってこの補題の結論が得られる．$\mathfrak{N}$ を $\mathfrak{M}$ の任意の全順序部分集合とする．そのとき，$\bigcup_{K\in\mathfrak{N}} K=\tilde{K}$ とおけば，$\tilde{K}$ は G の部分群となる．実際，$\tilde{K}$ が部分群の条件(i)，(iii)を満たすことは明らかである．また，a, b を $\tilde{K}$ の2つの元とすれば，$a\in K_1$，$b\in K_2$ となる $\mathfrak{N}$ の元 K_1, K_2 が存在するが，$\mathfrak{N}$ は包含関係について全順序集合をなしているから，$K_1\subset K_2$ あるいは $K_1\supset K_2$ のいずれかが成り立つ．したがって $i=1,2$ のどちらかについて $a, b\in K_i$ となり，K_i は部分群であるから $ab\in K_i$ となる．したがって $ab\in\tilde{K}$ が得られる．すなわち $\tilde{K}$ は部分群の条件(ii)をも満足する．これで $\tilde{K}$ は G の部分群であることがわかった．しかも定義から明らかに，$\tilde{K}$ は H を含み，また g を含まない．ゆえに $\tilde{K}$ も $\mathfrak{M}$ の元で，それは明らかに $\mathfrak{M}$ における $\mathfrak{N}$ の上限となる．したがって $\mathfrak{M}$ は帰納的である．

定理13の証明　G は有限生成であるから，G の適当な有限個の元 $x_1, x_2, \cdots, x_m$ をとって

$$G=[x_1, x_2, \cdots, x_m]$$

と表わすことができる．与えられた H は G の真部分群であるから，H がすべての x_i を含むことはない．いま，x_i のうちで H に含まれないような最小の番号の元を x_{i_1} とする．$x_{i_1} \notin H$ であるから，補題によって，H を含み，x_{i_1} を含まないような G の部分群のうちに極大なものが存在する．そのような部分群の1つを K_1 とし，K_1 に x_{i_1} をつけ加えた集合 $K_1 \cup \{x_{i_1}\}$ で生成される G の部分群を $[K_1, x_{i_1}]=H_1$ とする．このとき，もし $H_1=G$ となるならば，K_1 は G の極大な真部分群である．実際，K_1 よりも真に大きい G の任意の部分群は当然 x_{i_1} を含むから，それは $[K_1, x_{i_1}]=H_1$ を含む．よって $H_1=G$ ならば，K_1 よりも真に大きい G の部分群は G のほかにない．すなわち，その場合 K_1 は G の極大な真部分群である．またもし $H_1 \neq G$ ならば，上と同じく x_i のうちに H_1 に属さない元がある．そのような元のうち最小の番号のものを x_{i_2} とする．(このときもちろん $i_1<i_2$ である.) 次に，上と同様に，H_1 を含み x_{i_2} を含まないような G の部分群のうちで極大なものを K_2 とし，$[K_2, x_{i_2}]=H_2$ とする．もし $H_2=G$ ならば，K_2 は G の極大な真部分群である．もし $H_2 \neq G$ ならば，上述の操作をさらに続行して K_3, H_3 を作る．しかし，このような操作は明らかに無限には続き得ない．したがって，ある自然数 l に対して $H_l=G$ となり，K_l は G の極大な真部分群となる．(証明終)

C)　ベクトル空間の基底の存在

もう1つの簡単な代数的応用として，本項ではベクトル空間の基底の存在を証明しよう．

本項では，'体' および 'ベクトル空間' の定義については，読者がすでに知っ

ているものと仮定しなければならない.

[**体**というのは，簡単にいえば，そこにおいて加減乗除の四則演算が(0で割ることを除いて)自由におこなわれるような集合のことである．たとえば，実数全体の集合 $\boldsymbol{R}$ や有理数全体の集合 $\boldsymbol{Q}$ においては，よく知られているように，通常の意味での四則演算が(0で割ることを除いて)自由におこなわれる．すなわち，これらの集合はそれぞれ1つの体をなしている．これらは最も基本的な体のモデルである．一般の体 F においては，その元は必ずしも数である必要はない．しかし，とにかくそこでは加法，乗法などとよばれる算法が定義されており，それらの算法について，$\boldsymbol{R}$ や $\boldsymbol{Q}$ などにおいてよく知られている算法法則と同様の法則が成り立っているのである．

また，ある体 F の上の**ベクトル空間** V というのは，V の2元の組 (x, y) に対して，その和とよばれる V の1つの元 $x+y$ を対応させる算法(これを‘加法’という)，および V の元 x と F の元 λ に対し，x の λ 倍とよばれる V の1つの元 λx を対応させる算法(これを‘スカラー倍法’という)が定義されており，それらの算法についていわゆる‘ベクトル空間の公理’が満たされるもののことである．その‘公理’を記述することは簡単であるが，先を急ぐためにここでは述べないことにする．本書の第6章§5に実数の体 $\boldsymbol{R}$ の上のベクトル空間の精確な定義が述べられているから，もし必要ならば，読者はその部分を参照されたい．そこに述べられている定義において，‘スカラー’として実数のかわりにある体 F の元をとることにすれば，F の上のベクトル空間の定義が得られるのである.]

いま，F を1つの体とし，V を F の上の1つのベクトル空間とする．

V の空でない部分集合 W が次の条件(i), (ii), (iii)を満足するとき，W を V の**部分空間**という．

(i)　V の‘零元’0 は W に含まれる：$0 \in W$.

(ii)　$x, y \in W$ ならば $x+y \in W$.

(iii)　$x \in W$ ならば，任意の $\lambda \in F$ に対して $\lambda x \in W$.

W が V の部分空間ならば，W はそれ自身明らかに1つの F 上のベクトル空間である．また，もちろん V は V の1つの部分空間である．

$(W_\lambda)_{\lambda\in\Lambda}$ を V の部分空間の族とすれば，共通部分 $\bigcap_{\lambda\in\Lambda} W_\lambda$ も V の部分空間である．これは直ちに証明される．このことから，前項の群の場合と同様に，V の任意の部分集合 M に対し，M を含むような V の最小の部分空間が存在することがわかる．それを M によって**生成**された部分空間とよび，本項でもそれを $[M]$ と書くことにする．

$(x_1, \cdots, x_n)$ を V の元の有限族とする．そのとき $(\lambda_1, \cdots, \lambda_n)$ を F の元の任意の有限族とすれば，

$$\lambda_1 x_1 + \cdots + \lambda_n x_n$$

も V の元である．このような元を $(x_1, \cdots, x_n)$ の **1次結合**という．V のある部分集合 M が与えられたとき，それによって生成される部分空間 $[M]$ は，M の元の任意の有限族の任意の1次結合の全体から成ることが容易に証明される．

V の元の有限族 $(x_1, \cdots, x_n)$ に対し，少なくとも一つは0でない F の元の族 $(\lambda_1, \cdots, \lambda_n)$ が存在して，

$$\lambda_1 x_1 + \cdots + \lambda_n x_n = 0$$

が成り立つならば，$(x_1, \cdots, x_n)$ は **1次従属**であるといわれる．$(x_1, \cdots, x_n)$ が1次従属でないときには，この族は **1次独立**であるといわれる．

$(x_1, \cdots, x_n)$ が1次独立の場合には，明らかに，$x_1, \cdots, x_n$ はすべて V の相異なる元である．

一般に B を V の(必ずしも有限でない)部分集合とするとき，B から任意に有限個の相異なる元 $x_1, \cdots, x_n$ をとり出して作った有限族 $(x_1, \cdots, x_n)$ がいつも1次独立となるならば，B は **1次独立**であるといわれる．

B を V の部分集合とする．B が次の2つの条件を満足するとき，B はベクトル空間 V の**基底**であるという．

(i)　B は1次独立である．

(ii)　B は V を生成する．すなわち $[B]=V$．(このことは，V の任意の元が B の適当な有限個の元の1次結合として表わされることを意味する．)

さて，われわれの目標は次の定理である．

定理 14　V を体 F の上のベクトル空間とし，V は零元 0 以外の元を含むとする．そのとき V は基底を有する．

（V が 0 のみより成る場合は，V の基底は ϕ であると考える．そうすれば，上の定理は“体 F 上の任意のベクトル空間は基底をもつ”と述べることができる.)

証明　V が 0 以外の元を含むと仮定したから，V は 1 次独立な部分集合を含む．実際，x を V の 0 と異なる任意の元とすれば，$\{x\}$ は明らかに 1 次独立であるからである．また，V の部分集合が 1 次独立であるという性質は明らかに有限的な性質である．したがって，定理 6(a) により，V の 1 次独立な部分集合のうちに極大なものが存在する．その 1 つを B とすれば，B は V の基底となることを示そう．

B が 1 次独立であることは B の定義のうちに含まれているから，B が V を生成すること，すなわち V の任意の元が B の適当な有限個の元の 1 次結合として表わされることをいえばよい．

y を V の任意の 1 つの元とする．もし $y \in B$ ならば $y \in [B]$ であることは明らかである．$y \notin B$ とすれば，B の極大性によって $B \cup \{y\}$ は 1 次独立ではない．したがって $B \cup \{y\}$ から適当に有限個の相異なる元 $x_1, \cdots, x_n, x_{n+1}$ をとれば，$(x_1, \cdots, x_n, x_{n+1})$ は 1 次従属となる．このとき，これらの元のうちには必ず y が含まれていなければならない．実際，もし y が含まれていないとすれば，B の相異なる有限個の元で 1 次従属となるものが存在することとなって，仮定に反するからである．それゆえ，上記の元の族において，たとえば $x_{n+1}=y$ であると仮定することができる．

さて $(x_1, \cdots, x_n, y)$ が 1 次従属であるから，少なくとも一つは 0 でない F の元 $\lambda_1, \cdots, \lambda_n, \mu$ で，

$$\lambda_1 x_1 + \cdots + \lambda_n x_n + \mu y = 0$$

となるものが存在する．ここで $\mu \neq 0$ でなければならない．実際もし $\mu=0$ ならば，上の式は $(x_1, \cdots, x_n)$ が 1 次従属であることを示すことになり，ふたたび仮定に反するからである．$\mu \neq 0$ であるから，上式に μ^{-1} を掛け，移項して

$$y = -\mu^{-1}\lambda_1 x_1 - \cdots - \mu^{-1}\lambda_n x_n$$

と書くことができる．すなわち y は $(x_1, \cdots, x_n)$ の1次結合となる．これで $y \in [B]$ であることが証明され，したがって B が V の基底であることが証明された．

注意　§3の問題3はこの定理14の特別な場合である．実際，実数全体の集合 $\boldsymbol{R}$ は(そこにおける通常の加法と，実数を有理数倍するというスカラー倍法とについて)体 $\boldsymbol{Q}$ の上の1つのベクトル空間をなすと考えられるが，この問題に述べられている主張は，この意味のベクトル空間 $\boldsymbol{R}$ に基底 B_0 が存在するということにほかならないからである．

第4章　位 相 空 間

§1　$\boldsymbol{R}^n$ の距離と位相

本章から先では，位相空間論の基礎的部分について解説する．

読者はすでに解析学の初めの部分で，数列の収束や関数の連続性などの概念を学んだであろう．これらの概念は解析学においてもっとも基本的なものであるが，解析学の展開される‘場’としての実数の体系には，四則の演算が自由におこなわれるという代数的な性質とともに今1つ位相的な性質があり，収束や連続などの概念は，その後者の性質にもとづいて定義されるのである．一般の集合においても，そこに適当な‘構造’を与えれば，連続写像その他の概念が定義され，それについて解析学で通常考えられるような理論が展開される．そのような‘構造’がいわゆる‘位相的構造’であって，上述のことから察せられるように，そうした構造(の与えられた集合)の研究は，数学全般，ことに解析学にとって基礎的な意味をもつのである．

ある集合に位相的構造を与えることをその集合を‘位相づける’といい，また，位相づけられた集合は‘位相空間’とよばれる．集合を位相づけるにはいろいろな方法があり，したがって位相空間の定義にもいくつかの異なる形式があるが，Bourbaki の流儀に従い，‘開集合系’を用いて定義するのが現在ではいちばん普通と思われる．しかし，はじめからその一般的定義を述べるのは読者にいくぶん抽象的な感じを与えるであろう．そこで，本節ではまず1つのモデルとして，解析学などで読者に親しみが深いと思われる Euclid 空間の位相について，概観的に述べておくこととする．(一般論はあらためて次の§2から展開する.)

A)　n 次元 Euclid 空間 $\boldsymbol{R}^n$

n を任意の自然数とするとき，実数全体の集合 $\boldsymbol{R}$ の n 個の直積 $\boldsymbol{R}\times\boldsymbol{R}\times\cdots\times\boldsymbol{R}$ を以後簡単に $\boldsymbol{R}^n$ と書く．($\boldsymbol{R}^1$ は $\boldsymbol{R}$ 自身である.) 解析幾何学でよく知ら

れているように，普通の意味での直線(1次元空間)，平面(2次元空間)，空間(3次元空間)にそれぞれ座標を導入すれば，直線上の各点は1つの実数，平面上の各点は2つの実数の組，空間の各点は3つの実数の組によって表わされる．すなわち，座標の導入によって，直線，平面，空間はそれぞれ $\boldsymbol{R}$，$\boldsymbol{R}\times\boldsymbol{R}=\boldsymbol{R}^2$，$\boldsymbol{R}\times\boldsymbol{R}\times\boldsymbol{R}=\boldsymbol{R}^3$ と同一視される．そこで以後では，しばしば‘直線 $\boldsymbol{R}$’，‘平面 $\boldsymbol{R}^2$’などの語法を用い，またたとえば $\boldsymbol{R}^2$ の元を‘平面 $\boldsymbol{R}^2$ の点’などともよぶこととする．また，最も普通の幾何学——いわゆる Euclid 幾何学——では，座標として直交座標を考えるのが通例であるが，その場合，たとえば平面 $\boldsymbol{R}^2$ の2点 $x=(x_1, x_2)$，$y=(y_1, y_2)$ の距離 $d(x, y)$ が

$$d(x, y)=\sqrt{(x_1-y_1)^2+(x_2-y_2)^2}$$

で与えられることも，よく知られた事実である．

われわれは一般に，$\boldsymbol{R}^n$ の2つの元 $x=(x_1, \cdots, x_n)$，$y=(y_1, \cdots, y_n)$ $(x_i, y_i \in \boldsymbol{R}\ (i=1, \cdots, n))$ に対し，その間の**距離** $d(x, y)$ を

$$d(x, y)=\sqrt{\sum_{i=1}^{n}(x_i-y_i)^2} \tag{1.1}$$

で定義する．集合 $\boldsymbol{R}^n$ にこのように距離を導入したとき，$\boldsymbol{R}^n$ を **n 次元 Euclid 空間**(本節ではしばしば略して **n 次元空間**)とよび，また $\boldsymbol{R}^n$ の元を n 次元空間の**点**とよぶ．($\boldsymbol{R}^1=\boldsymbol{R}$ においては，その2点 x, y の距離は $d(x, y)=|x-y|$ である．) n 次元空間 $\boldsymbol{R}^n$ におけるいわゆる‘位相的構造’は，もっぱらこの距離の概念にもとづいて定義されるのであるが，そのことを述べる前に，本項ではまず，距離のもつ最も基本的な性質についてみておくことにしよう．(以下本節で述べることは一般の n について通用するが，$n\geqq 4$ の場合は直接われわれの直観的対象とはなり得ない．読者は $n=1, 2$ などの場合——特に $n=2$ の場合——の図形的直観を援用しながら，議論を follow されるとよいであろう.)

$\boldsymbol{R}^n$ における距離のもつ基本的性質は次のようなものである．

(Di) 任意の $x, y\in\boldsymbol{R}^n$ に対して $d(x, y)$ は負でない実数である．

(Dii) $x, y\in\boldsymbol{R}^n$ に対し，$d(x, y)=0$ となるのは $x=y$ のときまたそのときに限る．

(Diii)　任意の $x, y \in \boldsymbol{R}^n$ に対して $d(x, y) = d(y, x)$.

(Div)　任意の $x, y, z \in \boldsymbol{R}^n$ に対して

$$d(x, z) \leqq d(x, y) + d(y, z). \tag{1.2}$$

これらの性質のうち(Di)-(Diii)は距離の定義(1.1)から明らかである. (Div)の不等式(1.2)はいわゆる**三角不等式**であるが，これは次のように証明される.

$x = (x_1, \cdots, x_n)$, $y = (y_1, \cdots, y_n)$, $z = (z_1, \cdots, z_n)$ とし，$x_i - y_i = a_i$, $y_i - z_i = b_i$ とおく．そのとき $x_i - z_i = a_i + b_i$ であるから，定義(1.1)によって，(1.2)は

$$\sqrt{\sum_{i=1}^{n} (a_i + b_i)^2} \leqq \sqrt{\sum_{i=1}^{n} a_i^2} + \sqrt{\sum_{i=1}^{n} b_i^2}$$

と書かれる．これは，両辺を2乗し，$\sum a_i^2$, $\sum b_i^2$ を消し去って得られる不等式

$$\sum_{i=1}^{n} a_i b_i \leqq \sqrt{\left(\sum_{i=1}^{n} a_i^2\right)\left(\sum_{i=1}^{n} b_i^2\right)}$$

と同等であるが，この証明は

$$\left(\sum_{i=1}^{n} a_i b_i\right)^2 \leqq \left(\sum_{i=1}^{n} a_i^2\right)\left(\sum_{i=1}^{n} b_i^2\right) \tag{1.3}$$

の証明に帰せられる.

(1.3)は **Schwarz の不等式**とよばれる重要な不等式で，この証明にはいろいろな方法が知られている．たとえば，単純な式の変形によって

$$\left(\sum_{i=1}^{n} a_i^2\right)\left(\sum_{i=1}^{n} b_i^2\right) - \left(\sum_{i=1}^{n} a_i b_i\right)^2 = \sum_{\substack{1 \leqq i \leqq n,\ 1 \leqq j \leqq n \\ i \neq j}} a_i^2 b_j^2 - 2 \sum_{1 \leqq i < j \leqq n} a_i b_i a_j b_j$$

$$= \sum_{1 \leqq i < j \leqq n} (a_i b_j - a_j b_i)^2 \geqq 0.$$

またたとえば，次の証明はいくぶん技巧的であるがはなはだ巧妙である．x を実変数とし，2次式

$$f(x) = \sum_{i=1}^{n} (a_i x + b_i)^2 = \left(\sum_{i=1}^{n} a_i^2\right) x^2 + 2\left(\sum_{i=1}^{n} a_i b_i\right) x + \left(\sum_{i=1}^{n} b_i^2\right)$$

を考えれば，中央の式の形から明らかに，任意の実数 x に対して $f(x) \geqq 0$. したがってこの2次式の判別式は $\leqq 0$ でなければならない．ゆえに(1.3)が成

り立つ.

B) $\boldsymbol{R}^n$ の部分集合の内部(開核), 外部, 境界

一般に, n 次元空間 $\boldsymbol{R}^n$ の部分集合 M に対しては, その'内部', '境界' などの概念が定義される.

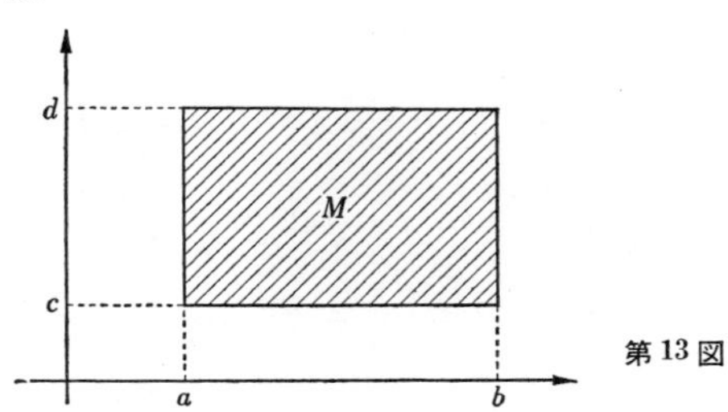

第13図

たとえば, 平面 $\boldsymbol{R}^2$ において, M を第13図のような長方形 $M=\{(x,y)\mid a\leqq x\leqq b,\ c\leqq y\leqq d\}$ とすれば, われわれは当然, M の内部は $\{(x,y)\mid a<x<b,\ c<y<d\}$, また M の境界はこの長方形の周, すなわち M からその内部をとり除いた点集合と考えるであろう. このように'内部', '境界' などの概念はわれわれの素朴な直観的認識にもとづくものであるが, その厳密な定義は次のようになされる.

[以後本節では, 文字の節約のため, 次元の区別には関係なく, n 次元空間 $\boldsymbol{R}^n$ の点を x, a, b などの文字で表わす. たとえば, a が $\boldsymbol{R}^n$ の点であるというとき, $n=1$ ならば a は実数であるが, $n\geqq 2$ ならばそれは n 個の実数の組 $(a_1, \cdots, a_n)$ である. 読者はこうした状況をいつも明瞭に認識していなければならない. なおわれわれは, $\varepsilon, \varepsilon', \delta$ などの文字も用いるが, これらは慣習のように, いつも正の実数を表わすのである.]

まず $\boldsymbol{R}^n$ における球体の概念を次のように定義する. a を $\boldsymbol{R}^n$ の1つの点, ε を1つの正の実数とするとき, 集合

$$\{x \mid x\in \boldsymbol{R}^n,\ d(a,x)<\varepsilon\}$$

を, a を**中心**, ε を**半径**とする $\boldsymbol{R}^n$ の**球体**(ball)という. 以後, 本書ではこれを $B(a;\varepsilon)$ で表わす. もちろん $a\in B(a;\varepsilon)$ である.

注意　$n=1$ の場合，$B(a;\varepsilon)$ は開区間 $(a-\varepsilon, a+\varepsilon)$ である．また $n=2$ の場合は，$B(a;\varepsilon)$ は**円板**である[1]．

次に，M を $\boldsymbol{R}^n$ の1つの与えられた部分集合とする．$\boldsymbol{R}^n$ の点 a に対して，適当に正数 ε をとれば

$$B(a;\varepsilon)\subset M$$

が成り立つとき，a を M の**内点**という．すなわち，a が M の内点であるとは，a に‘十分近い’ところの点は(a 自身も含めて)すべて M に属していることをいうのである．M の内点全部の集合を M の**内部** (interior) または**開核** (open kernel) といい，M° または M^i で表わす．M の内点はもちろん M の点であるから，

$$M^\circ\subset M.$$

特に $M=\phi$ ならば当然 $M^\circ=\phi$．(しかし，M が空集合でなくても M° が空集合となることはあり得る.)

M の $\boldsymbol{R}^n$ に対する補集合 M^c の内点を M の**外点**という．すなわち，a に十分近いところの点が(a 自身も含めて)すべて M に属していないとき，a を M の外点というのである．M の外点全部の集合を M の**外部** (exterior) といい，M^e で表わす．これは M^c の内部 $(M^c)^\circ=M^{ci}$ にほかならない．$M^i\subset M$, $M^e\subset M^c$ であるから，$M^i\cap M^e=\phi$ である．

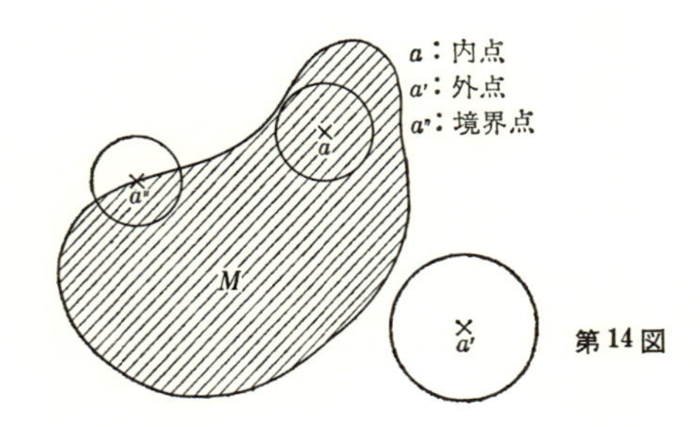

第14図

1)　球体，円板は普通には単に‘球’，‘円’とよばれる．しかし，これらの語は‘球面’，‘円周’との区別が必ずしも明確ではないから，本書では球体，円板などの語を用いることとする．

$\boldsymbol{R}^n$ の点で M の内点でも外点でもない点を M の**境界点**とよび，M の境界点全部の集合 $\boldsymbol{R}^n-(M^i\cup M^e)$ を M の**境界**(frontier, boundary)という．本書ではそれを M^f で表わす．定義から明らかに，a が M^f の点であることは，a にどれほど近いところにも必ず M の点も M に属さない点も存在すること，もっと正確にいえば，どのような正数 ε をとっても

$$B(a\,;\varepsilon)\cap M\neq\phi,\qquad B(a\,;\varepsilon)\cap M^c\neq\phi$$

が成り立つことを意味する．M の境界 M^f は同時に M^c の境界 M^{cf} でもある．(M の境界点は M の点であることもあり，M^c の点であることもある.) また定義によって，$\boldsymbol{R}^n$ は $M^\circ=M^i$, M^e, M^f の直和となる：

(1.4)
$$\boldsymbol{R}^n=M^i\cup M^e\cup M^f\ (\text{直和}).$$

例　M を球体 $B(a\,;\varepsilon)$ とすれば，

(a)
$$M^i=\{x\mid d(a,x)<\varepsilon\}=M,$$

(b)
$$M^e=\{x\mid d(a,x)>\varepsilon\},$$

(c)
$$M^f=\{x\mid d(a,x)=\varepsilon\}$$

である．――これは直観的にはほとんど明らかであるが，念のため，定義にもとづいて厳密な証明を与えておこう．

まず(a)，すなわち M の任意の点は M の内点であることを示そう．$b\in M=B(a\,;\varepsilon)$ とすれば，$d(a,b)<\varepsilon$ であるから，$\varepsilon'=\varepsilon-d(a,b)$ は正の実数である．そこで，x を球体 $B(b\,;\varepsilon')$ の任意の点とすれば，三角不等式によって

$$d(a,x)\leqq d(a,b)+d(b,x)<d(a,b)+\varepsilon'=\varepsilon.$$

よって $x\in B(a\,;\varepsilon)=M$ となる．ゆえに $B(b\,;\varepsilon')\subset M$．したがって b は M の内点である．これでまず(a)が証明された．

次に(b)を示そう．b を $d(a,b)>\varepsilon$ であるような $\boldsymbol{R}^n$ の点とする．そのとき $\varepsilon'=d(a,b)-\varepsilon$ とおけば，$B(b\,;\varepsilon')\subset M^c$ であることは上と同様に示される．ゆえに b は M の外点である．逆に b を M の外点とすれば，$d(a,b)>\varepsilon$ でなければならない．実際，もし $d(a,b)=\varepsilon$ ならば，b を中心とするどんな球体 $B(b\,;\varepsilon')$ も必ず M と交わることが，次のように示されるからである．いま，$\varepsilon'>0$ に対し，正数 ρ を $\min\{1,\varepsilon'/\varepsilon\}$ よりも小さくとって，

$$c=(b_1+\rho(a_1-b_1),\cdots,b_n+\rho(a_n-b_n))$$

(ただし $a=(a_1,\cdots,a_n)$, $b=(b_1,\cdots,b_n)$) とおく．そうすれば，容易に示されるように $d(a,c)=(1-\rho)\varepsilon<\varepsilon$, $d(b,c)=\rho\varepsilon<\varepsilon'$. したがって，$c\in B(b;\varepsilon')\cap M$ となる．これで(b)が示された．

(c) は (a), (b) と (1.4) から導かれる．——

上の(c)の右辺 $\{x\mid x\in\boldsymbol{R}^n,\ d(a,x)=\varepsilon\}$ を，a を中心，ε を半径とする $\boldsymbol{R}^n$ の**球面**(sphere)という．以後，必要がある場合にはこれを $S(a;\varepsilon)$ で表わす．

C)　$\boldsymbol{R}^n$ の部分集合の閉包

$\boldsymbol{R}^n$ の部分集合 M に対し，$M^i\cup M^f$ を M の**閉包**あるいは**触集合**(closure, adherence)とよび，$\bar{M}$ または M^a で表わす．$\bar{M}$ の点(すなわち M の内点または境界点であるような点)を一般に M の**触点**という．$\boldsymbol{R}^n$ は $\bar{M}$ と $M^e=M^{ci}$ の直和であるから，$\boldsymbol{R}^n$ の点 a が M の触点であることは，a が M の外点でないこと，すなわち，どのような正数 ε をとっても $B(a;\varepsilon)$ がけっして M^c に含まれないことと同等である．いいかえれば，任意の $\varepsilon>0$ に対して

$$B(a;\varepsilon)\cap M\neq\phi$$

が成り立つことと同等である．

例　$M=B(a;\varepsilon)$ とすれば，前項の例からわかるように

$$\bar{M}=\{x\mid x\in\boldsymbol{R}^n,\ d(a,x)\leqq\varepsilon\}.$$

この右辺を，a を中心，ε を半径とする $\boldsymbol{R}^n$ の**閉球体**という．以後必要があれば，これを記号 $B^*(a;\varepsilon)$ で表わす．——

M の任意の点はもちろん M の触点である．すなわち

$$M\subset\bar{M}.$$

これと前項に注意した $M^\circ\subset M$ とを合わせれば，一般に

$$M^\circ\subset M\subset\bar{M}\tag{1.5}$$

となる．(M° あるいは $\bar{M}$ は M と一致することもあるが，一般にはどちらも M と等しくない.)

また，上にも述べたように $\boldsymbol{R}^n$ は M^a と $M^e=M^{ci}$ との直和であるから，

M^a と M^{ci} とは互に他の補集合である．すなわち

(1.6)　　$$M^{ac} = M^{ci}, \quad M^a = M^{cic}.$$

(1.6) で M のかわりに M^c を考えれば

(1.7)　　$$M^{ic} = M^{ca}, \quad M^i = M^{cac}$$

の成り立つこともわかる．(読者みずから証明せよ.)

D)　$\boldsymbol{R}^n$ の開集合，閉集合

$\boldsymbol{R}^n$ の部分集合 M とその内部 M°，閉包 $\bar{M}$ の間には一般に(1.5)の関係があるが，特に，M が M° と一致する場合には M を n 次元空間 $\boldsymbol{R}^n$ の**開集合**(open set)とよび，M が $\bar{M}$ と一致する場合には M を $\boldsymbol{R}^n$ の**閉集合**(closed set)とよぶ．M が開集合であることは M の点がすべて M の内点であること，M が閉集合であることは M の境界点がすべて M に属することにほかならない．

例 1　$\boldsymbol{R}=\boldsymbol{R}^1$ において，開区間 (a, b) は明らかに開集合であり，閉区間 $[a, b]$ は明らかに閉集合である．(‘開区間’，‘閉区間’ の語はこの事実に由来する.) また (a, ∞), $(-\infty, b)$ などの区間は開集合，$[a, \infty)$, $(-\infty, b]$ などの区間は閉集合である．

一般に $a_i, b_i\ (i=1, \cdots, n)$ を $a_i<b_i$ であるような $2n$ 個の実数とするとき，$\boldsymbol{R}^n$ の部分集合

(1.8)　　$$\{x=(x_1, \cdots, x_n) \mid a_i<x_i<b_i\ (i=1, \cdots, n)\} = (a_1, b_1)\times\cdots\times(a_n, b_n)$$

は $\boldsymbol{R}^n$ の開集合である．また

(1.9)　　$$\{x=(x_1, \cdots, x_n) \mid a_i\leqq x_i\leqq b_i\ (i=1, \cdots, n)\} = [a_1, b_1]\times\cdots\times[a_n, b_n]$$

は $\boldsymbol{R}^n$ の閉集合である．(これらのことのくわしい証明は練習問題とする.) (1.8), (1.9)の形の $\boldsymbol{R}^n$ の部分集合をそれぞれ $\boldsymbol{R}^n$ の**開区間**，**閉区間**という．($n=2$ の場合，$\boldsymbol{R}^2$ の開区間は ‘周を含まない長方形’，閉区間は ‘周を含めた長方形’ である.)

例 2 $\boldsymbol{R}^n$ の球体 $B(a;\varepsilon)$ は B) の例でみたように開集合である．したがって，これをくわしくは**開球体**という．また閉球体 $B^*(a;\varepsilon)$，球面 $S(a;\varepsilon)$ は容易に示されるように $\boldsymbol{R}^n$ の閉集合である．

$\boldsymbol{R}^n$ の開集合と閉集合とは次の意味で互に‘双対的な’概念である．

定理 1 $\boldsymbol{R}^n$ の開集合の補集合は閉集合である．また閉集合の補集合は開集合である．

証明 M を開集合とすれば，$M^i=M$ であるから，(1.7)によって $M^{ca}=M^{ic}=M^c$．ゆえに M^c は閉集合である．同様に，M が閉集合のとき M^c が開集合であることは(1.6)からみられる．（証明終）

この定理によって，開集合に関して一般的に成り立つ命題は，閉集合に関する双対的な命題に直ちに翻訳することができる．

注意 いうまでもないことながら，上の定理の意味を‘開集合でないものは閉集合である’，‘閉集合でないものは開集合である’などと誤解してはならない．開集合や閉集合は $\boldsymbol{R}^n$ の特別な部分集合であって，一般の部分集合は開集合でもなければ閉集合でもない．（たとえば，$\boldsymbol{R}^1$ の区間 $[a,b)$, $(a,b]$ は $\boldsymbol{R}^1$ の開集合でも閉集合でもない．）

以後，$\boldsymbol{R}^n$ の開集合全体の集合——$\boldsymbol{R}^n$ の**開集合系**——を $\mathfrak{D}(\boldsymbol{R}^n)$（略して $\mathfrak{D}$）で表わすこととする．$\phi^\circ=\phi$ であるから，ϕ は $\mathfrak{D}$ の 1 つの元である．また，$\boldsymbol{R}^n$ の空でない部分集合 O が $\mathfrak{D}$ に属するためには，その点がすべて O の内点であること，すなわち O が次の性質(＊)をもつことが必要十分である．

(＊)　O の任意の点 a に対して，適当な正数 ε をとれば $B(a;\varepsilon)\subset O$ が成り立つ[1]．

次の定理はこの条件(＊)を用いて直ちに証明される．

定理 2 $\boldsymbol{R}^n$ 自身および空集合 ϕ は $\boldsymbol{R}^n$ の開集合である．また，$\boldsymbol{R}^n$ の有限個の開集合の共通部分，任意個数の開集合の和集合はやはり $\boldsymbol{R}^n$ の開集合である．すなわち

(i)　$\boldsymbol{R}^n\in\mathfrak{D}$，$\phi\in\mathfrak{D}$．

(ii)　$O_1, O_2, \cdots, O_k\in\mathfrak{D}$ ならば $O_1\cap O_2\cap\cdots\cap O_k\in\mathfrak{D}$．

---

1)　もちろん，ε は一般に点 a に関係する．

(iii)　$(O_\lambda)_{\lambda\in\Lambda}$ を $\mathfrak{O}$ の元から成る任意の集合族(添数集合 Λ の濃度は任意)とすれば，$\bigcup_{\lambda\in\Lambda} O_\lambda \in \mathfrak{O}$.

証明　(i)　$\phi\in\mathfrak{O}$ であることは上に注意した．また，$\boldsymbol{R}^n$ 自身が条件($*$)を満たすことは明らかであるから，$\boldsymbol{R}^n\in\mathfrak{O}$.

(ii)　$O_1,\cdots,O_k\in\mathfrak{O}$ とし，$\bigcap_{i=1}^k O_i=O$ とする．$O\neq\phi$ の場合だけ考えれば十分である．その場合，$\boldsymbol{a}$ を O の任意の点とすれば，各 i $(1\leqq i\leqq k)$ に対し $\boldsymbol{a}\in O_i$ で，$O_i\in\mathfrak{O}$ であるから，$B(\boldsymbol{a}\,;\varepsilon_i)\subset O_i$ となるような正数 ε_i が存在する．そこで $\min\{\varepsilon_1,\cdots,\varepsilon_k\}=\varepsilon$ とおけば，各 i に対し $B(\boldsymbol{a}\,;\varepsilon)\subset B(\boldsymbol{a}\,;\varepsilon_i)$ であるから，$B(\boldsymbol{a}\,;\varepsilon)\subset O_i$. ゆえに $B(\boldsymbol{a}\,;\varepsilon)\subset\bigcap_{i=1}^k O_i=O$. すなわち，$O$ は条件($*$)を満足する．よって $O\in\mathfrak{O}$.

(iii)　$O_\lambda\in\mathfrak{O}$ $(\lambda\in\Lambda)$ とし，$\bigcup_{\lambda\in\Lambda}O_\lambda=O$ とする．この場合も $O\neq\phi$ のときだけ考えればよい．$\boldsymbol{a}$ を O の任意の点とすれば，$\boldsymbol{a}\in O_\lambda$ となる Λ の元 λ が存在し，$O_\lambda\in\mathfrak{O}$ であるから，$B(\boldsymbol{a}\,;\varepsilon)\subset O_\lambda$ となる正数 ε がある．$O_\lambda\subset O$ であるから $B(\boldsymbol{a}\,;\varepsilon)\subset O$. したがって $O\in\mathfrak{O}$. (証明終)

定理1によって，閉集合については定理2と双対的に次の定理が成り立つ．

定理 2′　$\boldsymbol{R}^n$ 自身および空集合 ϕ は $\boldsymbol{R}^n$ の閉集合である．また，$\boldsymbol{R}^n$ の有限個の閉集合の和集合，任意個数の閉集合の共通部分はやはり $\boldsymbol{R}^n$ の閉集合である．すなわち，$\boldsymbol{R}^n$ の閉集合全体の集合——$\boldsymbol{R}^n$ の**閉集合系**——を $\mathfrak{A}(\boldsymbol{R}^n)=\mathfrak{A}$ と書くことにすれば，

(i)′　$\boldsymbol{R}^n\in\mathfrak{A}$, $\phi\in\mathfrak{A}$.

(ii)′　$A_1, A_2,\cdots,A_k\in\mathfrak{A}$ ならば $A_1\cup A_2\cup\cdots\cup A_k\in\mathfrak{A}$.

(iii)′　$(A_\lambda)_{\lambda\in\Lambda}$ を $\mathfrak{A}$ の元から成る任意の集合族とすれば，$\bigcap_{\lambda\in\Lambda}A_\lambda\in\mathfrak{A}$.

(この定理の証明は練習問題とする.)

注意 1　任意個数の開集合の共通部分は必ずしも開集合ではない．たとえば，$\boldsymbol{a}$ を $\boldsymbol{R}^n$ の1つの定点とするとき，球体 $B(\boldsymbol{a}\,;1/m)$ $(m\in\boldsymbol{N})$ はすべて開集合であるが，それらの共通部分 $\bigcap_{m=1}^\infty B(\boldsymbol{a}\,;1/m)$ は明らかに点 $\boldsymbol{a}$ のみから成る集合 $\{\boldsymbol{a}\}$ となり，これは開集合ではない．同様に，任意個数の閉集合の和集合は必ずしも閉集合ではない．

注意 2　$\boldsymbol{R}^n$ 自身および ϕ は $\boldsymbol{R}^n$ の開集合であると同時に閉集合でもある．実は，同時に開かつ閉であるような $\boldsymbol{R}^n$ の部分集合はこれらのほかには存在しないのであるが，

このことは後の第5章§1, E) で示される.

E)　開核, 閉包の特徴づけ

上では, はじめに $\boldsymbol{R}^n$ の部分集合 M に対してその開核(内部) M°, 閉包 $\overline{M}$ を定義し, 次にそれらの概念を用いて $\boldsymbol{R}^n$ の開集合, 閉集合を定義した. 逆に, 開集合, 閉集合の概念を用いれば, 開核, 閉包を次の定理に述べるような形に特徴づけることができる.

定理 3　M を $\boldsymbol{R}^n$ の任意の部分集合とするとき, その開核 M° は M に含まれる最大の開集合である. また, 閉包 $\overline{M}$ は M を含む最小の閉集合である.

注意　'開核', '閉包' の語はこの定理にもとづくのである.

証明　前半を証明する. そのために, 一般に $\boldsymbol{R}^n$ の部分集合 N_1, N_2 に対し

$$N_1 \subset N_2 \Rightarrow N_1{}^\circ \subset N_2{}^\circ \tag{1.10}$$

が成り立つことを用いる. (このことはここに証明を述べるまでもないであろう. 読者みずから証明されたい.)

まず, M° は M に含まれる開集合であることを示そう. $M^\circ \subset M$ であることはすでに知っているから, M° が開集合であることだけを示せばよい. a を M° の任意の点, すなわち M の任意の内点とすれば, 定義によって

$$B(a\,;\varepsilon) \subset M$$

となる正数 ε が存在する. この両辺の内部をとれば, (1.10) によって

$$B(a\,;\varepsilon)^\circ \subset M^\circ.$$

しかるに球体 $B(a\,;\varepsilon)$ は開集合であるから $B(a\,;\varepsilon)^\circ = B(a\,;\varepsilon)$. ゆえに

$$B(a\,;\varepsilon) \subset M^\circ$$

となる. したがって a は M° の内点である. このことは M° の任意の点 a に対して成り立つ. ゆえに M° は開集合である.

次に, N を M に含まれる任意の開集合とする. そうすれば

$$N \subset M, \qquad N = N^\circ$$

であるから, 同じく (1.10) によって

$$N = N^\circ \subset M^\circ.$$

すなわち，M に含まれる任意の開集合は M° に含まれる．

ゆえに，M° は M に含まれる最大の開集合である．

後半は，(1.6) および定理1を用いて，前半から直ちに導かれる．(くわしくは練習問題として読者にゆだねる．)

F)　開集合系の基底

$\boldsymbol{R}^n$ の開集合については，なお次の定理が成り立つ．

定理 4　$\boldsymbol{R}^n$ の部分集合($\neq\phi$)は，それが(開)球体の和集合として表わされるとき，またそのときに限って，開集合である．

証明　(開)球体は開集合であり，また定理2(iii)によって開集合の和集合は開集合であるから，球体の和集合は開集合である．

逆に，$O(\neq\phi)$ を $\boldsymbol{R}^n$ の任意の開集合とする．a を O の任意の点とすれば，適当な正数 $\varepsilon(a)$ に対して $B(a;\varepsilon(a))\subset O$ が成り立つ．いま，O の各点 a に対してこのような球体 $B(a;\varepsilon(a))$ をとれば，明らかに $\bigcup_{a\in O} B(a;\varepsilon(a))=O$．すなわち，$O$ は球体の和集合として表わされる．(証明終)

定理4によって，開集合に関係するいろいろな問題は，ある程度，開球体に関する考察に還元することができる．

一般に，$\boldsymbol{R}^n$ の開集合から成るある集合系(すなわち $\mathfrak{O}=\mathfrak{O}(\boldsymbol{R}^n)$ のある部分集合) $\mathfrak{B}$ があって，$\mathfrak{O}$ の任意の元($\neq\phi$)が $\mathfrak{B}$ の元の和集合として表わされるとき，$\mathfrak{B}$ を $\mathfrak{O}=\mathfrak{O}(\boldsymbol{R}^n)$ の**基底**という．上の定理は，$\boldsymbol{R}^n$ の(開)球体の全体は $\mathfrak{O}$ の1つの基底をなしていることを示すのである．

G)　連続関数

本節の最後に，これまでに考えてきた開集合などの概念と連続関数との関係について考察しよう．

たとえば，いま，f を2つの実変数の実数値関数，すなわち $\boldsymbol{R}^2$ のある部分集合 A から $\boldsymbol{R}$ への写像——幾何学的にいえば，平面上の点集合 A の各点にそれぞれ1つの実数を対応せしめるような関数——とする．そのような関数 f

が A のある1点 $a=(a_1, a_2)$ において連続であるとは，読者がおそらく微積分学ですでに学んだように，A の点 $x=(x_1, x_2)$ が点 a に近づくとき，いいかえれば x と a の距離 $d(x, a)$ が0に近づくとき，$f(x)=f(x_1, x_2)$ の値が $f(a)=f(a_1, a_2)$ に限りなく近づくこと，すなわち $|f(x)-f(a)|=d(f(x), f(a))$ が限りなく0に近づくことであった．一般に，n 次元空間 $\boldsymbol{R}^n$ の部分集合 A から m 次元空間 $\boldsymbol{R}^m$ への写像 f についても，それが A の点 a で連続であるということは，これと全く同様に定義される．すなわち，A の点 x が a に限りなく近づくとき，それにともなって $\boldsymbol{R}^m$ における像 $f(x)$ が $f(a)$ に限りなく近づくならば，f は点 a で連続であるというのである．

上に述べたのは連続性の直観的な定義であるが，次に，このことを数学的にもっと正確かつ簡潔に表現してみよう．

以下，簡単のため関数 f の定義域 A は $\boldsymbol{R}^n$ の開集合であるとする．また次元の区別を明確にするため，$\boldsymbol{R}^n$ における距離を $d^{(n)}$，球体を $B^{(n)}(a;\varepsilon)$ のように書くこととする．そうすれば，$f: A\to\boldsymbol{R}^m$ が A の点 a で**連続**であることの厳密な定義は次のように述べられる："任意に与えられた正数 ε に対して，適当に正数 δ をとれば，

$$d^{(n)}(x, a)<\delta \Rightarrow d^{(m)}(f(x), f(a))<\varepsilon \tag{1.11}$$

が成り立つ．"（A は $\boldsymbol{R}^n$ の開集合であると仮定したから，$B^{(n)}(a;\varepsilon(a))\subset A$ となるような正数 $\varepsilon(a)$ があるが，(1.11)の δ はもちろんこの $\varepsilon(a)$ よりも小さいとしてさしつかえない．そうすれば $d^{(n)}(x, a)<\delta$ である $\boldsymbol{R}^n$ の点 x は当然 A に属するから，その f による像 $f(x)$ が考えられるのである．）

上の(1.11)は明らかに

$$f(B^{(n)}(a;\delta))\subset B^{(m)}(f(a);\varepsilon),$$

あるいは

$$B^{(n)}(a;\delta)\subset f^{-1}(B^{(m)}(f(a);\varepsilon)) \tag{1.12}$$

とも書き直される．このことを印象的な語法で表現するために，われわれは，$\boldsymbol{R}^n$ の球体 $B^{(n)}(a;\delta)$ を a の δ **近傍**ともよぶこととしよう．そうすれば，f が点 a で連続であることは，"任意の正数 ε に対して，適当に正数 δ をとれば，

a の δ 近傍の像が $f(a)$ の ε 近傍に含まれる(あるいは，$f(a)$ の ε 近傍の逆像が a の δ 近傍を含む)" のように述べ表わすことができる.

関数 $f: A \to \boldsymbol{R}^m$ $(A \in \mathfrak{O}(\boldsymbol{R}^n))$ が A のすべての点で連続であるときには，f は A において**連続**である，あるいは，f は A で定義された**連続関数**(**連続写像**)であるという.

$f: A \to \boldsymbol{R}^m$ が連続関数であるならば，$\boldsymbol{R}^m$ の任意の開集合 O' に対して，その逆像 $f^{-1}(O')=O$ $(\subset A)$ は $\boldsymbol{R}^n$ の開集合となることを，次に示そう．実際，もし $f(a) \in O'$ となる A の元 a が存在しない場合には，$f^{-1}(O')=\phi$ であるから，このことはいうまでもない．$f^{-1}(O')=O \neq \phi$ の場合には，a を O の任意の1点とすれば，$f(a) \in O'$ で，O' は開集合であるから，$B^{(m)}(f(a); \varepsilon) \subset O'$ となるような $\varepsilon>0$ が存在する．f は点 a において連続であるから，この ε に対して，(1.12)を満足するような $\delta>0$ が存在し，

$$B^{(n)}(a; \delta) \subset f^{-1}(B^{(m)}(f(a); \varepsilon)) \subset f^{-1}(O') = O$$

となる．すなわち，$O=f^{-1}(O')$ は開集合の条件(p.145 の(＊))を満たす．ゆえに O は $\boldsymbol{R}^n$ の開集合である.

逆に，$\boldsymbol{R}^m$ の任意の開集合 O' に対して $f^{-1}(O')$ が $\boldsymbol{R}^n$ の開集合となるならば，f は連続関数であることを示そう．実際，a を A の任意の点とし，ε を任意に与えられた正数とすれば，$B^{(m)}(f(a); \varepsilon)$ は $\boldsymbol{R}^m$ の開集合であるから，仮定によって，その逆像 $f^{-1}(B^{(m)}(f(a); \varepsilon))$ は $\boldsymbol{R}^n$ の開集合である．かつ明らかに $a \in f^{-1}(B^{(m)}(f(a); \varepsilon))$．したがって，適当な正数 δ をとれば(1.12)が成り立つ．ゆえに f は点 a において連続である．これは A のすべての点 a に対していえることであるから，$f: A \to \boldsymbol{R}^m$ は連続関数である.

以上で次の定理が証明された.

定理 5　A を n 次元空間 $\boldsymbol{R}^n$ の開集合とし，f を A から m 次元空間 $\boldsymbol{R}^m$ への写像とする．f が連続写像であるためには，$\boldsymbol{R}^m$ の任意の開集合 O' に対して，その f による逆像 $f^{-1}(O')$ $(\subset A)$ が $\boldsymbol{R}^n$ の開集合となることが必要十分である.

問　　題

1. $\boldsymbol{R}^n$ の有限個の点から成る部分集合 A は $\boldsymbol{R}^n$ の閉集合であることを示せ.

2. a, b を $\boldsymbol{R}^n$ の相異なる2点とすれば, $a \in U$, $b \in V$, $U \cap V = \phi$ となる $\boldsymbol{R}^n$ の開集合 U, V が存在することを示せ.

3. $\boldsymbol{R}^n$ の開区間 $(a_1, b_1) \times \cdots \times (a_n, b_n)$ は $\boldsymbol{R}^n$ の開集合であること, 閉区間 $[a_1, b_1] \times \cdots \times [a_n, b_n]$ は $\boldsymbol{R}^n$ の閉集合であることを証明せよ.

4. 平面 $\boldsymbol{R}^2$ の次の各部分集合について, その内部と閉包を求めよ. (ただし $\boldsymbol{R}^2$ の点を一般に $x = (x_1, x_2)$ で表わすこととする.)

(a)　t の2次方程式 $t^2 + x_1 t + x_2 = 0$ が実根をもつような $x = (x_1, x_2)$ 全体の集合 A.

(b)　t の2次方程式 $t^2 + x_1 t + x_2 = 0$ が虚根をもつような $x = (x_1, x_2)$ 全体の集合 B.

(c)　$C = \{x \mid x_1 \in \boldsymbol{Q},\ x_2 \in \boldsymbol{Q}\}$.

(d)　$D = \{x \mid 0 \leqq x_1 = x_2 < 1\}$.

(e)　$x_1 = a + b$, $x_2 = a^2 + b^2$, $a > 0$, $b > 0$ を満足する実数 a, b が存在するような $x = (x_1, x_2)$ 全体の集合 E.

5. 定理 $2'$ を証明せよ.

6. 定理3の後半を証明せよ.

7. $\boldsymbol{R}^n$ の開集合系 $\mathfrak{O} = \mathfrak{O}(\boldsymbol{R}^n)$ の部分集合 $\mathfrak{B}$ が $\mathfrak{O}$ の基底であるためには, $\boldsymbol{R}^n$ の任意の開集合 $O (\neq \phi)$ と O の任意の点 a に対し,

$$a \in U, \qquad U \subset O$$

となる $\mathfrak{B}$ の元 U が存在することが必要十分であることを示せ. またこの条件は, $\boldsymbol{R}^n$ の任意の点 a と任意の正数 ε とに対し,

$$a \in U, \qquad U \subset B(a\,;\varepsilon)$$

となる $\mathfrak{B}$ の元 U が存在することとも同等であることを示せ.

8. $a = (a_1, \cdots, a_n)$ を $\boldsymbol{R}^n$ の点, ε を正の実数とするとき, $\varepsilon' = \varepsilon/\sqrt{n}$ とおけば,

$$(a_1 - \varepsilon', a_1 + \varepsilon') \times \cdots \times (a_n - \varepsilon', a_n + \varepsilon') \subset B(a\,;\varepsilon)$$

が成り立つことを示せ. このことから, $\boldsymbol{R}^n$ の開区間の全体は $\mathfrak{O} = \mathfrak{O}(\boldsymbol{R}^n)$ の基底をなすことを導け.

§2 位 相 空 間

§1でわれわれは，Euclid 空間 $\boldsymbol{R}^n$ における開集合，閉集合の概念を定義し，開集合または閉集合の補集合がそれぞれ閉集合または開集合であるという意味で両者は‘双対的な’概念であること，また，$\boldsymbol{R}^n$ の開集合全体の集まり——$\boldsymbol{R}^n$ の開集合系——は定理2に述べた性質をもっていることをみた．

本節からは，われわれはあらためて位相空間の一般論を展開する．前節で Euclid 空間について概観したことは，本節以後で述べることに直観的なイメージを与える便宜を提供するであろう．しかし，論理的には，われわれは今の時点から全く新しく再出発するのである．

A) 位　相

S を1つの空でない集合とする．S の部分集合系(すなわち $\mathfrak{P}(S)$ の部分集合) $\mathfrak{O}$ が次の3つの条件を満たすとき，$\mathfrak{O}$ は S に1つの**位相構造**を定める，あるいは簡単に，$\mathfrak{O}$ は S における1つの**位相**であるという．

(Oi)　$S\in\mathfrak{O}$ および $\phi\in\mathfrak{O}$.

(Oii)　$O_1\in\mathfrak{O},\ O_2\in\mathfrak{O}$ ならば $O_1\cap O_2\in\mathfrak{O}$.

(Oiii)　$(O_\lambda)_{\lambda\in\Lambda}$ を $\mathfrak{O}$ の元から成る任意の集合族(すなわち，添数集合 Λ は任意の有限または無限集合で，すべての $\lambda\in\Lambda$ に対して $O_\lambda\in\mathfrak{O}$)とすれば，$\bigcup_{\lambda\in\Lambda}O_\lambda\in\mathfrak{O}$.

注意　上の条件(Oii)は明らかに，より一般な形の次の条件と同等である．

(Oii)′　$O_1, O_2, \cdots, O_n\in\mathfrak{O}$ ならば $O_1\cap O_2\cap\cdots\cap O_n\in\mathfrak{O}$.

あるいは，これを次のように述べてもよい．

(Oii)″　$(O_\lambda)_{\lambda\in\Lambda}$ が $\mathfrak{O}$ の元から成る集合族で，Λ が有限集合ならば，$\bigcap_{\lambda\in\Lambda}O_\lambda\in\mathfrak{O}$.

1つの位相構造の定められた集合 S，すなわち，1つの位相 $\mathfrak{O}$ の与えられた集合 S を**位相空間**という．もっと形式的にいえば，位相空間というのは，集合 S とそこにおける1つの位相 $\mathfrak{O}$ との組 $(S,\mathfrak{O})$ である．($\mathfrak{O}$ をこの位相空間の位相ともいう.) 位相空間 $(S,\mathfrak{O})$ に対して, 集合 S をその**台**(または**台集合**)という. また S の元を位相空間 $(S,\mathfrak{O})$ の**点**とよび, S の部分集合をそのまま $(S,\mathfrak{O})$ の部分集合とよぶ.

同じ台 S に対しても位相の与え方はいろいろある. $\mathfrak{O}_1, \mathfrak{O}_2$ が S における異なる位相ならば, $(S,\mathfrak{O}_1)$ と $(S,\mathfrak{O}_2)$ とはもちろん異なる位相空間である.

ただし, 前後の関係等から, 与えられている位相 $\mathfrak{O}$ の意味について誤解の起きる恐れのない場合には, 位相空間 $(S,\mathfrak{O})$ を略して単に位相空間 S と書くこともある.

例 1 S が1つまたは2つまたは3つの元から成る集合である場合に, S における位相としてどれだけのものが考えられるかを調べてみよう.

a) S がただ1つの元から成る集合 $S=\{p\}$ ならば, S における位相は明らかに $\mathfrak{O}=\{\phi, S\}$ のみである.

b) S が2つの元から成る集合 $S=\{p,q\}$ ならば, 容易にわかるように, S における位相には次の4つがある: $\mathfrak{O}_1=\{\phi, S\}$, $\mathfrak{O}_2=\{\phi, \{p\}, S\}$, $\mathfrak{O}_3=\{\phi, \{q\}, S\}$, $\mathfrak{O}_4=\{\phi, \{p\}, \{q\}, S\}$ $(=\mathfrak{P}(S))$.

c) S が3つの元から成る集合 $S=\{p,q,r\}$ である場合には, S における位相を全部書き上げることはもはやそれほど容易ではない. しかし, 注意深く検討すれば, この集合における位相は全部で29個あることがわかる. (実際に29個の位相を書き上げることは読者の練習問題とする.)

例 2 一般に任意の集合 S において, いつも2つの'両極端な'位相を考えることができる. 1つは, 空集合 ϕ と S だけから成る集合系 $\mathfrak{O}_*=\{\phi, S\}$ である. 他の1つは, S の部分集合全体から成る集合系 $\mathfrak{O}^*=\mathfrak{P}(S)$ である. (これらが位相の条件 (Oi), (Oii), (Oiii) を満足することは明らかであろう.) 定義から明らかに, S における任意の位相 $\mathfrak{O}$ に対して $\mathfrak{O}_*\subset\mathfrak{O}\subset\mathfrak{O}^*$ が成り立つから, その意味で $\mathfrak{O}_*, \mathfrak{O}^*$ は両極端な位相である. $\mathfrak{O}_*, \mathfrak{O}^*$ をそれぞれ S における**密着位相**, **離散位相**(あるいは**ディスクリート位相**)という. (S がただ1個の元から成る集合の場合には, 密着位相と離散位相とは一致する.) また位相空間 $(S,\mathfrak{O}_*)$, $(S,\mathfrak{O}^*)$ をそれぞれ(S を台とする)**密着空間**, **離散空間**(あるいは**ディ

スクリート空間)という.

例 3 n 次元 Euclid 空間 $\boldsymbol{R}^n$ において，§1, D)におけるようにその開集合を定義し，その全体を $\mathfrak{O}=\mathfrak{O}(\boldsymbol{R}^n)$ とすれば，$\mathfrak{O}$ は $\boldsymbol{R}^n$ における1つの位相となる(定理2). 以後，空間 $\boldsymbol{R}^n$ を位相空間と考える場合には，いつもこの位相を導入した $(\boldsymbol{R}^n, \mathfrak{O}(\boldsymbol{R}^n))$ を考えるものとする.

B) 開集合，開核

$(S, \mathfrak{O})$ を1つの位相空間とするとき，$\mathfrak{O}$ に属する S の部分集合をこの位相空間の**開集合**という. (この語法に応じて，位相 $\mathfrak{O}$ はまた位相空間 $(S, \mathfrak{O})$ の'開集合系'ともよばれる.)

$(S, \mathfrak{O})$ を位相空間とし，M をその任意の部分集合とする. そのとき，M に含まれるような開集合——たとえば ϕ はその1つである——全体の和集合を M° とすれば，(Oiii)によって M° 自身も $\mathfrak{O}$ に属するから，それは M に含まれる'最大の開集合'となる. M° を M の**開核**または**内部**という. これはまたしばしば M^i とも書かれる.

定義から明らかに，M° は次の3条件によって特徴づけられる:

(2.1) $$M^\circ \subset M,$$

(2.2) $$M^\circ \in \mathfrak{O},$$

(2.3) $$O \subset M,\ O \in \mathfrak{O} \Rightarrow O \subset M^\circ.$$

また明らかに

(2.4) $$M \in \mathfrak{O} \Leftrightarrow M^\circ = M,$$

(2.5) $$M \subset N \Rightarrow M^\circ \subset N^\circ$$

が成り立つ.

S の各部分集合 M にその開核 M° を対応させるのは，$\mathfrak{P}(S)$ から $\mathfrak{P}(S)$ への1つの写像と考えられる. この写像を(位相空間 $(S, \mathfrak{O})$ における)**開核作用子**という. これについて次の定理が成り立つ.

定理 6 開核作用子は次の性質をもつ.

(Ii) $S^\circ = S$.

(Iii)　任意の $M\in\mathfrak{P}(S)$ に対して $M^\circ\subset M$.

(Iiii)　任意の $M, N\in\mathfrak{P}(S)$ に対して $(M\cap N)^\circ=M^\circ\cap N^\circ$.

(Iiv)　任意の $M\in\mathfrak{P}(S)$ に対して $M^{\circ\circ}=M^\circ$.

証明　(Ii) は $S\in\mathfrak{O}$ から得られる．(Iii)はすでに(2.1)に述べた．また(Iiv)は $M^\circ\in\mathfrak{O}$ であることから得られる．

(Iiii) を示すには，集合 $M\cap N$ に対して，$M^\circ\cap N^\circ$ が上に挙げた開核の条件(2.1), (2.2), (2.3)を満たすことをいえばよい．まず $M^\circ\subset M$, $N^\circ\subset N$ であるから，$M^\circ\cap N^\circ\subset M\cap N$. また $M^\circ\in\mathfrak{O}$, $N^\circ\in\mathfrak{O}$ であるから，(Oii)により $M^\circ\cap N^\circ\in\mathfrak{O}$. 最後に，$O$ を $O\subset M\cap N$ であるような任意の開集合とすれば，$O\subset M$, $O\in\mathfrak{O}$ であるから $O\subset M^\circ$. 同様に $O\subset N$, $O\in\mathfrak{O}$ であるから $O\subset N^\circ$. したがって $O\subset M^\circ\cap N^\circ$.（証明終）

上では位相空間 $(S, \mathfrak{O})$ における開核作用子が性質(Ii)-(Iiv)をもつことをみたのであるが，その逆に，これらの条件を満たすような $\mathfrak{P}(S)$ から $\mathfrak{P}(S)$ への任意の写像は，S を台とするある位相空間 $(S, \mathfrak{O})$ の開核作用子となることが示される．すなわち，次の定理が成り立つ．

定理 7　S を空でない集合とし，S の各部分集合 M に S の部分集合 M° を対応させる $\mathfrak{P}(S)$ から $\mathfrak{P}(S)$ への写像 i ($i(M)=M^\circ$)で，条件(Ii)-(Iiv)を満たすものが与えられたとする．そのとき，S に1つの位相 $\mathfrak{O}$ を導入して，与えられた写像 i が位相空間 $(S, \mathfrak{O})$ における開核作用子と一致するようにすることができる．しかも，そのような位相 $\mathfrak{O}$ は(i に対して)一意的に定まる．

証明　もし与えられた i が位相空間 $(S, \mathfrak{O})$ の開核作用子と一致するならば，(2.4)によって $M\in\mathfrak{O}$ であることと $M=M^\circ$ であることとは同等である．したがって，定理にいう性質をもつような位相 $\mathfrak{O}$ は，当然

$$(*)\qquad \mathfrak{O}=\{M\mid M\subset S,\ M^\circ=M\}$$

として定義されなければならない．(これは $\mathfrak{O}$ の‘一意性’を示すものである.)

次に，(*)によって S の部分集合系 $\mathfrak{O}$ を定めるとき，これが実際 S における位相となること，すなわち性質(Oi), (Oii), (Oiii)をもつことを示そう．

(Oi)　(Ii)によって $S^\circ=S$ であるから $S\in\mathfrak{O}$. また(Iii)から明らかに $\phi^\circ=\phi$

であるから $\phi\in\mathfrak{O}$.

(Oii) $O_1\in\mathfrak{O}$, $O_2\in\mathfrak{O}$ とすれば，$O_1{}^\circ=O_1$, $O_2{}^\circ=O_2$ であるから，(Iiii)によって $(O_1\cap O_2)^\circ=O_1{}^\circ\cap O_2{}^\circ=O_1\cap O_2$. したがって $O_1\cap O_2\in\mathfrak{O}$.

(Oiii) これを示すには，まず(Iiii)から性質(2.5)：

$$M\subset N\Rightarrow M^\circ\subset N^\circ$$

が導かれることに注意しよう．実際，$M\subset N$ ならば $M=M\cap N$ であるから，(Iiii)により $M^\circ=(M\cap N)^\circ=M^\circ\cap N^\circ$. したがって $M^\circ\subset N^\circ$ となる．——そこで，$(O_\lambda)_{\lambda\in\Lambda}$ を $\mathfrak{O}$ の元から成る任意の集合族とし，$\bigcup_{\lambda\in\Lambda}O_\lambda=O$ とする．すべての $\lambda\in\Lambda$ に対して $O_\lambda{}^\circ=O_\lambda$ で，$O\supset O_\lambda$ であるから，上の注意によって $O^\circ\supset O_\lambda{}^\circ=O_\lambda$. したがって $O^\circ\supset\bigcup_{\lambda\in\Lambda}O_\lambda=O$. 一方(Iii)によって $O^\circ\subset O$. ゆえに $O^\circ=O$, よって $O\in\mathfrak{O}$.

以上で，$\mathfrak{O}$ は S における位相であることがわかった．

最後に，この位相を導入した位相空間 $(S,\mathfrak{O})$ における意味での M $(\in\mathfrak{P}(S))$ の開核が与えられた M° と一致することを示そう．それには，与えられた M° が(M と上の $\mathfrak{O}$ に対して)開核の条件(2.1), (2.2), (2.3)を満たすことをみればよい．まず，$M^\circ\subset M$ は(Iii)にほかならない．次に，(Iiv)によって $M^{\circ\circ}=M^\circ$ であるから，$\mathfrak{O}$ の定義(＊)により $M^\circ\in\mathfrak{O}$. また，$O\subset M$, $O\in\mathfrak{O}$ とすれば，すでに注意したように(Iiii)から性質(2.5)が導かれるのであったから $O^\circ\subset M^\circ$. また $O^\circ=O$. ゆえに $O\subset M^\circ$. (証明終)

定理7によって，条件(Ii)-(Iiv)を満たす $\mathfrak{P}(S)$ から $\mathfrak{P}(S)$ への写像は，S における1つの位相を決定するものであることがわかる．略式な表現をすれば，('開集合系' $\mathfrak{O}$ の代りに) '開核作用子' を指定することによって，S における1つの位相構造を定めることもできるのである．

C) 閉集合，閉包

位相空間 $(S,\mathfrak{O})$ において，開集合の(S に対する)補集合として表わされる S の部分集合を，この位相空間の**閉集合**という．すなわち，A $(\in\mathfrak{P}(S))$ が $(S,\mathfrak{O})$ の閉集合であるとは，$A^c=S-A$ が $\mathfrak{O}$ の元となっていることである．

定理 8 位相空間$(S, \mathfrak{O})$の閉集合全部の集合($(S, \mathfrak{O})$の'閉集合系')を$\mathfrak{A}$とすれば，$\mathfrak{A}$は次の性質をもつ．

(Ai) $S \in \mathfrak{A}$ および $\phi \in \mathfrak{A}$.

(Aii) $A_1 \in \mathfrak{A}$, $A_2 \in \mathfrak{A}$ ならば $A_1 \cup A_2 \in \mathfrak{A}$.（したがってまた $A_1, A_2, \cdots, A_n \in \mathfrak{A}$ ならば $A_1 \cup A_2 \cup \cdots \cup A_n \in \mathfrak{A}$.）

(Aiii) $(A_\lambda)_{\lambda \in \Lambda}$ を $\mathfrak{A}$ の元から成る任意の集合族(Λ の濃度は任意)とすれば，$\bigcap_{\lambda \in \Lambda} A_\lambda \in \mathfrak{A}$.

証明 これらはそれぞれ $\mathfrak{O}$ の性質(Oi), (Oii), (Oiii)に対応して，de Morgan の法則から直ちに導かれる．たとえば(Aiii)は次のように示される：すべての $\lambda \in \Lambda$ に対して $A_\lambda \in \mathfrak{A}$ であるから $A_\lambda{}^c \in \mathfrak{O}$. したがって de Morgan の法則および(Oiii)により

$$\left(\bigcap_{\lambda \in \Lambda} A_\lambda\right)^c = \bigcup_{\lambda \in \Lambda} A_\lambda{}^c \in \mathfrak{O}.$$

ゆえに $\bigcap_{\lambda \in \Lambda} A_\lambda \in \mathfrak{A}$.（証明終）

逆に，集合 S の部分集合系 $\mathfrak{A}$ で条件(Ai), (Aii), (Aiii)を満たすものが与えられたならば，$\mathfrak{A}$ が $(S, \mathfrak{O})$ の閉集合系となるような位相 $\mathfrak{O}$ を一意的に導入することができる．(すなわち，S における位相構造は閉集合系 $\mathfrak{A}$ によっても決定される.) それには，明らかに，$\mathfrak{A}$ に属する集合の補集合であるような S の部分集合の全体を $\mathfrak{O}$ とすればよい．——

開集合系から開核の概念が得られるのと平行して，閉集合系からは次のように閉包の概念が得られる．

すなわち，M を位相空間 $(S, \mathfrak{O})$ の任意の部分集合とするとき，M を含むような閉集合——たとえば S はその 1 つである——全体の共通部分を $\overline{M}$ とすれば，(Aiii)によって $\overline{M}$ も閉集合で，これは M を含む'最小の閉集合'となる．$\overline{M}$ を M の**閉包**または**触集合**とよぶ．$\overline{M}$ の代りにしばしば記号 M^a も用いられる．

次の補題は閉包と開核とを結びつける関係として基本的である．

補題 $(S, \mathfrak{O})$ の任意の部分集合 M に対して

$$\overline{M^c} = (M^\circ)^c \tag{2.6}$$

が成り立つ.

証明　M° は M に含まれる開集合であるから, $(M^\circ)^c$ は M^c を含む閉集合である. また, A を M^c を含むような任意の閉集合とすれば, A^c は M に含まれる開集合となるから, $A^c \subset M^\circ$. したがって $A \supset (M^\circ)^c$. ゆえに $(M^\circ)^c$ は M^c を含む最小の閉集合, すなわち $\overline{M^c}$ となる. (証明終)

$M^\circ, \bar{M}$ をそれぞれ M^i, M^a と書くことにすれば, (2.6)は

$$M^{ca} = M^{ic}$$

と表わされる. このほうが記法的にはいっそうつごうがよいであろう. さらに, 任意の $M(\in \mathfrak{P}(S))$ に対して $M^{cc}=M$ であることに注意すれば, 上の公式から次の一連の互に同等な公式

(2.7)　$$M^{ca} = M^{ic}, \quad M^{cac} = M^i, \quad M^{ci} = M^{ac}, \quad M^{cic} = M^a$$

が直ちに導かれる.

S の各部分集合 M にその閉包 $\bar{M}(=M^a)$ を対応させる $\mathfrak{P}(S)$ から $\mathfrak{P}(S)$ への写像——$(S, \mathfrak{O})$ における**閉包作用子**——については, 定理6と平行に次の定理が成り立つ.

定理 6′　閉包作用子は次の性質をもつ.

(Ki)　$\bar{\phi} = \phi$.

(Kii)　任意の $M \in \mathfrak{P}(S)$ に対して $\bar{M} \supset M$.

(Kiii)　任意の $M, N \in \mathfrak{P}(S)$ に対して $\overline{M \cup N} = \bar{M} \cup \bar{N}$.

(Kiv)　任意の $M \in \mathfrak{P}(S)$ に対して $\bar{\bar{M}} = \bar{M}$.

証明　これは定理6と全く同様に証明されるが, '作用子 i, a' の間の関係(2.7)を用いれば, (Ii)-(Iiv)からも簡単な形式算によって直ちに導かれる. 練習のため, ここではその形式算による証明を述べよう:

(Ki)　$\phi^a = \phi^{cic} = S^{ic} = S^c = \phi$.

(Kii)　$M^a = (M^{ci})^c \supset (M^c)^c = M$.

(Kiii)　$(M \cup N)^a = (M \cup N)^{cic} = (M^c \cap N^c)^{ic}$

$$= (M^{ci} \cap N^{ci})^c = M^{cic} \cup N^{cic} = M^a \cup N^a.$$

(Kiv)　$M^{aa} = M^{cic \cdot cic} = M^{ciic} = M^{cic} = M^a$. (証明終)

注意 一般の位相空間 $(S, \mathfrak{O})$ において，その部分集合の間に演算 $\cup$, $\cap$ および‘作用子 c, i, a’をほどこしたものについて一般的に成り立つ等式あるいは包含式があるとき，その公式の中で，一般の部分集合を表わす文字および c はそのままとし，S と ϕ，i と a，$\cup$ と $\cap$，$\supset$ と $\subset$ を互に入れかえれば，$(S, \mathfrak{O})$ においてやはり一般的に成り立つ公式(前者に‘双対的’な公式)が得られる．これは(2.7)(および de Morgan の法則)からの帰結であって，**位相的双対律**とよばれる．

たとえば，(Ii)-(Iiv) と (Ki)-(Kiv) とは互に双対的な公式である．

また，開核作用子から位相が決定される(定理 7)のと平行に，閉包作用子からも位相が決定される．くわしくいえば，次の定理が成り立つ．

定理 7′ S を空でない集合とし，S の各部分集合 M に S の部分集合 $\bar{M}$ を対応させる $\mathfrak{P}(S)$ から $\mathfrak{P}(S)$ への写像 a $(a(M)=\bar{M})$ で，条件(Ki)-(Kiv)を満たすものが与えられたとする．そのとき，S に1つの位相 $\mathfrak{O}$ を導入して，与えられた写像 a が位相空間 $(S, \mathfrak{O})$ における閉包作用子と一致するようにすることができる．しかも，そのような位相 $\mathfrak{O}$ は(a に対して)一意的に定まる[1]．

この定理の証明も(2.7)を用いれば容易に定理7に帰着させられる．くわしくは読者に練習問題としてゆだねよう．

D) 内点，触点，外点，境界点，集積点，孤立点

$(S, \mathfrak{O})$ を位相空間とし，M をその1つの部分集合とする．

M の内部 $M^\circ(=M^i)$ に属する点を一般に M の**内点**といい，M の閉包 $\bar{M}$ $(=M^a)$ に属する点を一般に M の**触点**という．($M^\circ \subset M \subset \bar{M}$ であるから，M の内点はもちろん M の点であり，また M の点はもちろん M の触点である．)

M の補集合の内部 M^{ci} を M の**外部**といい，M の外部に属する点を M の**外点**という．本書では以後，M の外部を M^e で表わす：$M^e=M^{ci}$．(2.7)によれば $M^e=M^{ac}$ でもあるから，S の任意の点は M の触点であるか M の外点であるかのいずれかである．また明らかに，M^c の外部 M^{ce} は M の内部 M^i

1) 閉包作用子によって位相構造を定義したのは Kuratowski である．そのため(Ki)-(Kiv)はしばしば‘Kuratowski の公理系’とよばれる．

と一致する．

M の閉包と M の内部との差 $\overline{M}-M^{\circ}=M^a-M^i$ を M の**境界**といい，M の境界に属する点を M の**境界点**という．本書では M の境界を M^f で表わす：$M^f=M^a-M^i$．定義によって，M の触点は M の内点であるかまたは M の境界点であるかのいずれかである．すなわち

(2.8) $$M^a = M^i \cup M^f \text{ (直和)}.$$

また $S=M^a \cup M^e$(直和) であるから，(2.8)から

(2.9) $$S = M^i \cup M^f \cup M^e \text{ (直和)}$$

となる．

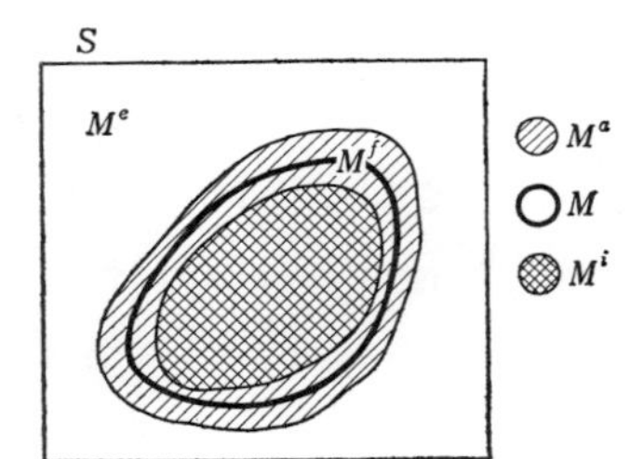

第15図

なお

$$M^f = M^a-M^i = M^a \cap M^{ic} = M^a \cap M^{ca}$$

であるから，M の境界点とは，M の触点であって同時に M^c の触点でもあるような点にほかならない．これからまた直ちに，M^c の境界 M^{cf} は M の境界 M^f と一致することがわかる．

S の点 x が $M-\{x\}$ の触点であるとき，すなわち

$$x \in \overline{M-\{x\}}$$

となるとき，x は M の**集積点**であるという．M の集積点は明らかに M の触点である．また x が M の点でないときには，$M-\{x\}=M$ であるから，x が M の集積点であることと M の触点であることとは同等となる．

x が M に属する点であって，しかも x が M の集積点ではないときには，x は M の**孤立点**であるといわれる．

E) 近　傍

$(S, \mathfrak{O})$ を1つの位相空間とする．x を S の1つの点とするとき，S の部分集合 V が x の**近傍**であるとは，x が V の内点であること，すなわち

$$x \in V^\circ$$

が成り立つことをいう．このことは，明らかに

$$x \in O, \qquad O \subset V$$

となるような開集合 O が存在することと同等である．特に，x を含むような任意の開集合はすべて x の近傍である．x を含む開集合を x の**開近傍**という．

近傍の語を用いれば，開集合は次のように特徴づけられる．

定理 9　S の空でない部分集合 O が開集合であるための必要十分条件は，O の任意の点 x に対して，O が x の近傍となっていることである．

証明　必要のほうは明らかであるから，十分のほうを証明する．

任意の $x \in O$ に対して，O が x の近傍であるならば，近傍の定義によって $x \in O^\circ$．したがって $O \subset O^\circ$，ゆえに $O = O^\circ$ となる．よって O は開集合である．(証明終)

点 x の近傍の全体を x の(**全**)**近傍系**とよぶ．以下これを $\boldsymbol{V}(x)$ で表わすこととする．定義によって

$$V \in \boldsymbol{V}(x) \Longleftrightarrow x \in V^\circ \tag{2.10}$$

である．

定理 10　位相空間 $(S, \mathfrak{O})$ の各点 x の近傍系 $\boldsymbol{V}(x)$ について次のことが成り立つ．

(**V**i)　すべての $V \in \boldsymbol{V}(x)$ に対して，$x \in V$．

(**V**ii)　$V \in \boldsymbol{V}(x)$ で $V \subset V'$ $(V' \in \mathfrak{P}(S))$ ならば，$V' \in \boldsymbol{V}(x)$．

(**V**iii)　$V_1 \in \boldsymbol{V}(x)$，$V_2 \in \boldsymbol{V}(x)$ ならば，$V_1 \cap V_2 \in \boldsymbol{V}(x)$．

(**V**iv)　任意の $V \in \boldsymbol{V}(x)$ に対して，次の条件を満たす $W \in \boldsymbol{V}(x)$ が存在する：W の任意の点 y に対して $V \in \boldsymbol{V}(y)$．

証明　(**V**i)　$x \in V^\circ$ ならば，$V^\circ \subset V$ であるから，$x \in V$．

(**V**ii)　$x \in V^\circ$，$V \subset V'$ ならば，$V^\circ \subset V'^\circ$ であるから，$x \in V'^\circ$．

(**V**iii) $x \in V_1^\circ$, $x \in V_2^\circ$ ならば, $x \in V_1^\circ \cap V_2^\circ = (V_1 \cap V_2)^\circ$.

(**V**iv) $x \in V^\circ$ のとき, $W = V^\circ$ とすれば, W は x を含む開集合であるから $W \in \boldsymbol{V}(x)$ で, また, W の任意の点 y に対して $y \in W = V^\circ$ であるから $V \in \boldsymbol{V}(y)$. (証明終)

逆に, 上の条件(**V**i)-(**V**iv)を満たすような'近傍系'を与えることによって, S における位相を決定することができる. すなわち, 次の定理が成り立つ.

定理 11 空でない集合 S の各点 x に対しそれぞれ1つずつ $\mathfrak{P}(S)$ の空でない部分集合 $\boldsymbol{V}(x)$ が定められ, (**V**i)-(**V**iv) が成り立つとする. そのとき, S に1つの位相 $\mathfrak{O}$ を導入して, 与えられた $\boldsymbol{V}(x)$ が位相空間 $(S, \mathfrak{O})$ における x の近傍系となるようにすることができる. かつ, そのような $\mathfrak{O}$ は一意的に定まる.

証明 ある位相 $\mathfrak{O}$ に対して, 与えられた $\boldsymbol{V}(x)$ が x の近傍系になるとすれば, 定理9によって, S の空でない部分集合 O が $\mathfrak{O}$ の元であることは, O が条件

$$(*) \qquad x \in O \Rightarrow O \in \boldsymbol{V}(x)$$

を満たすことと同等となる. したがって, 定理に挙げた性質をもつような位相 $\mathfrak{O}$ は, 当然, $(*)$を満たす S の空でない部分集合および空集合 ϕ から成る集合系でなければならない. (このことは, $\mathfrak{O}$ の'一意性'を示している.)

次に, $(*)$を満たすような $O(\neq\phi)$ および ϕ から成る S の部分集合系を $\mathfrak{O}$ とするとき, これが実際(Oi), (Oii), (Oiii)を満足することをみよう.

(Oi) x を S の任意の点とするとき, 仮定により $\boldsymbol{V}(x)$ は少なくとも1つの集合 V を含み, $V \subset S$ であるから, 条件(**V**ii)によって $S \in \boldsymbol{V}(x)$ である. すなわち, S は$(*)$を満足する. よって $S \in \mathfrak{O}$. また $\mathfrak{O}$ の定義によって $\phi \in \mathfrak{O}$.

(Oii) $O_1 \in \mathfrak{O}$, $O_2 \in \mathfrak{O}$ とし, $O_1 \cap O_2 = O$ とする. $O = \phi$ ならばもちろん $O \in \mathfrak{O}$. $O \neq \phi$ のとき, x を O の任意の点とすれば, $x \in O_1$ であるから $O_1 \in \boldsymbol{V}(x)$. 同様に $x \in O_2$ から $O_2 \in \boldsymbol{V}(x)$. したがって条件(**V**iii)により $O_1 \cap O_2 \in \boldsymbol{V}(x)$, すなわち $O \in \boldsymbol{V}(x)$. よって $O \in \mathfrak{O}$.

(Oiii) $(O_\lambda)_{\lambda \in \Lambda}$ を $\mathfrak{O}$ の元から成る任意の集合族とし, $\bigcup_{\lambda \in \Lambda} O_\lambda = O$ とする.

上と同様 $O=\phi$ の場合は問題ないから，$O\neq\phi$ とし，x を O の任意の点とする．そのとき，$x\in O_\lambda$ となる $\lambda\in\Lambda$ が少なくとも1つ存在して，$O_\lambda\in\boldsymbol{V}(x)$．$O_\lambda\subset O$ であるから(**V**ii)によって $O\in\boldsymbol{V}(x)$．ゆえに $O\in\mathfrak{O}$．

残るところは，上に導入した位相 $\mathfrak{O}$ による意味で $V\,(\in\mathfrak{P}(S))$ の開核を V° とするとき，

$$x\in V^\circ \Leftrightarrow V\in\boldsymbol{V}(x)$$

が成り立つことの証明である．まず V° は $\mathfrak{O}$ の元で，したがって(＊)を満たすから，$x\in V^\circ$ ならば $V^\circ\in\boldsymbol{V}(x)$．そして $V^\circ\subset V$ であるから，(**V**ii)によって $V\in\boldsymbol{V}(x)$．すなわち

$$x\in V^\circ \Rightarrow V\in\boldsymbol{V}(x).$$

この逆は次のように示される．(なお，ここまでは条件(**V**i)と(**V**iv)は一度も用いていないことに注意しておこう.) x を S の1つの点，V を $\boldsymbol{V}(x)$ の1つの元とし，$V\in\boldsymbol{V}(y)$ となるような S の点 y 全部の集合を U とする:

$$U=\{y \mid V\in\boldsymbol{V}(y)\}.$$

$V\in\boldsymbol{V}(x)$ であるから，$x\in U$．また $y\in U$ ならば $V\in\boldsymbol{V}(y)$，したがって条件(**V**i)により $y\in V$ であるから，$U\subset V$ となる．次に，この U が条件(＊)を満足することを示そう．z を U の任意の点とすれば，$V\in\boldsymbol{V}(z)$ であるから，条件(**V**iv)により，ある $W\in\boldsymbol{V}(z)$ が存在して，$y'\in W$ ならば $V\in\boldsymbol{V}(y')$ となる．したがって U の定義により，$y'\in W$ ならば $y'\in U$．よって $W\subset U$．そして $W\in\boldsymbol{V}(z)$ であるから，(**V**ii)により $U\in\boldsymbol{V}(z)$．以上で，$z\in U$ ならば $U\in\boldsymbol{V}(z)$ であることがわかった．すなわち U は(＊)を満足し，したがって $\mathfrak{O}$ の元となる．$U\subset V$ であったから，$U\subset V^\circ$．かつ $x\in U$ であった．ゆえに $x\in V^\circ$．これで

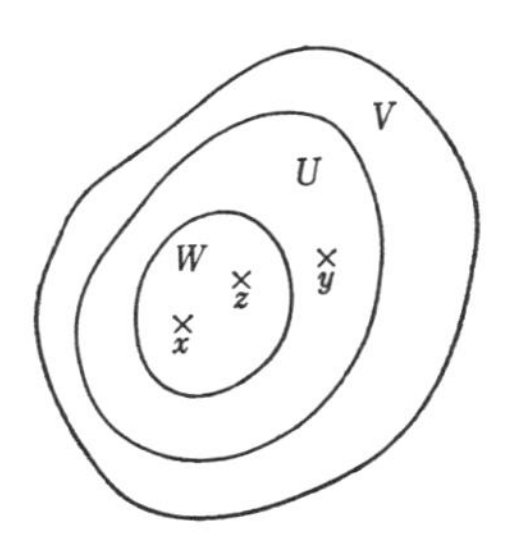

第16図

$$V \in \boldsymbol{V}(x) \Rightarrow x \in V^{\circ}$$

が示された．(証明終)

ここで，今までに述べてきたことを一度とりまとめて反省しておこう．

われわれは本節のはじめに，集合 S に1つの‘位相構造’を定めるというのは1つの‘開集合系’を指定することであると定義し，簡単に，‘開集合系’そのもののことを‘位相’とよんだ．しかし，これまでにみたところによれば，開集合系の代りに開核作用子や近傍系などを与えても，開集合系を与えるのと実質的に全く同じ効果が得られる．すなわち，集合 S に位相構造を定めるには，

a) 開集合系，b) 閉集合系，c) 開核作用子，d) 閉包作用子，e) 近傍系

などのいずれか1つを与えればよく，これらのうちの1つを与えれば，他はそれから必然的にそれぞれ一意的に定まるのである．［なお，次節にみるように，‘開集合系の基底(または準基底)’あるいは‘基本近傍系’などを与えることによってもやはり位相構造が定められるが，これらは本質的にはそれぞれ上のa)あるいはe)を与えるのと同じである.］

‘位相’という語は，正しくは，上のa)-e)のうちの1つ(したがって全部)を与えることによって，集合 S に定められる‘数学的構造’の全体を指すのであって，はじめに開集合系のことを位相とよんだのは必ずしも正確ないい方ではない．しかし理論上，開集合系を与えて位相を導入するのが便利な場合が多いから，今後も叙述上特に支障がない限りは，これまでの語法を踏襲して，開集合系それ自身を位相ということにする．

問　　題

1. 3点より成る集合 $S=\{p, q, r\}$ における位相を全部書き上げよ．［A)，例1, c).］

2. 定理7′を証明せよ．

3. x を位相空間 S の点，M を S の部分集合とするとき，$x \in \overline{M}$ であるためには，x を含む任意の開集合 O に対して $O \cap M \neq \phi$ となることが必要十分であることを示せ．

4. O を位相空間 S の1つの開集合とすれば，S の任意の部分集合 M に対して，$O \cap \overline{M} \subset \overline{O \cap M}$ であることを示せ．(したがって特に，$O \cap M=\phi$ ならば $O \cap \overline{M}=\phi$ である.) これに双対的な命題はどんな命題か．

5. 位相空間 S の任意の部分集合 M に対して $M^{aiai}=M^{ai}$, $M^{iaia}=M^{ia}$ が成り立つことを示せ．

6. 位相空間 S の部分集合 M に対して次のことを示せ．

(a)　M^f は閉集合である．

(b)　M が開集合であることは $M\cap M^f=\phi$ と同等である．

(c)　M が閉集合であることは $M^f\subset M$ と同等である．

7. 位相空間 S の部分集合 M の集積点全体の集合を M^d，孤立点全体の集合を M^s とすれば，$\bar{M}=M^d\cup M^s$, $M^d\cap M^s=\phi$ であることを示せ．

8. 位相空間 S の任意の部分集合 M に対して，$M^{af}\subset M^f$, $M^{if}\subset M^f$ が成り立つことを証明せよ．

9. 位相空間 S の任意の部分集合 M, N に対して $(M\cup N)^f\subset M^f\cup N^f$ が成り立つことを証明せよ．

§3　位相の比較，位相の生成

A)　位相の強弱

1つの集合 $S(\neq\phi)$ を与えたとき，S における位相は一般に多数考えられる．$\mathfrak{O}_1, \mathfrak{O}_2$ が S における2つの位相であって，

$$\mathfrak{O}_1\subset\mathfrak{O}_2$$

が成り立つとき，(すなわち位相空間$(S, \mathfrak{O}_1)$の開集合は同時に位相空間$(S, \mathfrak{O}_2)$の開集合ともなるとき)，位相 $\mathfrak{O}_1$ は位相 $\mathfrak{O}_2$ よりも**弱い**[1)]，$\mathfrak{O}_2$ は $\mathfrak{O}_1$ よりも**強い**という．(このことを $\mathfrak{O}_1\leqq\mathfrak{O}_2$ と書くこともある．)

定理 12　S における2つの位相 $\mathfrak{O}_1, \mathfrak{O}_2$ から定まる閉集合系をそれぞれ $\mathfrak{A}_1$, $\mathfrak{A}_2$；近傍系をそれぞれ $\boldsymbol{V}_1(x)$, $\boldsymbol{V}_2(x)$ とすれば，$\mathfrak{O}_1$ が $\mathfrak{O}_2$ よりも弱いことは，次の条件(i)あるいは(ii)と同等である．

(i)　$\mathfrak{A}_1\subset\mathfrak{A}_2$.

(ii)　S の任意の点 x に対して $\boldsymbol{V}_1(x)\subset\boldsymbol{V}_2(x)$.

証明　$\mathfrak{O}_1\subset\mathfrak{O}_2$ ならば，S の部分集合 A に対して，$A^c\in\mathfrak{O}_1$ ならば $A^c\in\mathfrak{O}_2$.

1)　正しくは，“$\mathfrak{O}_1$ を開集合系とする位相は $\mathfrak{O}_2$ を開集合系とする位相よりも弱い”というべきであろう．

すなわち $A \in \mathfrak{A}_1$ ならば $A \in \mathfrak{A}_2$．よって $\mathfrak{A}_1 \subset \mathfrak{A}_2$．逆に $\mathfrak{A}_1 \subset \mathfrak{A}_2$ から $\mathfrak{O}_1 \subset \mathfrak{O}_2$ が導かれることも，同様に明らかである．

また $\mathfrak{O}_1 \subset \mathfrak{O}_2$ のとき，$V \in \boldsymbol{V}_1(x)$ とすれば，$x \in O$, $O \subset V$ となる $O \in \mathfrak{O}_1$ が存在するが，この O は $\mathfrak{O}_2$ の元とも考えられるから $V \in \boldsymbol{V}_2(x)$．よって $\boldsymbol{V}_1(x) \subset \boldsymbol{V}_2(x)$．逆に，任意の $x \in S$ に対して $\boldsymbol{V}_1(x) \subset \boldsymbol{V}_2(x)$ が成り立つとし，$O \in \mathfrak{O}_1$ とすれば，定理9によって

$$O \ni x \Rightarrow O \in \boldsymbol{V}_1(x).$$

したがって当然

$$O \ni x \Rightarrow O \in \boldsymbol{V}_2(x).$$

ゆえにふたたび定理9により $O \in \mathfrak{O}_2$．（証明終）

いま，集合 S において定義される位相のすべてを考え，その集合を $\mathcal{T}(S) = \mathcal{T}$ としよう．$\mathcal{T}$ は上に定義した強弱の関係を順序として明らかに1つの順序集合をなす．[ただし，この順序は全順序ではない．たとえば，§2, A)の例1, b)における $\mathfrak{O}_2$ と $\mathfrak{O}_3$ とは強弱の順序について比較可能でない．] この順序集合 $\mathcal{T}$ の最小の元（S における最も弱い位相）は，密着位相 $\{\emptyset, S\} = \mathfrak{O}_*$ である．また $\mathcal{T}$ の最大の元（S における最も強い位相）は，離散位相 $\mathfrak{P}(S) = \mathfrak{O}^*$ である．

次に，$(\mathfrak{O}_\alpha)_{\alpha \in A}$ を S における位相から成る任意の族（すなわち $\mathcal{T}$ の元から成る任意の族）とすれば，$\mathcal{T}$ の部分集合 $\{\mathfrak{O}_\alpha\}_{\alpha \in A}$ は必ず $\mathcal{T}$ の中に下限および上限をもつことを示そう．まず

$$\mathfrak{O}^{(1)} = \bigcap_{\alpha \in A} \mathfrak{O}_\alpha$$

とおけば，$\mathfrak{O}^{(1)}$ もまた S における1つの位相（$\mathcal{T}$ の1つの元）であることは，直ちに示される．[たとえば，$\mathfrak{O}^{(1)}$ が(Oiii)を満たすことは，どの $\mathfrak{O}_\alpha$ も(Oiii)を満たすことから次のように導かれる：$(O_\lambda)_{\lambda \in \Lambda}$ を $\mathfrak{O}^{(1)}$ の元から成る族とすれば，任意の $\alpha \in A$ に対して $\mathfrak{O}^{(1)} \subset \mathfrak{O}_\alpha$ であるから，$(O_\lambda)_{\lambda \in \Lambda}$ は $\mathfrak{O}_\alpha$ の元から成る族とも考えられる．したがって $\bigcup_{\lambda \in \Lambda} O_\lambda \in \mathfrak{O}_\alpha$．これがすべての $\alpha \in A$ に対して成り立つから，$\bigcup_{\lambda \in \Lambda} O_\lambda \in \mathfrak{O}^{(1)}$.] この $\mathfrak{O}^{(1)}$ は，与えられたどの $\mathfrak{O}_\alpha$ よりも弱い位相で，また明らかに，どの $\mathfrak{O}_\alpha$ よりも弱い位相のうちでは最も強いものである．すなわち，$\mathfrak{O}^{(1)}$ は順序集合 $\mathcal{T}$ における $\{\mathfrak{O}_\alpha\}_{\alpha \in A}$ の下限である：

$$\mathfrak{O}^{(1)} = \inf\{\mathfrak{O}_\alpha \mid \alpha \in A\}.$$

一方，$\mathfrak{O}'$ をどの $\mathfrak{O}_\alpha$ よりも強い任意の位相とすれば，明らかに $\mathfrak{O}' \supset \bigcup_{\alpha \in A} \mathfrak{O}_\alpha$. ここで $\bigcup_{\alpha \in A} \mathfrak{O}_\alpha$ は，（共通部分の場合と異なり）必ずしも S における位相とはならない．（なぜか？）しかし，$\mathfrak{O}' \supset \bigcup_{\alpha \in A} \mathfrak{O}_\alpha$ となるような $\mathcal{T}$ の元 $\mathfrak{O}'$ は必ず存在するから（たとえば $\mathfrak{P}(S) = \mathfrak{O}^*$ はその1つである），そのような $\mathfrak{O}'$ 全部の共通部分を $\mathfrak{O}^{(2)}$ とすれば，明らかに $\mathfrak{O}^{(2)}$ はどの $\mathfrak{O}_\alpha$ よりも強い位相で，しかもどの $\mathfrak{O}_\alpha$ よりも強い位相のうちでは最も弱い位相となる．すなわち，$\mathfrak{O}^{(2)}$ は $\mathcal{T}$ における $\{\mathfrak{O}_\alpha\}_{\alpha \in A}$ の上限である：

$$\mathfrak{O}^{(2)} = \sup\{\mathfrak{O}_\alpha \mid \alpha \in A\}.$$

一般に，順序集合 M において，その任意の空でない部分集合が（M の中に）上限および下限を有するとき，M は**完備束**であるといわれる．上に述べたことによって，順序集合 $\mathcal{T}$ は1つの完備束となっているわけである．

以上のことを次の定理としてまとめておこう．

定理 13　S を1つの空でない集合とするとき，S において定義される位相全体の集合 $\mathcal{T}(S) = \mathcal{T}$ は，強弱の順序について完備束をなす．$(\mathfrak{O}_\alpha)_{\alpha \in A}$ を $\mathcal{T}$ の元から成る任意の族とするとき，$\inf\{\mathfrak{O}_\alpha \mid \alpha \in A\}$ は共通部分 $\bigcap_{\alpha \in A} \mathfrak{O}_\alpha$ である．また $\sup\{\mathfrak{O}_\alpha \mid \alpha \in A\}$ は，和集合 $\bigcup_{\alpha \in A} \mathfrak{O}_\alpha$ を含むような $\mathcal{T}$ の元全体の共通部分である．

B)　位相の生成

S を空でない1つの集合とする．

$\mathfrak{P}(S)$ の任意の部分集合 $\mathfrak{M}$ が与えられたとき，定理13によって，$\mathfrak{M}$ を含むような S における位相全部の集合には下限が存在する．（それは $\mathfrak{O} \supset \mathfrak{M}$ であるような位相すべての共通部分である．）その下限を $\mathfrak{O}(\mathfrak{M})$ と書くことにする．これは $\mathfrak{O} \supset \mathfrak{M}$ であるような位相のうちで最弱のものである．$\mathfrak{O}(\mathfrak{M})$ を $\mathfrak{M}$ で**生成**される位相という．

注意　このことばを用いれば，定理13の $\sup\{\mathfrak{O}_\alpha \mid \alpha \in A\}$ は $\bigcup_{\alpha \in A} \mathfrak{O}_\alpha$ で生成される位相にほかならない．

もちろん $\mathfrak{M}$ 自身が位相ならば，$\mathfrak{O}(\mathfrak{M})=\mathfrak{M}$ である．また明らかに，任意の $\mathfrak{M}$ に対して $\mathfrak{O}(\mathfrak{O}(\mathfrak{M}))=\mathfrak{O}(\mathfrak{M})$ である．

次に，与えられた $\mathfrak{M}$ に対して，$\mathfrak{O}(\mathfrak{M})$ が具体的に S のどのような部分集合から成るかを考えてみよう．

そのためにまず，$\mathfrak{M}$ に属する有限個の集合の共通部分

(3.1) $$\bigcap_{\iota\in I} A_\iota \qquad (A_\iota\in\mathfrak{M},\ I \text{は有限集合})$$

として表わされる S の部分集合の全体を考え，それを $\mathfrak{M}_0$ とする．ただし，ここで‘有限個’のうちには‘0個’の場合も含まれているものとし，便宜上‘0個の集合の共通部分’は S を意味すると規約しておく．(すなわち，$I=\phi$ の場合(3.1)は S を表わすこととするのである.) そうすれば $S\in\mathfrak{M}_0$ で，またもちろん $\mathfrak{M}_0\supset\mathfrak{M}$ である．——次に，$\mathfrak{M}_0$ に属する任意個数の集合の和集合

(3.2) $$\bigcup_{\lambda\in\Lambda} B_\lambda \qquad (B_\lambda\in\mathfrak{M}_0,\ \Lambda \text{の濃度は任意})$$

として表わされる S の部分集合の全体を $\widetilde{\mathfrak{M}}$ とする．ここでも，$\Lambda=\phi$ の場合も許されるものとし，その場合(3.2)は空集合 ϕ を表わすと約束する[1]．そうすれば $\phi\in\widetilde{\mathfrak{M}}$ で，またもちろん $\widetilde{\mathfrak{M}}\supset\mathfrak{M}_0$ である．このことと上のこととを合わせれば，$\widetilde{\mathfrak{M}}\supset\mathfrak{M}$，また $S\in\widetilde{\mathfrak{M}}$，$\phi\in\widetilde{\mathfrak{M}}$ となる．

このようにして作った集合系 $\widetilde{\mathfrak{M}}$ は S における位相となることを示そう．$\widetilde{\mathfrak{M}}$ が(Oi)を満たすことはすでにみた．$\widetilde{\mathfrak{M}}$ が(Oiii)を満たすことも定義から明らかである．また O_1, O_2 をともに $\widetilde{\mathfrak{M}}$ の元とすれば，$O_1=\bigcup_{\lambda\in\Lambda} B_\lambda$，$O_2=\bigcup_{\mu\in M} C_\mu$ ($B_\lambda, C_\mu\in\mathfrak{M}_0$) と表わされ，第1章§5，問題5によって

$$O_1\cap O_2=\bigcup_{(\lambda,\mu)\in\Lambda\times M}(B_\lambda\cap C_\mu).$$

ここで B_λ, C_μ はいずれも $\mathfrak{M}$ の有限個の元の共通部分であるから，$B_\lambda\cap C_\mu$ も同様である．すなわち $B_\lambda\cap C_\mu\in\mathfrak{M}_0$．したがって $O_1\cap O_2\in\widetilde{\mathfrak{M}}$．ゆえに $\widetilde{\mathfrak{M}}$ は(Oii)

1) S の部分集合族 $(M_\lambda)_{\lambda\in\Lambda}$ において，$\Lambda=\phi$ の場合 $\bigcup_{\lambda\in\Lambda} M_\lambda=\phi$ と規約することは自然であるが，$\bigcap_{\lambda\in\Lambda} M_\lambda=S$ と規約することはいくぶん奇妙にみえるかもしれない．しかし，和集合に関する規約を妥当とみなし，また $\Lambda=\phi$ の場合も de Morgan の法則が成り立つものとすれば，$\left(\bigcap_{\lambda\in\Lambda} M_\lambda\right)^c=\bigcup_{\lambda\in\Lambda} M_\lambda{}^c=\phi$ となるから，共通部分に関する規約 $\bigcap_{\lambda\in\Lambda} M_\lambda=S$ も妥当であることになる．

も満足する．

以上で，$\tilde{\mathfrak{M}}$ は $\mathfrak{M}$ を含む位相であることがわかった．一方，$\mathfrak{M}$ を含むような任意の位相を $\mathfrak{O}$ とすれば，$\mathfrak{O}$ が(Oii), (Oiii)を満たすことから，当然 $\mathfrak{O}\supset\mathfrak{M}_0$，$\mathfrak{O}\supset\tilde{\mathfrak{M}}$ とならなければならない．すなわち，$\tilde{\mathfrak{M}}$ は $\mathfrak{M}$ を含むような位相のうちで最も弱いものである．ゆえに $\mathfrak{O}(\mathfrak{M})=\tilde{\mathfrak{M}}$．——これで，次の定理が示された．

定理 14　$\mathfrak{M}$ を $\mathfrak{P}(S)$ の任意の部分集合とするとき，$\mathfrak{M}$ で生成される S における位相 $\mathfrak{O}(\mathfrak{M})$ は，$\bigcup_{\lambda\in\Lambda} B_\lambda$ ($B_\lambda\in\mathfrak{M}_0$, Λ の濃度は任意) の形に表わされる集合の全体から成る．ただし，ここで $\mathfrak{M}_0$ は $\bigcap_{i\in I} A_i$ ($A_i\in\mathfrak{M}$, I は有限集合) の形に表わされる集合の全体である．

C)　位相の準基底，基底

前項では，$\mathfrak{P}(S)$ の任意の部分集合 $\mathfrak{M}$ を与えて，$\mathfrak{M}$ で生成される位相を考えたのであるが，逆に，S における1つの位相 $\mathfrak{O}$ が与えられたとき，$\mathfrak{O}$ のある部分集合 $\mathfrak{M}$ に対して $\mathfrak{O}=\mathfrak{O}(\mathfrak{M})$ が成り立つならば，$\mathfrak{M}$ は位相 $\mathfrak{O}$ の(あるいは位相空間 $(S,\mathfrak{O})$ の)**準基底**であるという．($\mathfrak{O}$ に対してその準基底は一意的には定まらない．)

また，$\mathfrak{B}$ が位相 $\mathfrak{O}$ の部分集合で，$\mathfrak{O}$ の任意の元 O は，O に含まれる $\mathfrak{B}$ の元の和集合として

$$O=\bigcup_{\lambda\in\Lambda} W_\lambda,\qquad W_\lambda\in\mathfrak{B}$$

と表わされるとき，$\mathfrak{B}$ は $\mathfrak{O}$ の(あるいは位相空間 $(S,\mathfrak{O})$ の)**基底**であるという．すなわち，$\mathfrak{B}$ が $\mathfrak{O}$ の基底であるというのは，$\mathfrak{B}\subset\mathfrak{O}$ であって，$\bigcup_{\lambda\in\Lambda} W_\lambda$ ($W_\lambda\in\mathfrak{B}$, Λ は任意) の形に表わされる集合の全体が $\mathfrak{O}$ と一致することである．($\mathfrak{O}$ の基底も $\mathfrak{O}$ に対して一意的には定まらない．)

$\mathfrak{B}$ が $\mathfrak{O}$ の基底ならば，明らかに $\mathfrak{O}=\mathfrak{O}(\mathfrak{B})$．すなわち，$\mathfrak{O}$ の任意の基底は $\mathfrak{O}$ の準基底である．また，$\mathfrak{P}(S)$ の任意の部分集合 $\mathfrak{M}$ に対し，前項のように $\mathfrak{M}$ の有限個の元の共通部分として表わされる S の部分集合の全体を $\mathfrak{M}_0$ とすれば，定理14によって，$\mathfrak{M}_0$ は $\mathfrak{O}(\mathfrak{M})$ の1つの基底となる．($\mathfrak{M}$ 自身は一般

に $\mathfrak{O}(\mathfrak{M})$ の基底とはなり得ない.)

与えられた位相 $\mathfrak{O}$ の部分集合 $\mathfrak{B}$ が $\mathfrak{O}$ の基底であるための簡単な条件は,次の定理で与えられる.

定理 15　$\mathfrak{O}$ を S における1つの位相とするとき,その部分集合 $\mathfrak{B}$ が $\mathfrak{O}$ の基底となるためには,任意の $O\in\mathfrak{O}$ および任意の $x\in O$ に対して,

$$x\in W, \qquad W\subset O$$

となるような $W\in\mathfrak{B}$ が存在することが必要十分である.

この定理の証明は容易であるから,読者に練習問題としてゆだねよう.——

位相空間 $(S,\mathfrak{O})$ において,たかだか可算の基底 $\mathfrak{B}$ (すなわち $\mathrm{card}\,\mathfrak{B}\leqq\aleph_0$ であるような $\mathfrak{O}$ の基底 $\mathfrak{B}$) が存在するとき,$(S,\mathfrak{O})$ は**第2可算公理**を満足するという.

例 1　位相空間 $\boldsymbol{R}^n$ (の開集合系) の基底について考えよう.

すでに§1, F) でみたように,$\boldsymbol{R}^n$ の開球体

(3.3)　$$B(x\,;\varepsilon) \qquad (x\in\boldsymbol{R}^n,\ \ \varepsilon>0)$$

全体の集合を $\mathfrak{B}$ とすれば,$\mathfrak{B}$ は $\boldsymbol{R}^n$ の1つの基底である.また $\mathfrak{B}$ のかわりに,$\boldsymbol{R}^n$ の開区間

(3.4)　$$(a_1,b_1)\times\cdots\times(a_n,b_n) \qquad (a_i,b_i\in\boldsymbol{R})$$

の全体をとって,それを $\mathfrak{B}_1$ とすれば,これもまた $\boldsymbol{R}^n$ の1つの基底である.(§1,問題 8.)

さらにわれわれは,これらの基底 $\mathfrak{B},\mathfrak{B}_1$ を次のように'縮小'することができる.たとえば,開球体(3.3)の全体をとるかわりに,$\boldsymbol{R}^n$ の有理点(すべての座標が有理数であるような点)を中心とする有理数半径の開球体

$$B(x\,;r) \qquad (x\in\boldsymbol{Q}^n,\ \ r\in\boldsymbol{Q},\ \ r>0)$$

だけをとり,それらの全体を $\mathfrak{B}'$ とすれば,$\mathfrak{B}'$ がすでに $\boldsymbol{R}^n$ の1つの基底となる.このことは次のように示される.——O を $\boldsymbol{R}^n$ の任意の開集合,x を O の任意の点とする.そのとき,$B(x\,;\varepsilon)\subset O$ となるような $B(x\,;\varepsilon)\in\mathfrak{B}$ がある.ここでわれわれは $B(x\,;\varepsilon/2)$ の中に有理点 x_0 をとることができる.(このことは明らかであろう.) また有理数 r を $d(x,x_0)<r<\varepsilon/2$ であるように選ぶこと

ができる．そうすれば，容易に示されるように $x \in B(x_0\,;r) \subset B(x\,;\varepsilon)$．（第17図参照.）したがって

$$x \in B(x_0\,;r) \subset O, \qquad B(x_0\,;r) \in \mathfrak{B}'$$

となる．ゆえに定理15により $\mathfrak{B}'$ は $\boldsymbol{R}^n$ の基底である．（読者は上に述べたことの証明をくわしく考えよ.）

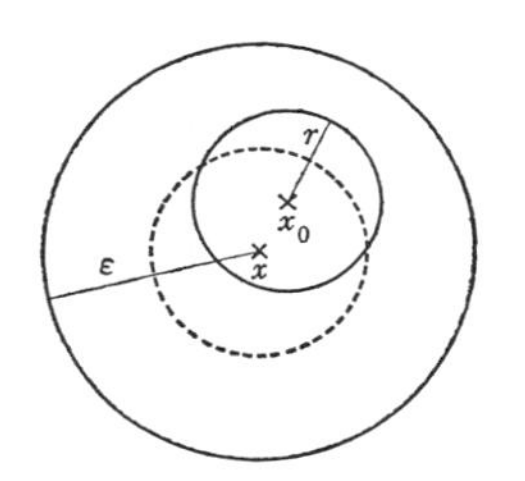

第17図

同様に，開区間(3.4)の全体をとるかわりに，端点 $a_i, b_i\,(i=1, \cdots, n)$ がすべて有理数であるような開区間だけをとり，それらの全体を $\mathfrak{B}_1'$ とすれば，$\mathfrak{B}_1'$ もまた $\boldsymbol{R}^n$ の1つの基底であることが，直ちに示される．

上に構成した $\boldsymbol{R}^n$ の基底 $\mathfrak{B}'$ あるいは $\mathfrak{B}_1'$ は明らかに可算の濃度をもつから，位相空間 $\boldsymbol{R}^n$ は第2可算公理を満足する．

例 2 例1において，特に $n=1$ の場合を考える．そうすれば，位相空間 $\boldsymbol{R}$ の1つの基底として，$\boldsymbol{R}$ の開区間 (a, b) の全体をとり得ることがわかる．($a, b \in \boldsymbol{Q}$ であるような開区間だけを考えてもよい.)

また

$$(a, \infty) \quad \text{および} \quad (-\infty, b)$$

の形の区間全体の集合(これも $a, b \in \boldsymbol{Q}$ であるようなものだけでもよい)は $\boldsymbol{R}$ の1つの準基底をつくる．それは，開区間 (a, b) の全体が $\boldsymbol{R}$ の基底であることと，$(a, b)=(a, \infty) \cap (-\infty, b)$ であることから明らかである．

D) 基本近傍系

$(S, \mathfrak{O})$ を1つの位相空間とし，$\boldsymbol{V}(x)$ を点 x の(全)近傍系とする．$\boldsymbol{V}(x)$ の部分集合 $\boldsymbol{V}^*(x)$ で次の性質(＊)をもつものを，一般に x の**基本近傍系**という．

(*)　任意の $V \in \boldsymbol{V}(x)$ に対して，$U \subset V$ となるような $U \in \boldsymbol{V}^*(x)$ が存在する．

たとえば，x を含む開集合全体の集まり $\boldsymbol{V}^*_{\mathfrak{D}}(x)$ は明らかに x の1つの基本近傍系である．もっと一般に，$\mathfrak{B}$ が $\mathfrak{D}$ の1つの基底であるとき，点 x を含む $\mathfrak{B}$ の元全体の集合を $\boldsymbol{V}^*_{\mathfrak{B}}(x)$ とすれば，$\boldsymbol{V}^*_{\mathfrak{B}}(x)$ も x の1つの基本近傍系となる．実際，V を $\boldsymbol{V}(x)$ の任意の元とすれば，$x \in V^\circ$ で，V° は開集合であるから，定理15によって $x \in W$，$W \subset V^\circ$ となるような $\mathfrak{B}$ の元 W がある．定義によってこの W は $\boldsymbol{V}^*_{\mathfrak{B}}(x)$ に属し，また $W \subset V$ であるから，$\boldsymbol{V}^*_{\mathfrak{B}}(x)$ は x の基本近傍系である．($\boldsymbol{V}^*_{\mathfrak{B}}(x)$ の各元は x の開近傍である．このように x の開近傍のみから成る基本近傍系は，一般に x の‘基本開近傍系’とよばれる.)

x の1つの基本近傍系 $\boldsymbol{V}^*(x)$ を知れば，それから直ちに，x の(全)近傍系 $\boldsymbol{V}(x)$ を求めることができる．実際，定義から明らかに，$\boldsymbol{V}(x)$ はある $U \in \boldsymbol{V}^*(x)$ を含むような S の部分集合全体から成る集合系となるからである：

$$\boldsymbol{V}(x) = \{V \mid \exists U \in \boldsymbol{V}^*(x)\ (U \subset V)\}. \tag{3.5}$$

この意味で，(全)近傍系の代りに1つの基本近傍系を与えても，実質上の効果には変わりがないことになる．

位相空間 $(S, \mathfrak{D})$ において，S の各点 x がたかだか可算の基本近傍系 $\boldsymbol{V}^*(x)$ をもつとき，$(S, \mathfrak{D})$ は**第1可算公理**を満足するという．

上にも述べたように，$\mathfrak{B}$ が $(S, \mathfrak{D})$ の1つの基底ならば，S の各点 x に対して，$\boldsymbol{V}^*_{\mathfrak{B}}(x) = \{U \mid x \in U,\ U \in \mathfrak{B}\}$ は x の基本近傍系である．$\boldsymbol{V}^*_{\mathfrak{B}}(x) \subset \mathfrak{B}$ であるから，$\mathrm{card}\, \boldsymbol{V}^*_{\mathfrak{B}}(x) \leqq \mathrm{card}\, \mathfrak{B}$．したがって，もし $\mathrm{card}\, \mathfrak{B} \leqq \aleph_0$ ならば，当然 $\mathrm{card}\, \boldsymbol{V}^*_{\mathfrak{B}}(x) \leqq \aleph_0$ となる．このことから直ちに次の定理が得られる．

定理 16　位相空間 $(S, \mathfrak{D})$ が第2可算公理を満足すれば，$(S, \mathfrak{D})$ は第1可算公理をも満足する．

E)　可分位相空間

本節の主題からはいささかはずれるが，ここで位相空間の‘密な部分集合’，‘可分性’などの概念について述べておく．これらは，上に述べた基底，第2可算公理などの概念と密接な関連をもつからである．

一般に，位相空間 $(S, \mathfrak{O})$ の部分集合 M について，$\bar{M}=S$ が成り立つとき，M は S において**密**または**稠密**(dense)であるという．たとえば，S 自身はもちろん S において密である．M が S において密であることは $M^{ci}=\phi$ であること，すなわち M^c に含まれる開集合が ϕ のみしかないことにほかならない．いいかえれば，M が S において密であることは，空でない任意の開集合 O に対して $O\cap M\neq\phi$ が成り立つことと同等である．

いま，$(S, \mathfrak{O})$ の 1 つの基底 $\mathfrak{B}$ が与えられたとしよう．$\mathfrak{B}$ に空集合 ϕ が含まれているときには，$\mathfrak{B}$ からそれをとり除いた集合系も明らかに基底となるから，はじめから $\mathfrak{B}$ は ϕ を含まないと仮定して一般性を失わない．そのとき，$\mathfrak{B}$ の各元 B からそれぞれ 1 つの元 x_B をとって——そのような選出が可能であることは選出公理によって保証されている——，S の部分集合 $M=\{x_B \mid B\in\mathfrak{B}\}$ を作れば，M は S において密となる．実際，O を空でない任意の開集合とすれば，O は必ずある $B\in\mathfrak{B}$ を含み，したがって M の元 x_B を含む．よって $O\cap M\neq\phi$ となるからである．

特に，$\mathfrak{B}$ がたかだか可算な基底である場合には，上のようにして作った M は明らかにたかだか可算な S の部分集合である．

一般に，位相空間 $(S, \mathfrak{O})$ のたかだか可算なある部分集合が S において密となるとき，$(S, \mathfrak{O})$ は**可分**(separable)な位相空間であるといわれる．

そうすれば，上に述べたことから直ちに次の定理が得られる．

定理 17 第 2 可算公理を満足する任意の位相空間は可分である．

問　　題

1. 集合 S における 2 つの位相 $\mathfrak{O}_1, \mathfrak{O}_2$ に関する開核作用子をそれぞれ i_1, i_2；閉包作用子をそれぞれ a_1, a_2 とすれば，$\mathfrak{O}_1$ が $\mathfrak{O}_2$ よりも弱いことは次の (i) あるいは (ii) と同等であることを示せ．

(i) 任意の $M\in\mathfrak{P}(S)$ に対して $M^{i_1}\subset M^{i_2}$.

(ii) 任意の $M\in\mathfrak{P}(S)$ に対して $M^{a_1}\supset M^{a_2}$.

2. 定理15を証明せよ.

3. S を空でない集合とするとき, $\mathfrak{P}(S)$ の部分集合 $\mathfrak{B}$ が $\mathfrak{O}(\mathfrak{B})$ の基底となるためには, $\mathfrak{B}$ が次の性質(O*i)および(O*ii)をもつことが必要十分であることを証明せよ.

(O*i)　S の任意の点 x に対して, $x\in W$ となるような $W\in\mathfrak{B}$ が存在する.

(O*ii)　$W_1\in\mathfrak{B}$, $W_2\in\mathfrak{B}$, $W_1\cap W_2\neq\phi$ ならば, $W_1\cap W_2$ に属する任意の点 x に対して,

$$x\in W,\qquad W\subset W_1\cap W_2$$

となるような $W\in\mathfrak{B}$ が存在する.

4. 集合 S の2つの部分集合系 $\mathfrak{B}_1,\mathfrak{B}_2$ がともに条件(O*i), (O*ii)を満たしているとき, $\mathfrak{O}(\mathfrak{B}_1)\subset\mathfrak{O}(\mathfrak{B}_2)$ となるためには, 次の条件(*)の成り立つことが必要十分であることを示せ.

(*)　任意の $V\in\mathfrak{B}_1$ と任意の $x\in V$ に対して

$$x\in W\subset V$$

となるような $W\in\mathfrak{B}_2$ が存在する.

5. 位相空間 S において, $\boldsymbol{V}^*(x)$ を点 x の1つの基本近傍系とし, また M を S の1つの部分集合とする. そのとき次のことを示せ.

(a)　x が M の内点であるためには, ある $U\in\boldsymbol{V}^*(x)$ に対して $U\subset M$ となることが必要十分である.

(b)　x が M の外点であるためには, ある $U\in\boldsymbol{V}^*(x)$ に対して $U\cap M=\phi$ となることが必要十分である.

(c)　x が M の触点であるためには, すべての $U\in\boldsymbol{V}^*(x)$ に対して $U\cap M\neq\phi$ が成り立つことが必要十分である.

(d)　x が M の境界点であるためには, すべての $U\in\boldsymbol{V}^*(x)$ に対して $U\cap M\neq\phi$ かつ $U\cap M^c\neq\phi$ の成り立つことが必要十分である.

(e)　x が M の集積点であるためには, どの $U\in\boldsymbol{V}^*(x)$ も必ず x 以外の M の点を含むことが必要十分である.

(f)　x が M の孤立点であるためには, ある $U\in\boldsymbol{V}^*(x)$ に対して $U\cap M=\{x\}$ が成り立つことが必要十分である.

6. 位相空間 $\boldsymbol{R}^n$ の1点を x とするとき, x を中心とする開球体 $B(x;\varepsilon)$ の全体, あるいは x を含む $\boldsymbol{R}^n$ の開区間の全体は, いずれも, x の基本近傍系であることを示せ. またここで, ε や開区間の端点としては有理数のみをとってもよいことを示せ.

7. 位相空間 S の各点 x に対してそれぞれ1つの基本近傍系 $\boldsymbol{V}^*(x)$ が与えられたとすれば, $(\boldsymbol{V}^*(x))_{x\in S}$ について次の($\mathbf{V}$*i), ($\mathbf{V}$*ii), ($\mathbf{V}$*iii)が成り立つことを証明せよ.

($\mathbf{V}^*$i) すべての $U\in \boldsymbol{V}^*(x)$ に対して $x\in U$.

($\mathbf{V}^*$ii) $U_1\in \boldsymbol{V}^*(x)$, $U_2\in \boldsymbol{V}^*(x)$ とすれば, $U_3\subset U_1\cap U_2$ となるような $U_3\in \boldsymbol{V}^*(x)$ が存在する.

($\mathbf{V}^*$iii) 任意の $U\in \boldsymbol{V}^*(x)$ に対して, 次の条件を満たす $W\in \boldsymbol{V}^*(x)$ がある: W の任意の点 y に対して $U_y\subset U$ となるような $U_y\in \boldsymbol{V}^*(y)$ が存在する.

8. 集合 S $(\neq\emptyset)$ の各点 x に対しそれぞれ $\mathfrak{P}(S)$ の空でない部分集合 $\boldsymbol{V}^*(x)$ が定められ, ($\mathbf{V}^*$i), ($\mathbf{V}^*$ii), ($\mathbf{V}^*$iii) が成り立っているとする. そのとき, S の各点 x に対し (3.5) によって $\boldsymbol{V}(x)$ を定めれば, $(\boldsymbol{V}(x))_{x\in S}$ は (Vi)-(Viv) を満たし, したがって $\boldsymbol{V}(x)$ を x の(全)近傍系とする位相 $\mathfrak{O}$ が一意的に S に導入されることを示せ. (与えられた $\boldsymbol{V}^*(x)$ は, この位相空間 $(S,\mathfrak{O})$ における x の基本近傍系となる.)

9. 集合 S において, ($\mathbf{V}^*$i), ($\mathbf{V}^*$ii), ($\mathbf{V}^*$iii) を満たす2組の $(\boldsymbol{V}^*(x))_{x\in S}$, $(\boldsymbol{W}^*(x))_{x\in S}$ が与えられたとする. そのとき, 前問の意味でこれらから定められる位相 $\mathfrak{O}_1,\mathfrak{O}_2$ について, $\mathfrak{O}_1\subset\mathfrak{O}_2$ が成り立つためには, 次の条件(*)が必要十分であることを示せ.

(*) 任意の $V\in \boldsymbol{V}^*(x)$ に対して, $W\subset V$ となる $W\in \boldsymbol{W}^*(x)$ が存在する.

10. 位相空間 S が第1可算公理を満足するならば, S の各点 x に対して, $V_1\supset V_2\supset\cdots\supset V_n\supset\cdots$ であるような(たかだか可算の)基本近傍系 $\boldsymbol{V}^*(x)=\{V_1,V_2,\cdots,V_n,\cdots\}$ が存在することを示せ.

§4 連続写像

A) 連続写像

$(S,\mathfrak{O})$, $(S',\mathfrak{O}')$ を2つの位相空間とする. ($\mathfrak{O},\mathfrak{O}'$ はそれぞれ集合 S,S' において定められた位相である.) 以下本項では, これらの位相空間 $(S,\mathfrak{O})$, $(S',\mathfrak{O}')$ を簡単にそれぞれ S,S' とも略記することにしよう.

定理 18 f を S から S' への与えられた1つの写像とする. そのとき, (f に関する)次の3条件は互に同等である.

(i) S' の任意の開集合 O' に対して, $f^{-1}(O')$ は S の開集合となる.

(ii) S' の任意の閉集合 A' に対して, $f^{-1}(A')$ は S の閉集合となる.

(iii) x を S の任意の点とし, $f(x)=x'$ とする. そのとき, x' の(S' における)任意の近傍 V' に対して, $f^{-1}(V')$ は x の(S における)近傍となる.

注意 位相空間 S,S' の閉集合系をそれぞれ $\mathfrak{A},\mathfrak{A}'$ とし, S の点 x の(S における)近

傍系を $\boldsymbol{V}_S(x)$, S' の点 x' の(S' における)近傍系を $\boldsymbol{V}_{S'}(x')$ とすれば，上の条件(i), (ii), (iii)はそれぞれ次のように書き表わされる：

(i)′　　$O'\in\mathfrak{O}'\Rightarrow f^{-1}(O')\in\mathfrak{O}.$

(ii)′　　$A'\in\mathfrak{A}'\Rightarrow f^{-1}(A')\in\mathfrak{A}.$

(iii)′　S の各点 x に対し，$f(x)=x'$ とすれば

$$V'\in\boldsymbol{V}_{S'}(x')\Rightarrow f^{-1}(V')\in\boldsymbol{V}_S(x).$$

証明　(i), (ii)が同等であることは，S' の任意の部分集合 M' に対して

$$f^{-1}(S'-M')=S-f^{-1}(M')$$

が成り立つ(第1章(4.4)′)ことから，直ちに示される．実際，いま(i)が成り立つとし，上式の M' を S' のある閉集合 A' とすれば，$S'-A'\in\mathfrak{O}'$ であるから，$f^{-1}(S'-A')\in\mathfrak{O}$. したがって $S-f^{-1}(A')\in\mathfrak{O}$, すなわち $f^{-1}(A')\in\mathfrak{A}$. ゆえに(ii)が成り立つ．逆も同様である．

次に(i), (iii)が同等であることを示そう．

(i)⇒(iii)：$x\in S$, $f(x)=x'$ とし，V' を x' の任意の近傍とする．そうすれば

$$x'\in U'\subset V'$$

となる $U'\in\mathfrak{O}'$ が存在し，

$$x\in f^{-1}(U')\subset f^{-1}(V').$$

(i)により $f^{-1}(U')\in\mathfrak{O}$ であるから，$f^{-1}(V')\in\boldsymbol{V}_S(x)$.

(iii)⇒(i)：$O'\in\mathfrak{O}'$ とし，$f^{-1}(O')=O$ とする．x を O の任意の点とし，$f(x)=x'$ とすれば，$x'\in O'$ であるから $O'\in\boldsymbol{V}_{S'}(x')$. したがって(iii)により $O=f^{-1}(O')\in\boldsymbol{V}_S(x)$. これが O の任意の点 x に対して成り立つから，定理9によって $O\in\mathfrak{O}$. (証明終)

位相空間 S から位相空間 S' への写像 f に対して，定理18の条件(i), (ii), (iii)のいずれか1つ(したがって全部)が成り立つとき，f は S から S' への**連続写像**であるという．

例1　位相空間 S が離散空間の場合(すなわち，上の $\mathfrak{O}$ が離散位相 $\mathfrak{P}(S)$ の場合)には，$f:S\to S'$ がどのような写像であっても，任意の $O'\in\mathfrak{O}'$ に対しても

ちろん $f^{-1}(O')\in\mathfrak{O}$ である．よって f は連続写像となる．すなわち，任意の離散空間から任意の位相空間への任意の写像はいつも連続写像である．

例 2 位相空間 S' が密着空間の場合（すなわち，上の $\mathfrak{O}'$ が密着位相 $\{\phi, S'\}$ の場合）には，$f: S\to S'$ がどのような写像であっても，$f^{-1}(\phi)=\phi\in\mathfrak{O}$，$f^{-1}(S')=S\in\mathfrak{O}$ であるから，f は連続写像となる．すなわち，任意の位相空間から任意の密着空間への任意の写像はいつも連続写像である．

例 3 x_0' を S' の定められた 1 点とし，S のすべての点を x_0' にうつす定値写像を f とすれば，S' の開集合 O' が x_0' を含むか含まないかに応じてそれぞれ $f^{-1}(O')=S$, $f^{-1}(O')=\phi$．いずれにしても $f^{-1}(O')\in\mathfrak{O}$ となる．すなわち，定値写像は必ず連続写像である．

例 4 同じ集合 S の上に 2 つの位相 $\mathfrak{O}_1, \mathfrak{O}_2$ が与えられたとする．そのとき，恒等写像 $I_S: S\to S$ が位相空間 $(S, \mathfrak{O}_1)$ から $(S, \mathfrak{O}_2)$ への連続写像となるためには，明らかに $\mathfrak{O}_1\supset\mathfrak{O}_2$ であること，すなわち位相 $\mathfrak{O}_1$ が位相 $\mathfrak{O}_2$ よりも強いことが必要十分である．——

上に挙げた連続写像の条件(i)は次の形に幾分弱めることができる．

定理 19 写像 $f: S\to S'$ が連続であるためには，$\mathfrak{M}'$ を位相空間 S' の 1 つの準基底（すなわち $\mathfrak{O}(\mathfrak{M}')=\mathfrak{O}'$）とするとき，任意の $M\in\mathfrak{M}'$ に対して $f^{-1}(M)\in\mathfrak{O}$ となることが，必要かつ十分である．

証明 定理にいう条件が必要であることはいうまでもないから，十分であることを証明しよう．そのために，$f^{-1}(M)\in\mathfrak{O}$ となるような S' の部分集合 M 全体から成る集合系 $\mathfrak{S}$ を考える：

$$\mathfrak{S}=\{M\mid f^{-1}(M)\in\mathfrak{O}\}.$$

仮定によって $\mathfrak{S}\supset\mathfrak{M}'$．したがって $\mathfrak{S}$ が S' における位相であることを示せば，$\mathfrak{S}\supset\mathfrak{O}(\mathfrak{M}')=\mathfrak{O}'$ となり，任意の $O'\in\mathfrak{O}'$ に対して $f^{-1}(O')\in\mathfrak{O}$ が成り立つこととなって，証明は完了する．

$\mathfrak{S}$ が S' における位相であることは次のように示される．(Oi)：$S'\in\mathfrak{S}$, $\phi\in\mathfrak{S}$ は明らかである．(Oii)：$M_1\in\mathfrak{S}$, $M_2\in\mathfrak{S}$ とすれば，$f^{-1}(M_1)\in\mathfrak{O}$, $f^{-1}(M_2)\in\mathfrak{O}$ で，第 1 章(4.3)$'$ により

$$f^{-1}(M_1 \cap M_2) = f^{-1}(M_1) \cap f^{-1}(M_2)$$

であるから，$f^{-1}(M_1 \cap M_2) \in \mathfrak{O}$．よって $M_1 \cap M_2 \in \mathfrak{S}$．(Oiii)：$(M_\lambda)_{\lambda \in \Lambda}$ を $\mathfrak{S}$ の元から成る集合族とすれば，すべての $\lambda \in \Lambda$ に対し $f^{-1}(M_\lambda) \in \mathfrak{O}$ で，第1章(5.3)′により

$$f^{-1}\Bigl(\bigcup_{\lambda \in \Lambda} M_\lambda\Bigr) = \bigcup_{\lambda \in \Lambda} f^{-1}(M_\lambda)$$

であるから，$f^{-1}\Bigl(\bigcup_{\lambda \in \Lambda} M_\lambda\Bigr) \in \mathfrak{O}$．したがって $\bigcup_{\lambda \in \Lambda} M_\lambda \in \mathfrak{S}$．（証明終）

f が S から S' への写像で，定理18の条件(iii)が(S のすべての点の代りに) S のある1点 x_0 に対して成り立つとき，すなわち

(4.1)　　$V' \in \boldsymbol{V}_{S'}(x_0') \Rightarrow f^{-1}(V') \in \boldsymbol{V}_S(x_0)$　　(ただし $f(x_0) = x_0'$)

が成立するとき，f は**点 x_0 において連続**であるという．$f: S \to S'$ が連続写像であることは，f が S の‘すべての点において連続’であることにほかならない．

なお，$x_0' = f(x_0)$ の1つの基本近傍系を $\boldsymbol{V}^*_{S'}(x_0')$ とすれば，上の条件(4.1)を

(4.1)′　　$V' \in \boldsymbol{V}^*_{S'}(x_0') \Rightarrow f^{-1}(V') \in \boldsymbol{V}_S(x_0)$

でおきかえてもよいことは明らかであろう．

B)　実連続関数

本項では，特に，位相空間 S から実数全体の集合が作る位相空間 $\boldsymbol{R}$ への連続写像について考えよう．以後，S から $\boldsymbol{R}$ への一般の写像を S で定義された(または，S 上の)実数値関数とよび，そのうち S から $\boldsymbol{R}$ への連続写像であるものを**実連続関数**ということにする．

位相空間 $\boldsymbol{R}$ の準基底としては，§3, C)の例2でみたように，たとえば開区間 (a, b) 全体の集合 $\mathfrak{M}_0$，あるいは，(a, ∞) および $(-\infty, b)$ の形の区間全体の集合 $\mathfrak{M}_1$ をとることができる．($\mathfrak{M}_0$ は $\boldsymbol{R}$ の基底でもあった.) また，a を $\boldsymbol{R}$ の1点とするとき，a の($\boldsymbol{R}$ における)基本近傍系としては $(a-\varepsilon, a+\varepsilon)$ $(\varepsilon > 0)$ の形の区間全体をとることができる(§3, 問題6)．

したがって，定理19および前項の終りの注意から次の命題が得られる．

定理 20　位相空間 S で定義された実数値関数 f が実連続関数であるために

は，次の(i), (ii), (iii)のいずれかが成り立つことが必要十分である.

(i) $\boldsymbol{R}$ の任意の開区間 (a, b) に対して

$$f^{-1}((a, b)) = \{x \mid x \in S,\ a < f(x) < b\}$$

は S の開集合である.

(ii) 任意の実数 a, b に対して

$$f^{-1}((a, \infty)) = \{x \mid x \in S,\ f(x) > a\}$$

および

$$f^{-1}((-\infty, b)) = \{x \mid x \in S,\ f(x) < b\}$$

は S の開集合である.

(iii) x_0 を S の任意の点とするとき，任意の正の実数 ε に対して

$$\begin{aligned} &f^{-1}((f(x_0)-\varepsilon,\ f(x_0)+\varepsilon)) \\ &\quad = \{x \mid x \in S,\ f(x_0)-\varepsilon < f(x) < f(x_0)+\varepsilon\} \\ &\quad = \{x \mid x \in S,\ |f(x)-f(x_0)| < \varepsilon\} \end{aligned}$$

は x_0 の(S における)近傍である.

注意 1 上の(iii)は明らかに次のようにも述べかえられる.

(iii)′ x_0 を S の任意の点，ε を任意の正の実数とするとき，x_0 の適当な近傍 V をとれば，V に属するすべての点 x に対して

$$|f(x)-f(x_0)| < \varepsilon$$

が成り立つ.

実際的には，この形のほうが少し取り扱いやすいであろう.

注意 2 上の(iii) (あるいは(iii)′) が S のある1点 x_0 に対して成り立つことは，$f: S \to \boldsymbol{R}$ が x_0 において連続であるための条件である.

$\boldsymbol{R}$ は位相空間としての性質のほかに，そこにおいて加減乗除の四則算法が行なわれるという‘代数的性質’をもつ．この性質に応じて，S 上の実数値関数についても，それらの和，積などを考えることができる．すなわち，f, g を S 上の2つの実数値関数とするとき，S の各点 x に実数 $f(x)+g(x)$，$f(x)-g(x)$，$f(x)g(x)$ を対応させる写像を，それぞれ f, g の和，差，積といい，$f+g$，$f-g$，$f \cdot g$ で表わすのである：

$$(f+g)(x) = f(x)+g(x),$$

$$(f-g)(x) = f(x)-g(x),$$
$$(f\cdot g)(x) = f(x)g(x). \qquad (\forall x \in S)$$

さらに S のすべての点 x に対して $g(x)\neq 0$ ならば，S の各点 x に $f(x)/g(x)$ を対応させる写像も考えられる．それを f の g による商といい，f/g で表わす：

$$(f/g)(x) = f(x)/g(x). \qquad (\forall x \in S)$$

また a を1つの実数とするとき，各 $x\in S$ に実数 $af(x)$ を対応させる写像を f の a 倍といい，af で表わす：

$$(af)(x) = af(x). \qquad (\forall x \in S)$$

定理 21 f, g がともに位相空間 S で定義された実連続関数ならば，$f+g$，$f-g$，$f\cdot g$，af $(a\in \boldsymbol{R})$ も実連続関数である．また，S のすべての点 x において $g(x)\neq 0$ ならば，f/g も実連続関数である．

証明 $S=\boldsymbol{R}$ の場合，これは解析学の初歩で周知の命題である．S が一般の位相空間の場合にも，$S=\boldsymbol{R}$ の場合と全く同様の方法によって証明することができる．ここでは $f\cdot g$ および f/g が連続であることの証明だけを述べよう．

a) $f\cdot g$ が連続であることの証明．

x_0 を S の任意の1点とし，ε を任意の正の実数とする．

$$\delta = \min\left\{1,\ \frac{\varepsilon}{|f(x_0)|+|g(x_0)|+1}\right\}$$

とおけば，$\delta>0$ で，f, g は連続であるから，定理20(iii)により

$$V_1 = \{x\ ;\ |f(x)-f(x_0)|<\delta\},$$
$$V_2 = \{x\ ;\ |g(x)-g(x_0)|<\delta\}$$

はいずれも x_0 の近傍である．したがって $V=V_1\cap V_2$ も x_0 の近傍で，x を V の任意の点とすれば

$$|f(x)-f(x_0)| < \delta, \qquad |g(x)-g(x_0)| < \delta. \tag{4.2}$$

また $|f(x)-f(x_0)|<\delta\leqq 1$ であるから

$$|f(x)| < |f(x_0)|+1. \tag{4.3}$$

(4.2), (4.3)によって，$x\in V$ ならば

$$
\begin{aligned}
&|f(x)g(x)-f(x_0)g(x_0)|\\
&\quad=|f(x)(g(x)-g(x_0))+g(x_0)(f(x)-f(x_0))|\\
&\quad\leqq|f(x)||g(x)-g(x_0)|+|g(x_0)||f(x)-f(x_0)|\\
&\quad<(|f(x_0)|+|g(x_0)|+1)\delta\leqq(|f(x_0)|+|g(x_0)|+1)\frac{\varepsilon}{|f(x_0)|+|g(x_0)|+1}\\
&\quad=\varepsilon.
\end{aligned}
$$

ゆえにふたたび定理20(iii)(あるいは(iii)′)により，$f\cdot g$ は連続となる.

b)　f/g が連続であることの証明.(ただし，すべての $x\in S$ に対し，$g(x)\neq 0$ とする.)

$f/g=f\cdot(1/g)$ であるから，$1/g$ が連続であることを示せばよい.

x_0 を S の任意の点，ε を任意の正の実数とし

$$\delta=\min\left\{\frac{|g(x_0)|}{2},\ \frac{\varepsilon|g(x_0)|^2}{2}\right\}$$

とおく. $\delta>0$ で，g は連続であるから

$$V=\{x\,;\,|g(x)-g(x_0)|<\delta\}$$

は x_0 の近傍である. $x\in V$ ならば

$$|g(x)-g(x_0)|<\delta, \tag{4.4}$$

したがって $|g(x)|>|g(x_0)|-\delta$ で，$\delta\leqq|g(x_0)|/2$ であるから

$$|g(x)|>\frac{|g(x_0)|}{2}. \tag{4.5}$$

(4.4)，(4.5)より，$x\in V$ ならば，

$$\left|\frac{1}{g(x)}-\frac{1}{g(x_0)}\right|=\frac{|g(x)-g(x_0)|}{|g(x)||g(x_0)|}<\frac{2\delta}{|g(x_0)|^2}\leqq\frac{2}{|g(x_0)|^2}\cdot\frac{\varepsilon|g(x_0)|^2}{2}=\varepsilon.$$

ゆえに $1/g$ は連続である.

注意　上の証明では定理20の(iii)を用いたが，b)の‘$1/g$ が連続であること’の証明には，定理20の(i)，(ii)を用いたほうがもっと簡単である. 定理20の(ii)によれば，$1/g$ が連続であることをいうには，任意の実数 a,b に対して

$$U_a=\left\{x\,\middle|\,\frac{1}{g(x)}>a\right\},\qquad V_b=\left\{x\,\middle|\,\frac{1}{g(x)}<b\right\}$$

が S の開集合であることを示せばよい. しかるに，容易にわかるように，

$$
(*) \quad \begin{cases} a>0 \quad \text{ならば} \quad U_a = \left\{x \,\middle|\, 0<g(x)<\dfrac{1}{a}\right\}, \\ \qquad\qquad\qquad U_0 = \{x \mid g(x)>0\}, \\ a<0 \quad \text{ならば} \quad U_a = \{x \mid g(x)>0\} \cup \left\{x \,\middle|\, g(x)<\dfrac{1}{a}\right\} \end{cases}
$$

が成り立ち，g は連続であるから，定理 20 (i), (ii) によって，(＊)の右辺に現われる集合はすべて S の開集合である．ゆえに U_a は(任意の a に対して)開集合となる．V_b が開集合であることも全く同様に証明される．

C)　開写像，閉写像

前々項と同様に，S, S' (くわしくは $(S, \mathfrak{O})$, $(S', \mathfrak{O}')$) を 2 つの位相空間とし，f を S から S' への写像とする．

S の任意の開集合(または閉集合)の f による像が S' の開集合(または閉集合)となるとき，$f: S \to S'$ は**開写像**(または**閉写像**)であるという．すなわち，f が開写像または閉写像であるとは，それぞれ次の (4.6), (4.7) が成り立つことである：

$$
(4.6) \qquad O \in \mathfrak{O} \Rightarrow f(O) \in \mathfrak{O}',
$$

$$
(4.7) \qquad A \in \mathfrak{A} \Rightarrow f(A) \in \mathfrak{A}'.
$$

(ただし $\mathfrak{A}, \mathfrak{A}'$ はそれぞれ S, S' の閉集合系である.)

開写像，閉写像の概念は一般には一致しない．また，これらの概念は連続写像の概念とも一般に一致しない．

$f: S \to S'$ が全単射である場合には，f が開写像であること，f が閉写像であること，$f^{-1}: S' \to S$ が連続写像であることの 3 つは明らかに一致する．

例 1　S' が離散空間ならば，S から S' への任意の写像は開写像かつ閉写像である．

例 2　$\mathfrak{O}_1, \mathfrak{O}_2$ を集合 S における 2 つの位相とするとき，恒等写像 $I_S: S \to S$ が $(S, \mathfrak{O}_1)$ から $(S, \mathfrak{O}_2)$ への開写像となるためには，$\mathfrak{O}_1 \subset \mathfrak{O}_2$ であること，すなわち位相 $\mathfrak{O}_1$ が位相 $\mathfrak{O}_2$ よりも弱いことが必要十分である．(これは同時に I_S が閉写像となるための条件でもある.)

——上述のこととA)の例4とを合わせれば次のことがわかる: $\mathfrak{O}_1 \supset \mathfrak{O}_2$, $\mathfrak{O}_1 \neq \mathfrak{O}_2$ ならば, I_S は $(S, \mathfrak{O}_1)$ から $(S, \mathfrak{O}_2)$ への連続写像であるが, 開写像でも閉写像でもない. また $\mathfrak{O}_1 \subset \mathfrak{O}_2$, $\mathfrak{O}_1 \neq \mathfrak{O}_2$ ならば, I_S は $(S, \mathfrak{O}_1)$ から $(S, \mathfrak{O}_2)$ への開写像かつ閉写像であるが, 連続写像ではない.

例3 a を1つの実数とし, f を, 位相空間 S のすべての点 x に対し $f(x) = a$ と定義された S から $\boldsymbol{R}$ への写像(定値関数)とすれば, f は連続 [A), 例3] かつ閉写像である. しかし開写像ではない. 実際, a のみから成る集合 $\{a\}$ は $\boldsymbol{R}$ の閉集合であるが, 開集合ではないからである.

D) 同相写像, 同相

はじめにA)およびC)で与えた連続写像, 開写像, 閉写像の概念はいずれも'推移的'であること, すなわち次の命題が成り立つことに注意しておく.

定理 22 $(S, \mathfrak{O})$, $(S', \mathfrak{O}')$, $(S'', \mathfrak{O}'')$ を3つの位相空間とし, $f: S \to S'$, $f': S' \to S''$ とする. そのとき f, f' がともに連続写像ならば, $f' \circ f: S \to S''$ も連続写像である. また f, f' がともに開写像(またはともに閉写像)ならば, $f' \circ f$ も開写像(または閉写像)である.

これは, 連続写像等の定義と, S'' の部分集合 M'' に対して $(f' \circ f)^{-1}(M'') = f^{-1}(f'^{-1}(M''))$, S の部分集合 M に対して $(f' \circ f)(M) = f'(f(M))$ が成り立つことから明らかであろう.

$(S, \mathfrak{O})$, $(S', \mathfrak{O}')$ を2つの位相空間とする. $f: S \to S'$ が全単射であって, しかも f および f^{-1} がともに連続であるとき, f を $(S, \mathfrak{O})$ から $(S', \mathfrak{O}')$ への**同相写像**という[1]. このことは, $f: S \to S'$ が全単射で, f が連続かつ開写像(または閉写像)であることと同等である.

注意 $f: S \to S'$ が全単射で連続であっても, 必ずしも f は同相写像ではない. [前項C)の例2参照.]

定義から明らかに, f が $(S, \mathfrak{O})$ から $(S', \mathfrak{O}')$ への同相写像ならば, f^{-1} は $(S', \mathfrak{O}')$ から $(S, \mathfrak{O})$ への同相写像である. またもちろん I_S は $(S, \mathfrak{O})$ からそれ自身へ

1) これはまた**位相写像**, **同位相写像**, **位相同型写像**などともよばれる.

の同相写像である．また定理22によって，f が $(S,\mathfrak{O})$ から $(S',\mathfrak{O}')$ への同相写像，f' が $(S',\mathfrak{O}')$ から $(S'',\mathfrak{O}'')$ への同相写像ならば，$f'\circ f$ は $(S,\mathfrak{O})$ から $(S'',\mathfrak{O}'')$ への同相写像である．

位相空間 $(S,\mathfrak{O})$ から $(S',\mathfrak{O}')$ への同相写像が（少なくとも1つ）存在するとき，これらの位相空間は**同相**（または**同位相**，**位相同型**）であるという．本書では以後このことを $(S,\mathfrak{O})\approx(S',\mathfrak{O}')$（または略して $S\approx S'$）で表わす．

上に述べたことから，同相関係 $\approx$ については次のことが成り立つ．

(4.8)
$$(S,\mathfrak{O})\approx(S,\mathfrak{O}),$$

(4.9)
$$(S,\mathfrak{O})\approx(S',\mathfrak{O}')\Rightarrow(S',\mathfrak{O}')\approx(S,\mathfrak{O}),$$

(4.10)
$$(S,\mathfrak{O})\approx(S',\mathfrak{O}'),\ (S',\mathfrak{O}')\approx(S'',\mathfrak{O}'')\Rightarrow(S,\mathfrak{O})\approx(S'',\mathfrak{O}'').$$

すなわち $\approx$ は位相空間の間の同値関係である．

2つの位相空間 $(S,\mathfrak{O})$，$(S',\mathfrak{O}')$ が同相であるということを，もう少しくわしく考えてみよう．$(S,\mathfrak{O})\approx(S',\mathfrak{O}')$ ならば，$(S,\mathfrak{O})$ から $(S',\mathfrak{O}')$ への同相写像 f が存在し，同相写像の定義によって，$f:S\to S'$ は全単射で，かつ

(4.11)
$$O\in\mathfrak{O}\Longleftrightarrow f(O)\in\mathfrak{O}'$$

が成立する．すなわち，f によって $(S,\mathfrak{O})$ の各開集合は $(S',\mathfrak{O}')$ の開集合にうつされ，逆に f^{-1} によって $(S',\mathfrak{O}')$ の各開集合は $(S,\mathfrak{O})$ の開集合にうつされる．約言すれば，f（および f^{-1}）によって，$(S,\mathfrak{O})$ の開集合系と $(S',\mathfrak{O}')$ の開集合系とは‘互に移し変えられる.’このことからまた，これら2つの位相空間の閉集合系，近傍系，開核作用子，閉包作用子なども，やはり f（および f^{-1}）によって‘互に移し変えられる’ことが，直ちにわかる．すなわち，$(S,\mathfrak{O})$，$(S',\mathfrak{O}')$ の閉集合系をそれぞれ $\mathfrak{A},\mathfrak{A}'$，また S の点 x の近傍系を $\boldsymbol{V}_S(x)$，S' の点 x' の近傍系を $\boldsymbol{V}_{S'}(x')$ とすれば，

(4.12)
$$A\in\mathfrak{A}\Longleftrightarrow f(A)\in\mathfrak{A}',$$

(4.13)
$$V\in\boldsymbol{V}_S(x)\Longleftrightarrow f(V)\in\boldsymbol{V}_{S'}(f(x))$$

が成り立ち，また S の任意の部分集合 M に対して

(4.14)
$$f(M^\circ)=(f(M))^\circ,$$

(4.15)
$$f(\bar{M})=\overline{f(M)}$$

が成り立つ．(これらのことのくわしい検証は練習問題とする.) 一般に，開集合系(またはそれに付随して定まる閉集合系，近傍系等)にもとづいて定義される諸概念('位相的概念')については，$(S,\mathfrak{O})$, $(S',\mathfrak{O}')$ の一方の上で成り立つことは，他方の上でも(f または f^{-1} でうつしかえた対象に対して)そのまま成り立つのである．

この意味で，同相な2つの位相空間は"位相空間としての性質をすべて共有する"あるいは"全く同等な'位相構造'をもつ"ということができる．

問　　題

1. 位相空間 S で定義された2つの実連続関数 f, g に対して，

$$\{x \mid x\in S,\ f(x)=g(x)\},\qquad \{x \mid x\in S,\ f(x)\leqq g(x)\}$$

は S の閉集合であることを示せ．また

$$\{x \mid x\in S,\ f(x)<g(x)\}$$

は S の開集合であることを示せ．

2. 位相空間 S から位相空間 S' への写像 f が S の点 x_0 で連続であるためには，$x_0\in\bar{M}$ であるような S の任意の部分集合 M に対して $f(x_0)\in\overline{f(M)}$ が成り立つことが必要十分であることを示せ．

3. 位相空間 S から位相空間 S' への写像 f が連続であるためには，S の任意の部分集合 M に対して

$$f(\bar{M})\subset\overline{f(M)}$$

が成り立つことが必要十分であることを示せ．

4. S, S', S'' を位相空間とし，$f:S\to S'$, $f':S'\to S''$ とする．f が S の点 x_0 において連続で，f' が S' の点 $f(x_0)$ において連続ならば，$f'\circ f:S\to S''$ は x_0 において連続であることを示せ．

5. f を位相空間 $(S,\mathfrak{O})$ から $(S',\mathfrak{O}')$ への連続写像とするとき，次のことを示せ．

(a) $\mathfrak{O}_1$ を $\mathfrak{O}$ よりも強い S における任意の位相とすれば，f は $(S,\mathfrak{O}_1)$ から $(S',\mathfrak{O}')$ への連続写像ともなる．

(b) $\mathfrak{O}_1'$ を $\mathfrak{O}'$ よりも弱い S' における任意の位相とすれば，f は $(S,\mathfrak{O})$ から $(S',\mathfrak{O}_1')$ への連続写像ともなる．

6. 位相空間 $(S,\mathfrak{O})$ から $(S',\mathfrak{O}')$ への写像 f が開写像であるためには，次の(i)あるいは(ii)の成り立つことが必要十分であることを証明せよ．

(i)　S の各点 x に対して

$$V \in \boldsymbol{V}_S(x) \Rightarrow f(V) \in \boldsymbol{V}_{S'}(f(x)).$$

(ii)　$\mathfrak{D}$ の1つの基底 $\mathfrak{B}$ に対して

$$O \in \mathfrak{B} \Rightarrow f(O) \in \mathfrak{D}'.$$

7. 位相空間$(S, \mathfrak{D})$から$(S', \mathfrak{D}')$への全単射 f が同相写像であるためには，(4.12)あるいは(4.13)の成り立つことが必要十分であることを示せ．また，S の任意の部分集合 M に対して(4.14)あるいは(4.15)の成り立つことも，これらの条件と同等であることを示せ．

§5　部分空間，直積空間

A)　誘導位相

連続写像の概念を媒介として，与えられた位相と写像とから新しい位相を構成することがしばしばある．本項ではこの種の問題の1つとして，次の問題を考えよう．

(A)　1つの集合 S，1つの位相空間 $(S', \mathfrak{D}')$，および S から S' への1つの写像 f が与えられたとき，S に位相 $\mathfrak{D}$ を導入して，与えられた f が位相空間 $(S, \mathfrak{D})$ から $(S', \mathfrak{D}')$ への連続写像となるようにすること．

このような $\mathfrak{D}$ は一意的には定まらない．実際，もし S のある位相 $\mathfrak{D}$ に対して f が連続となるならば，§4，問題5(a)によって，$\mathfrak{D}$ よりも強い S の任意の位相 $\mathfrak{D}_1$ に対しても f の連続性は保たれるからである．特に $\mathfrak{D}$ として，S における最も強い位相，すなわち離散位相 $\mathfrak{D}^*$ をとれば，§4のA)，例1によって f は必ず連続となる．

したがって，われわれに興味のある問題は，(A)の解となるような S における位相のうちで最も弱いものを求めることである．

これについて次の定理が成り立つ．

定理 23　集合 S と位相空間 $(S', \mathfrak{D}')$，および写像 $f: S \rightarrow S'$ が与えられたとし，$\mathfrak{D}'$ の元 O' の f による原像 $f^{-1}(O')$ 全部から成る S の部分集合系を $\mathfrak{D}_0$ とする：

(5.1) $$\mathfrak{O}_0 = \{f^{-1}(O') \mid O' \in \mathfrak{O}'\}.$$[1]

そのとき，$\mathfrak{O}_0$ は S における位相であって，f は $(S, \mathfrak{O}_0)$ から $(S', \mathfrak{O}')$ への連続写像となる．しかも，この $\mathfrak{O}_0$ は f が連続となるような S における位相のうちで最も弱いものである．

証明　$\mathfrak{O}_0$ が S における位相であることは，第1章の写像の性質(4.3)′, (5.3)′から直ちにわかる．f が $(S, \mathfrak{O}_0)$ から $(S', \mathfrak{O}')$ への連続写像であることも $\mathfrak{O}_0$ の定義から明らかである．また，$\mathfrak{O}$ が S における位相で，f が $(S, \mathfrak{O})$ から $(S', \mathfrak{O}')$ への連続写像となるならば，任意の $O' \in \mathfrak{O}'$ に対して $f^{-1}(O') \in \mathfrak{O}$ であるから，$\mathfrak{O}_0 \subset \mathfrak{O}$ とならなければならない．（証明終）

(5.1)で定義した S の位相 $\mathfrak{O}_0$ を，写像 $f: S \to S'$ によって S' の位相 $\mathfrak{O}'$ から（または，$(S', \mathfrak{O}')$ から）**誘導される位相**という．

問題(A)を少しく一般化して，次の問題が考えられる．

(A)′　集合 S と位相空間の族 $((S'_\lambda, \mathfrak{O}'_\lambda))_{\lambda \in \Lambda}$，および各 $\lambda \in \Lambda$ に対して写像 $f_\lambda: S \to S'_\lambda$ が与えられているとき，S に位相 $\mathfrak{O}$ を導入して，すべての $\lambda \in \Lambda$ に対し与えられた f_λ が $(S, \mathfrak{O})$ から $(S'_\lambda, \mathfrak{O}'_\lambda)$ への連続写像となるようにすること．

この問題の場合も，S における離散位相 $\mathfrak{O}^*$ は1つの解であり，また一般に $\mathfrak{O}$ が1つの解ならば，$\mathfrak{O}$ よりも強い S の位相はやはり解である．よって前と同じく，(A)′ の解であるような位相のうちで最も弱いものを求めることが問題となる．

いま，各 λ に対し，f_λ によって $\mathfrak{O}'_\lambda$ から誘導される S の位相を $\mathfrak{O}_\lambda$ としよう．そうすれば，前定理によって，$\mathfrak{O}$ が (A)′ の解となるためには，$\mathfrak{O} \supset \mathfrak{O}_\lambda$ がすべての $\lambda \in \Lambda$ に対して成り立つこと，すなわち

$$\mathfrak{O} \supset \sup\{\mathfrak{O}_\lambda \mid \lambda \in \Lambda\}$$

が成り立つことが必要十分である．ゆえに

$$\mathfrak{O}^{(0)} = \sup\{\mathfrak{O}_\lambda \mid \lambda \in \Lambda\}$$

が問題 (A)′ の解のうちで最も弱い位相となる．これを写像族 $(f_\lambda)_{\lambda \in \Lambda}$ によって

1)　正式の記法では $\mathfrak{O}_0 = \{O \mid \exists O' \in \mathfrak{O}' (O = f^{-1}(O'))\}$ と書くべきであろう．

$((S'_\lambda, \mathfrak{O}'_\lambda))_{\lambda\in\Lambda}$ から誘導される位相という．

$\mathfrak{O}^{(0)}$ は具体的には次のように求められる．$\bigcup_{\lambda\in\Lambda}\mathfrak{O}_\lambda=\mathfrak{M}$ とすれば，$\mathfrak{O}^{(0)}$ は $\mathfrak{M}$ によって生成される S の位相である(p. 167 の注意)．したがって定理 14 により，$\mathfrak{M}$ に属する有限個の集合の共通部分として表わされる集合の全体を $\mathfrak{M}_0$ とすれば，$\mathfrak{M}_0$ は $\mathfrak{O}^{(0)}$ の 1 つの基底となる．すなわち，$\mathfrak{O}^{(0)}$ は，$\mathfrak{M}_0$ に属する集合の和集合として表わされるような S の部分集合全体から成るのである．

なお，$\mathfrak{M}_0$ に属する任意の集合は明らかに

$$O_{\lambda_1}\cap\cdots\cap O_{\lambda_n}$$

$$(O_{\lambda_i}\in\mathfrak{O}_{\lambda_i}\ (i=1,\cdots,n)\ ;\ \lambda_1,\cdots,\lambda_n \text{ は } \Lambda \text{ の相異なる元})$$

と表わされ，これはまた定理 23 によって

(5. 2)
$$f_{\lambda_1}^{-1}(O'_{\lambda_1})\cap\cdots\cap f_{\lambda_n}^{-1}(O'_{\lambda_n})$$

$$(O'_{\lambda_i}\in\mathfrak{O}'_{\lambda_i}\ (i=1,\cdots,n)\ ;\ \lambda_1,\cdots,\lambda_n \text{ は } \Lambda \text{ の相異なる元})$$

の形に表わされることに注意しておこう．

B)　相対位相，部分空間

前項に述べたことの応用として，任意の位相空間の部分集合に対して‘相対位相’，任意の位相空間族の直積に対して‘直積位相’を定義することができる．本項ではまず相対位相について述べよう．

$(S, \mathfrak{O})$ を 1 つの位相空間とし，M をその任意の(空でない)部分集合，i を M から S への標準的単射とする．(すなわち，すべての $x\in M$ に対して $i(x)=x$.) このとき，写像 $i: M\to S$ によって S の位相 $\mathfrak{O}$ から誘導される M の位相 $\mathfrak{O}_M$ を，M における $\mathfrak{O}$ の**相対位相**という．[前項の(A)で考えた S, $(S', \mathfrak{O}')$, f は今の場合，それぞれ M, $(S, \mathfrak{O})$, i にあたる.] 任意の $O\in\mathfrak{O}$ に対して，明らかに $i^{-1}(O)=O\cap M$ であるから，定理 23 によって

(5. 3)
$$\mathfrak{O}_M=\{O\cap M \mid O\in\mathfrak{O}\}$$

である．

位相空間 $(S, \mathfrak{O})$ の部分集合 M に相対位相 $\mathfrak{O}_M$ を導入して得られる位相空間 $(M, \mathfrak{O}_M)$ を，$(S, \mathfrak{O})$ の**部分位相空間**，または略して単に**部分空間**という．(こ

のように，位相空間の任意の部分集合には‘自然に’1つの位相が導入され，それ自身もまた位相空間と考えられるのである.）誤解の恐れがない場合には，$\mathfrak{O}$ や $\mathfrak{O}_M$ を省略して，単に M を S の部分空間ということもある.

以下本項では，簡単のため略式の記法を用いて，位相空間 $(S, \mathfrak{O})$ を S，その部分空間 $(M, \mathfrak{O}_M)$ を M とも書くことにしよう.

定義から明らかに，標準的単射 $i: M \to S$ は部分空間 M から S への連続写像である．また(5.3)によって，部分空間 M の開集合とは，S のある開集合と M との共通部分として表わされるような集合であるが，これと同様のことが，M の閉集合や M の点の(M における)近傍についても成り立つ．すなわち，S の閉集合系を $\mathfrak{A}$，M の閉集合系を $\mathfrak{A}_M$ とすれば，

(5.4)
$$\mathfrak{A}_M = \{A \cap M \mid A \in \mathfrak{A}\}$$

であり，また，M の点 x の S における近傍系を $\boldsymbol{V}(x)$，M における近傍系を $\boldsymbol{V}_M(x)$ とすれば，

(5.5)
$$\boldsymbol{V}_M(x) = \{V \cap M \mid V \in \boldsymbol{V}(x)\}$$

である．これらのことは，いずれも(5.3)から直ちに導かれる．(証明は練習問題として読者にゆだねる.）

M のある部分集合 E が S の開集合(または閉集合)であるならば，$E \cap M = E$ であることと(5.3)（または(5.4)）から明らかに，E は M の開集合（または閉集合）ともなる．しかし，M の開集合(または閉集合)は必ずしも S の開集合(または閉集合)ではない．(たとえば，M 自身は部分空間 M の開集合かつ閉集合であるが，それはもちろん一般には S の開集合でも閉集合でもない.）ただし，次の定理が成り立つ.

定理 24　M が位相空間 S の開集合ならば，M の任意の開集合は S においても開集合である．また，M が S の閉集合ならば，M の任意の閉集合は S においても閉集合である.

証明　(5.3)によって，M の開集合は $O \cap M$ $(O \in \mathfrak{O})$ の形に表わされるが，$M \in \mathfrak{O}$ ならば $O \cap M \in \mathfrak{O}$．したがってこれは S の開集合でもある．後半も同様にして(5.4)から明らかである．(証明終)

M, M' がともに S の部分集合で，$M' \subset M$ ならば，$\mathfrak{O}_M$ の M' における相対位相 $(\mathfrak{O}_M)_{M'}$ は，明らかに，$\mathfrak{O}$ の M' における相対位相 $\mathfrak{O}_{M'}$ と一致する．すなわち，M の部分空間としての M' の位相と，S の部分空間としての M' の位相とは，同じものである．略言すれば，部分空間の部分空間はもとの位相空間の部分空間である．

また，部分空間における相対位相の定義から，位相空間の間の写像が連続であるという性質は，その写像の定義域や終集合を縮小した場合にも，やはり保存されることが，容易に導かれる．すなわち，次の定理が成り立つ．

定理 25 S, S'（くわしくは $(S, \mathfrak{O}), (S', \mathfrak{O}')$）を 2 つの位相空間とし，$f$ を S から S' への連続写像とする．

(a) M を S の任意の部分集合とすれば，f の定義域を M に縮小した写像 $f': M \to S'$ も連続写像である．

(b) M' を $f(S) \subset M' \subset S'$ であるような S' の任意の部分集合とする．そのとき，f の終集合を M' に変えた写像 $f_1': S \to M'$ も連続写像である．

証明 (a) 任意の $O' \in \mathfrak{O}'$ に対して

$$f'^{-1}(O') = f^{-1}(O') \cap M$$

で，$f^{-1}(O') \in \mathfrak{O}$ であるから，$f'^{-1}(O')$ は M の開集合である．ゆえに f' は連続である．（あるいは次のように述べてもよい．$i: M \to S$ を標準的単射とすれば，明らかに $f' = f \circ i$．f および i は連続であるから，定理 22 によって f' も連続である．）

(b) U' を M' の任意の開集合とすれば，$U' = O' \cap M'$ $(O' \in \mathfrak{O}')$ と表わされ，

$$f_1'^{-1}(U') = f^{-1}(U') = f^{-1}(O') \cap f^{-1}(M').$$

しかるに $f(S) \subset M'$ であるから $f^{-1}(M') = S$．よって

$$f_1'^{-1}(U') = f^{-1}(O') \in \mathfrak{O}.$$

ゆえに f_1' は連続である．（証明終）

注意 位相空間の間の写像が開写像あるいは閉写像であるという性質は，その定義域を縮小した場合には必ずしも保存されない．（反例を挙げることは練習問題とする．）

C)　直積位相，直積空間

位相空間の族 $((S_\lambda, \mathfrak{O}_\lambda))_{\lambda\in\Lambda}$ が与えられたとし，台集合の族 $(S_\lambda)_{\lambda\in\Lambda}$ の直積を $S=\prod_{\lambda\in\Lambda} S_\lambda$ とする．

各 $\lambda\in\Lambda$ について S から S_λ への射影を pr_λ とするとき，写像族 $(\mathrm{pr}_\lambda)_{\lambda\in\Lambda}$ によって $((S_\lambda, \mathfrak{O}_\lambda))_{\lambda\in\Lambda}$ から S に誘導される位相，すなわち，すべての pr_λ が連続となるような S における最弱の位相 $\mathfrak{O}$ を，S の**直積位相**[1] という．[前々項の問題 (A)′ で考えた S，$(S'_\lambda, \mathfrak{O}'_\lambda)$，$f_\lambda: S\to S'_\lambda$ が，今の場合は，それぞれ $S=\prod_{\lambda\in\Lambda} S_\lambda$，$(S_\lambda, \mathfrak{O}_\lambda)$，$\mathrm{pr}_\lambda: S\to S_\lambda$ にあたるわけである.] $S=\prod_{\lambda\in\Lambda} S_\lambda$ に直積位相 $\mathfrak{O}$ を導入して得られる位相空間$(S, \mathfrak{O})$を，位相空間族 $((S_\lambda, \mathfrak{O}_\lambda))_{\lambda\in\Lambda}$ の**直積位相空間**，または略して**直積空間**(あるいはさらに略して単に**直積**)という．誤解の恐れがない場合には，記号 $S=\prod_{\lambda\in\Lambda} S_\lambda$ 自身にすでに位相も含められているものと考え，これを位相空間族 $(S_\lambda)_{\lambda\in\Lambda}$ の直積ということもある．(以下ではしばしば，この略式の表現も用いる.) 定義から明らかに，直積空間 S から各直積因子 S_λ への射影 pr_λ はすべて連続である．

直積空間 S の位相 $\mathfrak{O}$ を，もう少し具体的にしらべてみよう．A)の(5.2)によれば，$\mathfrak{O}$ の基底として

$$\bigcap_{i=1}^{n} \mathrm{pr}_{\lambda_i}^{-1}(O_{\lambda_i}) \qquad (O_{\lambda_i}\in\mathfrak{O}_{\lambda_i}\ (i=1,\cdots,n))$$

の形の集合の全体をとることができる．(ただし $\lambda_1,\cdots,\lambda_n$ は Λ の任意の有限個の相異なる元である.) ここで，射影 pr_{λ_i} の性質から明らかに

$$\mathrm{pr}_{\lambda_i}^{-1}(O_{\lambda_i}) = \Bigl(\prod_{\lambda\in\Lambda-\{\lambda_i\}} S_\lambda\Bigr)\times O_{\lambda_i}$$

であるから，

$$(5.6)\qquad \bigcap_{i=1}^{n} \mathrm{pr}_{\lambda_i}^{-1}(O_{\lambda_i}) = \Bigl(\prod_{\lambda\in\Lambda-\{\lambda_1,\cdots,\lambda_n\}} S_\lambda\Bigr)\times O_{\lambda_1}\times\cdots\times O_{\lambda_n}.$$

すなわち，これは，$\lambda=\lambda_1,\cdots,\lambda_n$ に対しては $x_{\lambda_i}\in O_{\lambda_i}\ (i=1,\cdots,n)$ で，その他の $\lambda\in\Lambda$ に対しては任意の λ 成分をもつような S の点 $x=(x_\lambda)_{\lambda\in\Lambda}$ 全体の作る集合である．

---

1)　正確には，位相族 $(\mathfrak{O}_\lambda)_{\lambda\in\Lambda}$ の直積位相というべきであろう．

以上のことを次の定理として挙げておく.

定理 26 位相空間の族 $((S_\lambda, \mathfrak{O}_\lambda))_{\lambda\in\Lambda}$ の直積空間を $(S, \mathfrak{O})$ とする. Λ の任意の有限個の相異なる元 $\lambda_1, \cdots, \lambda_n$ と任意の $O_{\lambda_i}\in\mathfrak{O}_{\lambda_i}$ $(i=1, \cdots, n)$ とによって (5.6) の形に表わされる $S=\prod_{\lambda\in\Lambda} S_\lambda$ の部分集合全体の集合を $\mathfrak{B}$ とすれば, $\mathfrak{B}$ は $\mathfrak{O}$ の 1つの基底となる. ——

(5.6) の形の S の開集合を S の**初等開集合**という. S の任意の開集合は初等開集合の和集合として表わされるのである.

特に, Λ が有限集合 $\Lambda=\{1, 2, \cdots, n\}$ の場合には, $S=S_1\times S_2\times\cdots\times S_n$ の初等開集合は

$$(5.6)' \qquad O_1\times O_2\times\cdots\times O_n \qquad (O_i\in\mathfrak{O}_i\ (i=1, \cdots, n))$$

の形に書かれる.

定理 26 から直ちに次の系が得られる.

系 1 直積空間 $S=\prod_{\lambda\in\Lambda} S_\lambda$ から各直積成分 S_λ への射影 pr_λ は開写像である.

証明 S の初等開集合の全体は $\mathfrak{O}$ の基底をなすが, 初等開集合の形から明らかに, その pr_λ による像は S_λ の開集合である. したがって, §4, 問題 6 により pr_λ は開写像である.

系 2 $x=(x_\lambda)_{\lambda\in\Lambda}$ を $S=\prod_{\lambda\in\Lambda} S_\lambda$ の任意の 1 点とするとき, x の基本近傍系として,

$$(5.7) \qquad \bigcap_{i=1}^{n} \mathrm{pr}_{\lambda_i}^{-1}(V_{\lambda_i}) = \Bigl(\prod_{\lambda\in\Lambda-\{\lambda_1, \cdots, \lambda_n\}} S_\lambda\Bigr)\times V_{\lambda_1}\times\cdots\times V_{\lambda_n}$$

$$(\lambda_1, \cdots, \lambda_n \text{ は } \Lambda \text{ の相異なる元}, \ V_{\lambda_i}\in \boldsymbol{V}_{S_{\lambda_i}}(x_{\lambda_i}) \ \ (i=1, \cdots, n))$$

の形の集合の全体をとることができる.

この証明は明らかであろう.

注意 なお, 各 $\lambda\in\Lambda$ に対してそれぞれ $\mathfrak{O}_\lambda$ の基底 $\mathfrak{B}_\lambda$ が与えられているとすれば, 初等開集合全体の代りに, (5.6) において各 O_{λ_i} が $\mathfrak{B}_{\lambda_i}$ に属するような集合の全体だけを考えても, それだけですでに $\mathfrak{O}$ の基底が得られる. このことも直ちに示される. (くわしくは練習問題とする.)

例 位相空間 $\boldsymbol{R}^n$ は位相空間 $\boldsymbol{R}$ の n 個の直積空間と考えられる. 実際, §3, C) の例 1, 例 2 でみたように, $\boldsymbol{R}$ の基底としては開区間 (a, b) の全体を, また

$\boldsymbol{R}^n$ の基底としては，

$$(a_1, b_1) \times (a_2, b_2) \times \cdots \times (a_n, b_n)$$

の形の集合の全体をとることができる．このことと上の注意とから，$\boldsymbol{R}^n$ の位相は，$\boldsymbol{R}$ の n 個の直積空間としての直積位相と一致することがわかる．

問　　題

1. (5.4), (5.5) を証明せよ．

2. M を位相空間 $(S, \mathfrak{O})$ の部分集合とするとき，$\mathfrak{B}$ が $\mathfrak{O}$ の基底(または準基底)ならば，

$$\mathfrak{B}_M = \{O \cap M \mid O \in \mathfrak{B}\}$$

は $\mathfrak{O}_M$ の基底(または準基底)となることを示せ．

3. M を位相空間 S の部分空間とするとき，M の任意の部分集合 X の M における閉包は $\bar{X} \cap M$ ($\bar{X}$ は X の S における閉包)となることを示せ．

4. 前問で，$X \in \mathfrak{P}(M)$ の M における開核を $X^{i'}$，S における開核を X^i とすれば，$X^{i'} \supset X^i$ であることを示せ．また，任意の $X \in \mathfrak{P}(M)$ に対して $X^{i'} = X^i$ が成り立つためには，M が S の開集合であることが必要十分であることを示せ．

5. 離散空間の任意の部分空間は離散空間，密着空間の任意の部分空間は密着空間であることを示せ．

6. M を位相空間 S の部分集合とする．M のすべての点が M の孤立点であるためには，S の部分空間として M が離散空間であることが必要十分であることを示せ．

7. A_1, A_2, B を位相空間 S の部分集合とし，$B \subset A_1 \cap A_2$ とする．そのとき，B が A_1 においても A_2 においても開集合(または閉集合)であるならば，B は $A_1 \cup A_2$ においても開集合(または閉集合)であることを示せ．

8. $\boldsymbol{R}$ の開区間 (a, b) は(相対位相に関して) $\boldsymbol{R}$ と同相な位相空間であることを示せ．

9. 位相空間の間の写像が開写像または閉写像であるという性質は，定義域を縮小するとき一般には保存されないことを，例を挙げて示せ．

10. 定理 26，系 2 の後の注意に述べたことをくわしく考えよ．

11. $(S_\lambda)_{\lambda \in \Lambda}$ を位相空間の族とし，各 λ に対して M_λ を S_λ の部分集合とする．そのとき，直積空間 $S = \prod_{\lambda \in \Lambda} S_\lambda$ の部分集合 $M = \prod_{\lambda \in \Lambda} M_\lambda$ について，

$$\bar{M} = \prod_{\lambda \in \Lambda} \bar{M}_\lambda$$

が成り立つことを証明せよ．(したがって，特に各 M_λ が S_λ の閉集合ならば，$\prod_{\lambda \in \Lambda} M_\lambda$ は $S = \prod_{\lambda \in \Lambda} S_\lambda$ の閉集合である．)

12. 前問において，Λ が有限集合である場合には

$$M^\circ = \prod_{\lambda \in \Lambda} M_\lambda{}^\circ$$

も成立することを示せ．Λ が無限集合の場合にはこのことは成り立つか．

13. 位相空間族 $(S_n)_{n \in \boldsymbol{N}}$ において，どの S_n も第2可算公理を満足するならば，直積空間 $S = \prod_{n \in \boldsymbol{N}} S_n$ も第2可算公理を満足することを示せ．

14. 直積空間 $S = \prod_{\lambda \in \Lambda} S_\lambda$ から S_λ への射影 pr_λ は一般には閉写像でないことを，例を挙げて示せ．

15. 位相空間 S から直積空間 $S' = \prod_{\lambda \in \Lambda} S'_\lambda$ への写像 $f: S \to S'$ が連続であるためには，すべての $\lambda \in \Lambda$ に対し $f_\lambda = \mathrm{pr}_\lambda \circ f: S \to S'_\lambda$ が連続であることが必要十分であることを示せ．

16. $(S_\lambda)_{\lambda \in \Lambda}$ を位相空間の族，Λ_1 を Λ の部分集合とし，$\Lambda - \Lambda_1$ に属する各 μ に対してそれぞれ S_μ の1つの元 x_μ^0 を定めておく．そのとき，$\prod_{\lambda \in \Lambda_1} S_\lambda$ の各点 $x = (x_\lambda)_{\lambda \in \Lambda_1}$ に $\prod_{\lambda \in \Lambda} S_\lambda$ の点 $x^* = (x_\lambda^*)_{\lambda \in \Lambda}$ (ただし $\lambda \in \Lambda_1$ に対しては $x_\lambda^* = x_\lambda$，$\mu \in \Lambda - \Lambda_1$ に対しては $x_\mu^* = x_\mu^0$) を対応させる写像は，$\prod_{\lambda \in \Lambda_1} S_\lambda$ から $\prod_{\lambda \in \Lambda} S_\lambda$ の部分空間 $\prod_{\lambda \in \Lambda_1} S_\lambda \times \prod_{\mu \in \Lambda - \Lambda_1} \{x_\mu^0\}$ への同相写像であることを示せ．

17. f を直積空間 $S = \prod_{\lambda \in \Lambda} S_\lambda$ から位相空間 S' への連続写像とする．そのとき，前問のようにして $\prod_{\lambda \in \Lambda_1} S_\lambda$ の各点 x に $\prod_{\lambda \in \Lambda} S_\lambda$ の点 x^* を対応させ，$f_1(x) = f(x^*)$ とおけば，f_1 は $\prod_{\lambda \in \Lambda_1} S_\lambda$ から S' への連続写像であることを示せ．(約言すれば，"'多変数の連続写像' は，一部の変数を固定した場合，残りの変数について連続である．特に，'多変数の連続写像' は個々の各変数について連続である．" しかし，このことの逆は成立しない(次の問題参照).)

18. 写像 $f: \boldsymbol{R} \times \boldsymbol{R} \to \boldsymbol{R}$ を次のように定義する：

$$f(x_1, x_2) = \begin{cases} x_1 x_2 / (x_1{}^2 + x_2{}^2) & ((x_1, x_2) \neq (0, 0)), \\ 0 & ((x_1, x_2) = (0, 0)). \end{cases}$$

この f は x_1 についても x_2 についても連続であるが，'2変数の写像' として点 $(0, 0)$ では連続でないことを示せ．

19. 1つの位相空間 $(S, \mathfrak{O})$，1つの集合 S'，および S から S' への写像 f が与えられたとする．そのとき，S' の部分集合 O' で $f^{-1}(O') \in \mathfrak{O}$ となるものの全体を $\mathfrak{O}'$ とすれば，$\mathfrak{O}'$ は S' における位相で，f は $(S, \mathfrak{O})$ から $(S', \mathfrak{O}')$ への連続写像となることを示せ．また，この $\mathfrak{O}'$ は f が連続となるような S' における位相のうちで最も強いものであることを示せ．(この $\mathfrak{O}'$ を，写像 $f: S \to S'$ によって S の位相 $\mathfrak{O}$ から誘導される S' の位相という.)

20. x を位相空間 S の点，V を x の S における近傍とする．そのとき，V における x の任意の近傍は S における x の近傍ともなることを示せ．

第5章　連結性とコンパクト性

§1　連　結　性

A)　連結位相空間

$(S, \mathfrak{O})$を1つの位相空間とする．以下これを略して単にSとも書く．また，この位相空間の閉集合系を$\mathfrak{A}$とする．

Sの部分集合のうち，S自身および空集合ϕはSの開集合であると同時に閉集合である．これらのほかには，同時に開かつ閉であるようなSの部分集合が存在しないとき，すなわち

$$\mathfrak{O} \cap \mathfrak{A} = \{S, \phi\}$$

であるとき，位相空間Sは**連結**であるという．

Sが連結でないならば，$\mathfrak{O} \cap \mathfrak{A}$は$S, \phi$以外の元$O_1$を含む．そのとき$O_2 = S - O_1$も明らかに$S, \phi$と異なる$\mathfrak{O} \cap \mathfrak{A}$の元となるから，$S$は，ともに空でない2つの開集合(または閉集合)$O_1, O_2$の直和に分解されることとなる：

(1.1)　$$S = O_1 \cup O_2, \quad O_1 \cap O_2 = \phi, \quad O_1 \neq \phi, \quad O_2 \neq \phi.$$

逆に，Sが2つの開集合(または閉集合)O_1, O_2によって，(1.1)の形に表わされるならば，O_1(およびO_2)はS, ϕと異なる$\mathfrak{O} \cap \mathfrak{A}$の元となるから，$S$は連結ではない．

したがって，Sが連結であることは，(1.1)を成り立たせるような2つの開集合(または閉集合)O_1, O_2が存在しないことと同等である．

例　任意の密着空間は明らかに連結である．また，離散空間は，それがただ1点のみより成るときに限って連結である．

(もっと具体的な連結位相空間の例については後に述べる.)

Mを位相空間Sの部分集合とすれば，Mには相対位相$\mathfrak{O}_M$が導入されて，M自身も位相空間——'Sの部分空間'——となる．この部分空間Mが連結な位相空間であるとき，MをSの**連結**な部分集合(または連結な部分空間)とい

う.

M が連結であることは, M が2つの空でない 'M の開集合' の直和として表わされないことを意味するが, このことはまた次の補題の形に述べかえることができる.

補題　位相空間 S の部分集合 M が連結であるためには,

(1.2)　$M \subset O_1 \cup O_2, \quad O_1 \cap O_2 \cap M = \phi, \quad O_1 \cap M \neq \phi, \quad O_2 \cap M \neq \phi$

となるような S の開集合 O_1, O_2 が存在しないことが必要十分である.

証明　(1.2)を成り立たせる $O_1 \in \mathfrak{O}$, $O_2 \in \mathfrak{O}$ が存在したとすれば, $O_1 \cap M = O_1' \in \mathfrak{O}_M$, $O_2 \cap M = O_2' \in \mathfrak{O}_M$ で, 明らかに

(1.3)　$M = O_1' \cup O_2', \quad O_1' \cap O_2' = \phi, \quad O_1' \neq \phi, \quad O_2' \neq \phi$

となるから, M は連結ではない. 逆に, M が連結でなければ, (1.3)を成り立たせる $O_1' \in \mathfrak{O}_M$, $O_2' \in \mathfrak{O}_M$ が存在するが, O_1', O_2' はそれぞれ適当な $O_1 \in \mathfrak{O}$, $O_2 \in \mathfrak{O}$ によって, $O_1' = O_1 \cap M$, $O_2' = O_2 \cap M$ と表わされ, この O_1, O_2 は(1.2)を満足する. (証明終)

B)　連結性に関する諸定理

"連結な位相空間の連続像はやはり連結である." すなわち, 次の定理が成り立つ.

定理 1　S を連結な位相空間とし, f を S から位相空間 S' への連続写像とする. そのとき, $f(S)$ は S' の連結な部分空間である.

証明　$f(S)$ が連結でないとすれば, S' の開集合 O_1', O_2' で,

$$f(S) \subset O_1' \cup O_2', \quad O_1' \cap O_2' \cap f(S) = \phi,$$
$$O_1' \cap f(S) \neq \phi, \quad O_2' \cap f(S) \neq \phi$$

となるものが存在する. 上の2つの式から明らかに

$$S = f^{-1}(O_1') \cup f^{-1}(O_2'), \quad f^{-1}(O_1') \cap f^{-1}(O_2') = \phi$$

が得られ, また下の2つの式から $f^{-1}(O_1') \neq \phi$, $f^{-1}(O_2') \neq \phi$ が得られる. f は連続であるから, $f^{-1}(O_1')$, $f^{-1}(O_2')$ は S の開集合である. これは S が連結であることに矛盾する. (証明終)

定理1と前章の定理25(a)から，直ちに次の系が得られる．

系 S, S' を位相空間とし，f を S から S' への連続写像とする．そのとき，M を S の連結な部分集合とすれば，$f(M)$ は S' の連結な部分集合である．——

また，位相空間 S の連結な部分集合については，次の定理2, 3が成り立つ．

定理 2 位相空間 S の部分集合 N が連結ならば，

$$N \subset M \subset \bar{N}$$

であるような任意の部分集合 M も連結である．

証明 M が連結でないとすれば，(1.2)を満たすような S の開集合 O_1, O_2 が存在する．$N \subset M$ であるから，この O_1, O_2 に対して，もちろん

$$N \subset O_1 \cup O_2, \quad O_1 \cap O_2 \cap N = \phi.$$

また，もし $O_i \cap N = \phi$ ならば，前章§2，問題4によって $O_i \cap \bar{N} = \phi$．したがって，仮定 $M \subset \bar{N}$ により $O_i \cap M = \phi$ となるが，これは(1.2)に反するから

$$O_i \cap N \neq \phi \qquad (i=1, 2).$$

これは N が連結であることに矛盾する．

定理 3 $(M_\lambda)_{\lambda \in \Lambda}$ を位相空間 S の部分集合族とし，すべての $\lambda \in \Lambda$ について M_λ は連結で，また Λ の任意の2元 λ_1, λ_2 に対し $M_{\lambda_1} \cap M_{\lambda_2} \neq \phi$ とする．そのとき，和集合 $M = \bigcup_{\lambda \in \Lambda} M_\lambda$ も S の連結な部分集合である．

証明 $M = \bigcup_{\lambda \in \Lambda} M_\lambda$ が連結でないとすれば，S のある開集合 O_1, O_2 に対して(1.2)が成り立つ．任意の $\lambda \in \Lambda$ に対し，$M_\lambda \subset M$ であるから

$$M_\lambda \subset O_1 \cup O_2, \quad O_1 \cap O_2 \cap M_\lambda = \phi.$$

また，$O_1 \cap M = \bigcup_{\lambda \in \Lambda} (O_1 \cap M_\lambda) \neq \phi$，$O_2 \cap M = \bigcup_{\lambda \in \Lambda} (O_2 \cap M_\lambda) \neq \phi$ であるから，

$$O_1 \cap M_{\lambda_1} \neq \phi, \quad O_2 \cap M_{\lambda_2} \neq \phi$$

となるような Λ の元 λ_1, λ_2 がある．このとき，もし $O_2 \cap M_{\lambda_1} \neq \phi$ あるいは $O_1 \cap M_{\lambda_2} \neq \phi$ ならば，M_{λ_1} あるいは M_{λ_2} が連結でないこととなって仮定に反するから

$$O_2 \cap M_{\lambda_1} = \phi, \quad O_1 \cap M_{\lambda_2} = \phi. \tag{1.4}$$

(1.4)によって

$$O_i \cap M_{\lambda_1} \cap M_{\lambda_2} = \phi \qquad (i=1, 2)$$

であるから，

$$(O_1 \cup O_2) \cap (M_{\lambda_1} \cap M_{\lambda_2}) = (O_1 \cap M_{\lambda_1} \cap M_{\lambda_2}) \cup (O_2 \cap M_{\lambda_1} \cap M_{\lambda_2}) = \phi.$$

しかるに一方，$M_{\lambda_1} \cap M_{\lambda_2} \subset M \subset O_1 \cup O_2$ であるから，

$$(O_1 \cup O_2) \cap (M_{\lambda_1} \cap M_{\lambda_2}) = M_{\lambda_1} \cap M_{\lambda_2}.$$

ゆえに $M_{\lambda_1} \cap M_{\lambda_2} = \phi$ となるが，これは仮定に反する.

系 $(M_\lambda)_{\lambda \in \Lambda}$ が位相空間 S の連結部分集合族で，すべての M_λ が1点 x を共有するならば，$\bigcup_{\lambda \in \Lambda} M_\lambda$ は連結である.

C) 位相空間の連結成分

S を任意の位相空間とする.

S の2点 x, y に対し，x, y 両方を含むような S の連結部分集合 M が存在するとき，$x \sim y$ と書くことにすれば，$\sim$ は S における1つの同値関係となることが，次のように示される．まず，1点 x のみから成る部分集合 $\{x\}$ は明らかに連結であるから，$x \sim x$．また，$x \sim y$ ならば $y \sim x$ であることは，定義より明らかである．また，$x \sim y$ かつ $y \sim z$ とすれば，x, y を含む連結部分集合 M_1；y, z を含む連結部分集合 M_2 が存在する．$M_1 \cap M_2 \ni y$ であるから，$M_1 \cap M_2 \neq \phi$．したがって，定理3により $M_1 \cup M_2$ も連結で，かつ，それは x，z を含むから，$x \sim z$ となる．以上で，$\sim$ は同値関係であることがわかった.

S を，上に定義した同値関係 $\sim$ によって類別したときの各同値類を，位相空間 S の**連結成分**という.

定理 4 S の点 x を含む連結成分を C_x とすれば，C_x は x を含む S の最大の連結部分集合である．また，C_x は閉集合である.

証明 点 x を含む S の連結部分集合のすべての和集合を M とすれば，定理3の系によって，M も連結である．したがってそれは，明らかに x を含む最大の連結部分集合となる．この M が C_x と一致することを示そう.

y を M の任意の点とすれば，x, y はともに連結集合 M に含まれるから，$x \sim y$，したがって $y \in C_x$．ゆえに $M \subset C_x$．他方，z を C_x の任意の点とすれば，$x \sim z$ であるから，x, z を含む連結集合 M' が存在し，$M' \subset M$ であるから，

$z \in M$. したがって $C_x \subset M$. ゆえに $C_x = M$. これで定理の前半が示された.

定理の後半は次のように示される. $C_x = M$ は連結であるから, 定理2によって $\bar{C}_x$ も連結である. しかるに, C_x は x を含む最大の連結集合であるから, $\bar{C}_x = C_x$. すなわち, C_x は閉集合である. (証明終)

位相空間 S が連結であることは, 明らかに, S がただ1つの連結成分をもつこと(すなわち, S 全体が1つの連結成分となっていること)と同等である.

D) 連結空間族の直積空間

直積位相空間の連結性については次の定理が成り立つ.

定理 5 位相空間族 $(S_\lambda)_{\lambda \in \Lambda}$ の直積空間を $S = \prod_{\lambda \in \Lambda} S_\lambda$ とする. そのとき, S が連結であるためには, すべての $\lambda \in \Lambda$ に対して S_λ が連結であることが必要十分である.

証明 S が連結ならば, $\mathrm{pr}_\lambda : S \to S_\lambda$ は連続で $\mathrm{pr}_\lambda(S) = S_\lambda$ であるから, 定理1によって S_λ も連結である.

逆に, すべての S_λ が連結であるとき, S も連結であることは次のように示される.

1) Λ が有限集合の場合:

$\Lambda = \{1, 2\}$ のときを証明すれば十分である. $S = S_1 \times S_2$ の任意の2点を $x = (x_1, x_2)$, $y = (y_1, y_2)$ とするとき, 前項C)の意味で $x \sim y$ となること, すなわち, x, y をともに含む S の連結部分集合が存在することをいえばよい. $M_1 = S_1 \times \{y_2\}$, $M_2 = \{x_1\} \times S_2$ とおけば, 第4章§5, 問題16によって, M_1, M_2 はそれぞれ S_1, S_2 と同相であるから, これらはいずれも連結である, しかも M_1, M_2 はともに点 (x_1, y_2) を含むから $M_1 \cap M_2 \neq \emptyset$. したがって定理3によって $M = M_1 \cup M_2$ は連結となる. また, 明らかに $x = (x_1, x_2) \in M_2$, $y = (y_1, y_2) \in M_1$ であるから, x, y はともに M に含まれる. ゆえに $x \sim y$.

2) 一般の場合:

$x^0 = (x_\lambda^0)_{\lambda \in \Lambda}$ を S の1つの定点とし, Λ の有限部分集合全体の集合を Ω とする. $\Lambda_1 \in \Omega$ のとき, Λ_1 に属する λ に対しては任意の λ 座標をもち, $\Lambda - \Lambda_1$

に属する μ に対しては x^0 と同じ μ 座標をもつような S の点全体の集合を $M(x^0, \Lambda_1)$ とする．すなわち

$$M(x^0, \Lambda_1) = \prod_{\lambda\in\Lambda_1} S_\lambda \times \prod_{\mu\in\Lambda-\Lambda_1} \{x_\mu^0\}.$$

第4章§5，問題16によって $M(x^0, \Lambda_1)$ は $\prod_{\lambda\in\Lambda_1} S_\lambda$ と同相で，Λ_1 は有限集合であるから，1)で証明されたことにより，$M(x^0, \Lambda_1)$ は連結である．しかも，任意の $\Lambda_1\in\Omega$ に対して $M(x^0, \Lambda_1)\ni x^0$ であるから，定理3の系によって，和集合 $M=\bigcup_{\Lambda_1\in\Omega} M(x^0, \Lambda_1)$ も連結となる．

次に，$\overline{M}=S$ となることを示そう．このことが示されれば，定理2によって S の連結性が得られることとなる．$x=(x_\lambda)_{\lambda\in\Lambda}$ を S の任意の1点とするとき，第4章定理26，系2によって，x の基本近傍系として

$$\prod_{\lambda\in\Lambda_1} V_\lambda \times \prod_{\mu\in\Lambda-\Lambda_1} S_\mu \qquad (\Lambda_1\in\Omega,\ \ V_\lambda\in \boldsymbol{V}_{S_\lambda}(x_\lambda)) \tag{1.5}$$

の形の集合の全体をとることができる．明らかに

$$\left(\prod_{\lambda\in\Lambda_1} V_\lambda \times \prod_{\mu\in\Lambda-\Lambda_1} S_\mu\right)\cap M(x^0, \Lambda_1) = \prod_{\lambda\in\Lambda_1} V_\lambda \times \prod_{\mu\in\Lambda-\Lambda_1} \{x_\mu^0\} \neq \phi$$

であるから，(1.5)の形の x の近傍はすべて M と交わる．したがって $x\in\overline{M}$（第4章§3，問題5）．ゆえに $S=\overline{M}$ となる．（証明終）

E) 位相空間 $\boldsymbol{R}$ の連結部分集合

前にも述べたように，実数全体の集合 $\boldsymbol{R}$ には‘連続性’または‘完備性’とよばれる性質がある．すなわち，$\boldsymbol{R}$ の任意の空でない上に有界な（または下に有界な）部分集合は，$\boldsymbol{R}$ の中に上限（または下限）をもつ［第3章§1, C)］．このことを用いて，次の定理が証明される．

定理 6　位相空間 $\boldsymbol{R}$ は連結である．

証明　$\boldsymbol{R}$ が空でない2つの閉集合 A_1, A_2 の直和に分解されたとして，矛盾を導こう．

A_1, A_2 からそれぞれ1つの点 a_1, a_2 をとれば，$a_1\neq a_2$ であるから，$a_1<a_2$ または $a_1>a_2$．どちらでも同じことであるから，いま $a_1<a_2$ とする．そのとき

$$B = A_1\cap(-\infty, a_2)$$

とおけば，$a_1 \in B$ であるから，$B \neq \phi$. また，a_2 は B の1つの上界であるから，$\sup B = c$ が存在して，$c \leqq a_2$. 上限の性質により，任意の正数 ε に対し $c-\varepsilon < a_1' \leqq c$ となる B の(したがって A_1 の)元 a_1' が存在するから，

$$(c-\varepsilon, c+\varepsilon) \cap A_1 \neq \phi.$$

よって $c \in \bar{A}_1$. A_1 は閉集合であるから $c \in A_1$，したがって $c < a_2$ となる．一方，$c < x \leqq a_2$ である実数 x はすべて A_2 に属するから，任意の正数 ε に対して

$$(c-\varepsilon, c+\varepsilon) \cap A_2 \neq \phi.$$

ゆえに $c \in \bar{A}_2$. A_2 も閉集合であるから $c \in A_2$. 以上によって $c \in A_1 \cap A_2$ となるが，これは矛盾である．

系 1　$\boldsymbol{R}$ の任意の開区間 (a, b)，閉区間 $[a, b]$ は連結である．また $(a, b]$，$[a, b)$，(a, ∞)，$[a, \infty)$，$(-\infty, b)$，$(-\infty, b]$ などの区間もすべて連結である．

証明　開区間 (a, b) は位相空間 $\boldsymbol{R}$ と同相(第4章§5，問題8)であるから，連結である．また，(a, b) の閉包は閉区間 $[a, b]$ であるから，定理2によって，$[a, b]$，$(a, b]$，$[a, b)$ も連結であることがわかる．

残りの無限区間が連結であることは

$$(a, \infty) = \bigcup_{n \in \boldsymbol{N}} (a, a+n), \qquad [a, \infty) = \bigcup_{n \in \boldsymbol{N}} [a, a+n),$$

$$(-\infty, b) = \bigcup_{n \in \boldsymbol{N}} (b-n, b), \qquad (-\infty, b] = \bigcup_{n \in \boldsymbol{N}} (b-n, b]$$

と表わされることと，定理3から明らかである．

系 2　位相空間 $\boldsymbol{R}^n$ は連結である．

これは定理6と定理5から直ちに得られる．——

定理6および系1でわれわれは $\boldsymbol{R}$ およびその任意の区間が連結であることをみたが，その逆に，次の定理が成り立つ．

定理 7　位相空間 $\boldsymbol{R}$ の連結部分集合は，$\boldsymbol{R}$ 全体であるか，または系1に挙げた区間のいずれかとなる．

証明　M を $\boldsymbol{R}$ の1つの連結部分集合とする．

M がただ1点 a のみより成る場合は，M は閉区間 $[a, a]$ と考えられる．

M が2点以上を含む場合は，M は性質

$$(1.6)\qquad \alpha \in M,\ \beta \in M,\ \alpha<\beta \Rightarrow [\alpha, \beta]\subset M$$

をもつことが，次のように示される．仮りに，$\alpha \in M$, $\beta \in M$, $\alpha<\beta$ で，$\alpha<\gamma<\beta$ を満たすある γ が M に含まれていないとする．そうすれば，明らかに

$$M\subset(-\infty, \gamma)\cup(\gamma, \infty), \qquad (-\infty, \gamma)\cap(\gamma, \infty)\cap M=\phi$$

で，また $(-\infty, \gamma)\cap M$, $(\gamma, \infty)\cap M$ はそれぞれ点 α, β を含むから，

$$(-\infty, \gamma)\cap M\neq\phi, \qquad (\gamma, \infty)\cap M\neq\phi.$$

$(-\infty, \gamma)$, (γ, ∞) はいずれも $\boldsymbol{R}$ の開集合であるから，上のことは M が連結であることに矛盾する．したがって(1.6)が成り立つのである．

そこで，たとえば M が(上下に)有界である場合には，$\inf M=a$, $\sup M=b$ とすれば，もちろん $M\subset[a, b]$ であるが，また(1.6)から直ちに，$(a, b)\subset M$ となることがわかる．したがって，M は (a, b), $(a, b]$, $[a, b)$, $[a, b]$ のいずれかと一致する．同様にして，M が下にだけ有界な場合は M は (a, ∞), $[a, \infty)$ のいずれかとなり，上にだけ有界な場合は $(-\infty, b)$, $(-\infty, b]$ のいずれかとなる．また，M が上にも下にも有界でない場合は $M=\boldsymbol{R}$ となる．(証明終)

系 (中間値の定理)　$f: S\to\boldsymbol{R}$ を連結な位相空間 S 上で定義された実連続関数とし，S の2点 x_1, x_2 における f の値を $f(x_1)=\alpha$, $f(x_2)=\beta$, $\alpha<\beta$ とする．そのとき，$\alpha<\gamma<\beta$ であるような任意の実数 γ に対して，$f(x)=\gamma$ となる S の点 x が存在する[1]．

証明　定理1によって $f(S)=M$ は $\boldsymbol{R}$ の連結な部分集合で，仮定により $\alpha\in M$, $\beta\in M$. したがって，定理7(直接には(1.6))により $[\alpha, \beta]\subset M$. これより終結が得られる．

F)　弧状連結

S を1つの位相空間とする．実数の閉区間 $[0,1]$ の S の中への連続像，すなわち，ある連続写像 $f:[0,1]\to S$ による像 $A=f([0,1])$ を，S における1つの**弧**という．$f(0)=a$, $f(1)=b$ であるとき，弧 A は点 a と点 b とを**結ぶ**

1)　S が実数の閉区間 $[x_1, x_2]$ である場合には，これは解析学の初歩でよく知られた定理である．

という．定理6の系1でみたように，閉区間$[0,1]$は連結であるから，定理1によってAはSの連結な部分集合である．

A_1がSの点aと点bとを結ぶ弧，A_2が点bと点cとを結ぶ弧ならば，$A_1\cup A_2$は点aと点cとを結ぶ弧となる．実際，A_1, A_2をそれぞれ連続写像$f_1:[0,1]\to S$, $f_2:[0,1]\to S$による$[0,1]$の像とするとき，

$$f(t)=\begin{cases} f_1(2t) & (0\leqq t\leqq 1/2), \\ f_2(2t-1) & (1/2\leqq t\leqq 1) \end{cases}$$

によって，$f:[0,1]\to S$を定めれば，明らかにfも連続で，$f(0)=a$, $f(1)=c$, $f([0,1])=A_1\cup A_2$となるからである．一般に，Sにおける有限個の弧を‘つなげた’ものは，やはりSにおける1つの弧である．

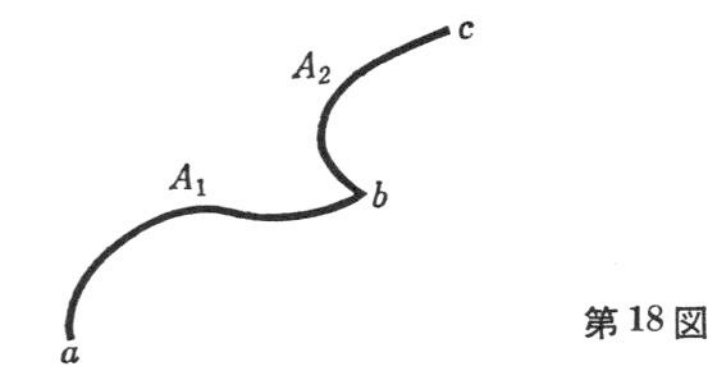

第18図

位相空間Sの任意の2点a,bに対し，それらを結ぶ弧が存在するとき，Sは**弧状連結**であるという．a,bを結ぶ弧はa,bを含む連結集合であるから，弧状連結な位相空間は連結である．ただし，本項の終りの例でみるように，その逆は必ずしも成り立たない．

位相空間Sの部分集合Mが弧状連結であるとは，もちろん，Sの部分空間としての位相空間Mが弧状連結であることを意味する．

以下，特に位相空間$\boldsymbol{R}^n$について考えよう．

一般に，$\boldsymbol{R}^n$の2点$a=(a_1,\cdots,a_n)$, $b=(b_1,\cdots,b_n)$に対し，その和を

$$a+b=(a_1+b_1,\cdots,a_n+b_n)$$

と定義する．また$\boldsymbol{R}^n$の点$a=(a_1,\cdots,a_n)$と実数tに対し，aのt倍を

$$ta=(ta_1,\cdots,ta_n)$$

と定義する．

a,bを$\boldsymbol{R}^n$の2点とするとき，0と1の間を動くパラメーターtによって

$$(1-t)a+tb, \quad 0 \leqq t \leqq 1$$

の形に表わされる $\boldsymbol{R}^n$ の点の集合を，a, b を結ぶ**線分**といい，$\overline{ab}$ で表わす[1]．区間 $[0,1]$ に属する t に対し

$$f(t) = (1-t)a+tb$$

とおけば，$f:[0,1]\to\boldsymbol{R}^n$ は明らかに連続で，その像がちょうど $\overline{ab}$ であるから，$\overline{ab}$ は a と b を結ぶ1つの弧である．$a \neq b$ ならば，明らかに $\overline{ab}$ は $[0,1]$ と同相であり，また $\overline{aa}$ は a のみから成る集合 $\{a\}$ である．

M を $\boldsymbol{R}^n$ の部分集合とする．M が条件

$$M \ni a,\ M \ni b \Rightarrow \overline{ab} \subset M$$

を満足するとき，M は $\boldsymbol{R}^n$ の**凸集合**であるという．たとえば，容易に示されるように，$\boldsymbol{R}^n$ の任意の開球体 $B(x;\varepsilon)$ は凸集合である．もちろん，$\boldsymbol{R}^n$ 自身も1つの凸集合である．また定義から明らかに，$\boldsymbol{R}^n$ の任意の凸集合は弧状連結である．(われわれがここで凸集合の定義を述べたのは，主として参考のためである．凸集合についてはいろいろ興味ある性質が知られているが，本書ではそれらのことにくわしく触れるわけではない．ただ，以後の練習問題の中に，読者は凸集合に関するいくつかの基本的命題をみいだすであろう.)

次の定理は，$\boldsymbol{R}^n$ の開集合に関するものである．

定理 8　O を $\boldsymbol{R}^n$ の空でない開集合とするとき，O が連結であることと弧状連結であることとは同等である．

証明　弧状連結ならば連結であることは一般的にいえるのであったから，逆の部分だけを証明すればよい．いま，それを背理法によって示そう．

$O(\neq\emptyset)$ を $\boldsymbol{R}^n$ の弧状連結でない開集合とし，a_0 を O の1つの定められた点とする．a_0 と O における弧で結ばれるような O の点全体の集合を O_1 とし，a_0 と O における弧では結ばれないような O の点全体の集合を O_2 とする．明らかに $a_0 \in O_1$ であるから，$O_1 \neq \emptyset$．また，O は弧状連結ではないと仮定したから，明らかに O_2 も空集合ではない．また，もちろん

$$O = O_1 \cup O_2, \quad O_1 \cap O_2 = \emptyset$$

---

1)　この記法はもちろん $\{a, b\}$ の閉包とは無関係である．

である．そこで，O_1, O_2 がともに $\boldsymbol{R}^n$ の(したがって O の)開集合であることが示されれば，O は連結でないこととなって，逆の部分が証明されたことになる．

a を O_1 の任意の点とすれば，a_0 と a を結ぶ O における弧 A_1 が存在する．また $a \in O$ で，O は $\boldsymbol{R}^n$ の開集合であるから，$B(a;\varepsilon) \subset O$ となる球体 $B(a;\varepsilon)$ がある．そのとき，x を $B(a;\varepsilon)$ の任意の点とすれば，$\overline{ax} \subset B(a;\varepsilon)$ であるから，$A_2 = \overline{ax}$ も O における弧で，したがって，$A_1 \cup A_2$ は a_0 と x とを結ぶ O

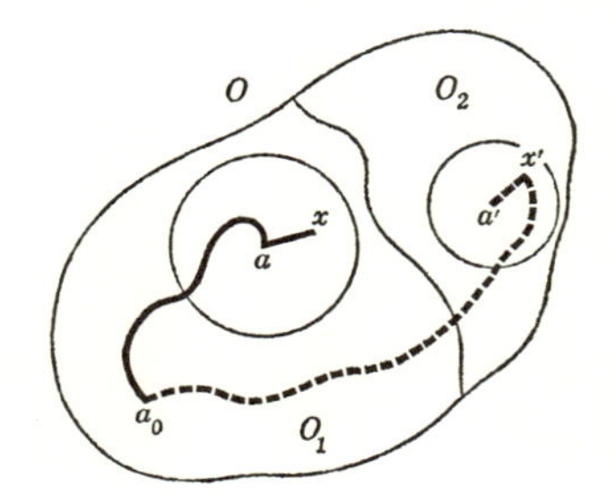

第19図

における弧となる．したがって $x \in O_1$．ゆえに $B(a;\varepsilon) \subset O_1$ となる．よって O_1 は $\boldsymbol{R}^n$ の開集合である．次に，a' を O_2 の任意の点とすれば，前と同じく $B(a';\varepsilon') \subset O$ となる球体 $B(a';\varepsilon')$ がある．そのとき，もし $B(a';\varepsilon')$ の点 x' で，a_0 と O における弧で結ばれるものがあれば，その弧と $\overline{x'a'}$ とをつなげたものは a_0 と a' とを結ぶ O における弧となるが，それは $a' \in O_2$ であることに矛盾する．ゆえに，$B(a';\varepsilon')$ のどの点も a_0 と O における弧で結ぶことはできない．いいかえれば，$B(a';\varepsilon')$ の任意の点は O_2 に属する．すなわち $B(a';\varepsilon') \subset O_2$．よって O_2 も $\boldsymbol{R}^n$ の開集合である．(証明終)

上の定理によって，$\boldsymbol{R}^n$ の開集合については，それが連結であることと弧状連結であることとは同等である．しかし前にも注意したように，一般の位相空間については，連結性から弧状連結性は必ずしも導かれない．本項の最後に，連結ではあるが弧状連結でない位相空間の例を挙げておこう．

例　$\boldsymbol{R}^2$ において，

$$M_1 = \{(0, x_2) \mid 0 < x_2 \leqq 1\},$$

$$M_2=\{(x_1,0)\mid 0<x_1\leqq 1\}\cup\left[\bigcup_{n=1}^{\infty}\left\{\left(\frac{1}{n},x_2\right)\middle| 0<x_2\leqq 1\right\}\right]$$

とし,

$$M=M_1\cup M_2$$

とする(第20図参照).

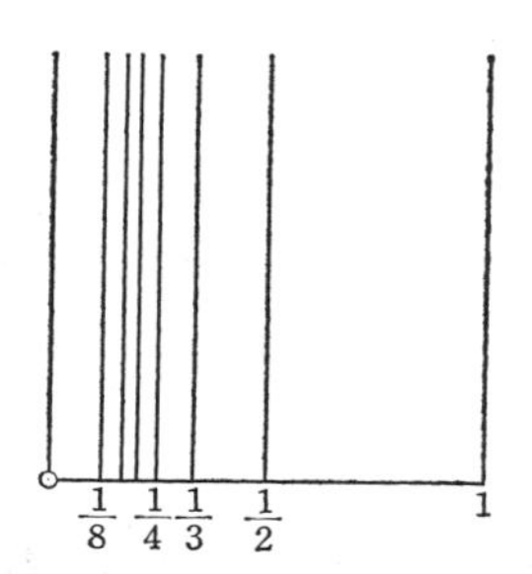

第20図

この M は連結な位相空間であるが,弧状連結ではないことが次のように示される.まず, M_1, M_2 は明らかにそれぞれ弧状連結であるが,原点 $(0,0)$ が M に含まれていないから, M 全体は弧状連結とはなり得ない.しかし, M は連結である.実際, M_2 は連結で, M_2 の($\boldsymbol{R}^2$ における)閉包 $\overline{M}_2$ は明らかに M_1 を含む.したがって $M_2\subset M_1\cup M_2\subset\overline{M}_2$, すなわち

$$M_2\subset M\subset\overline{M}_2$$

となる.ゆえに,定理2により M は連結である.

問　　題

1. S が連結な位相空間ならば, S および ϕ 以外の S の任意の部分集合 M に対して $M^f\neq\phi$ であることを示せ.

2. M が位相空間 S の連結な部分集合で, S のある部分集合 A に対して, $M\cap A\neq\phi$, $M\cap(S-A)\neq\phi$ が成り立つならば, $M\cap A^f\neq\phi$ であることを示せ.

3. 位相空間 S が連結であるためには, S から2点より成る離散空間の上への連続写像が存在しないことが必要十分である.これを証明せよ.

4. 位相空間 S で定義された実数値関数 f が**局所定数**であるとは, S の任意の点 a に対し, a の適当な近傍 $V\in\boldsymbol{V}(a)$ をとれば, V 上で f が定数関数であること,すなわち V のすべての点 x に対して $f(x)=f(a)$ となることをいう. S が連結な位相空間ならば，S で定義された局所定数な関数は必ず定数関数であることを証明せよ．

（ヒント：まず f は連続であることに注意せよ．次に，a を S の1つの点，$f(a)=\alpha$ とし，$f^{-1}(\alpha)$ が S の閉集合であると同時に開集合ともなることを示せ．）

5. A, B が位相空間 S の閉集合で，$A\cup B$，$A\cap B$ がともに連結ならば，A, B はいずれも連結であることを示せ．

（ヒント：A が S の2つの空でない閉集合の直和に分解されたとして，矛盾を導け．）

6. 位相空間 S の連結成分が有限個しかない場合には，その各連結成分は S の閉集合であると同時に開集合でもあることを示せ．

7. 位相空間 S の連結な部分集合 $M(\neq\phi)$ が S の閉集合であると同時に開集合でもあるならば，M は S の1つの連結成分であることを示せ．

8. 位相空間族 $(S_\lambda)_{\lambda\in\Lambda}$ の直積空間を $S=\prod_{\lambda\in\Lambda} S_\lambda$ とする．S の点 $x=(x_\lambda)$ を含む S の連結成分を C とし，また各 $\lambda\in\Lambda$ に対し x_λ を含む S_λ の連結成分を C_λ とすれば，$C=\prod_{\lambda\in\Lambda} C_\lambda$ であることを証明せよ．

9. S を連結な位相空間，A を S の連結な部分集合，B を $A^c=S-A$ の部分集合とし，B は A^c において開かつ閉であるとする．そのとき，$A\cup B$ は連結であることを示せ．

（ヒント：もし，$A\cup B$ が $A\cup B$ における2つの開集合 O_1, O_2 の直和に分解されたとすれば，O_1, O_2 の一方は A を含み，他方は B に含まれる．たとえば $O_2\subset B$ とすれば，O_2 は $A\cup B$ においても A^c においても開かつ閉となる．そこで第4章§5，問題7を用い，$O_2=\phi$ を導け．）

10. S を連結な位相空間，A を S の連結な部分集合とし，B を A^c の1つの連結成分とする．そのとき，$B^c=S-B$ は連結であることを証明せよ．

（ヒント：前問を用いよ．）

11. 前問で $A\cup B$ は連結といえるか．いえなければ反例を挙げよ．

12. 位相空間 S において，どの連結成分もただ1点のみより成る集合となるとき，S は**完全不連結**であるという．任意の離散空間は完全不連結であることを示せ．

13. 位相空間 $\boldsymbol{R}$ の部分空間として，有理数全体の集合 $\boldsymbol{Q}$ は完全不連結であることを証明せよ．

14. $O\ (\neq\phi)$ を $\boldsymbol{R}^n$ の連結な開集合とすれば，O の任意の2点は O における折れ線で結ばれることを証明せよ．ただし，折れ線とは有限個の線分をつなげたものである．

15. 位相空間 $\boldsymbol{R}$ の部分空間$(\neq\boldsymbol{R})$で $\boldsymbol{R}$ 自身と同相であるものは，(a, b)，(a, ∞)，$(-\infty, b)$ の3種類の区間に限ることを証明せよ．

16. $\boldsymbol{R}^n$ の開球体 $B(x\,;\varepsilon)$ は凸集合であることを示せ．

17. $(M_\lambda)_{\lambda\in\Lambda}$ を $\boldsymbol{R}^n$ の部分集合族とし，各 λ について M_λ は凸集合であるとする．そのとき，共通部分 $\bigcap_{\lambda\in\Lambda} M_\lambda$ も凸であることを示せ．（ただし凸集合のうちには空集合も含

めるものとする.) またこのことを用いて，次のことを証明せよ：$\boldsymbol{R}^n$ の任意の部分集合 A が与えられたとき，A を含む $\boldsymbol{R}^n$ の凸集合のうちに最小のものが存在する. (A を含む $\boldsymbol{R}^n$ の最小の凸集合を A の**凸包**という.)

18. $a^{(1)}, \cdots, a^{(m)}$ を $\boldsymbol{R}^n$ の有限個の点とする. そのとき，

$$t_1+\cdots+t_m=1, \quad t_1 \geqq 0, \ \cdots, \ t_m \geqq 0$$

であるような実数 $t_1, \cdots, t_m$ によって

$$t_1 a^{(1)}+\cdots+t_m a^{(m)}$$

の形に表わされる $\boldsymbol{R}^n$ の点全体の集合を $S(a^{(1)}, \cdots, a^{(m)})$ で表わす. これは $\boldsymbol{R}^n$ の凸集合であることを証明せよ. ($S(a^{(1)}, \cdots, a^{(m)})$ のような集合を $\boldsymbol{R}^n$ の**単体**という. 特に $m=2$ の場合は $S(a, b)=\overline{ab}$ である.)

19. 前問の $S(a^{(1)}, \cdots, a^{(m)})$ は集合 $\{a^{(1)}, \cdots, a^{(m)}\}$ の凸包であること，すなわち，M を $a^{(1)}, \cdots, a^{(m)}$ を含むような $\boldsymbol{R}^n$ の任意の凸集合とすれば，$M \supset S(a^{(1)}, \cdots, a^{(m)})$ であることを示せ.

(ヒント：m に関する帰納法によれ.)

20. M が $\boldsymbol{R}^n$ の凸集合ならば，その閉包 M^a も凸集合であることを示せ.

21. M を $\boldsymbol{R}^n$ の凸集合とし，a を M^i の点，b を M^a の点とする. そのとき線分 $\overline{ab}$ 上の b 以外の点はすべて M^i に属することを示せ. またこのことを用いて，M が $\boldsymbol{R}^n$ の凸集合ならば，その内部 M^i も凸集合であることを示せ.

22. 一般に，$a, c \in \boldsymbol{R}^n$，$c \neq (0, 0, \cdots, 0)$ とするとき，区間 $[0, \infty)$ を動くパラメーター t によって

$$a+tc$$

の形に表わされる $\boldsymbol{R}^n$ の点全部の集合を，a を端点とし，c の向きをもつ**半直線**という. M を $\boldsymbol{R}^n$ の凸集合とし，a を M の1つの内点とする. そのとき，a を端点とする任意の半直線 $a+tc$, $t \geqq 0$ は，全く M に含まれるか，または M の境界 M^f とただ1点で交わることを示せ. さらに後者の場合，その交点を $a+t_0c$ とすれば，点 $a+tc$, $0 \leqq t < t_0$ はすべて M の内点であり，点 $a+tc$, $t > t_0$ はすべて M の外点であることを示せ.

§2　コンパクト性

A)　コンパクト位相空間

$(S, \mathfrak{O})$ を1つの位相空間とし，前節と同じく以下これを略して S とも書く. また引用の必要がある場合は，この位相空間の閉集合系を $\mathfrak{A}$ で表わすことと

する．

$\mathfrak{U}$ が S の部分集合系で，その和集合 $\bigcup\mathfrak{U}$ が S 全体と一致するとき，S は $\mathfrak{U}$ によって**覆われる**，あるいは，$\mathfrak{U}$ は S の**被覆**であるという．$\mathfrak{U}$ が S の被覆であって，さらに $\mathfrak{U}$ の各元 U が S の開集合であるとき（すなわち $\mathfrak{U}\subset\mathfrak{O}$ であるとき），$\mathfrak{U}$ を S の**開被覆**といい，また，$\mathfrak{U}$ が有限個の集合から成るとき（すなわち $\mathrm{card}\,\mathfrak{U}<\aleph_0$ であるとき），$\mathfrak{U}$ を S の**有限被覆**という．これらの概念を用いて，位相空間のコンパクト性は次のように定義される．

位相空間 S が**コンパクト**(compact)であるとは，"S の任意の開被覆が必ず S の有限被覆を部分集合として含む"こと，くわしくいえば，S が次の性質(C)を満足することをいう．

(C)　$\mathfrak{U}$ を S の任意の開被覆とする．そのとき，$\mathfrak{U}$ から適当に有限個の集合をとり出して，それらの有限個の集合から成る集合系 $\mathfrak{U}'$ がすでに S の被覆となるようにすることができる．

すなわち，S がいくつかの開集合の和集合として

$$S=\bigcup_{\lambda\in\Lambda}O_\lambda \qquad (O_\lambda\in\mathfrak{O})$$

と表わされる場合には，必ず，O_λ のうちから適当に有限個の $O_{\lambda_1},\cdots,O_{\lambda_n}$ をとり出して，

$$S=O_{\lambda_1}\cup\cdots\cup O_{\lambda_n}$$

となるようにすることができるのである．

例　有限個の点から成る任意の位相空間はコンパクトである．実際，そのような位相空間では開集合は有限個しか存在しないから，このことは明らかである．また S が離散空間で，しかもコンパクトならば，S は有限集合でなければならない．実際，S が離散空間ならば，S の各点 x に対して $\{x\}$ は S の開集合であるから，$\mathfrak{U}=\{\{x\}\mid x\in S\}$ は S の1つの開被覆となる．ここで，もし S が無限に多くの点を含むならば，$\mathfrak{U}$ のいかなる有限部分集合もけっして S の被覆とはなり得ない．したがって，S が離散空間でしかもコンパクトならば，S は有限個の点しか含み得ないこととなる．［なお，コンパクト空間の重要な例については，本節の D) および後の第6章を参照せよ．］

上の条件(C)はまた次の定理に挙げる条件の形にも述べかえられる．そのために，まず次の概念を用意しておく．

一般に，S の部分集合系 $\mathfrak{X}$ において，$\mathfrak{X}$ に属する任意の有限個の集合が必ず空でない共通部分をもつとき，すなわち，$\mathfrak{X}$ の任意の有限部分集合 $\mathfrak{X}'$ に対して $\bigcap \mathfrak{X}' \neq \emptyset$ であるとき，$\mathfrak{X}$ は**有限交叉性**をもつという．

定理 9　位相空間 S がコンパクトであることは，S が次の条件(C)′あるいは(C)″を満たすことと同等である．

(C)′　$\mathfrak{X}$ を S の閉集合から成り，しかも有限交叉性をもつ任意の集合系とすれば，$\bigcap \mathfrak{X} \neq \emptyset$.

(C)″　$\mathfrak{X}$ を有限交叉性をもつ S の任意の部分集合系とすれば，$\bigcap_{X \in \mathfrak{X}} \bar{X} \neq \emptyset$.

証明　(C)⇒(C)′：$\mathfrak{X}$ を(C)′の仮定を満たす集合系とし，$\mathfrak{U} = \{X^c \mid X \in \mathfrak{X}\}$ とする．そのとき，$\mathfrak{X} \subset \mathfrak{A}$ であるから $\mathfrak{U} \subset \mathfrak{O}$. また，$\mathfrak{X}$ の任意の有限部分集合 $\mathfrak{X}'$ に対して $\bigcap \mathfrak{X}' \neq \emptyset$ であるから，$\mathfrak{U}$ の任意の有限部分集合 $\mathfrak{U}'$ に対して $\bigcup \mathfrak{U}' \neq S$. したがって(C)［くわしくは(C)の対偶］により $\bigcup \mathfrak{U} \neq S$. ゆえに $\bigcap \mathfrak{X} \neq \emptyset$.（以上の証明で，de Morgan の法則が用いられている．）

(C)′⇒(C)も同様にして証明される．

(C)′⇒(C)″：$\mathfrak{X}$ が有限交叉性をもつならば，$\mathfrak{X}_1 = \{\bar{X} \mid X \in \mathfrak{X}\}$ ももちろん有限交叉性をもち，かつ $\mathfrak{X}_1 \subset \mathfrak{A}$ であるから(C)′により $\bigcap \mathfrak{X}_1 = \bigcap_{X \in \mathfrak{X}} \bar{X} \neq \emptyset$.

(C)″⇒(C)′は明らかである．（証明終）

位相空間 S の部分集合 M が**コンパクト**であるとは，相対位相に関して M がコンパクトな位相空間となること，すなわち，M の任意の開被覆が必ず M の有限被覆を含むことをいう．ここで，M の開被覆というのは，本来の意味では，M の開集合から成る集合系で，その和集合が M と一致するもののことであるが，コンパクト性の定義に関しては，この概念を次に定義するような少し意味の異なるものに解釈し直すことができる．すなわち，$\mathfrak{U}$ が S の開集合から成る集合系で，$\bigcup \mathfrak{U} \supset M$ となるとき，$\mathfrak{U}$ を M の‘S における開被覆’という．また，$\mathfrak{U}$ が S の有限個の部分集合から成る集合系で，$\bigcup \mathfrak{U} \supset M$ となるとき，$\mathfrak{U}$ を M の‘S における有限被覆’という．そうすれば，次の補題のように，

M がコンパクトであるという性質は，本来の意味での M の開被覆や有限被覆の代りに，'S における' M の開被覆や有限被覆を用いて，同様にいい表わすことができるのである．

補題 位相空間 S の部分集合 M がコンパクトであるためには，次の(C_M)の成り立つことが必要十分である．

(C_M) M の S における任意の開被覆は M の(S における)有限被覆を含む．すなわち，$M \subset \bigcup_{\lambda \in \Lambda} O_\lambda$ (O_λ は S の開集合)ならば，O_λ のうちから適当に有限個の $O_{\lambda_1}, \cdots, O_{\lambda_n}$ をとり出して，$M \subset O_{\lambda_1} \cup \cdots \cup O_{\lambda_n}$ とすることができる．——

この補題は，M の開集合とは S の開集合と M との共通部分として表わされる集合にほかならないことに注意すれば，直ちに証明される．よって，証明の詳細は練習問題として読者にゆだねよう．

定理 10 位相空間 S の有限個の部分集合 $M_1, M_2, \cdots, M_n$ がいずれもコンパクトならば，$M_1 \cup M_2 \cup \cdots \cup M_n$ もコンパクトである．

この定理も上の補題から直ちに証明されるから，読者の練習問題とする．

定理 11 位相空間 S がコンパクトならば，S の任意の閉集合 M もコンパクトである．

証明 $\mathfrak{U}$ を M の S における任意の開被覆とする．そのとき，$M \subset \bigcup \mathfrak{U}$ であるから

$$S = M \cup (S-M) = (\bigcup \mathfrak{U}) \cup (S-M).$$

ここで $S-M$ は S の開集合であるから，$\mathfrak{U}$ に $S-M$ をつけ加えて得られる集合系 $\mathfrak{U}_1$ は S の開被覆である．したがって，S のコンパクト性により，$\mathfrak{U}$ の適当な有限部分集合 $\mathfrak{U}'$ に対して

$$S = (\bigcup \mathfrak{U}') \cup (S-M)$$

が成り立つ．これより $M \subset \bigcup \mathfrak{U}'$．ゆえに M はコンパクトである．

B) コンパクト空間の連続像と直積

連結位相空間の連続像が連結であった(定理 1)と同様に，コンパクト位相空

間についても次の定理が成り立つ.

定理 12 S をコンパクトな位相空間とし, f を S から位相空間 S' への連続写像とする. そのとき, $f(S)$ もコンパクトである.

証明 $f(S) \subset \bigcup_{\lambda \in \Lambda} O'_\lambda$ (O'_λ は S' の開集合)とすれば,

$$S = \bigcup_{\lambda \in \Lambda} f^{-1}(O'_\lambda)$$

で, f は連続であるから, $f^{-1}(O'_\lambda)$ は S の開集合である. S はコンパクトであるから, $f^{-1}(O'_\lambda)$ のうちの適当な有限個によって

$$S = f^{-1}(O'_{\lambda_1}) \cup \cdots \cup f^{-1}(O'_{\lambda_n})$$

が成り立つ. したがって

$$f(S) \subset O'_{\lambda_1} \cup \cdots \cup O'_{\lambda_n}.$$

ゆえに $f(S)$ はコンパクトである. (証明終)

この定理から次の系が導かれることも, 定理1の系の場合と同様である.

系 S, S' を位相空間とし, f を S から S' への連続写像とする. そのとき, M が S のコンパクトな部分集合ならば, $f(M)$ は S' のコンパクトな部分集合である. ——

また, 直積位相空間のコンパクト性については, その連結性に関する定理5と類似に, 次の定理が成り立つ. (この定理の証明には, Zorn の補題および選出公理が用いられる.)

定理 13 (Tychonoff) 位相空間族 $(S_\lambda)_{\lambda \in \Lambda}$ の直積空間を $S = \prod_{\lambda \in \Lambda} S_\lambda$ とするとき, S がコンパクトであるためには, すべての $\lambda \in \Lambda$ に対して S_λ がコンパクトであることが必要十分である.

証明 必要であることは定理5の場合と同様であるから, 十分であることを示そう.

いま, すべての $\lambda \in \Lambda$ に対して S_λ がコンパクトであるとする. このとき, その直積空間 S がコンパクトであることをいうには, 定理9の(C)″によって, 有限交叉性をもつ S の任意の部分集合系 $\mathfrak{X}$ に対して, $\bigcap_{X \in \mathfrak{X}} \bar{X} \neq \phi$ であることを示せばよい.

これを示すために, われわれはまず, S の部分集合系 $\mathfrak{X}$ (すなわち $\mathfrak{P}(S)$ の

部分集合 $\mathfrak{X}$) が“有限交叉性をもつ”という性質は，$\mathfrak{P}(S)$ の部分集合に関する1つの有限的性質であることに注意しよう．[ここで諸君は，第3章§3, C)に述べた有限的性質の概念を想起されたい．この概念と先に述べた有限交叉性の定義とを思い起こせば，すぐ上の主張は直ちにわかることである.]

それゆえ，有限交叉性をもつような $\mathfrak{P}(S)$ の部分集合 $\mathfrak{X}$ 全体の集合を Ω とすれば，第3章定理6(a)(くわしくは定理6(a)′) によって，Ω の任意の元は Ω のある極大元に含まれることがわかる．すなわち，有限交叉性をもつような S の任意の部分集合系は，必ず，有限交叉性をもつ S のある極大な部分集合系に含まれるのである.

さて，われわれの目標は，任意の $\mathfrak{X}\in\Omega$ に対して $\bigcap_{X\in\mathfrak{X}}\bar{X}\neq\phi$ であることを示すことであった．以下簡単のため，$\bigcap_{X\in\mathfrak{X}}\bar{X}$ を $D(\mathfrak{X})$ で表わすことにしよう．そうすれば，定義から明らかに

$$\mathfrak{X}\in\Omega,\ \ \mathfrak{X}'\in\Omega,\ \ \mathfrak{X}\subset\mathfrak{X}'\Rightarrow D(\mathfrak{X})\supset D(\mathfrak{X}').$$

また上に注意したように，Ω の任意の元は Ω のある極大元に含まれる．したがって，われわれの目的のためには，Ω の任意の極大元 $\mathfrak{X}$ に対して $D(\mathfrak{X})\neq\phi$ であることを示せば十分である.

そこで，いま $\mathfrak{X}$ を Ω の1つの極大元，すなわち，有限交叉性をもつ S の極大な部分集合系とする．$\mathfrak{X}$ の極大性によって，次の性質 1), 2) の成り立つことは直ちに知られる(第3章§3，問題2参照).

1) $X_1,\cdots,X_n\in\mathfrak{X}$ ならば $X_1\cap\cdots\cap X_n\in\mathfrak{X}$.

2) $Y\in\mathfrak{P}(S)$ が $\mathfrak{X}$ のすべての元 X と交わるならば，$Y\in\mathfrak{X}$.

いま，Λ の元 λ を任意に1つ固定し，射影 $\mathrm{pr}_\lambda: S\rightarrow S_\lambda$ による $\mathfrak{X}$ の各元の像の全体 $\{\mathrm{pr}_\lambda(X)\mid X\in\mathfrak{X}\}$ を考えれば，これは S_λ の部分集合系として，明らかに有限交叉性をもつ．S_λ はコンパクトであるから，$\bigcap_{X\in\mathfrak{X}}\overline{\mathrm{pr}_\lambda(X)}\neq\phi$．このことがすべての $\lambda\in\Lambda$ に対して成り立つから，選出公理によって，

$$E=\prod_{\lambda\in\Lambda}\left(\bigcap_{X\in\mathfrak{X}}\overline{\mathrm{pr}_\lambda(X)}\right)$$

は S の空でない部分集合となる．この E が $D(\mathfrak{X})$ に含まれることを示そう．(これが示されれば $D(\mathfrak{X})\neq\phi$ となって証明は完了する.) $x=(x_\lambda)_{\lambda\in\Lambda}$ を E の任

意の点とすれば，各 $\lambda\in\Lambda$ に対して $x_\lambda\in\bigcap_{X\in\mathfrak{X}}\overline{\mathrm{pr}_\lambda(X)}$ であるから，任意の $X\in\mathfrak{X}$ と x_λ の(S_λ における)任意の近傍 V_λ に対して $V_\lambda\cap\mathrm{pr}_\lambda(X)\neq\phi$. したがって

$$\mathrm{pr}_\lambda^{-1}(V_\lambda)\cap X\neq\phi.$$

ゆえに，$\mathfrak{X}$ の性質 2) によって

$$\mathrm{pr}_\lambda^{-1}(V_\lambda)\in\mathfrak{X}.$$

したがってまた $\mathfrak{X}$ の性質 1) により，$\lambda_1,\cdots,\lambda_n$ を Λ の任意の有限個の元，$V_{\lambda_i}\in\boldsymbol{V}_{S_{\lambda_i}}(x_{\lambda_i})$ とするとき，

$$\mathrm{pr}_{\lambda_1}^{-1}(V_{\lambda_1})\cap\cdots\cap\mathrm{pr}_{\lambda_n}^{-1}(V_{\lambda_n})\in\mathfrak{X}.$$

ゆえに，$\mathfrak{X}$ の任意の元 X に対して

$$(\mathrm{pr}_{\lambda_1}^{-1}(V_{\lambda_1})\cap\cdots\cap\mathrm{pr}_{\lambda_n}^{-1}(V_{\lambda_n}))\cap X\neq\phi \tag{2.1}$$

となる．しかるに第4章定理26系2によれば，$\mathrm{pr}_{\lambda_1}^{-1}(V_{\lambda_1})\cap\cdots\cap\mathrm{pr}_{\lambda_n}^{-1}(V_{\lambda_n})$ の形の集合の全体は点 $x=(x_\lambda)_{\lambda\in\Lambda}$ の S における1つの基本近傍系を形づくる．したがって(2.1)により $x\in\bar{X}$. ゆえに $x\in\bigcap_{X\in\mathfrak{X}}\bar{X}=D(\mathfrak{X})$. これで証明が完了した．

C)　コンパクト性と Hausdorff 空間

コンパクト性が特に重要であるのは，いわゆる Hausdorff 空間の場合である．それは次のように定義される．

一般に，位相空間 S が次の性質(H)を満たすとき，S を **Hausdorff 空間**という．

(H)　S の任意の相異なる2点 x,y に対して

$$U\cap V=\phi$$

となる $U\in\boldsymbol{V}(x)$, $V\in\boldsymbol{V}(y)$ が存在する．

すなわち，S が Hausdorff 空間であるとは，S の相異なる2点が必ず互に素

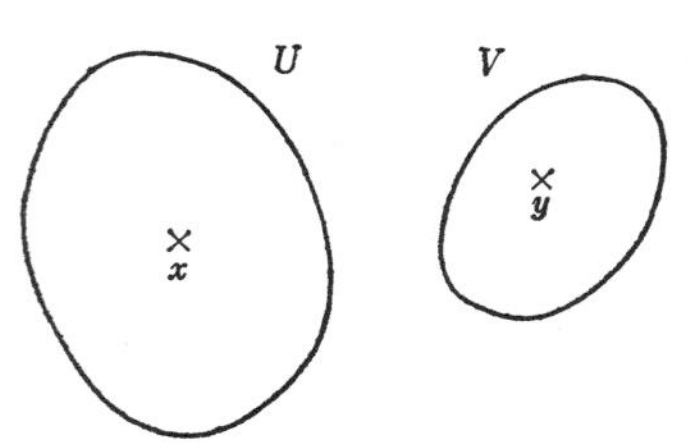

第21図

な近傍によって'分離'されることをいうのである[1]. なお, この場合, 2点 x, y $(x \neq y)$ を'分離'する近傍 U, V として, x, y の開近傍をとることができることは, 明らかであろう.

たとえば, 位相空間 $\boldsymbol{R}^n$ は Hausdorff 空間である. 実際, x, y が $\boldsymbol{R}^n$ の相異なる2点のとき, $d(x, y)=\rho$ とすれば, 明らかに $B(x;\rho/2) \cap B(y;\rho/2)=\phi$ となるからである.

また, 任意の Hausdorff 空間 S において, ただ1点のみから成る集合 $\{x\}$ は S の閉集合である. 実際, y を x と異なる S の点とすれば, x を含まない y の近傍 V があるから, $y \in \overline{\{x\}}$ とはなり得ない.

Hausdorff 空間の任意の部分空間は Hausdorff 空間である. このことも, 相対位相の定義から明らかである.

コンパクト空間と Hausdorff 空間に関して, 次の有用な定理 14, 15 が成り立つ[2].

定理 14 Hausdorff 空間 S の部分集合 M がコンパクトならば, M は S の閉集合である.

証明 $O=S-M$ が開集合であることをいえばよい. それには, x を O の任意の1点とするとき, x の近傍 U で, $U \subset O$, すなわち $U \cap M=\phi$ となるものが存在することを示せばよい. いま, x を O の任意に固定された1点とする. y を M の任意の点とすれば, $x \neq y$ で, S は Hausdorff 空間であるから, x, y の開近傍で互に素なものがある. それらの開近傍は一般に点 y に従属して定まるから, それらを U_y, V_y と書くことにしよう. すなわち $x \in U_y$, $y \in V_y$, $U_y \cap V_y=\phi$. このとき $\{V_y \mid y \in M\}$ は明らかに M の(S における)開被覆となるが, M はコンパクトであるから, M の適当な有限個の点 $y_1, \cdots, y_n$ をとって,

$$M \subset \bigcup_{i=1}^{n} V_{y_i}$$

1) 位相空間に関する各種のいわゆる'分離公理'については, 次節§3でさらにくわしく述べる.

2) なお, Bourbaki は compact Hausdorff 空間のことを単に compact 空間とよび, 一般の compact 位相空間のことを quasi-compact とよんでいる.

を成り立たせることができる．そこで $U=\bigcap_{i=1}^{n} U_{y_i}$ とおけば，U は x の開近傍で，任意の $i=1, \cdots, n$ に対し，$U \subset U_{y_i}$，$U_{y_i} \cap V_{y_i}=\phi$ であるから，$U \cap V_{y_i}=\phi$．したがって

$$U \cap \left(\bigcup_{i=1}^{n} V_{y_i}\right)=\bigcup_{i=1}^{n}(U \cap V_{y_i})=\phi.$$

ゆえに $U \cap M=\phi$．

系 コンパクト空間 S から Hausdorff 空間 S' への連続写像 f は閉写像である．

証明 M を S の閉集合とすれば，定理11により M はコンパクトで，したがって定理12の系により $f(M)$ は S' のコンパクトな部分集合である．ゆえに前定理により $f(M)$ は S' の閉集合である．

連続な全単射が同時に閉写像であれば，それは同相写像であるから，上の系から直ちに次の定理が得られる．

定理 15 S がコンパクト空間，S' が Hausdorff 空間のとき，$f: S \rightarrow S'$ が連続な全単射ならば，f は同相写像である．（したがって，S, S' は同相である．）

D) 位相空間 $\boldsymbol{R}^n$ のコンパクトな部分集合

本項では，Euclid 空間 $\boldsymbol{R}^n$ の部分集合がどういうときコンパクトであるかという問題について考える．

そのためには，$\boldsymbol{R}^n$ の部分集合について，1つの新しい概念を導入しなければならない．

$\boldsymbol{R}^n$ の部分集合 M は，それが $\boldsymbol{R}^n$ のある球体 $B(a ; \varepsilon)$ に含まれるとき，**有界**であるといわれる．これは，M が $\boldsymbol{R}^n$ のある開区間（あるいは閉区間）に含まれることといっても，明らかに同じことである．

注意 特に $n=1$ の場合には，$\boldsymbol{R}$ は順序集合で，順序集合の部分集合については，それが有界であることの定義をわれわれはすでに知っている．上に述べた有界の定義は，明らかに，$n=1$ の場合のこの意味での定義の一般化となっている．

さて，本項におけるわれわれの目標は次の定理である．

定理 16　Euclid 空間 $\boldsymbol{R}^n$ の部分集合 M がコンパクトであるためには，M が $\boldsymbol{R}^n$ の有界な閉集合であることが必要十分である．

証明　まず M を $\boldsymbol{R}^n$ のコンパクトな部分集合としよう．$\boldsymbol{R}^n$ は前に注意したように Hausdorff 空間であるから，定理 14 によって M は $\boldsymbol{R}^n$ の閉集合でなければならない．また，x_0 を $\boldsymbol{R}^n$ の 1 つの固定点とし，x_0 を中心とするあらゆる(正の)半径の開球体から成る集合系 $\{B(x_0\,;\rho)\mid\rho>0\}$ を考えれば，明らかにこの集合系の和集合は $\boldsymbol{R}^n$ 全体と一致するから，これは M の($\boldsymbol{R}^n$ における)開被覆と考えられる．M はコンパクトであるから，M はこれらの球体 $B(x_0\,;\rho)$ のうちの有限個によって覆われる．すなわち，適当に正数 $\rho_1,\cdots,\rho_k$ をとれば，$M\subset\bigcup_{i=1}^{k}B(x_0\,;\rho_i)$ となる．そこで $\max\{\rho_1,\cdots,\rho_k\}=\rho$ とおけば，$B(x_0\,;\rho_i)\subset B(x_0\,;\rho)$ であるから，$M\subset B(x_0\,;\rho)$．ゆえに M は有界である．

逆に，M を $\boldsymbol{R}^n$ の有界な閉集合と仮定しよう．

M は有界であるから，M は $\boldsymbol{R}^n$ のある閉区間

$$J=[a_1,b_1]\times\cdots\times[a_n,b_n]\qquad(a_i,b_i\in\boldsymbol{R})$$

に含まれる．それゆえ，J がコンパクトであることが証明されれば，(M は J の閉集合であるから)，定理 11 によって M もコンパクトであることとなる．J がコンパクトであることをいうには，$\boldsymbol{R}$ の任意の閉区間 $[a,b]$ がコンパクトであることを示せばよい．実際，そのとき定理 13 によって J もコンパクトとなるからである．

これで，われわれの定理の証明は，最後に，$\boldsymbol{R}$ の閉区間 $I=[a,b]$ がコンパクトであることの証明に帰着させられた．これは次のように証明される．

$\mathfrak{U}$ を $I=[a,b]$ の $\boldsymbol{R}$ における任意の開被覆とする．そのとき，$x\in I$ とすれば，$\mathfrak{U}$ はもちろん $[a,x]$ の開被覆ともなる．いま，$\mathfrak{U}$ が $[a,x]$ の有限被覆を含むような I の点 x 全体の集合を I' とする．(いいかえれば，区間 $[a,x]$ が $\mathfrak{U}$ に属する有限個の集合によって覆われるような I の点 x の集合を I' とするのである.) このとき，$b\in I'$ であることをいえば，われわれの主張が証明されたことになる．まず，明らかに $a\in I'$ であるから，$I'\neq\phi$ である．また b は I' の上界であるから，$\sup I'=c$ が存在して，$c\leqq b$ である．$c\in I$ であるから，$c\in U$ と

なる $\mathfrak{U}$ の元 U が存在し，U は開集合であるから，$\varepsilon>0$ を十分小さくとれば

$$[c-\varepsilon, c+\varepsilon]\subset U \tag{2.2}$$

となる．明らかに $c-\varepsilon\in I'$ であるから，$[a, c-\varepsilon]$ は $\mathfrak{U}$ の有限個の元 $U_1, \cdots, U_k$ によって覆われる．したがって $[a, c-\varepsilon]\cup[c-\varepsilon, c+\varepsilon]=[a, c+\varepsilon]$ は $U_1, \cdots, U_k, U$ によって覆われる．よって当然 $[a, c]$ も $U_1, \cdots, U_k, U$ で覆われる．したがって $c\in I'$ となる．また，もし $c<b$ ならば，(2.2)の ε を $c+\varepsilon<b$ となるようにとることができるが，その場合 $c+\varepsilon\in I$ で，上に示したように $[a, c+\varepsilon]$ は $\mathfrak{U}$ の有限個の元で覆われるから，$c+\varepsilon\in I'$ となる．これは c が I' の上限であることに反するから，$c=b$ でなければならない．ゆえに $b\in I'$．これでわれわれの主張が証明された．(証明終)

定理16において特に $n=1$ の場合を考えれば，次の系1が得られる．

系 1　M を位相空間 $\boldsymbol{R}$ のコンパクトな部分集合とすれば，$\max M$, $\min M$ が存在する．

証明　M は $\boldsymbol{R}$ の有界な部分集合であるから，M の上限および下限が存在する．一方 M は $\boldsymbol{R}$ の閉集合であるから，明らかに，それらの上限および下限はともに M に属さなければならない．したがって $\max M$ および $\min M$ が存在する．(証明終)

S をコンパクトな位相空間とし，$f: S\to\boldsymbol{R}$ を S 上で定義された実連続関数とする．そのとき，定理12によって，値域 $f(S)$ は $\boldsymbol{R}$ のコンパクトな部分集合である．したがって，上の系1により $f(S)$ には最大値および最小値が存在する．すなわち，次の系2が得られる．

系 2 (最大値・最小値の定理)　$f: S\to\boldsymbol{R}$ をコンパクトな位相空間 S 上で定義された実連続関数とすれば，その値域 $f(S)$ には最大値および最小値が存在する．すなわち，S の中に適当な点 x_1 および x_2 が存在して，S のすべての点 x に対して $f(x_1)\geqq f(x)$ および $f(x_2)\leqq f(x)$ が成り立つ[1]．

---

1)　この定理も，たとえば S が実数の閉区間 $[a, b]$ である場合には，解析学の初歩でよく知られているものである．

E）局所コンパクト空間

コンパクト性はきわめて重要な性質であるが，たとえば位相空間 $\boldsymbol{R}^n$ は(定理16からわかるように)コンパクトではない．しかしまた，同じ定理16によれば，$\boldsymbol{R}^n$ のどの点 x に対しても，x の近傍でしかもコンパクトであるものが必ず存在することがわかる．それには，たとえば x を中心とする閉球体 $B^*(x; \varepsilon)$ を考えればよい．

一般に，位相空間 S の任意の点に対してコンパクトな近傍が(少なくとも1つ)存在するとき，S は**局所コンパクト**であるという．(S 自身がコンパクトならば，S はもちろん局所コンパクトである．実際，その場合，S の各点のコンパクトな近傍として S 自身をとり得るからである.) 局所コンパクト性はコンパクト性を少し弱めた概念であるが，応用上，より広い一般性をもつものである．たとえば，上にも述べたように $\boldsymbol{R}^n$ は局所コンパクトな位相空間である．

F）コンパクト化の問題

コンパクト性が種々の重要な帰結をもたらすことに起因して，数学ではしばしば，任意の位相空間 S をコンパクト空間の中に'埋蔵'する問題，すなわち，S (と同相な位相空間)を部分空間として含むようなコンパクト空間を作る問題が考えられる．これを位相空間の**コンパクト化**の問題という．与えられた位相空間 S のコンパクト化には種々の方法があるが，特に S が局所コンパクトな Hausdorff 空間であるときには，(またそのときに限り)，S にただ1つの点をつけ加えることによってコンパクト Hausdorff 空間を作ることができる．すなわち，次の定理が成り立つ．

定理 17　$S=(S, \mathfrak{O})$ を位相空間とし，S に，その中にない1点 x_∞ をつけ加えた集合を

$$S^* = S \cup \{x_\infty\}$$

とする．そのとき，S^* に適当な位相 $\mathfrak{O}^*$ を導入して位相空間 $S^*=(S^*, \mathfrak{O}^*)$ を作り，次の(i), (ii)が成り立つようにすることができるためには，S が局所コンパクトな Hausdorff 空間であることが必要十分である．

(i) S^* はコンパクトな Hausdorff 空間である.

(ii) 与えられた S は S^* の部分空間となっている. すなわち, $\mathfrak{O}^*$ の S における相対位相は, S の与えられた位相 $\mathfrak{O}$ と一致する. ——

またこの場合, S^* の位相 $\mathfrak{O}^*$ は上の条件(i), (ii) によって一意的に定まる.

証明 1) まず, 任意の位相空間 $S=(S,\mathfrak{O})$ に対して, 集合 $S^*=S\cup\{x_\infty\}$ に次のように位相 $\mathfrak{O}^*$ を導入すれば, S を部分空間として含むコンパクト空間 $S^*=(S^*,\mathfrak{O}^*)$ が得られることを示そう.

S のコンパクトな閉部分集合全体の集合を $\mathfrak{A}_0$ とする. ただし, 空集合 ϕ も $\mathfrak{A}_0$ のうちに含めておく. (S が Hausdorff 空間である場合は, そのコンパクトな部分集合は定理 14 によって自然に閉集合となるから, '閉' という形容詞はとり除いてよい.) そこで, S^* の部分集合系 $\mathfrak{O}_\infty, \mathfrak{O}^*$ を次のように定める.

$$\mathfrak{O}_\infty=\{O \mid S^*-O\in\mathfrak{A}_0\},$$
$$\mathfrak{O}^*=\mathfrak{O}\cup\mathfrak{O}_\infty.$$

($\mathfrak{O}_\infty$ に属する各集合は x_∞ を含むことに注意されたい. 一方, $\mathfrak{O}$ に属する集合はもちろん x_∞ を含んでいない.) 定義から明らかに,

(2.3) $$O\in\mathfrak{O}^*\Rightarrow O-\{x_\infty\}=O\cap S\in\mathfrak{O}$$

である. このことと, 定理 10 および定理 11 を用いれば, $\mathfrak{O}^*$ が S^* における位相となること, すなわち p. 152 の条件(Oi), (Oii), (Oiii)を満足することは容易に示される. (この検証は練習問題とする.) この位相 $\mathfrak{O}^*$ を導入して得られる位相空間 $S^*=(S^*,\mathfrak{O}^*)$ について, 定理の条件(i), (ii)が S^* の Hausdorff 性を除いて成り立つのである.

まず, 上の(2.3)と $\mathfrak{O}\subset\mathfrak{O}^*$ に注意すれば, $\mathfrak{O}^*$ の S における相対位相が $\mathfrak{O}$ と一致することは直ちにわかる. すなわち, $(S,\mathfrak{O})$ は $(S^*,\mathfrak{O}^*)$ の部分空間である. また, $S^*=(S^*,\mathfrak{O}^*)$ がコンパクトであることは次のように示される. $\mathfrak{U}=\{O_\lambda\}_{\lambda\in\Lambda}$ を S^* の任意の開被覆とする. $O_\lambda{}'=O_\lambda-\{x_\infty\}$ とおけば, (2.3)によって $\mathfrak{U}'=\{O_\lambda{}'\}_{\lambda\in\Lambda}$ は S の開被覆となる. 一方 $\mathfrak{U}$ は S^* の開被覆であるから, $x_\infty\in O_{\lambda_0}$ となる $\lambda_0\in\Lambda$ がある. そのとき, $O_{\lambda_0}\in\mathfrak{O}_\infty$ で, したがって定義により $S^*-O_{\lambda_0}\in\mathfrak{A}_0$ であるから, $\mathfrak{U}'$ の適当な有限個の元 $O'_{\lambda_1},\cdots,O'_{\lambda_k}$ に対して $S^*-O_{\lambda_0}$

$\subset \bigcup_{i=1}^{k} O'_{\lambda_i}$ が成り立つ．これより明らかに $S^*=\bigcup_{i=0}^{k} O_{\lambda_i}$. ゆえに S^* はコンパクトである．

なお，$\mathfrak{O}\subset\mathfrak{O}^*$ であるから，S の点 x の S における任意の近傍は同時にまた位相空間 $S^*=(S^*, \mathfrak{O}^*)$ における x の近傍ともなっていることに注意しておこう．

2)　次に，S を局所コンパクトな Hausdorff 空間とする．そのとき，1)で定義したコンパクト位相空間 $S^*=(S^*, \mathfrak{O}^*)$ は Hausdorff 空間となること，すなわち，x, y を S^* の相異なる2点とするとき，x, y の S^* における近傍で交わらないものがあることを示そう．x, y がともに S に属している場合は，S が Hausdorff 空間であるから，x, y の S における近傍 U, V で交わらないものがある．1)の末尾の注意によって，U, V は S^* における x, y の近傍とも考えられるから，それでよい．また，$x\in S$, $y=x_\infty$ の場合は，S が局所コンパクトであるから，x の S における近傍 U でコンパクトなものがある．それは同時に x の S^* における近傍でもある．他方，S は Hausdorff 空間であるから，定理14によって U は S の閉集合である．よって $U\in\mathfrak{A}_0$. したがって $S^*-U\in\mathfrak{O}_\infty$. すなわち，$S^*-U$ は x_∞ を含む S^* の開集合である．ゆえに $V=S^*-U$ とおけば，U, V は x, x_∞ を分離する S^* における近傍となる．

3)　上とは逆に，集合 $S^*=S\cup\{x_\infty\}$ にある位相 $\tilde{\mathfrak{O}}^*$ を導入して，定理の条件(i), (ii)が成り立つような位相空間 $\tilde{S}^*=(S^*, \tilde{\mathfrak{O}}^*)$ が得られるとすれば，$S=(S, \mathfrak{O})$ は局所コンパクトな Hausdorff 空間でなければならないことを示そう．まず，(ii)によって S は $\tilde{S}^*$ の部分空間で，(i)により $\tilde{S}^*$ は Hausdorff 空間であるから，S も Hausdorff 空間である．また，x を S の任意の点とすれば，$x\neq x_\infty$ であるから，$\tilde{S}^*$ の Hausdorff 性によって，$x\in U$, $x_\infty\in V$, $U\cap V=\phi$ となる $\tilde{S}^*$ の開集合 U, V がある．このとき，U の $\tilde{S}^*$ における閉包を U_1 とすれば，$U_1\cap V=\phi$, したがって $U_1\subset S$ で，U_1 は x の $\tilde{S}^*$ における近傍であるから，それは x の S における近傍ともなる．他方，(i)によって $\tilde{S}^*$ はコンパクトであるから，定理11により U_1 は $\tilde{S}^*$ の部分空間としてコンパクトである．しかるに S は $\tilde{S}^*$ の部分空間であるから，S のどの部分集合に対しても，

$\tilde{S}^*$ の部分空間としてのその位相と S の部分空間としての位相とは同じものである．(この注意は後にも用いる．) ゆえに U_1 は S の部分空間としてもコンパクトである．すなわち，U_1 は位相空間 S における x のコンパクトな近傍である．したがって S は局所コンパクトである．

4)　上の3)で，$S^*=S\cup\{x_\infty\}$ に位相 $\tilde{\mathfrak{O}}^*$ を導入して得られる位相空間 $\tilde{S}^*=(S^*, \tilde{\mathfrak{O}}^*)$ について定理の条件(i), (ii)が成り立つならば，与えられた $S=(S, \mathfrak{O})$ は局所コンパクトな Hausdorff 空間でなければならないことを示したが，さらにこの場合，$\tilde{\mathfrak{O}}^*$ は1)で定めた位相 $\mathfrak{O}^*=\mathfrak{O}\cup\mathfrak{O}_\infty$ と一致しなければならないことを示そう．

O を $\tilde{S}^*$ の任意の開集合，すなわち $\tilde{\mathfrak{O}}^*$ の任意の元とする．$x_\infty\notin O$ のときは，$O\subset S$ で，S は $\tilde{S}^*$ の部分空間であるから，O は S の開集合でもある．すなわち $O\in\mathfrak{O}$．また $x_\infty\in O$ のときは，$S^*-O\subset S$ であるが，$\tilde{S}^*$ はコンパクトで S^*-O はその閉集合であるから，定理11により S^*-O は $\tilde{S}^*$ の部分空間としてコンパクト，したがってまた3)の注意により S の部分空間としてもコンパクトである．すなわち $S^*-O\in\mathfrak{A}_0$．ゆえに $O\in\mathfrak{O}_\infty$．以上で $\tilde{\mathfrak{O}}^*\subset\mathfrak{O}\cup\mathfrak{O}_\infty$ が示された．

他方，$\tilde{S}^*$ は Hausdorff 空間であるから，$\{x_\infty\}$ は $\tilde{S}^*$ の閉集合，したがって $S=S^*-\{x_\infty\}$ は $\tilde{S}^*$ の開集合である．ゆえに，S の任意の開集合は $\tilde{S}^*$ の開集合ともなる(第4章，定理24)．すなわち $\mathfrak{O}\subset\tilde{\mathfrak{O}}^*$．また $O\in\mathfrak{O}_\infty$ ならば，S^*-O は S のコンパクトな部分集合であるから，それは $\tilde{S}^*$ の部分集合としてもコンパクトで，$\tilde{S}^*$ は Hausdorff 空間であるから，定理14により S^*-O は $\tilde{S}^*$ の閉集合となる．ゆえに O は $\tilde{S}^*$ の開集合，すなわち $O\in\tilde{\mathfrak{O}}^*$ である．したがって $\mathfrak{O}_\infty\subset\tilde{\mathfrak{O}}^*$．これで $\mathfrak{O}\cup\mathfrak{O}_\infty\subset\tilde{\mathfrak{O}}^*$ が示された．ゆえに $\tilde{\mathfrak{O}}^*$ は $\mathfrak{O}\cup\mathfrak{O}_\infty=\mathfrak{O}^*$ と一致する．(証明終)

注意　たとえば，関数論では，しばしば，複素平面(それは $\boldsymbol{R}^2$ と同一視される)に‘無限遠点’をつけ加えた‘コンパクト平面’(あるいは，それと同位相な Riemann 球面)を考える．これは，上の定理に示したコンパクト化の具体的な一例である．

問　　題

1. p. 211 の補題を証明せよ.

2. 定理 10 を証明せよ.

3. 集合 S において, S, ϕ および S の有限部分集合全体から成る S の部分集合系を $\mathfrak{A}$ とすれば, $\mathfrak{A}$ は p. 157 の (Ai), (Aii), (Aiii) を満足し, したがって $\mathfrak{A}$ を閉集合系とする位相が S に導入されることを示せ. また, この位相空間 S はコンパクトであることを示せ.

4. $\mathfrak{O}_1$, $\mathfrak{O}_2$ は集合 S における 2 つの位相で, $\mathfrak{O}_1 \supset \mathfrak{O}_2$ であるとし, また $(S, \mathfrak{O}_1)$ はコンパクト位相空間, $(S, \mathfrak{O}_2)$ は Hausdorff 空間であるとする. そのとき $\mathfrak{O}_1 = \mathfrak{O}_2$ であることを示せ.

5. S_1 をコンパクト位相空間, S_2 を任意の位相空間とする. そのとき, 直積空間 $S = S_1 \times S_2$ から S_2 への射影 pr_2 は閉写像であることを証明せよ.

6. 定理 17 の証明の 1) の部分で, $\mathfrak{O}^*$ が S^* における位相であることをたしかめよ.

§3　分 離 公 理

A)　T_1-空間と Hausdorff 空間

われわれはいままでに, 任意の集合に与え得る位相の 1 つとして密着位相を考えてきたが, 密着位相を導入して得られる密着空間 S においては, 各点の近傍は S 自身のほかになく, また, S の任意の点 x は S の任意の (空でない) 部分集合 M の触点となっている. このような‘極端な’位相空間は, 実はあまり興味のないものであって, われわれが実際にとりあつかう位相空間は, むしろ, その位相が何らかの意味において密着でないとする‘分離条件’を満たしていることが多い. たとえば, §2, C) で述べた条件 (H) はそのような条件の 1 つである. 本節では, 位相空間に関する各種の分離条件として知られているもののうち, 主要なものについて説明することとしよう.

$(S, \mathfrak{O})$ を 1 つの位相空間とし, 本節でもこれを略して S と書く.

S に関する次の条件 (T_1) を**第 1 分離公理**または Fréchet の公理といい, S がこの条件を満たすとき，S を **$\mathbf{T}_1$-空間**という．

(T_1)　S の任意の相異なる2点 x, y に対し，x の近傍 U で y を含まないものが存在する．

明らかに，この条件における U としては x の開近傍をとることができる．

定理 18　位相空間 S が T_1-空間であるためには，次の(T_1)′または(T_1)″の成り立つことが必要十分である．

(T_1)′　S の各点 x に対し，x の近傍全部の共通部分は点 x のみから成る．

(T_1)″　S の各点 x に対し，$\{x\}$ は S の閉集合である．

証明　(T_1)′は(T_1)のいいかえに過ぎない．

(T_1)⇒(T_1)″: y を x と異なる S の任意の点とすれば，y の近傍 V で x を含まないもの，すなわち $\{x\}\cap V=\phi$ となるものがあるから，$y\notin\overline{\{x\}}$．したがって $\overline{\{x\}}=\{x\}$．

(T_1)″⇒(T_1): $x\neq y$ ならば，$\{x\}$ は閉集合であるから，$V=S-\{x\}$ は y を含む開集合である．したがって V は y の近傍で，しかも x を含まない．(証明終)

§2，C)に挙げた条件(H)は**第2分離公理**または Hausdorff の公理とよばれる．(これを満足する位相空間を Hausdorff 空間ということは前に述べた．) 以下，この条件を(T_2)とも書くことにしよう．念のため再記すれば:

(T_2)　S の任意の相異なる2点 x, y に対し，$U\cap V=\phi$ となる $U\in\boldsymbol{V}(x)$，$V\in\boldsymbol{V}(y)$ が存在する．

明らかに(T_2)は(T_1)よりも強い条件であるから，Hausdorff 空間は T_1-空間である．(このこともすでに p. 215 で注意した．) また，(T_2)における U, V としては x, y の開近傍をとり得ることも，前に注意した通りである．

定理 19　位相空間 S が Hausdorff 空間であるための条件(T_2)は，次の条件(T_2)′と同等である．

(T_2)′　S の各点 x に対し，x のすべての閉近傍の共通部分は点 x のみから成る．(ただし，x の閉近傍とは，もちろん x の近傍でかつ閉集合であるものをいう．)

証明 $(\mathrm{T}_2) \Rightarrow (\mathrm{T}_2)'$: y を x と異なる S の任意の点とすれば，$U \cap V = \phi$ となる x, y の開近傍 U, V が存在し，第4章§2, 問題4によって $\bar{U} \cap V = \phi$. したがって，$\bar{U}$ は y を含まない x の閉近傍である.

$(\mathrm{T}_2)' \Rightarrow (\mathrm{T}_2)$: $x \neq y$ ならば，x の閉近傍 W で y を含まないものがあるから，$U = W^\circ$，$V = S - W$ とおけば，U, V はそれぞれ x, y の開近傍で，しかも $U \cap V = \phi$ となる.

B) 正則空間

位相空間 S に関する次の条件 (T_3) を**第3分離公理**または Vietoris の公理といい，S が T_1-空間であって，さらにこの条件を満たすとき，S を**正則空間**という.

(T_3) $x \notin A$ であるような S の任意の点 x および閉集合 A に対して，

$$x \in O_1, \quad A \subset O_2, \quad O_1 \cap O_2 = \phi \tag{3.1}$$

となる開集合 O_1, O_2 が存在する.（第22図参照.）

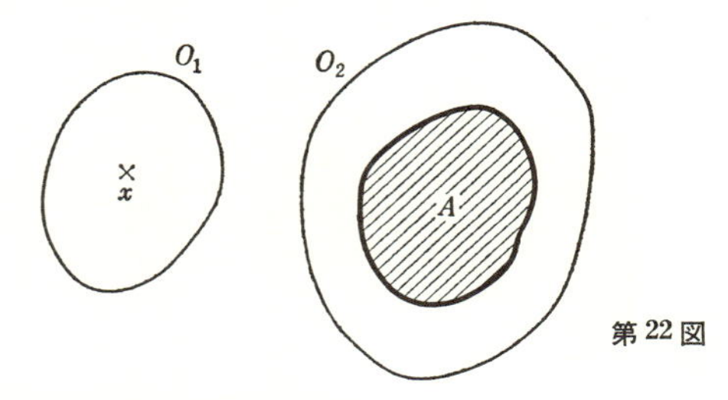

第22図

明らかに，正則空間は Hausdorff 空間である.

定理 20 位相空間 S に関する条件 (T_3) は次の条件 $(\mathrm{T}_3)'$ と同等である.

$(\mathrm{T}_3)'$ x が S の点，O が S の開集合で，$x \in O$ ならば，

$$x \in O_1, \quad \bar{O}_1 \subset O \tag{3.2}$$

を満たす開集合 O_1 が存在する.

証明 $(\mathrm{T}_3) \Rightarrow (\mathrm{T}_3)'$: x, O を $(\mathrm{T}_3)'$ の仮定を満たす S の点および開集合とする. そのとき $A = S - O = O^c$ とおけば，A は S の閉集合で，$x \notin A$. したがって (3.1) を満たす開集合 O_1, O_2 がある. $O_1 \subset O_2{}^c$ で，$O_2{}^c$ は閉集合であるから

$\bar{O}_1 \subset O_2{}^c$. また $A \subset O_2$ であるから，$O_2{}^c \subset A^c = O$. したがって $\bar{O}_1 \subset O$. すなわち O_1 は(3.2)を満足する.

$(\mathrm{T}_3)' \Rightarrow (\mathrm{T}_3)$: x, A を(T_3)の仮定を満たす S の点および閉集合とする. そのとき $O = A^c$ とおけば，$x \in O$ で，O は開集合であるから，(3.2)を満たす開集合 O_1 が存在する. そこで，$O_2 = \bar{O}_1{}^c$ とおけば，$A = O^c \subset \bar{O}_1{}^c = O_2$ で，$O_1 \cap O_2 = \phi$. すなわち O_1, O_2 は(3.1)を満足する.

C)　正規空間

位相空間 S に関する次の条件(T_4)を**第4分離公理**または Tietze の公理といい，S が T_1-空間であって，さらにこの条件を満たすとき，S を**正規空間**という.

(T_4)　$A_1 \cap A_2 = \phi$ であるような S の任意の閉集合 A_1, A_2 に対して，

$$A_1 \subset O_1, \quad A_2 \subset O_2, \quad O_1 \cap O_2 = \phi$$

となる開集合 O_1, O_2 が存在する.（第23図参照.）

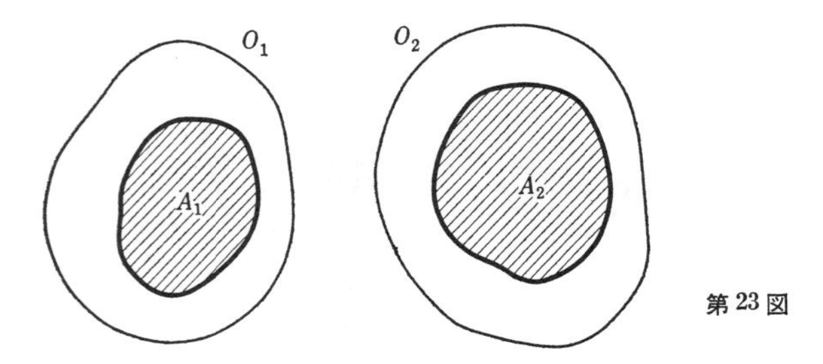

第23図

明らかに，正規空間は正則空間である.

定理 21　位相空間 S に関する条件(T_4)は次の$(\mathrm{T}_4)'$と同等である.

$(\mathrm{T}_4)'$　A が S の閉集合，O が S の開集合で，$A \subset O$ ならば，

$$A \subset O_1, \quad \bar{O}_1 \subset O$$

を満たす開集合 O_1 が存在する.

この証明は前定理の$(\mathrm{T}_3) \Leftrightarrow (\mathrm{T}_3)'$の証明と全く同様であるから，読者の練習問題とする. ——

以上で，分離性に関して漸次強い条件 (T_1), (T_2), $((T_1)$ および $(T_3))$, $((T_1)$ および $(T_4))$ を満たすものとして，T_1-空間，Hausdorff 空間，正則空間，正規空間の概念を得たが，これらの条件は前のものよりも‘真に強い’のである．すなわち，正則であるが正規ではない位相空間の例などを作ることができる．(しかし，ここではそれらの例は省略する.) ただし，分離性とは別種の条件をつけ加えることによって，弱い分離条件から強い分離条件が導かれる場合もある．たとえば，次の定理22および定理23のような命題が成り立つ．

定理 22 コンパクトな Hausdorff 空間 S は正規である．

証明 A, B を $A \cap B = \phi$ であるような S の2つの閉集合とする．S がコンパクトであるから，定理11によって A, B もコンパクトである．x, y をそれぞれ A, B の任意の点とすれば，S は Hausdorff 空間であるから，

$$x \in U_y(x), \quad y \in V_x(y), \quad U_y(x) \cap V_x(y) = \phi$$

となる開集合 $U_y(x)$, $V_x(y)$ が存在する．いま，A の点 x を固定して考えれ

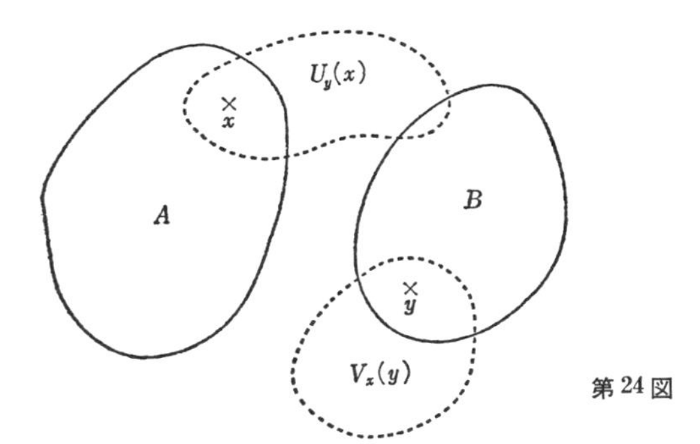

第24図

ば，$\{V_x(y) \mid y \in B\}$ は B の (S における) 開被覆となるが，B はコンパクトであるから，B の適当な有限個の点 $y_1, \cdots, y_s$ に対して $B \subset \bigcup_{j=1}^{s} V_x(y_j)$ が成り立つ．そこで，$U_x = \bigcap_{j=1}^{s} U_{y_j}(x)$, $V_x = \bigcup_{j=1}^{s} V_x(y_j)$ とおけば，U_x, V_x は開集合で，

$$x \in U_x, \quad B \subset V_x, \quad U_x \cap V_x = \phi$$

となる．(ここまでの議論は，前に定理14の証明でおこなったものと全く同じである.) 次に，x を A の中で動かして考えれば，$\{U_x \mid x \in A\}$ は A の開被覆

であって，A もコンパクトであるから，A の適当な有限個の点 $x_1, \cdots, x_r$ をとって，$A \subset \bigcup_{i=1}^{r} U_{x_i}$ を成り立たせることができる．そこで，$U = \bigcup_{i=1}^{r} U_{x_i}$，$V = \bigcap_{i=1}^{r} V_{x_i}$ とおけば，U, V は S の開集合で，上と同様に

$$A \subset U, \quad B \subset V, \quad U \cap V = \phi$$

となる．これで，S が(T_4)を満たすことが示された．(証明終)

定理 23　S が正則空間で第2可算公理を満足するならば，S は正規空間である．

証明　A, B を S の閉集合とし，$A \cap B = \phi$ とする．また，$\mathfrak{B}$ を S の開集合系 $\mathfrak{O}$ のたかだか可算な基底とする．

x を A の任意の点とすれば，$x \in B^c$，$B^c \in \mathfrak{O}$ であるから，$(\mathrm{T}_3)'$ によって，$x \in O(x)$，$\overline{O(x)} \subset B^c$ となる $O(x) \in \mathfrak{O}$ がある．$\mathfrak{B}$ は $\mathfrak{O}$ の基底であるから，この $O(x)$ に対して $x \in U(x) \subset O(x)$ となる $U(x) \in \mathfrak{B}$ が存在する．$\overline{U(x)} \subset \overline{O(x)}$ であるから，$\overline{U(x)} \subset B^c$，したがって $B \subset \overline{U(x)}^c$．$A$ の各点 x に対して，上のように $\mathfrak{B}$ の元 $U(x)$ をとれば，$\mathfrak{U} = \{U(x) \mid x \in A\}$ は A の(S における)開被覆となるが，$\mathfrak{U} \subset \mathfrak{B}$ であるから，これはたかだか可算な集合である．したがって，$\mathfrak{U} = \{U_i \mid i \in \boldsymbol{N}\}$ と表わすことができる．すなわち

$$(3.3) \qquad A \subset \bigcup_{i=1}^{\infty} U_i, \quad B \subset \overline{U_i}^c \ (i=1, 2, \cdots).$$

全く同様にして

$$(3.4) \qquad B \subset \bigcup_{j=1}^{\infty} V_j, \quad A \subset \overline{V_j}^c \ (j=1, 2, \cdots)$$

となる $\{V_j \mid j \in \boldsymbol{N}\} \subset \mathfrak{B}$ の存在することがわかる．いま，これらの $\{U_i \mid i \in \boldsymbol{N}\}$，$\{V_j \mid j \in \boldsymbol{N}\}$ から，$\{U'_i \mid i \in \boldsymbol{N}\}$，$\{V'_j \mid j \in \boldsymbol{N}\}$ を次のように帰納的に定める．まず

$$U'_1 = U_1, \qquad V'_1 = V_1 \cap \overline{U'_1}^c$$

とおき，また $k \geqq 2$ に対しては

$$(3.5) \qquad U'_k = U_k \cap \left(\bigcap_{j=1}^{k-1} \overline{V'_j}^c \right), \qquad V'_k = V_k \cap \left(\bigcap_{i=1}^{k} \overline{U'_i}^c \right)$$

と定める．そうすれば，$V'_k \subset V_k$ であるから $\overline{V_k}^c \subset \overline{V'_k}^c$，したがって(3.4)の後

半の式から $A\subset \overline{V'_k}^c$. よって

$$U_k\cap A = U_k\cap\left[\left(\bigcap_{j=1}^{k-1}\overline{V'_j}^c\right)\cap A\right] = U'_k\cap A.$$

ゆえに(3.3)の前半の式から

$$A = \bigcup_{i=1}^{\infty}(U_i\cap A) = \bigcup_{i=1}^{\infty}(U'_i\cap A)\subset\bigcup_{i=1}^{\infty}U'_i$$

となる. 同様にして

$$B\subset\bigcup_{j=1}^{\infty}V'_j$$

も成り立つ. 一方(3.5)から明らかに, $j<k$ ならば $U'_k\cap V'_j=\phi$, $i\leqq k$ ならば $V'_k\cap U'_i=\phi$ であるから, 結局, 任意の $(i,j)\in \boldsymbol{N}\times\boldsymbol{N}$ に対して $U'_i\cap V'_j=\phi$, したがって

$$\left(\bigcup_{i=1}^{\infty}U'_i\right)\cap\left(\bigcup_{j=1}^{\infty}V'_j\right) = \bigcup_{(i,j)\in \boldsymbol{N}\times\boldsymbol{N}}(U'_i\cap V'_j) = \phi.$$

ゆえに, $\bigcup_{i=1}^{\infty}U'_i=O_1$, $\bigcup_{j=1}^{\infty}V'_j=O_2$ とおけば, $O_1\in\mathfrak{O}$, $O_2\in\mathfrak{O}$ で,

$$A\subset O_1,\quad B\subset O_2,\quad O_1\cap O_2=\phi.$$

これで(T_4)が示された. (証明終)

D) Urysohn の補題

後に'距離づけ'の問題に関連して用いるために, ここで, Urysohn の補題とよばれる正規空間に関する一命題を証明しておこう.

定理 24 (Urysohn の補題) S を正規空間とし, A, B を互に素な S の閉集合とする. そのとき, S 上の実連続関数 $f: S\to\boldsymbol{R}$ で, 次の条件(i), (ii)を満足するものが存在する.

(i) f は A 上では値 0, B 上では値 1 をとる. すなわち, 任意の $x\in A$ に対して $f(x)=0$, 任意の $x\in B$ に対して $f(x)=1$.

(ii) 任意の $x\in S$ に対して $0\leqq f(x)\leqq 1$.

証明 $m/2^n$ ($n\in\boldsymbol{N}$, $m=0,1,\cdots,2^n$) の形の有理数全部の集合を Λ とし, Λ の各元 r に対して S の開集合 $O(r)$ を次のように定める.

まず，$O(1)=B^c=S-B$ とおき，次に $O(0)$ を $A\subset O(0)$，$\overline{O(0)}\subset O(1)$ となるようにとる．($A\subset B^c=O(1)$ であるから，このような開集合 $O(0)$ がとれることは，$(\mathrm{T}_4)'$ によって保証されている．) いま，ある整数 $n\geqq 0$ に対し，$O(m/2^n)$ $(m=0, 1, \cdots, 2^n)$ がすでに定められ，しかも

$$m<m' \Rightarrow \overline{O\left(\frac{m}{2^n}\right)} \subset O\left(\frac{m'}{2^n}\right)$$

が成り立っているとしよう．そのとき，各 $m=0, 1, \cdots, 2^n-1$ に対し，$O((2m+1)/2^{n+1})$ を

$$\overline{O\left(\frac{m}{2^n}\right)} \subset O\left(\frac{2m+1}{2^{n+1}}\right), \quad \overline{O\left(\frac{2m+1}{2^{n+1}}\right)} \subset O\left(\frac{m+1}{2^n}\right)$$

となるようにとる．このようにすれば，数学的帰納法によって，すべての $r\in\Lambda$ に対して $O(r)$ が定められ，しかも

(3.6) $$A \subset O(0), \quad O(1) = B^c,$$

(3.7) $$r<r' \Rightarrow \overline{O(r)}\subset O(r')$$

が成り立つこととなる[1]．

そこで，関数 $f: S\to \boldsymbol{R}$ を次のように定義する．

(a)　$x\in B=O(1)^c$ に対しては $f(x)=1$ とする．

(b)　$x\in O(1)$ に対しては

$$f(x) = \inf \{r \mid r\in\Lambda,\ x\in O(r)\}$$

とする．

---

1)　このような叙述では，$O(r)$ のとり方に幾分'確定性'が欠けるうらみがあるが，その点を厳密にするには，選出公理を表面に出して次のように述べればよい．すなわち，S の閉集合 P，開集合 Q で，$P\subset Q$ となるような組 (P,Q) 全体の集合を $\mathfrak{X}$ とし，$\mathfrak{X}$ の各元 (P,Q) に対して

$$\mathfrak{O}_{(P,Q)} = \{O \mid O\in\mathfrak{O},\ P\subset O,\ \bar{O}\subset Q\}$$

とおく．$(\mathrm{T}_4)'$ により $\mathfrak{O}_{(P,Q)}$ は空でない．したがって，$\mathfrak{X}$ で定義された写像 Φ で，任意の $(P,Q)\in\mathfrak{X}$ に対し $\Phi(P,Q)\in\mathfrak{O}_{(P,Q)}$ となるものがある．このような写像 Φ を1つ定めておいて，

$$B^c = O(1), \quad \Phi(A, B^c) = O(0),$$

$$\Phi\left(\overline{O\left(\frac{m}{2^n}\right)}, O\left(\frac{m+1}{2^n}\right)\right) = O\left(\frac{2m+1}{2^{n+1}}\right)$$

として，帰納的に $O(r)$ $(r\in\Lambda)$ を定めればよいのである．

そのとき，$x\in A$ ならば，(3.6)の前半の式によって $x\in O(0)$ であるから，$f(x)=0$. また，$x\in B$ ならば定義によって $f(x)=1$. さらに，任意の $x\in S$ に対して $0\leqq f(x)\leqq 1$ であることも明らかである．すなわち，f は定理の条件(i)，(ii)を満足する．

最後に，f が連続であることを示そう．そのために，まず任意の $r\in \Lambda$ に対して

(3.8) $$x\in O(r)\Rightarrow f(x)\leqq r,$$

(3.9) $$f(x)<r\Rightarrow x\in O(r),$$

(3.10) $$x\notin \overline{O(r)}\Rightarrow f(x)\geqq r,$$

(3.11) $$f(x)>r\Rightarrow x\notin \overline{O(r)}$$

が成り立つことに注意しておく．これらは次のように示される．(3.8)：これは定義から明らかである．(3.9)：$f(x)<r$ ならば，同じく定義によって $x\in O(r_1)$ となる $r_1<r$ が存在し，(3.7)によって $O(r_1)\subset O(r)$ であるから，$x\in O(r)$. (3.10)：$x\notin \overline{O(r)}$ ならばもちろん $x\notin O(r)$ であるから，(3.9)によって $f(x)\geqq r$. (3.11)：$f(x)>r$ ならば，$f(x)>r'>r$ を満たす $r'\in\Lambda$ をとるとき，(3.8)によって $x\notin O(r')$. したがって(3.7)により $x\notin \overline{O(r)}$.

さて，いま x_0 を S の任意の1点とし，ε を任意の正の実数とする．もし $0<f(x_0)<1$ ならば，$f(x_0)-\varepsilon<r<f(x_0)<r'<f(x_0)+\varepsilon$ を満たす Λ の元 r, r' をとることができる．そのとき $U(x_0)=O(r')-\overline{O(r)}$ とおけば，これは S の開集合で，(3.9)，(3.11)によって $x_0\in U(x_0)$. ゆえに $U(x_0)$ は x_0 の近傍である．また(3.8)，(3.10)によって，任意の $x\in U(x_0)$ に対し $r\leqq f(x)\leqq r'$. したがって，$x\in U(x_0)$ ならば

$$|f(x)-f(x_0)|<\varepsilon$$

となる．また，$f(x_0)=1$ のときは $1-\varepsilon<r<1$ を満たす $r\in\Lambda$ をとって $U(x_0)=\overline{O(r)}^c$；$f(x_0)=0$ のときは $0<r'<\varepsilon$ を満たす $r'\in\Lambda$ をとって $U(x_0)=O(r')$ とおけば，上と同じく，$U(x_0)$ は x_0 の近傍で，すべての $x\in U(x_0)$ に対して $|f(x)-f(x_0)|<\varepsilon$ となることが，直ちに示される．ゆえに，$f: S\rightarrow \boldsymbol{R}$ は連続である．(第4章定理20(iii)′参照.) (証明終)

注意　定理 24 から導かれる重要な結果の 1 つとして，‘Urysohn の拡張定理’ とよばれる次の命題がある．

Urysohn の拡張定理　S を正規空間，A を S の 1 つの閉集合とし，g は A で定義された実連続関数 $g: A \to \boldsymbol{R}$ で，

$$\text{‘すべての}\quad x \in A \quad \text{に対し}\quad 0 \leqq g(x) \leqq 1\text{’}$$

を満たすものとする．そのとき，S 上の実連続関数 $f: S \to \boldsymbol{R}$ で，次の条件(i)，(ii)を満足するものが存在する．

(i)　f は g の拡大である．すなわち $f|A=g$.

(ii)　すべての $x \in S$ に対して $0 \leqq f(x) \leqq 1$. ——

すなわち，簡単にいえば，“正規空間のある閉集合上で定義された有界な実連続関数は，全空間で定義された有界な実連続関数に拡大できる” のである．これはしばしば応用される重要な定理であるが，ここでは，その証明は省略する．

問　　題

1. §2，問題 3 で定義した位相空間 S は第 1 分離公理を満足するが，S が無限集合である場合には第 2 分離公理を満足しないことを示せ．

2. §2，問題 3 で定義した S における位相は，第 1 分離公理を満足するもののうち，最も弱い位相であることを示せ．

3. S を位相空間，S' を Hausdorff 空間とする．

(a)　f, g をともに S から S' への連続写像とすれば，

$$A = \{x \mid f(x) = g(x)\}$$

は S の閉集合であることを示せ．

(b)　S から S' への連続写像 f, g が，$\bar{M}=S$ であるような S のある部分集合 M の上で一致するならば(すなわち $f|M=g|M$ ならば)，f, g は S 全体の上で一致する(すなわち $f=g$ である)ことを示せ．

4. (T_4)，$(\mathrm{T}_4)'$ が同等であること(定理 21)を証明せよ．

5. 位相空間 S が第 1 分離公理を満足し，さらに次の条件(T^*)を満足するとき，S は**完全正則空間**であるという．

(T^*)　A を S の任意の閉集合，x_0 を A に含まれない S の任意の 1 点とするとき，S 上の実連続関数 $f: S \to \boldsymbol{R}$ で，

(i)　$f(x_0)=0$,

(ii)　任意の $x \in A$ に対して $f(x)=1$,

(iii)　任意の $x \in S$ に対して $0 \leqq f(x) \leqq 1$

を満足するものが必ず存在する. ——

正規空間は完全正則空間であり，完全正則空間は正則空間であることを示せ.

6. S が T_1-空間，または Hausdorff 空間，または正則空間，または完全正則空間であれば，S の任意の部分空間もそれぞれ T_1-空間，または Hausdorff 空間，または正則空間，または完全正則空間であることを示せ．[Hausdorff 空間の任意の部分空間が Hausdorff 空間であることは，すでに §2, C) でも注意した.]

注意 正規空間の部分空間は必ずしも正規空間ではない.

7. 位相空間族 $(S_\lambda)_{\lambda\in\Lambda}$ の直積位相空間を $S=\prod_{\lambda\in\Lambda} S_\lambda$ とする．S が T_1-空間，または Hausdorff 空間，または正則空間，または完全正則空間であるためには，すべての $\lambda\in\Lambda$ に対して，S_λ がそれぞれ T_1-空間，または Hausdorff 空間，または正則空間，または完全正則空間であることが必要十分である．このことを証明せよ.

注意 正規空間族の直積は必ずしも正規空間ではない.

8. T_1-空間 S が正則であることは，S の各点 x に対し，その閉近傍の全体が x の1つの基本近傍系を作ることと同等であることを示せ.

9. 局所コンパクトな Hausdorff 空間 S は正則であることを証明せよ.

(ヒント: U を S の点 x の任意の近傍とする．V を x のコンパクトな近傍とすれば，$U\cap V$ は V における x の近傍であるが，定理22により V は正規，したがって正則である．そこで前問を用いる.)

10. 局所コンパクトな Hausdorff 空間 S において，S の各点 x のコンパクトな近傍の全体は x の1つの基本近傍系を作ることを証明せよ.

11. S を局所コンパクトな Hausdorff 空間とすれば，S の任意の開集合 O と任意の閉集合 A との共通部分 $O\cap A$ は局所コンパクトであることを証明せよ.

(ヒント: $M=O\cap A$ の任意の点 x に対し，前問により，x の S におけるコンパクトな近傍 V で O に含まれるものが存在する.)

12. S が Hausdorff 空間で，S の部分空間 M が局所コンパクトならば，M は S のある開集合と S のある閉集合との共通部分として表わされることを証明せよ.

(ヒント: M が $\bar{M}$ において開集合であることを示せ.)

第6章 距離空間

§1 距離空間とその位相

A) 距離関数と距離空間

第4章§1で集合 $\boldsymbol{R}^n$ に位相を導入したが，そのとき，基礎として用いたのは，$\boldsymbol{R}^n$ における距離の概念，特に p. 138, 139 に挙げたその基本性質 (Di)-(Div)であった．本章では，これらの性質を満たす‘距離’が定義されているような一般の集合——‘距離空間’——について考えよう．それは，一般的な見地からすれば，位相空間の特殊な場合に過ぎないが，距離の概念にもとづいて数学的に理解しやすい手法が導入される点や，その基本的なモデルである Euclid 空間 $\boldsymbol{R}^n$ に関する図形的な直観を推論の補助として利用できる点などで，大きな利点をもっている．したがって，実際に応用する立場からは，距離空間は最も役に立つものであり，特に幾何学や解析学などでこの概念は有効に用いられるのである．

まず，本項では，距離関数および距離空間の定義を述べよう．

S を1つの空でない集合とし，d を S で定義された2変数の実数値関数，すなわち $S\times S$ から $\boldsymbol{R}$ への写像で，次の4つの条件 (Di)-(Div) を満たすものとする．

(Di) 任意の $x, y \in S$ に対して $d(x, y) \geqq 0$.

(Dii) $x, y \in S$ に対し，$d(x, y)=0$ となるのは $x=y$ のときまたそのときに限る．

(Diii) 任意の $x, y \in S$ に対して $d(x, y)=d(y, x)$.

(Div) d は**三角不等式**を満足する．すなわち，任意の $x, y, z \in S$ に対して

$$d(x, z) \leqq d(x, y)+d(y, z).$$

このとき，d を S 上の(または S で定義された)**距離関数**(metric)といい，S とその上の1つの距離関数 d とをいっしょに合わせ考えた概念 (S, d) を

距離空間(S をその**台**)という．ただし，これまでと同様に，与えられた距離関数 d の意味がはっきりわかっている場合には，距離空間 (S, d) を略して単に距離空間 S とも書く．距離空間 (S, d) において，$d(x, y)$ $(x, y \in S)$ を2点 x, y の**距離**(distance)という[1]．

距離関数の二三の例を次に挙げよう．

例 1　すでに知っているように，集合 $\boldsymbol{R}^n$ において，その2点 $x=(x_1, \cdots, x_n)$，$y=(y_1, \cdots, y_n)$ に対し

(1.1) $$d(x, y) = \sqrt{\sum_{i=1}^{n}(x_i-y_i)^2}$$

と定義すれば，d は $\boldsymbol{R}^n$ 上の1つの距離関数であり，この距離関数 d を $\boldsymbol{R}^n$ に導入して得られる距離空間 $(\boldsymbol{R}^n, d)$ は $\boldsymbol{n}$ 次元 Euclid 空間である．他に考え得られる $\boldsymbol{R}^n$ 上の距離関数と区別するために，(1.1)の d を **Euclid 距離関数**とよぶこととする．また以後では，この $\boldsymbol{d}$ をしばしば $d^{(n)}$ とも表わす．

$\boldsymbol{R}^n$ 上の距離関数としては，もちろん上の d のほかにもいろいろのものが考えられる．たとえば，

(1.2) $$d_1^{(n)}(x, y) = \sum_{i=1}^{n}|x_i-y_i|,$$

または

(1.3) $$d_\infty^{(n)}(x, y) = \max\{|x_i-y_i|\,;\, i=1, \cdots, n\}$$

と定義すれば，これらの $d_1^{(n)}, d_\infty^{(n)}$ もそれぞれ $\boldsymbol{R}^n$ 上の距離関数となることが直ちに検証される．(読者みずから検証せよ.)

例 2　S を任意の空でない集合とし，$d: S\times S\to\boldsymbol{R}$ を

$$d(x, y) = \begin{cases} 1 & (x \neq y \text{ のとき}), \\ 0 & (x = y \text{ のとき}) \end{cases}$$

と定義する．この d は明らかに S 上の1つの距離関数である．

例 3　X を空でない任意の集合とする．X で定義された実数値関数(すなわち $\mathfrak{F}(X, \boldsymbol{R})$ の元) f で，値域 $f(X)$ が $\boldsymbol{R}$ の有界部分集合となるものを，X 上の**有界実数値関数**という．X 上の有界実数値関数の全体を以後 $\mathfrak{F}^b(X, \boldsymbol{R})$ で表

1)　邦語では，距離関数のこともしばしば略して距離ということがある．

わす．いま，$\mathfrak{F}^b(X, \boldsymbol{R})=S$ とし，S の2つの元 f, g に対して

$$d(f, g) = \sup\{|f(x)-g(x)|\,;\,x\in X\}$$

と定義する．（$\{|f(x)|\,;\,x\in X\}$，$\{|g(x)|\,;\,x\in X\}$ はともに $\boldsymbol{R}$ の有界部分集合で，

$$|f(x)-g(x)| \leqq |f(x)|+|g(x)|$$

であるから，$\{|f(x)-g(x)|\,;\,x\in X\}$ も $\boldsymbol{R}$ の有界部分集合である．したがってその上限が存在するのである．）このように定義した $d: S\times S\to\boldsymbol{R}$ は，$S=\mathfrak{F}^b(X, \boldsymbol{R})$ 上の1つの距離関数であることが次のように検証される．d が (Di), (Dii), (Diii) を満たすことは明らかであるから，(Div) をたしかめればよい．$f, g, h\in S$ とし，$d(f, g)=\alpha$，$d(g, h)=\beta$ とする．そうすれば，任意の $x\in X$ に対して $|f(x)-g(x)|\leqq\alpha$，$|g(x)-h(x)|\leqq\beta$ であるから，

$$|f(x)-h(x)| \leqq |f(x)-g(x)|+|g(x)-h(x)| \leqq \alpha+\beta.$$

よって $\sup\{|f(x)-h(x)|\,;\,x\in X\}\leqq\alpha+\beta$．すなわち

$$d(f, h) \leqq d(f, g)+d(g, h)$$

となる．

B)　距離空間における位相の導入

任意の距離空間には，Euclid 空間 $\boldsymbol{R}^n$ の場合と同様にして，次のように位相を導入することができる．

(S, d) を与えられた1つの距離空間とする．

a を S の任意の1点，ε を任意の正の実数とするとき，

$$B(a\,;\,\varepsilon)=\{x \mid x\in S,\ d(a, x)<\varepsilon\}$$

を，a を中心，ε を半径とする（(S, d) における）**球体**という．

この概念を用いて，S の部分集合系 $\mathfrak{O}_d$ を次のように定める．すなわち，$\mathfrak{O}_d$ は空集合 ϕ，および次の条件 (O_d) を満足する S の空でない部分集合 O の全体から成る集合系とする：

(O_d)　O の任意の点 a に対して，$B(a\,;\,\varepsilon)\subset O$ となるような球体 $B(a\,;\,\varepsilon)$ が存在する．

このように $\mathfrak{O}_d$ を定義すれば，これが S における位相となることは，$\boldsymbol{R}^n$ の場合と同様に証明される．今後，距離空間 (S, d) にはいつもこの位相 $\mathfrak{O}_d$ が付随させられているものとし，距離空間 (S, d) を位相空間と考えるときは，いつも $(S, \mathfrak{O}_d)$ の意味にとるものとする．(たとえば距離空間 (S, d) の開集合または閉集合などというときは，正しくは，位相空間 $(S, \mathfrak{O}_d)$ の開集合または閉集合を意味する.)

例 任意の集合 $S\,(\neq\phi)$ に A) の例 2 で定義した距離関数 d を導入して得られる距離空間 (S, d) においては，明らかに $\mathfrak{O}_d=\mathfrak{P}(S)$ となる．(読者はくわしく考えよ.) すなわち，この距離空間 (S, d) は(位相空間として)離散位相空間である．——

距離空間 (S, d) において，各球体 $B(a\,;\varepsilon)$ は開集合である．(したがって，くわしくは，これは**開球体**とよばれる.) また，開球体全部の集合 $\{B(a\,;\varepsilon)\,|\,a\in S,\ \varepsilon>0\}$ は (S, d) の開集合系 $\mathfrak{O}_d$ の基底を作り，点 a を固定した場合，$\{B(a\,;\varepsilon)\,|\,\varepsilon>0\}$ は点 a の 1 つの基本近傍系を作る．($B(a\,;\varepsilon)$ を点 a の近傍と考えるとき，これを a の **ε 近傍**ともいう.) なお，ここで，ε を正の有理数 r だけに限定して，$\{B(a\,;r)\,|\,a\in S,\ r\in \boldsymbol{Q},\ r>0\}$ あるいは $\{B(a\,;r)\,|\,r\in \boldsymbol{Q},\ r>0\}$ を考えても，これらもそれぞれ $\mathfrak{O}_d$ の基底あるいは点 a の基本近傍系をなす．——以上のことの証明も，すべて Euclid 空間の場合と同様である．(念のため，読者は今一度これらの証明を実行されたい.)

次の定理を述べる前に，位相空間 S が可分であるというのは，$\bar{M}=S$ となるようなたかだか可算な部分集合 M が存在するという意味であったことを思い出しておく．

定理 1 任意の距離空間 (S, d) は第 1 可算公理を満足する．それが第 2 可算公理を満足するためには，(S, d) が可分であることが必要十分である．

証明 上に述べたように，S の任意の点 a に対して $\{B(a\,;r)\,|\,r\in \boldsymbol{Q},\ r>0\}$ は点 a の基本近傍系を作るが，$\boldsymbol{Q}$ は可算集合であるから，この基本近傍系はたかだか可算である．ゆえに，(S, d) は第 1 可算公理を満足する．

次に，(S, d) が可分であるとし，M を，S において密な，たかだか可算な集

合とする．そのとき，

$$\mathfrak{B}=\{B(a\,;r)\mid a\in M,\ r\in \boldsymbol{Q},\ r>0\}$$

とおけば，これは $\mathfrak{O}_d$ のたかだか可算な基底となることが次のように示される．$\mathfrak{B}$ がたかだか可算であることは明らかであろう．また，O を (S,d) の任意の空でない開集合，a を O の任意の点とすれば，$B(a\,;\varepsilon)\subset O$ となるような球体 $B(a\,;\varepsilon)$ が存在する．$\bar{M}=S$ であるから，$B(a\,;\varepsilon/2)\cap M\neq\phi$，したがって $B(a\,;\varepsilon/2)\ni a'$ となる M の点 a' がある．そこで $d(a,a')<r<\varepsilon/2$ を満たす有理数 r をとれば，$B(a'\,;r)\in\mathfrak{B}$ で，明らかに $a\in B(a'\,;r)\subset O$ となる．よって $\mathfrak{B}$ は $\mathfrak{O}_d$ の基底である．ゆえに，(S,d) は第2可算公理を満足する．逆に，第2可算公理を満足する任意の位相空間が可分であることは，すでに第4章定理17でみた．（証明終）

C)　点列の収束

距離空間における位相の概念は，次のように点列の収束の概念からも得られる．

はじめに，解析学の初歩で学んだ実数列の収束について復習しておく．実数列——すなわち $\boldsymbol{R}$ の点列——$(\alpha_n)_{n\in\boldsymbol{N}}$ が，実数 α に収束するというのは，任意に正数 ε を与えたとき，それに対してある $n_0\in\boldsymbol{N}$ が存在して，$n>n_0$ であるすべての $n\in\boldsymbol{N}$ に対し $|\alpha_n-\alpha|<\varepsilon$ が成り立つ，ということであった．このときまた，α を $(\alpha_n)_{n\in\boldsymbol{N}}$ の極限とよび，

(1.4)
$$\lim_{n\to\infty}\alpha_n=\alpha\quad\text{または}\quad\alpha_n\to\alpha$$

と書いたのである．(1.4)は明らかに

(1.5)
$$\lim_{n\to\infty}|\alpha_n-\alpha|=0$$

と同等であるが，1次元 Euclid 空間 $(\boldsymbol{R},d^{(1)})$ においては $d^{(1)}(\alpha_n,\alpha)=|\alpha_n-\alpha|$ であるから，(1.5)は

$$\lim_{n\to\infty}d^{(1)}(\alpha_n,\alpha)=0$$

とも書くことができる．

次に(S, d)を任意の距離空間とする．Sの点列$(a_n)_{n\in \boldsymbol{N}}$に対し，$S$の1点$a$が存在して，

$$\lim_{n\to\infty} d(a_n, a) = 0 \tag{1.6}$$

が成り立つとき，$(a_n)_{n\in \boldsymbol{N}}$は$a$に**収束**するといい，

$$\lim_{n\to\infty} a_n = a \quad \text{または} \quad a_n \to a \tag{1.7}$$

と書く．またこのとき，aを$(a_n)_{n\in \boldsymbol{N}}$の**極限点**または略して**極限**という．

(1.7)(あるいは(1.6))は，くわしくいえば，任意に正数εを与えたとき，ある自然数n_0が存在して，$n>n_0$であるすべての自然数nに対して$d(a_n, a)<\varepsilon$が成り立つことを意味する．

点列(a_n)が収束する場合，その極限点は一意的に定まる．実際，(a_n)が点aに収束し，また点a'にも収束するとすれば，定義によって$\lim_{n\to\infty} d(a_n, a)=0$, $\lim_{n\to\infty} d(a_n, a')=0$. 一方また，三角不等式によって

$$d(a, a') \leqq d(a, a_n) + d(a_n, a').$$

ここで$d(a, a_n)+d(a_n, a')\to 0$であるから，$d(a, a')=0$. ゆえに$a=a'$でなければならない．

点列の収束と(S, d)における位相との関係については，次の定理が基本的である．

定理 2 Mを距離空間(S, d)の空でない部分集合とするとき，Sの点aがMの触点となるためには，aがMのある点列(a_n)の極限点となることが必要十分である．

証明 $a\in \bar{M}$ならば，任意の自然数nに対して$B(a; 1/n)\cap M \neq \phi$. したがって，$M$の点列$(a_n)_{n\in \boldsymbol{N}}$で，すべての$n\in \boldsymbol{N}$に対し$a_n\in B(a; 1/n)$となるものが存在する．$a_n\in B(a; 1/n)$であるから，$d(a_n, a)<1/n$. よって$\lim_{n\to\infty} d(a_n, a)=0$. ゆえに$a_n\to a$.

逆に，Mの点列$(a_n)_{n\in \boldsymbol{N}}$で，$a_n\to a$となるものが存在したとする．そのとき，任意の正数$\varepsilon$に対して，$n$を適当に大きくとれば$d(a_n, a)<\varepsilon$，すなわち$a_n\in B(a; \varepsilon)$. したがって$B(a; \varepsilon)\cap M\neq \phi$. ゆえに$a\in \bar{M}$. (証明終)

定理2によれば，距離空間 (S,d) においては，その任意の部分集合 M の閉包 $\overline{M}$ が，‘点列の収束’という概念を用いて決定される．S における位相は，各部分集合 M に対してその閉包 $\overline{M}$ を定めることで与えられるのであったから，その意味で，‘点列の収束’という概念は距離空間における位相を決定するものである，ということができる．

注意　実は，一般の位相空間についても，上に述べたような‘点列の収束’の概念を修正拡張した‘有向点列の収束’を用いれば，その位相を決定することができるのである．本書の本文ではそのことは省略するが，以後の練習問題の中に，この概念およびそれに関連する事項について，基本的な定義と命題をいくつか与えておくことにする．

D)　距離空間の間の連続写像

次に，距離空間から距離空間への写像が連続であるための条件を，距離関数あるいは極限の概念を用いて述べ表わしてみよう．この叙述の形式は，解析学などでわれわれに親しみの深いものである．

定理 3　(S,d), (S',d') を2つの距離空間，f を S から S' への写像とし，a を S の1点とする．f が点 a において連続であるためには，次の(i)あるいは(ii)の成り立つことが必要かつ十分である．

(i)　任意に正数 ε を与えたとき，それに対して適当に正数 δ を選べば，S の点 x に対して

$$d(x,a)<\delta \Rightarrow d'(f(x),f(a))<\varepsilon \tag{1.8}$$

が成り立つ．

(ii)　$(a_n)_{n\in \boldsymbol{N}}$ を $\lim_{n\to\infty} a_n = a$ であるような S の任意の点列とすれば，S' の点 $f(a)$ と点列 $(f(a_n))_{n\in \boldsymbol{N}}$ についても $\lim_{n\to\infty} f(a_n) = f(a)$ が成り立つ．

注意　上の(i)あるいは(ii)が S のすべての点 a に対して成り立つことは，$f: S\to S'$ が連続写像であるための必要十分条件である．

証明　距離空間 S の点 z の(S における)ε 近傍をいままでどおり $B(z;\varepsilon)$ と書き，距離空間 S' の点 z' の(S' における)ε 近傍を $B'(z';\varepsilon)$ と書くことにする．そうすれば，(i)の式(1.8)は，明らかに

$$f(B(a;\delta)) \subset B'(f(a);\varepsilon),$$

あるいは

(1.9)　$$B(a\,;\delta)\subset f^{-1}(B'(f(a)\,;\varepsilon))$$

とも表わされる．すなわち，条件(i)は，任意の正数 ε に対して(1.9)を満たすような正数 δ が存在すること，さらにいいかえれば，任意の正数 ε に対して $f^{-1}(B'(f(a)\,;\varepsilon))$ が点 a の近傍であることを表わしている．点 $f(a)$ の ε 近傍 $B'(f(a)\,;\varepsilon)$ の全体は $f(a)$ の基本近傍系を作るのであったから，これは，$f:S\to S'$ が S の点 a において連続であるという条件にほかならない．——

次に，(i)と(ii)とが同等であることを証明しよう．

(i)⇒(ii)：$(a_n)_{n\in\boldsymbol{N}}$ を a に収束するような S の点列とし，ε を任意の正数とする．ε に対して，(1.8)が成り立つような正数 δ を選ぶ．$\lim_{n\to\infty}a_n=a$ であるから，この δ に対しある $n_0\in\boldsymbol{N}$ が存在して，$n>n_0$ であるすべての $n\in\boldsymbol{N}$ について $d(a_n,a)<\delta$ が成り立つ．したがって，$n>n_0$ ならば $d'(f(a_n),f(a))<\varepsilon$．ゆえに $\lim_{n\to\infty}f(a_n)=f(a)$ となる．

(ii)⇒(i)：これは背理法によって次のように示される．いま，仮りに(i)が成り立たないとしよう．叙述を明白にするため，論理記号を用いて条件(i)を書き表わせば，((1.8)は(1.9)と同等であるから)

$$\forall\varepsilon\exists\delta[B(a\,;\delta)\subset f^{-1}(B'(f(a)\,;\varepsilon))]$$

となる．したがって，(i)の否定は

$$\exists\varepsilon\forall\delta[B(a\,;\delta)\not\subset f^{-1}(B'(f(a)\,;\varepsilon))]$$

である［第1章§2,F)の注意参照］．すなわち，(i)が成り立たないとすれば，ある正数 ε_0 が存在して，その ε_0 に対しては，どのような正数 δ をとっても $B(a\,;\delta)\not\subset f^{-1}(B'(f(a)\,;\varepsilon_0))$，すなわち

$$B(a\,;\delta)\cap[S-f^{-1}(B'(f(a)\,;\varepsilon_0))]\neq\phi$$

となるのである．特に，$\delta=1/n$ (n は任意の自然数)に対して上の式が成り立つから，すべての n に対し

$$a_n\in B(a\,;1/n)\cap[S-f^{-1}(B'(f(a)\,;\varepsilon_0))]$$

となるような S の点列 $(a_n)_{n\in\boldsymbol{N}}$ が存在する．$a_n\in B(a\,;1/n)$，すなわち $d(a_n,a)<1/n$ であるから，$\lim_{n\to\infty}a_n=a$．しかるに一方 $a_n\in S-f^{-1}(B'(f(a)\,;\varepsilon_0))$ である

から，$f(a_n) \notin B'(f(a)\,;\varepsilon_0)$，すなわち $d'(f(a_n), f(a)) \geqq \varepsilon_0$．これがすべての n に対して成り立つから，実数列 $(d'(f(a_n), f(a)))_{n\in\boldsymbol{N}}$ は0に収束しない．したがって，S' の点列 $(f(a_n))_{n\in\boldsymbol{N}}$ は $f(a)$ に収束しない．これは条件(ii)に矛盾する．（証明終）

注意　上では(i)，(ii)が同等であることを証明したが，条件(ii)から f の a における連続性を導くには，条件(i)を示すよりも，第4章§4問題2の性質を示したほうが簡単である．実際，いま M を $a \in \overline{M}$ であるような S の任意の部分集合とすれば，定理2によって $a_n \to a$ となる M の点列 $(a_n)_{n\in\boldsymbol{N}}$ がある．しかるに条件(ii)によれば，そのとき $f(a_n) \to f(a)$ となり，$(f(a_n))_{n\in\boldsymbol{N}}$ は $f(M)$ の点列であるから，ふたたび定理2によって $f(a) \in \overline{f(M)}$ となる．これで，条件(ii)から第4章§4問題2の性質が導かれた．

E)　距離関数の同値

1つの集合 $S\,(\neq\emptyset)$ を与えたとき，その上の距離関数は一般に多数考えられるが，d_1, d_2 が S 上の異なる距離関数であっても，それらの定める位相 $\mathfrak{O}_{d_1}$ と $\mathfrak{O}_{d_2}$ とは一致することがある．（その場合，(S, d_1) と (S, d_2) とは距離空間としては異なるが，位相空間としては同じものとなる．）

一般に，d_1, d_2 が集合 S で定義された2つの距離関数であって，$\mathfrak{O}_{d_1} = \mathfrak{O}_{d_2}$ となるとき，d_1 と d_2 とは**(位相的に)同値**であるという．このことは，恒等写像 $I_S : S \to S$ が $(S, \mathfrak{O}_{d_1})$ から $(S, \mathfrak{O}_{d_2})$ への同相写像となることにほかならない．したがって，前項の定理3から直ちに次の定理が得られる．

定理 4　集合 S 上の2つの距離関数 d_1, d_2 が位相的に同値であるためには，次の(i)あるいは(ii)の成り立つことが必要十分である．

(i)　a を S の任意の点，ε を任意の正数とするとき，(a, ε に対して)適当に正数 δ を選べば，

$$d_1(x, a) < \delta \Rightarrow d_2(x, a) < \varepsilon$$

および

$$d_2(x, a) < \delta \Rightarrow d_1(x, a) < \varepsilon$$

が成り立つ．

(ii)　S の任意の点 a および点列 $(a_n)_{n\in\boldsymbol{N}}$ に対して

$$\lim_{n\to\infty} d_1(a_n, a)=0 \Longleftrightarrow \lim_{n\to\infty} d_2(a_n, a)=0$$

が成り立つ．いいかえれば，距離関数 d_1, d_2 に関する極限をそれぞれ $\lim^{(1)}$, $\lim^{(2)}$ で表わすとき，

$$\lim_{n\to\infty}{}^{(1)} a_n=a \Longleftrightarrow \lim_{n\to\infty}{}^{(2)} a_n=a.$$

例　A)，例1の(1.1), (1.2), (1.3)で定義した $\boldsymbol{R}^n$ 上の距離関数 $d=d^{(n)}$, $d_1^{(n)}, d_\infty^{(n)}$ はいずれも同値である．このことは，$\boldsymbol{R}^n$ の任意の2点 x, y に対して

$$d_\infty^{(n)}(x, y) \leqq d^{(n)}(x, y) \leqq d_1^{(n)}(x, y) \leqq n d_\infty^{(n)}(x, y)$$

が成り立つことから直ちに導かれる．(上の不等式の証明と合わせて，くわしくは読者の練習問題とする.)

F)　部分距離空間と直積距離空間

(S, d) を1つの距離空間とする．M を S の空でない任意の部分集合とするとき，$d: S\times S\to\boldsymbol{R}$ の定義域を $M\times M$ に縮小した写像を d_M とすれば，d_M: $M\times M\to\boldsymbol{R}$ は明らかに M 上の1つの距離関数となる．この距離関数 d_M を M に導入した距離空間 (M, d_M) を，与えられた距離空間 (S, d) の**部分距離空間**という．(M の点 x, y に対しては $d_M(x, y)=d(x, y)$ であるから，特に必要がある場合のほかは，d_M をやはり d と書いてもさしつかえない.) このように，距離空間の任意の空でない部分集合は，'自然に' また距離空間と考えられるが，さらに，部分距離空間 (M, d_M) は，それを位相空間と考えるとき，同じく位相空間と考えた (S, d) の部分位相空間となる．すなわち，距離関数 d_M から定められる M の位相 $\mathfrak{O}_{d_M}$ は，d から定められた S の位相 $\mathfrak{O}_d$ の M における相対位相 $(\mathfrak{O}_d)_M$ と一致する．このことは容易に示されるから，練習問題として読者にゆだねよう．

次に，有限個の距離空間の族 $((S_i, d_i))_{i=1,\cdots,n}$ が与えられたとし，台集合の直積を $S=S_1\times\cdots\times S_n$ とする．そのとき，S の2点 $x=(x_1, \cdots, x_n)$, $y=(y_1, \cdots, y_n)$ $(x_i, y_i \in S_i)$ に対し，

$$d(x, y) = \sqrt{\sum_{i=1}^{n} d_i(x_i, y_i)^2} \tag{1.10}$$

と定義すれば，$d:S\times S\to\boldsymbol{R}$ は S 上の距離関数となる．実際，d が(Di), (Dii), (Diii)を満たすことは明らかである．また，d が(Div)を満たすことは，各 d_i が(Div)を満たすことと Schwarz の不等式(p. 139 参照)を用いて容易に証明される．(この証明も読者の練習問題とする．) この距離関数 d を $(d_i)_{i=1,\cdots,n}$ の**直積距離関数**といい，S に直積距離関数 d を導入して得られる距離空間 (S,d) を $((S_i,d_i))_{i=1,\cdots,n}$ の**直積距離空間**という．たとえば，n 次元 Euclid 空間 $(\boldsymbol{R}^n, d^{(n)})$ は明らかに1次元 Euclid 空間 $(\boldsymbol{R}, d^{(1)})$ の n 個の直積距離空間である．

$((S_i,d_i))_{i=1,\cdots,n}$ の直積距離空間 (S,d) についても，それは位相空間としてちょうど $((S_i,d_i))_{i=1,\cdots,n}$ の直積位相空間となっていることが，次のように示される．いま，d から定められる S の位相を $\mathfrak{O}_d=\mathfrak{O}$ とし，$((S_i,d_i))_{i=1,\cdots,n}$ (正しくは $((S_i,\mathfrak{O}_{d_i}))_{i=1,\cdots,n}$) の直積位相空間としての S の位相を $\mathfrak{O}^*$ とする．また，S の点 a の距離関数 d に関する ε 近傍を $B(a;\varepsilon)$，S_i の点 a_i の距離関数 d_i に関する ε 近傍を $B^{(i)}(a_i;\varepsilon)$ とする．そうすれば，S の任意の点 $a=(a_1,\cdots,a_n)$ に対し，

$$\{B(a;\varepsilon)\mid\varepsilon>0\}$$

は位相 $\mathfrak{O}$ に関する点 a の基本近傍系となり，また明らかに，

$$\{B^{(1)}(a_1;\varepsilon)\times\cdots\times B^{(n)}(a_n;\varepsilon)\mid\varepsilon>0\}$$

は位相 $\mathfrak{O}^*$ に関する点 a の基本近傍系となる．しかるに，距離関数 d の定義(1.10)から直ちに示されるように，

$$\begin{aligned}(1.11)\qquad & B^{(1)}(a_1;\varepsilon/\sqrt{n})\times\cdots\times B^{(n)}(a_n;\varepsilon/\sqrt{n})\\ &\subset B(a;\varepsilon)\subset B^{(1)}(a_1;\varepsilon)\times\cdots\times B^{(n)}(a_n;\varepsilon)\end{aligned}$$

が成り立つ．(この関係式の証明も練習問題とする．) したがって，第4章§3問題9により，S における2つの位相 $\mathfrak{O}$ と $\mathfrak{O}^*$ とは一致することがわかる．

問　　題

1. S を空でない集合とするとき，$d:S\times S\to\boldsymbol{R}$ が S 上の距離関数であるための条件(Di)-(Div)は，(Di), (Dii)に次の条件(Diii)′を合わせたものと同等であることを示せ．

(Diii)′ 任意の $x, y, z \in S$ に対して $d(z, x) \leqq d(x, y) + d(y, z)$.

2. (1.2), (1.3) で定義された $d_1^{(n)}, d_\infty^{(n)}$ はいずれも $\boldsymbol{R}^{(n)}$ 上の距離関数であることをたしかめよ.

3. 上の距離関数 $d_1^{(n)}, d_\infty^{(n)}$ はどちらも Euclid 距離関数 $d^{(n)}$ と同値であることを示せ.

4. 距離空間 (S, d) の点 a と正数 ε とを与えるとき,

$$B^*(a\,;\varepsilon) = \{x \mid x \in S,\ \ d(a, x) \leqq \varepsilon\},$$
$$S(a\,;\varepsilon) = B^*(a\,;\varepsilon) - B(a\,;\varepsilon) = \{x \mid x \in S,\ \ d(a, x) = \varepsilon\}$$

はいずれも閉集合であることを示せ. ($B^*(a\,;\varepsilon)$ を**閉球体**, $S(a\,;\varepsilon)$ を**球面**という.)

注意 第4章§1, B), C) でみたように, $(\boldsymbol{R}^n, d^{(n)})$ においては, $B(a\,;\varepsilon)$ の閉包 $\overline{B(a\,;\varepsilon)}$ が $B^*(a\,;\varepsilon)$ と一致し, 境界 $(B(a\,;\varepsilon))^f$ が $S(a\,;\varepsilon)$ と一致するが, このことは一般の距離空間では必ずしも成り立たない.

たとえば, A) の例 2 の距離関数 d を集合 S に導入した離散距離空間 (S, d) においては,

$$\overline{B(a\,;1)} = B(a\,;1) = \{a\}, \qquad B^*(a\,;1) = S,$$
$$(B(a\,;1))^f = \phi, \qquad S(a\,;1) = S - \{a\}.$$

5. a を距離空間 (S, d) の点, M を S の部分集合とするとき, 次のことを示せ.

(a) a が M の内点であるためには, $\lim_{n\to\infty} a_n = a$ となる S の任意の点列 (a_n) に対して, ある番号 n_0 が存在し, $n > n_0$ であるすべての n について $a_n \in M$ となることが, 必要十分である.

(b) a が M の集積点であるためには, a がすべての $n \in \boldsymbol{N}$ に対し $a_n \neq a$ であるような M の点列 (a_n) の極限となることが, 必要十分である.

(c) M の点 a が M の孤立点であるためには, a が M の点列 (a_n) の極限として表わされるときは, ある番号 n_0 が存在して, $n > n_0$ であるすべての n について $a_n = a$ となることが, 必要十分である.

6. 距離空間 (S, d) の部分距離空間 (M, d_M) は, 位相空間として (S, d) の部分位相空間であることを示せ.

7. (1.10) で定義した d は $S = S_1 \times \cdots \times S_n$ における距離関数であることを証明せよ.

8. (1.11) をたしかめよ.

9. 距離空間 S_1, S_2 の直積距離空間 $S = S_1 \times S_2$ の点列 $((a_n^{(1)}, a_n^{(2)}))_{n \in \boldsymbol{N}}$ と点 $(a^{(1)}, a^{(2)})$ $(a_n^{(1)}, a^{(1)} \in S_1\,;\ \ a_n^{(2)}, a^{(2)} \in S_2)$ について,

$$\lim_{n\to\infty} (a_n^{(1)}, a_n^{(2)}) = (a^{(1)}, a^{(2)}) \Longleftrightarrow \lim_{n\to\infty} a_n^{(1)} = a^{(1)},\ \ \lim_{n\to\infty} a_n^{(2)} = a^{(2)}$$

であることを示せ.

10. (S, d)を距離空間とするとき，(S, d)の2つの収束点列(a_n), (b_n)に対し，

$$\lim_{n\to\infty} d(a_n, b_n) = d(\lim_{n\to\infty} a_n, \lim_{n\to\infty} b_n)$$

が成り立つことを示せ．また，$d: S\times S\to \boldsymbol{R}$は直積距離空間$S\times S$から距離空間$\boldsymbol{R}$への連続写像であることを示せ．

11.* 順序集合$(A, \leqq)$において，任意の$\alpha\in A$, $\beta\in A$に対し，

$$\alpha\leqq\gamma, \quad \beta\leqq\gamma$$

となるような$\gamma\in A$が存在するとき，$(A, \leqq)$略してAを**有向集合**という．

$S=(S, \mathfrak{O})$を任意の位相空間とする．(Sは必ずしも距離空間ではない.) Sにおける**有向点列**とは，ある有向集合Aを添数集合とするようなSの元の族$(a_\alpha)_{\alpha\in A}$をいう．

$(a_\alpha)_{\alpha\in A}$をSにおける1つの有向点列，aをSの1つの点とする．aのいかなる近傍Vを与えたときにも，それに対して適当に$\alpha_0\in A$をとれば，$\alpha_0\leqq\alpha$であるようなすべての$\alpha\in A$に対して$a_\alpha\in V$が成り立つとき，有向点列$(a_\alpha)_{\alpha\in A}$は点aに**収束**するという．このことを

$$\lim_A a_\alpha = a \quad \text{または} \quad a_\alpha(A)\to a$$

あるいは略して

$$\lim a_\alpha = a \quad \text{または} \quad a_\alpha\to a$$

と書く．またこのとき，aを(a_α)の**極限点**または略して**極限**という．

次のことを証明せよ：

(a) Sの部分集合MとSの点aに対して，aがMの触点となるためには，$a_\alpha\to a$となるようなMの有向点列(a_α)が存在することが必要十分である．

(b) Sの部分集合Mが閉集合であるためには，Mの有向点列の極限となるようなすべての点がMに属することが必要十分である．

(本題をするために，読者は，点aの近傍系$\boldsymbol{V}(a)$は次の意味で1つの有向集合と考えられることに注意されたい．すなわち，$\boldsymbol{V}(a)$の2元U, Vに対し，$U\supset V$であることを$U\leqq V$と定義すれば，$(\boldsymbol{V}(a), \leqq)$は1つの有向集合となるのである．このことは近傍系の性質から明らかであろう．なお，この意味の順序$\leqq$による大小は包含関係による大小とは逆になっていることに注意しておこう.)

12.* S, S'を位相空間とし，fをSからS'への写像，aをSの1つの点とする．そのとき，fがaで連続であるためには，次の条件(*)の成り立つことが必要十分であることを証明せよ：

(*) (a_α)を$a_\alpha\to a$であるようなSの任意の有向点列とすれば，S'の点$f(a)$とS'の有向点列$(f(a_\alpha))$についても$f(a_\alpha)\to f(a)$が成り立つ．

13.* 位相空間SがHausdorff空間であるためには，Sのどの有向点列もたかだか1

つの極限点しかもたないことが必要十分であることを証明せよ.

14.* 一般に，集合 X の部分集合系(すなわち $\mathfrak{P}(X)$ の部分集合) $\mathfrak{F}$ が次の条件(i), (ii), (iii)を満足するとき，$\mathfrak{F}$ を X 上の**フィルター**という:

(i) $\mathfrak{F}$ のどの元も空ではない.

(ii) $A \in \mathfrak{F}$, $A \subset A' \subset X$ ならば $A' \in \mathfrak{F}$.

(iii) $A, B \in \mathfrak{F}$ ならば $A \cap B \in \mathfrak{F}$.

S を位相空間とする. S 上のフィルター $\mathfrak{F}$ と S の点 a に対し，$\boldsymbol{V}(a) \subset \mathfrak{F}$ が成り立つとき，$\mathfrak{F}$ は a に**収束**するといい，$\lim \mathfrak{F} = a$ と書く.

次のことを証明せよ:

(a) S の点 a が S の部分集合 M の内点であるためには，a に収束するような任意のフィルターに M が属していることが必要かつ十分である.

(b) S の点 a が S の部分集合 M の触点であるためには，a に収束するようなあるフィルターに M が属していることが必要かつ十分である.

15.* S を位相空間とし，$(a_\alpha)_{\alpha \in A}$ を S の有向点列とする. そのとき，次の条件(*)を満足するような S の部分集合 F の全体 $\mathfrak{F}$ は S 上の1つのフィルターであることを示せ:

(*) ある $\alpha_0 \in A$ が存在して，すべての $\alpha \geqq \alpha_0$ に対して $a_\alpha \in F$.

また，このフィルター $\mathfrak{F}$ が S の点 a に収束することと，(a_α) が a に収束することとは同等であることを示せ.

§2　距離空間の正規性

本節では1つの距離空間 (S, d) を固定して考える. 以下では，これを略して単に距離空間 S とも書く.

A) 部分集合の直径

A を S の任意の(空でない)部分集合とする. そのとき，写像 $d: S\times S \to \boldsymbol{R}$ による $A\times A$ の像 $d(A\times A) = \{d(x, y) \mid x \in A,\ y \in A\}$ は $\boldsymbol{R}$ の部分集合であるが，その上限 $\sup d(A\times A)$ を A の**直径**とよび，$\delta(A)$ で表わす. すなわち

$$\delta(A) = \sup d(A\times A) = \sup\{d(x, y) \mid x \in A,\ y \in A\}.$$

ただし，ここで $\boldsymbol{R}$ の部分集合 $d(A\times A)$ は必ずしも上に有界であるとは限ら

ない．一般に，$\boldsymbol{R}$ の部分集合 M に対し，M が上に有界でない場合には $\sup M = +\infty$ (または略して ∞) とおくこととし，また任意の実数 a と記号 ∞ に対して $a<\infty$ と規約する．そうすれば，S の任意の部分集合 $A\,(\neq\phi)$ について，明らかに

$$0 \leqq \delta(A) \leqq \infty$$

である．$\delta(A)=0$ となるのは，A がただ1点のみより成る集合であるとき，またそのときに限る．また明らかに，S の部分集合 A, B に対し

$$A \subset B \Rightarrow \delta(A) \leqq \delta(B) \tag{2.1}$$

が成り立つ．

$\delta(A)<\infty$ であるとき，A は**有界**であるという[1]．(2.1)によって，有界な集合の部分集合はやはり有界である．

例 S の球体 $B(a;\varepsilon)=\{x \mid d(a,x)<\varepsilon\}$ は有界で，その直径は 2ε を超えない：

$$\delta(B(a;\varepsilon)) \leqq 2\varepsilon.$$

実際，x, y を $B(a;\varepsilon)$ の任意の2点とすれば，

$$d(x,y) \leqq d(x,a)+d(a,y) < \varepsilon+\varepsilon = 2\varepsilon.$$

したがって $\delta(B(a;\varepsilon)) \leqq 2\varepsilon$ となる．

注意 必ずしも $\delta(B(a;\varepsilon))=2\varepsilon$ ではない．たとえば，d が§1, A)の例2で定義した距離関数ならば，距離空間 (S,d) の任意の点 a と1より小さい任意の正数 ε に対して $\delta(B(a;\varepsilon))=0$ である．

有界な集合については次の補題が成り立つ．

補題 1 a を S の任意に与えられた1点とするとき，S の部分集合 $A\,(\neq\phi)$ が有界であるためには，

$$A \subset B(a;\varepsilon) \tag{2.2}$$

となるような正数 ε の存在することが必要十分である．

証明 A を有界とし，$\delta(A)=\rho$ とする．x_0 を A の固定した1点とすれば，

1) 特に S が Euclid 空間 $\boldsymbol{R}^n$ の場合には，その部分集合 A が有界であることの定義をわれわれはすでに前章の§2, D)で与えたが，今の定義はもちろんそれと矛盾するものではない．(次の補題1を参照せよ.)

A の任意の点 x に対して

$$d(a, x) \leqq d(a, x_0)+d(x_0, x) \leqq d(a, x_0)+\rho.$$

よって，$d(a, x_0)+\rho$ より大きい正数 ε をとれば，(2.2)が成り立つ．逆に，(2.2)が成り立つとき A が有界であることは，上の例と(2.1)から明らかである．

B）部分集合の間の距離

A, B を S の空でない2つの部分集合とするとき，$d: S\times S\to \boldsymbol{R}$ による $A\times B$ の像 $d(A\times B)=\{d(x, y) \mid x\in A,\ y\in B\}$ は $\boldsymbol{R}$ の部分集合で，もちろん下に有界である．(0がその1つの下界となる．) この下限 $\inf d(A\times B)$ を，A, B の間の**距離** $d(A, B)$ と定義する．すなわち

$$d(A, B) = \inf d(A\times B) = \inf \{d(x, y) \mid x\in A,\ y\in B\}.$$

明らかに

$$0 \leqq d(A, B) < \infty,$$
$$d(A, B) = d(B, A),$$
$$d(\{x\}, \{y\}) = d(x, y)$$

である．また明らかに，

$$A\cap B\neq\phi \Rightarrow d(A, B)=0$$

であるが，この逆は必ずしも成り立たない．(補題2を参照せよ.)

特に $A=\{x\}$ の場合には，$d(A, B)=\inf \{d(x, y) \mid y\in B\}$ を $d(x, B)$ とも書き，点 x と集合 B との距離という．

補題 2　S の点 x と部分集合 $A\,(\neq\phi)$ に対し，

$$d(x, A)=0 \Longleftrightarrow x\in \bar{A}.$$

証明　$d(x, A)=0$ であることは，定義によって，いかなる正数 ε を与えた場合にも，$d(x, y)<\varepsilon$ となる $y\in A$ が存在すること，すなわち $B(x\,;\varepsilon)\cap A\neq\phi$ であることを意味する．これは明らかに，$x\in\bar{A}$ であることと同等である．

補題 3　x, y を S の点，$A\,(\neq\phi)$ を S の部分集合とするとき，

$$|d(x, A)-d(y, A)| \leqq d(x, y). \tag{2.3}$$

証明 A の任意の点 z に対して

$$d(x, A) \leqq d(x, z) \leqq d(x, y)+d(y, z),$$

したがって

$$d(x, A)-d(x, y) \leqq d(y, z).$$

よって

$$d(x, A)-d(x, y) \leqq \inf\{d(y, z) \mid z \in A\} = d(y, A).$$

ゆえに

$$d(x, A)-d(y, A) \leqq d(x, y).$$

同様にして

$$d(y, A)-d(x, A) \leqq d(x, y).$$

すなわち(2.3)が成り立つ.

C) 距離空間の正規性

前項の補題を用いて，距離空間の正規性を証明することができる．はじめにまず，前項の補題3から，次の補題が直ちに導かれることに注意しよう.

補題 4 距離空間 S の空でない部分集合 A を1つ固定して与えたとき，S の各点 x に対し，

$$f_A(x) = d(x, A)$$

として写像 $f_A: S \to \boldsymbol{R}$ を定義すれば，f_A は S 上の実連続関数である.

証明 (2.3)によって

$$|f_A(x)-f_A(y)| \leqq d(x, y).$$

したがって

$$d(x, y)<\varepsilon \Rightarrow |f_A(x)-f_A(y)|<\varepsilon. \tag{2.4}$$

ゆえに定理3により，f_A は連続である.

定理 5 任意の距離空間 S は正規空間である.

証明 S の1点のみから成る集合 $A=\{a\}$ が閉集合であることは，補題2から明らかである．したがって S が第4分離公理(T_4)を満足することを証明すればよい.

いま，A_1, A_2 を S の閉集合で $A_1 \cap A_2 = \phi$ であるものとする．そのとき，写像 $g: S \to \boldsymbol{R}$ を

$$g(x) = d(x, A_1) - d(x, A_2)$$

と定義すれば，補題4と第4章の定理21によって，g は S 上の実連続関数となる．したがって

$$O_1 = \{x \mid g(x) < 0\}, \qquad O_2 = \{x \mid g(x) > 0\}$$

とおけば，これらはいずれも S の開集合となる．この O_1, O_2 が性質

$$1) \quad O_1 \cap O_2 = \phi; \qquad 2) \quad A_1 \subset O_1, \ \ A_2 \subset O_2$$

をもつことをたしかめよう．まず1)は明らかである．また，x を A_1 の任意の点とすれば，もちろん $d(x, A_1) = 0$. 一方そのとき $x \notin A_2 = \bar{A}_2$ であるから，補題2によって $d(x, A_2) > 0$. したがって $g(x) < 0$, すなわち $x \in O_1$ となる．ゆえに $A_1 \subset O_1$. 同様にして $A_2 \subset O_2$ であることもわかる．よって，2)が成り立つ．(証明終)

第5章§3で Urysohn の補題とよばれる命題(第5章の定理24)を述べたが，その命題は一般の正規空間に関するものであった．上の定理5によって距離空間は正規空間であるから，次の系が得られる．

系　A, B を距離空間 S の互に素な閉集合とすれば，実連続関数 $f: S \to \boldsymbol{R}$ で，A 上で値0, B 上で値1をとり，かつ，任意の $x \in S$ に対して $0 \leqq f(x) \leqq 1$ となるものが存在する．

注意　実は，この系は，一般の正規空間に関する Urysohn の補題を用いるまでもなく，直接にも容易に証明される．すなわち，距離空間の場合には，系に述べた性質をもつような関数 f をきわめて簡単に作ることができるのである．たとえば

$$f(x) = \frac{d(x, A)}{d(x, A) + d(x, B)}$$

とおけば，この f はたしかに要求された性質をすべて満足する．

問　　題

1. A, B を距離空間 S の部分集合とするとき，

$$\delta(A \cup B) \leqq d(A, B) + \delta(A) + \delta(B)$$

を示せ.

2. $A_1, \cdots, A_k$ を距離空間 S の有界部分集合とすれば, $A_1 \cup \cdots \cup A_k$ も有界であることを示せ.

3. A を距離空間 S の部分集合, x を S の点とするとき, 次のことを示せ.

(a)　$x \in A^i \Leftrightarrow d(x, A^c) > 0$.

(b)　$x \in A^e \Leftrightarrow d(x, A) > 0$.

(c)　$x \in A^f \Leftrightarrow d(x, A) = 0$ かつ $d(x, A^c) = 0$.

4. 集合 $S(\neq \phi)$ 上の任意の距離関数 d に対して, $d' : S \times S \to \boldsymbol{R}$ を

$$d'(x, y) = \frac{d(x, y)}{1 + d(x, y)}$$

と定義すれば, 次のことが成り立つことを示せ.

(a)　d' も S 上の距離関数である.

(b)　d' について S は有界で $\delta'(S) \leqq 1$.

(c)　d と d' は位相的に同値である.

5. 集合 $S(\neq \phi)$ 上の任意の距離関数 d に対して, $d'' : S \times S \to \boldsymbol{R}$ を

$$d''(x, y) = \min\{1, \ d(x, y)\}$$

と定義した場合も, 前問と同じことが成り立つことを示せ.

6. A, B を距離空間 S の部分集合とするとき,

$$d(A, B) = \inf\{d(x, B) \mid x \in A\} = \inf\{d(A, y) \mid y \in B\}$$

であることを示せ.

7. A を距離空間 S の部分集合とするとき, $\delta(A) = \delta(\bar{A})$ であることを示せ. (したがって, A が有界ならば $\bar{A}$ も有界である.)

8. A を距離空間 S のコンパクトな部分集合とすれば, A は有界で, $\delta(A) = d(x_0, y_0)$ となる A の点 x_0, y_0 が存在することを示せ.

(ヒント: $d : S \times S \to \boldsymbol{R}$ は§1, 問題10により連続写像で, $A \times A$ は $S \times S$ のコンパクトな部合集合である.)

9. A を距離空間 S のコンパクトな部分集合, B を S の任意の部分集合とするとき, $d(A, B) = d(x_0, B)$ となる A の点 x_0 が存在することを証明せよ.

10. A を距離空間 S のコンパクトな部分集合, B を S の閉集合とするとき, $A \cap B = \phi$ ならば $d(A, B) > 0$ であることを示せ.

11. A, B が距離空間 S の閉集合で $A \cap B = \phi$ であるとき, $d(A, B) > 0$ であるといえるか.

12.* M を Euclid 空間 $\boldsymbol{R}^n$ のコンパクトな凸集合とし, $M^i \neq \phi$ とする. そのとき M は $\boldsymbol{R}^n$ の閉球体 $B^*(a\,;\varepsilon)$ と同相であり, その境界 M^f は球面 $S(a\,;\varepsilon)$ と同相であるこ

とを証明せよ.

(ヒント：第5章§1，問題22を用いよ.)

§3　距離空間の一様位相的性質

A)　一様連続性

距離空間は位相空間の一種であるが，距離空間において扱われる性質のすべてが位相的性質ではない．たとえば，本節で述べる‘一様連続性’，‘完備性’などは，特に解析学などで利用される重要な概念であるが，これらの性質は位相的性質ではなく，いわゆる‘一様位相的性質’とよばれるものである.

本項ではまず‘一様連続性’について説明しよう.

(S, d), (S', d')を2つの距離空間とする．§1，定理3でみたように，写像f: $S \to S'$が連続であるためには，Sの任意の点aと任意の正数εとを与えたとき，適当に正数δをとれば，

(3.1)　$$d(x, a) < \delta \Rightarrow d'(f(x), f(a)) < \varepsilon$$

の成り立つことが必要十分であった［p. 240, (1.8)参照］．ここで，(3.1)を成立させるδは，εのみならず一般には点aにも関係する．もし(3.1)を成り立たせるδを，Sの点aには関係なく(与えられた正数εのみに依存して)とり得るならば，$f: S \to S'$は**一様連続**であるという.

すなわち，$f: S \to S'$が一様連続であるというのは，任意に正数εを与えるとき，それに対して適当に正数δを選べば，$d(x, y) < \delta$であるようなSの任意の点x, yについて$d'(f(x), f(y)) < \varepsilon$が成り立つこと，すなわち

(3.2)　$$d(x, y) < \delta \Rightarrow d'(f(x), f(y)) < \varepsilon$$

が成り立つことをいうのである.

一様連続な写像はもちろん連続な写像である．しかし，次の例2にみるように，連続写像は必ずしも一様連続ではない.

例 1　(S, d)を距離空間，Aをその空でない部分集合とするとき，

$$f_A(x) = d(x, A)$$

として定められる写像 $f_A: S\to \boldsymbol{R}$ は一様連続である．このことは，p. 250 の (2.4)から直ちにわかる．

例 2 $\boldsymbol{R}$ の開区間 $J=(0,\infty)$ の各点 x に対し，$f(x)=1/x$ として，写像 $f: J\to\boldsymbol{R}$ を定義する．この写像は，明らかに($\boldsymbol{R}$ の部分距離空間としての) J から $\boldsymbol{R}$ への連続写像である．しかしこれは一様連続ではない．実際，もし f が一様連続であったとすれば，任意の正数 ε に対して(3.2)を成立させる $\delta>0$ が存在するはずである．しかるに，$0<x<\min\{\delta, 1/2\varepsilon\}$ とすれば，$2x-x<\delta$ であるが，$|f(2x)-f(x)|=1/2x>\varepsilon$．これは矛盾である．

上の例2のように，連続写像は必ずしも一様連続ではないが，定義域がコンパクトな距離空間である連続写像については次の定理が成り立つ．

定理 6 (S,d) がコンパクトな距離空間ならば，(S,d) から任意の距離空間 (S',d') への任意の連続写像は一様連続である．

証明 $f: S\to S'$ を連続写像とすれば，f は S の各点において連続である．したがって，任意に $\varepsilon>0$ を与えたとき，S のどの点 a についても

$$d(x,a)<\delta(a)\Rightarrow d'(f(x),f(a))<\frac{\varepsilon}{2} \tag{3.3}$$

を成り立たせる $\delta(a)>0$ が存在する．($\delta(a)$ が a に無関係にとれることは，はじめからは保証されない．そこで，これが a に依存していることを示すために，$\delta(a)$ と書いたのである．) このとき，$\mathfrak{U}=\{B(a;\delta(a)/2)\}_{a\in S}$ は明らかに S の開被覆となるが，S はコンパクトであるから，S から適当に有限個の点 $a_1,\cdots,a_k$ をとれば，

$$S=B\left(a_1;\frac{\delta(a_1)}{2}\right)\cup\cdots\cup B\left(a_k;\frac{\delta(a_k)}{2}\right) \tag{3.4}$$

が成り立つ．そこで，$\delta=\min\{\delta(a_1)/2,\cdots,\delta(a_k)/2\}$ とおけば，この δ について(3.2)の成立することが次のように示される．いま，$x,y\in S$ で，$d(x,y)<\delta$ とする．(3.4)によって，$x\in B(a_i;\delta(a_i)/2)$ となる $i\in\{1,2,\cdots,k\}$ がある．この i に対し

$$d(a_i,y)\leqq d(a_i,x)+d(x,y)<\frac{\delta(a_i)}{2}+\delta\leqq\frac{\delta(a_i)}{2}+\frac{\delta(a_i)}{2}=\delta(a_i).$$

すなわち，x も y もともに

$$d(x, a_i) < \delta(a_i), \qquad d(y, a_i) < \delta(a_i)$$

を満足する．したがって(3.3)から

$$d'(f(x), f(a_i)) < \frac{\varepsilon}{2}, \qquad d'(f(y), f(a_i)) < \frac{\varepsilon}{2}.$$

ゆえに

$$d'(f(x), f(y)) \leqq d'(f(x), f(a_i)) + d'(f(a_i), f(y)) < \frac{\varepsilon}{2} + \frac{\varepsilon}{2} = \varepsilon$$

となる．(証明終)

B) 一様位相的性質

(S, d), (S', d') を 2 つの距離空間とする．$f: S \to S'$ が全単射で，f も f^{-1} もともに一様連続写像であるとき，f を (S, d) から (S', d') への**一様同相写像**(または**一様位相写像**)という．(S, d) から (S', d') への一様同相写像が(少なくとも 1 つ)存在するとき，これら 2 つの距離空間は**一様同相**(または**一様同位相**)であるという．

位相空間の間の同相関係は第 4 章§4, D)でみたように同値関係であるが，それと同様に，距離空間の間の一様同相関係も 1 つの同値関係であることが容易に示される．(証明は練習問題とする．)

一様同相写像はもちろん同相写像であるから，一様同相な 2 つの距離空間は当然同相である．しかし，その逆は一般には成り立たない．ただし，特殊な場合には，同相であることから一様同相であることが自然に導かれる．たとえば，定理 6 から直ちに次の定理が得られる．

定理 7 距離空間 (S, d) がコンパクトならば，(S, d) に同相な距離空間はこれに一様同相である．——

距離空間におけるいわゆる‘一様位相的性質’とは，一様同相写像のもとでいつも保存されるような性質のことをいうのである．それはもちろん位相に関係した性質ではあるが，必ずしも，われわれがいままでに考えてきた意味での位相的性質——任意の同相写像によって不変な性質——ではない．実際，ある性質が一様同相写像のもとではいつも保存されても，任意の同相写像のもとではそれが保存されるとは限らないからである．たとえば，次に述べる‘完備性’，‘全有界性’などは，一様位相的な性質ではあるが位相的性質ではない．

注意 一様位相的性質が考えられるのは，距離空間だけに固有なことではなく，任意の完全正則な位相空間(第5章§3，問題5参照)にも‘一様性’の概念を導入することができる．また，このような性質については，特にその一様性を対象として，いわゆる‘一様空間’の名のもとに一般的な取り扱いをすることができる．(しかし，これらの詳細は本書では省略する．)

C) 完備距離空間

(S, d) を距離空間とする．S の点列 $(a_n)_{n\in \boldsymbol{N}}$ は，次の性質(＊)を満足するとき，**Cauchy 点列**(または**基本点列**)であるといわれる．

(＊) 任意に正数 ε を与えたとき，適当に自然数 n_0 をとれば，$m>n_0$，$n>n_0$ であるすべての自然数 m, n に対して $d(a_m, a_n)<\varepsilon$ が成り立つ．

S の任意の収束点列 $(a_n)_{n\in \boldsymbol{N}}$ は Cauchy 点列である．実際，$\lim_{n\to\infty} a_n=a$ とすれば，任意の $\varepsilon>0$ に対しある n_0 が存在して，$n>n_0$ ならば $d(a_n, a)<\varepsilon/2$ となる．したがって $m>n_0$，$n>n_0$ ならば，

$$d(a_m, a_n) \leqq d(a_m, a)+d(a, a_n) < \frac{\varepsilon}{2}+\frac{\varepsilon}{2} = \varepsilon.$$

すなわち(＊)が成り立つ．

このように，収束点列はすべて Cauchy 点列であるが，次の例にみるように，Cauchy 点列がいつも収束するとは限らない．

例 1 $\boldsymbol{R}$ の開区間$(0, 1)$を S とする．S において，点列

$$\frac{1}{2},\ \frac{1}{3},\ \cdots,\ \frac{1}{n},\ \cdots$$

は明らかに Cauchy 点列であるが，($0\notin S$ であるから)これは収束点列ではない．

例 2 $\boldsymbol{Q}$ を $\boldsymbol{R}$ の部分距離空間と考えるとき，$\boldsymbol{R}$ の中で無理数 α に収束するような有理数列は，$\boldsymbol{Q}$ の点列として Cauchy 点列である．しかし，($\alpha\notin \boldsymbol{Q}$ であるから)それは $\boldsymbol{Q}$ の収束点列ではない．

距離空間 (S,d) において，その任意の Cauchy 点列が収束するとき，(S,d) は**完備**であるという．

たとえば，上の例 1，例 2 によれば開区間 $(0,1)$ や $\boldsymbol{Q}$ は距離空間として完備ではないが，次の定理に述べるように $\boldsymbol{R}$ は完備な距離空間である．これは解析学においてきわめて重要な意義をもつ命題である．

定理 8　距離空間 $\boldsymbol{R}$ (くわしくは$(\boldsymbol{R},d^{(1)})$)は完備である．

証明　$(a_n)_{n\in\boldsymbol{N}}$ を $\boldsymbol{R}$ における任意の Cauchy 点列とする．これが $\boldsymbol{R}$ の中に極限をもつことを示すのがわれわれの目標である．

まず，$(a_n)_{n\in\boldsymbol{N}}$ は有界であること，すなわち，適当に正の実数 α をとれば，

$$\forall n\in\boldsymbol{N}\ (|a_n|<\alpha) \tag{3.5}$$

が成り立つことに注意する．実際，$(a_n)_{n\in\boldsymbol{N}}$ は Cauchy 点列であるから，適当に $n_0\in\boldsymbol{N}$ をとれば，$m>n_0$，$n>n_0$ であるすべての m,n について $|a_m-a_n|<1$ が成り立つ．特に，$n>n_0$ ならば $|a_n-a_{n_0+1}|<1$，したがって $|a_n|<|a_{n_0+1}|+1$. そこで，α を $\max\{|a_1|,\cdots,|a_{n_0}|,|a_{n_0+1}|+1\}$ より大きくとれば，明らかに(3.5)が成り立つ．

いま，実数 x に対し，$\boldsymbol{N}$ の部分集合 $\{n\mid n\in\boldsymbol{N},\ a_n\leqq x\}$ を $\boldsymbol{N}(x)$ とおき，$\boldsymbol{N}(x)$ が有限集合となるような x 全体の集合を M とする:

$$M=\{x\mid x\in\boldsymbol{R},\ \operatorname{card}\boldsymbol{N}(x)<\aleph_0\}.$$

(3.5)によって $\boldsymbol{N}(-\alpha)=\phi$ であるから $-\alpha\in M$，したがって $M\neq\phi$. また，明らかに $x'<x$ ならば $\boldsymbol{N}(x')\subset\boldsymbol{N}(x)$ であるから，

$$x\in M,\ x'<x\Rightarrow x'\in M.$$

一方，(3.5)から $\boldsymbol{N}(\alpha)=\boldsymbol{N}$ であるから，$\alpha\notin M$. したがって α は M の 1 つの上界で，M は上に有界となる．ゆえに $\sup M=a$ が存在する．この a が $(a_n)_{n\in\boldsymbol{N}}$ の極限となることが次のように示されるのである．

ε を任意の正数とするとき，$(a_n)_{n\in\boldsymbol{N}}$ は Cauchy 点列であるから，ある自然数 n_1' をとれば，$m>n_1'$，$n>n_1'$ である任意の m,n について $|a_m-a_n|<\varepsilon/2$ が成り立つ．また，a の定義によって $a-\varepsilon/2\in M$，$a+\varepsilon/2\notin M$ であるから，$\boldsymbol{N}(a-\varepsilon/2)$ は有限集合，$\boldsymbol{N}(a+\varepsilon/2)$ は無限集合である．したがって，

$$\boldsymbol{N}\left(a+\frac{\varepsilon}{2}\right)-\boldsymbol{N}\left(a-\frac{\varepsilon}{2}\right)=\left\{n \,\middle|\, a-\frac{\varepsilon}{2}<a_n \leqq a+\frac{\varepsilon}{2}\right\}$$

も無限集合となる．よって，$\boldsymbol{N}(a+\varepsilon/2)-\boldsymbol{N}(a-\varepsilon/2)$ に属する元で，しかも n_1' よりも大きいものが必ず存在する．そのような元の1つを n_1 とすれば，$n>n_1$ である任意の自然数 n に対して

$$|a_n-a| \leqq |a_n-a_{n_1}|+|a_{n_1}-a| < \frac{\varepsilon}{2}+\frac{\varepsilon}{2}=\varepsilon.$$

ゆえに $\lim_{n\to\infty} a_n=a$ となる．(証明終)

前項の終りにも注意しておいたように，距離空間の完備性は一様位相的な性質である．すなわち，完備な距離空間に一様同相な距離空間はやはり完備である．(このことは容易に示されるから，読者の練習問題とする.) しかし，完備性は位相的な性質ではない．たとえば，距離空間 $\boldsymbol{R}$ とその部分距離空間 $(0,1)$ とは同相であるが，$\boldsymbol{R}$ が完備であるのに対し，$(0,1)$ は完備ではない．(このことからまた，$\boldsymbol{R}$ と $(0,1)$ とは――同相ではあるが―― 一様同相ではないことが知られる.)

D)　全有界距離空間

本項では今1つ，距離空間の一様位相的性質である‘全有界性’について説明しよう．

(S,d) を距離空間とし，$\mathfrak{U}$ を S の1つの被覆とする．ある正数 ε が存在して，$\mathfrak{U}$ のすべての元 U に対し

$$\delta(U)<\varepsilon \qquad (\delta(U) \text{は } U \text{ の直径})$$

が成り立つとき，$\mathfrak{U}$ は (S,d) の **ε 被覆**であるという．

いかなる正数 ε を与えた場合にも，必ず (S,d) の有限被覆でしかも ε 被覆であるものが存在するとき，距離空間 (S,d) は**全有界**(または**プレコンパクト**)であるという．

また，(S,d) の部分集合 M が全有界であるとは，(S,d) の部分距離空間 (M, d_M) が全有界であることをいう．明らかに，M が全有界ならば，その任意の部

分集合も全有界である.

全有界性の定義から，次の補題は直ちに証明される.

補題　(S, d) が全有界な距離空間ならば，S は (d について) 有界である：すなわち $\delta(S)<\infty$.

証明　ε を1つの正数とし，$\mathfrak{U}=\{U_1, \cdots, U_k\}$ を S の有限 ε 被覆とすれば，$S=\bigcup_{i=1}^{k} U_i$ で，各 U_i は $\delta(U_i)<\varepsilon$ であるからもちろん有界である．したがって §2，問題2により S も有界となる．——

しかし，この補題の逆は一般には成り立たない．(次の例1参照.)

例 1　S を無限集合とし，d を §1, A) の例2で定義した S 上の距離関数とすれば，距離空間 (S, d) は有界 ($\delta(S)=1$) であるが，これは全有界ではない．実際，ε を1より小さい正数とすれば，明らかに S の有限な ε 被覆は存在しない.

例 2　Euclid 空間 $(\boldsymbol{R}^n, d^{(n)})$ の部分集合については，上の補題の逆も成り立ち，有界な部分集合はすべて全有界となる．この証明は容易であろう．(くわしくは練習問題とする.)

距離空間の全有界性も1つの一様位相的性質である——この証明は練習問題とする——が，位相的性質ではない．たとえば，距離空間 $\boldsymbol{R}$ とその開区間 $(0, 1)$ とは同相であるが，$\boldsymbol{R}$ は全有界でないのに対し，$(0, 1)$ は全有界である．(上の補題および例2参照.)

次に，全有界性に関する2つの定理を述べよう.

定理 9　全有界な距離空間 (S, d) は第2可算公理を満足する.

証明　定理1によって，(S, d) が可分であることを証明すればよい．そのためにまず，任意の正数 ε に対し，S の有限部分集合 M_ε で，

(3.6)　$$\forall x \in S\,(d(x, M_\varepsilon)<\varepsilon)$$

を満たすものがあることを示そう．実際，S は全有界であるから，与えられた ε に対して，S の有限な ε 被覆 $\{U_1, \cdots, U_k\}$ が存在する．そこで，各 U_i からそれぞれ1つずつ点 a_i をとって，$M_\varepsilon=\{a_1, \cdots, a_k\}$ とおく．そうすれば，x を S の任意の点とするとき，$x \in U_i$ となる $i \in \{1, \cdots, k\}$ が存在し，$x, a_i \in U_i$，$\delta(U_i)$

$<\varepsilon$ であるから，$d(x, a_i)<\varepsilon$. したがって(3.6)が成り立つ.

いま，$\varepsilon=1/n$ (n は自然数)の形の各正数 ε に対し，(3.6)を成り立たせる S の有限部分集合 $M_\varepsilon=M_{1/n}$ を1つずつ定めておき，

$$M=\bigcup_{n\in\boldsymbol{N}}M_{1/n}$$

とおく．各 $M_{1/n}$ は有限集合であるから，M はたかだか可算な集合である．また，x を S の任意の点とするとき，どの n についても $M_{1/n}\subset M$ であるから，$d(x, M)\leqq d(x, M_{1/n})<1/n$. したがって $d(x, M)=0$. ゆえに§2，補題2により $x\in\overline{M}$ となる．よって $S=\overline{M}$. すなわち，M は S において密である．(証明終)

次の定理は，全有界という性質を点列の概念を用いて述べ表わしたものであるが，それを述べる前に，ここで‘部分列’の概念を説明しておく．

一般に，$(a_n)_{n\in\boldsymbol{N}}$ をある集合 A の元の列とし，i を $\boldsymbol{N}$ からそれ自身への任意の順序単射，すなわち

$$i_1<i_2<\cdots<i_n<\cdots$$

であるような自然数列 $(i_n)_{n\in\boldsymbol{N}}$ とする．そのとき，A の元の列 $(a_{i_n})_{n\in\boldsymbol{N}}$ (くわしくいえば，$a'_n=a_{i_n}$ として定められる列 $(a'_n)_{n\in\boldsymbol{N}}$) を $(a_n)_{n\in\boldsymbol{N}}$ の**部分列**という[1].

距離空間(S, d)の点列 $(a_n)_{n\in\boldsymbol{N}}$ が収束点列ならば，その任意の部分列も明らかに同じ極限をもつ収束点列である．また$(a_n)_{n\in\boldsymbol{N}}$ が Cauchy 点列ならば，その任意の部分列も明らかに Cauchy 点列である．(しかし，$(a_n)_{n\in\boldsymbol{N}}$ のある部分列が収束点列または Cauchy 点列であっても，$(a_n)_{n\in\boldsymbol{N}}$ 自身が収束点列または Cauchy 点列であるとは限らない.)

さて，距離空間が全有界であるという性質は，点列の概念を用いて次のように述べ表わされる．

定理 10　距離空間(S, d)が全有界であるためには，S の任意の点列が Cauchy 点列を部分列として含むことが必要十分である．

証明　1)　必要であること：叙述を円滑にするため，はじめに‘ε 列’の概念

---

1)　形式的ないい方をすれば，$(a_{i_n})_{n\in\boldsymbol{N}}$ は，$i=(i_n)_{n\in\boldsymbol{N}}$ と $(a_n)_{n\in\boldsymbol{N}}$ との合成写像である．

を次のように定義しておく．すなわち，S の点列 $(x_n)_{n\in\boldsymbol{N}}$ が ε 列であるとは，任意の $m, n\in\boldsymbol{N}$ について $d(x_m, x_n)<\varepsilon$ が成り立つことであるとする．

そこで，S を全有界な距離空間とすれば，S の任意の点列 $(x_n)_{n\in\boldsymbol{N}}$ と任意の正数 ε に対し，$(x_n)_{n\in\boldsymbol{N}}$ の部分列でしかも ε 列となるものが必ず存在することを，まず証明しよう．$\{U_1, \cdots, U_k\}$ を S の有限な ε 被覆とする．そのとき，与えられた点列 $(x_n)_{n\in\boldsymbol{N}}$ のどの項 x_n もある U_j に含まれるから，$\boldsymbol{N}_j=\{n\mid x_n\in U_j\}$ とおけば，$\boldsymbol{N}=\bigcup_{j=1}^{k}\boldsymbol{N}_j$ となる．したがって少なくとも 1 つの $\boldsymbol{N}_j$ は無限集合である．いま，ある j について $\boldsymbol{N}_j$ が無限集合であるとすれば，$\boldsymbol{N}_j$ は $\boldsymbol{N}$ と順序同型であるから，

$$\boldsymbol{N}_j = \{i_1, i_2, \cdots, i_n, \cdots\}, \qquad i_1<i_2<\cdots<i_n<\cdots$$

と書くことができる．そこで，$x'_n=x_{i_n}$ とおけば，$(x'_n)_{n\in\boldsymbol{N}}$ は $(x_n)_{n\in\boldsymbol{N}}$ の部分列で，しかもすべての $n\in\boldsymbol{N}$ に対し $x'_n\in U_j$ であり，$\delta(U_j)<\varepsilon$ であるから，$(x'_n)_{n\in\boldsymbol{N}}$ は ε 列となる．

われわれはいま，S の任意の点列 $(x_n)_{n\in\boldsymbol{N}}$ と任意の正数 ε との組 $((x_n)_{n\in\boldsymbol{N}}, \varepsilon)$ に対し，$(x_n)_{n\in\boldsymbol{N}}$ の部分列で ε 列となるものを 1 つずつ選んでおき，それを

$$\Phi((x_n)_{n\in\boldsymbol{N}}, \varepsilon)$$

で表わすことにしよう．

さて，いま $(a_n)_{n\in\boldsymbol{N}}$ を任意に与えられた S の点列とする．この点列から

$$\Phi((a_n)_{n\in\boldsymbol{N}}, 1) = (a_n^{(1)})_{n\in\boldsymbol{N}}, \quad \Phi\left((a_n^{(1)})_{n\in\boldsymbol{N}}, \frac{1}{2}\right) = (a_n^{(2)})_{n\in\boldsymbol{N}},$$

$$\cdots, \ \Phi\left((a_n^{(p-1)})_{n\in\boldsymbol{N}}, \frac{1}{p}\right) = (a_n^{(p)})_{n\in\boldsymbol{N}}, \ \cdots$$

として，順次に点列 $(a_n^{(p)})_{n\in\boldsymbol{N}}$ $(p=1, 2, \cdots)$ を定める．そうすれば，‘点列の列’

$$(a_n):\ a_1, a_2, \cdots, a_n, \cdots$$

$$(a_n^{(1)}):\ a_1^{(1)}, a_2^{(1)}, \cdots, a_n^{(1)}, \cdots$$

$$(a_n^{(2)}):\ a_1^{(2)}, a_2^{(2)}, \cdots, a_n^{(2)}, \cdots$$

$$\cdots\cdots$$

$$(a_n^{(p)}):\ a_1^{(p)}, a_2^{(p)}, \cdots, a_n^{(p)}, \cdots$$

$$\cdots\cdots$$

が得られ，ここで各点列はその前のものの部分点列で，しかも$(a_n^{(p)})_{n\in \boldsymbol{N}}$は$1/p$列である．そこで，$a_n^{(n)}=b_n$ $(n=1,2,\cdots)$とおく．そうすれば，明らかに$(b_n)_{n\in \boldsymbol{N}}$は与えられた$(a_n)_{n\in \boldsymbol{N}}$の部分列であるが，さらにこれはCauchy点列であることが次のように示される．εを任意に与えられた正数とし，自然数n_0を$1/n_0<\varepsilon$となるようにとる．そのとき，$p>n_0$，$q>n_0$である任意の自然数p, qについて，$(a_n^{(p)})_{n\in \boldsymbol{N}}$，$(a_n^{(q)})_{n\in \boldsymbol{N}}$はいずれも

$$(a_n^{(n_0)})_{n\in \boldsymbol{N}}:\ a_1^{(n_0)}, a_2^{(n_0)}, \cdots, a_n^{(n_0)}, \cdots$$

の部分列であるから，$b_p=a_p^{(p)}$，$b_q=a_q^{(q)}$はどちらも点列$(a_n^{(n_0)})_{n\in \boldsymbol{N}}$の項の中に含まれる．しかるに$(a_n^{(n_0)})_{n\in \boldsymbol{N}}$は$1/n_0$列であるから，$d(b_p, b_q)<1/n_0<\varepsilon$. —— ゆえに$(b_n)_{n\in \boldsymbol{N}}$はCauchy点列である．

2)　十分であること：対偶をとって，(S,d)が全有界でなければ，Sのある点列で，そのどの部分列も決してCauchy点列とはなり得ないようなものが存在することを証明しよう．

いま，(S,d)が全有界でないとすれば，ある正数εに対しては，Sの有限ε被覆が存在しない．したがって，正数ε_0を$2\varepsilon_0<\varepsilon$であるようにとれば，$S$の任意の有限部分集合$M$に対して，$\{B(y;\varepsilon_0)\mid y\in M\}$は[$\delta(B(y;\varepsilon_0))\leqq 2\varepsilon_0<\varepsilon$であるから] Sの被覆とはなり得ない．すなわち

$$S-\bigcup_{y\in M}B(y;\varepsilon_0)\neq\phi.$$

そこで，Sの各有限部分集合Mに対し，$S-\bigcup_{y\in M}B(y;\varepsilon_0)$の点を1つずつ定めて，それを$\varphi(M)$と書くことにする．定義により，$\varphi(M)=x$とすれば，$M$のすべての点$y$に対して$d(x,y)\geqq\varepsilon_0$である．

そこでいま，Sの点a_1を任意にとり，

$$a_2=\varphi(\{a_1\}),\ a_3=\varphi(\{a_1,a_2\}),\ \cdots,\ a_n=\varphi(\{a_1,\cdots,a_{n-1}\}),\ \cdots$$

として，点列$(a_n)_{n\in \boldsymbol{N}}$を定める．そうすれば，その定め方から明らかに

$$i\neq j\Rightarrow d(a_i,a_j)\geqq\varepsilon_0.$$

したがって，この点列$(a_n)_{n\in \boldsymbol{N}}$は明らかに，Cauchy点列を決して部分列として含み得ない．(証明終)

問　題

1. 距離空間の間の一様同相関係は同値関係であることを示せ.

2. 集合 $S(\neq\phi)$ で定義された2つの距離関数 d_1, d_2 が**一様同値**であるとは，恒等写像 I_S が (S, d_1) から (S, d_2) への一様同相写像となることをいう.（これは，単なる‘同値’よりも強い条件である.）

d_1, d_2 が一様同値であるためには，任意の $\varepsilon>0$ に対し，適当に $\delta>0$ を選べば，

$$d_1(x, y)<\delta \Rightarrow d_2(x, y)<\varepsilon$$

および

$$d_2(x, y)<\delta \Rightarrow d_1(x, y)<\varepsilon$$

の成り立つことが必要十分であることを示せ.

3. (1.1), (1.2), (1.3) で定義した $\boldsymbol{R}^n$ 上の距離関数 $d^{(n)}$, $d_1^{(n)}$, $d_\infty^{(n)}$ はいずれも一様同値であることを示せ.

4. 集合 S 上の距離関数 d と§2, 問題4で定義した距離関数 d' とは一様同値であることを示せ. また同じく§2, 問題5で定義した距離関数 d'' も d と一様同値であることを示せ.

5. 集合 S で定義された2つの同値な距離関数で一様同値ではない例を挙げよ.

6. $\boldsymbol{R}\times\boldsymbol{R}$ の元 (x, y) に $x+y$ を対応させる写像は，$\boldsymbol{R}\times\boldsymbol{R}$ から $\boldsymbol{R}$ への一様連続写像であるが，(x, y) に xy を対応させる写像は一様連続ではないことを示せ.

7. (S, d) を任意の距離空間とするとき，写像 $d: S\times S\to\boldsymbol{R}$ は一様連続であることを証明せよ.

8. 完備な距離空間に一様同相な距離空間は完備であることを示せ.

9. S を完備な距離空間とするとき，S の部分集合 M が部分距離空間として完備であるためには，M が S の閉集合であることが必要十分である. このことを証明せよ.

10. 距離空間 S_1, S_2 の直積距離空間を $S=S_1\times S_2$ とする. 次のことを証明せよ.

(a)　$S=S_1\times S_2$ の点列 $((a_n^{(1)}, a_n^{(2)}))$ が Cauchy 点列であるためには，$(a_n^{(1)})$, $(a_n^{(2)})$ がそれぞれ S_1, S_2 の Cauchy 点列であることが必要十分である.

(b)　$S=S_1\times S_2$ が完備であるためには，S_1, S_2 がともに完備であることが必要十分である.

11. Euclid 空間 $\boldsymbol{R}^n$ は完備であることを示せ.

12. 距離空間 S の Cauchy 点列 $(a_n)_{n\in\boldsymbol{N}}$ が点 a に収束する部分列を含むならば，$(a_n)_{n\in\boldsymbol{N}}$ 自身が同じ極限 a に収束することを証明せよ.

13. 全有界な距離空間に一様同相な距離空間は全有界であることを示せ.

14. Euclid 空間 $\boldsymbol{R}^n$ の有界な部分集合は全有界であることを証明せよ.

15. 距離空間(S, d)の部分集合 M が (S, d) の **$\boldsymbol{\varepsilon}$ 網** (ε はある与えられた正数) であるとは, S の任意の点 x に対して $d(x, M)<\varepsilon$ が成り立つことをいう. (S, d)が全有界であるためには, 任意の $\varepsilon>0$ に対して, 必ず(S, d)の有限な ε 網が存在することが必要十分であることを証明せよ.

16. 距離空間 S_1, S_2 の直積距離空間 $S=S_1\times S_2$ が全有界であるためには, S_1, S_2 がともに全有界であることが必要十分であることを示せ.

§4　コンパクト距離空間, 距離空間の完備化

A)　Fréchet の意味のコンパクト性

本節の前半では, 距離空間のコンパクト性と, 前節に定義した完備性および全有界性との関連について述べる. 前節に注意したように, 完備性および全有界性は一様位相的な性質ではあるが, 位相的性質ではない. それに対して, コンパクト性は位相的な性質である. しかし実は, C)の定理12に示すように, 距離空間のコンパクト性は完備性および全有界性という2つの一様位相的性質によって特徴づけられるのである.

この定理の証明が本節の前半の目標であるが, 本項ではまず, その定理の一部分を次の補題として証明しておく.

以下しばらく, 概念を印象的ならしめるために, われわれは次の語法を用いる. すなわち, 距離空間(S, d)が次の性質(FC)をもつとき, (S, d)は 'Fréchet の意味でコンパクト (または点列コンパクト)' であるということにする.

(FC)　S の任意の点列は収束する部分列を含む.

実際, 歴史的にはコンパクトという語は, 距離空間に関して Fréchet によりはじめてこの意味で用いられたのである. 距離空間については, この意味でのコンパクト性がわれわれがいままでに用いてきた意味でのコンパクト性と一致することは, 定理12で示されるが, ここではまず, それが '完備かつ全有界' という性質と同等であることを証明しよう.

補題　距離空間(S, d)が Fréchet の意味でコンパクトであるためには, (S, d)

が完備かつ全有界であることが必要十分である．

証明　(S, d) が Fréchet の意味でコンパクト，すなわち，S の任意の点列が必ず収束する部分列を含むとする．収束点列は Cauchy 点列であるから，その場合，まず定理 10 によって (S, d) は全有界である．また，S の任意の Cauchy 点列 $(x_n)_{n\in N}$ は，それが収束する部分列を含むから，§3 の問題 12 によって，$(x_n)_{n\in N}$ 自身も収束する．すなわち，(S, d) は完備である．

逆に，(S, d) が完備かつ全有界であるとしよう．そのとき，S の任意の点列は，S が全有界であるから，定理 10 によって Cauchy 点列を部分列として含み，さらに S が完備であるから，その部分列は収束する．すなわち，(S, d) は性質 (FC) を満足する．（証明終）

なお，上では距離空間 (S, d) が Fréchet の意味でコンパクトであることを性質 (FC) によって定義したが，これはまたしばしば次の性質 (FC)′ によっても定義される．

(FC)′　S は有限集合であるか，または S の任意の無限部分集合は (S の中に) 少なくとも 1 つの集積点をもつ．

距離空間に関する性質 (FC) と (FC)′ とが同等であることは，§1, 問題 5 を用いて容易に証明される．（詳細は練習問題として読者にゆだねよう．）

B)　Lindelöf の性質

本項では今 1 つ，定理 12 の証明に必要な命題を準備しておく．（これは一般の位相空間についての命題であって，距離空間だけに関したことではない．）

一般に，位相空間 S において，その任意の開被覆 $\mathfrak{U}$ が必ず S の‘たかだか可算な被覆’ $\mathfrak{U}'$——すなわち，$\mathrm{card}\,\mathfrak{U}' \leqq \aleph_0$ であるような被覆 $\mathfrak{U}'$——を部分集合として含むとき，S は **Lindelöf の性質**をもつという．

これについて次の定理が成り立つ．

定理 11　位相空間 S が第 2 可算公理を満足すれば，S は Lindelöf の性質をもつ．

証明　$\mathfrak{B}$ を S の (開集合系の) たかだか可算な 1 つの基底とし，$\mathfrak{U}$ を S の任

意の開被覆とする．$\mathfrak{B}$ の各元 O に対し，$\mathfrak{U}_O=\{U \mid O\subset U,\ U\in\mathfrak{U}\}$ とおき，$\mathfrak{B}'=\{O \mid O\in\mathfrak{B},\ \mathfrak{U}_O\neq\emptyset\}$ とする．$\mathfrak{B}'\subset\mathfrak{B}$，$\mathrm{card}\,\mathfrak{B}\leqq\aleph_0$ であるから，もちろん $\mathrm{card}\,\mathfrak{B}'\leqq\aleph_0$ である．$\mathfrak{B}'$ の各元 O に対し，$\mathfrak{U}_O$ の元 U_O を1つずつ選んで，$\mathfrak{U}'=\{U_O \mid O\in\mathfrak{B}'\}$ とする．そうすれば明らかに，$\mathfrak{U}'\subset\mathfrak{U}$，$\mathrm{card}\,\mathfrak{U}'\leqq\aleph_0$ であるが，この $\mathfrak{U}'$ が S の被覆となることが次のように示される．x を S の任意の点とすれば，x はある $U\in\mathfrak{U}$ に含まれるが，$\mathfrak{B}$ は S の基底であるから，$x\in O\subset U$ となる $O\in\mathfrak{B}$ が存在する．この O は $\mathfrak{B}'$ の元で，$O\subset U_O$ であるから，$x\in U_O$．ゆえに $S=\bigcup_{O\in\mathfrak{B}'}U_O=\bigcup\mathfrak{U}'$ となる．（証明終）

C) コンパクト性の同等条件

以上の準備のもとに，次の定理が証明される．

定理 12 距離空間 (S,d) に関する次の3つの条件は互に同等である．

(i) (S,d) はコンパクトである．

(ii) (S,d) は Fréchet の意味でコンパクトである．

(iii) (S,d) は完備かつ全有界である．

証明 (ii), (iii) が同等であることはすでに A) の補題で示したから，(i) と (ii) が同等であることを証明すればよい．

(i)⇒(ii)：(S,d) をコンパクトとし，$(a_n)_{n\in\boldsymbol{N}}$ を S の任意の点列とする．そのとき，もし S の任意の点 x に対して，$\{n \mid n\in\boldsymbol{N},\ a_n\in B(x\,;\varepsilon(x))\}$ が有限集合となるような正数 $\varepsilon(x)$ が存在するとすれば，矛盾が起こることをまず示そう．仮りに，S のどの点 x に対してもそのような正数 $\varepsilon(x)$ が存在したとする．そのとき，$\{B(x\,;\varepsilon(x))\}_{x\in S}$ は S の開被覆で，S はコンパクトであるから，適当に有限個の点 $x_1,\cdots,x_k$ をとれば，

$$S=\bigcup_{j=1}^{k}B(x_j\,;\varepsilon(x_j))$$

が成り立つ．そうすれば，どの a_n もある $B(x_j\,;\varepsilon(x_j))$ に含まれることとなるから，

$$\boldsymbol{N}=\bigcup_{j=1}^{k}\{n \mid a_n\in B(x_j\,;\varepsilon(x_j))\}.$$

しかるにこの右辺は仮定によって有限集合である．これは矛盾である．――

ゆえに，S のある点 x に対しては，どのように $\varepsilon>0$ をとっても $\{n \mid a_n \in B(x;\varepsilon)\}$ は無限集合となる．このとき，x は $(a_n)_{n\in \boldsymbol{N}}$ のある部分列の極限となることが次のように示される．実際，上の仮定から明らかに，任意の自然数 k と任意の正数 ε との組 (k,ε) に対して，

$$\boldsymbol{N}(k,\varepsilon)=\{n \mid n\in \boldsymbol{N},\ \ n>k,\ \ a_n\in B(x;\varepsilon)\}$$

は無限集合である．そこでいま，各 $\boldsymbol{N}(k,\varepsilon)$ からそれぞれ1つずつ元を選んで，それを $\Phi(k,\varepsilon)$ とし，

$$\Phi(1,1)=i_1,\ \ \Phi\left(i_1,\ \frac{1}{2}\right)=i_2,\ \ \cdots,\ \ \Phi\left(i_{n-1},\ \frac{1}{n}\right)=i_n,\ \ \cdots$$

として自然数列 $(i_n)_{n\in \boldsymbol{N}}$ を定める．そうすれば，明らかに $i_1<i_2<\cdots<i_n<\cdots$ で，また $a_{i_n}\in B(x;1/n)$ すなわち $d(a_{i_n},x)<1/n$ であるから，$\lim_{n\to\infty} a_{i_n}=x$．すなわち，$(a_{i_n})_{n\in \boldsymbol{N}}$ は x に収束する $(a_n)_{n\in \boldsymbol{N}}$ の部分列となる．――これで，$(a_n)_{n\in \boldsymbol{N}}$ が収束する部分列を含むこと，すなわち (S,d) が Fréchet の意味でコンパクトであることが証明された．

(ii)⇒(i)：この証明には，(ii)，(iii)の同等性がすでに示されているから，(iii)の性質を用いることができる．

いま，(S,d) を Fréchet の意味でコンパクトとし，$\mathfrak{U}$ を S の任意の開被覆とする．S は全有界で，したがって定理9により第2可算公理を満足する．ゆえに定理11により，$\mathfrak{U}$ は S のたかだか可算な被覆 $\mathfrak{U}'$ を含む．$\mathfrak{U}$ が S の有限被覆を含むことを示すには，$\mathfrak{U}'$ についてそのことを示せばよいから，はじめから与えられた $\mathfrak{U}$ は S のたかだか可算な開被覆であると仮定してよい．いま，そのように仮定し，$\mathfrak{U}=\{U_n\}_{n\in \boldsymbol{N}}$ とする．もし $\mathfrak{U}$ が S の有限被覆を含まないとすれば，任意の $n\in \boldsymbol{N}$ に対し

$$A_n=S-(U_1\cup\cdots\cup U_n)$$

は S の空でない閉集合で，しかも

$$A_1\supset A_2\supset\cdots\supset A_n\supset\cdots$$

となる．そこで，各 A_n からそれぞれ1つの点 a_n をとり，点列 $(a_n)_{n\in \boldsymbol{N}}$ の収束

する部分列を$(a_{i_n})_{n\in \boldsymbol{N}}$, $\lim_{n\to\infty} a_{i_n}=a$とする．そのとき，$j$を任意の自然数とすれば，ある番号以上の$n$に対して$i_n>j$で，$a_{i_n}\in A_{i_n}$, $A_{i_n}\subset A_j$であるから，$a_{i_n}\in A_j$. そしてA_jは閉集合であるから，$a\in A_j$となる．このことがすべてのjに対して成り立つから，$a\in \bigcap_{j\in \boldsymbol{N}} A_j$. すなわち$a\in S-\bigcup_{n\in \boldsymbol{N}} U_n$. これは$\mathfrak{U}$が$S$の被覆であることに反する．(証明終)

D） 距離空間の完備化

数学，特に解析学では，議論の根拠に完備な距離空間をとると，いろいろつごうのよいことが多い．そのため，完備でない距離空間は，それをある完備な距離空間の中に‘埋蔵’して考えることがしばしばある．次の定理(Hausdorff)は，そのような‘完備化’の可能性，および，そのある意味での一意性を与えるものである．

定理 13 (S,d)を与えられた距離空間とするとき，次の性質(i), (ii), (iii)を満足する距離空間(S^*,d^*)，およびSからS^*への写像φが存在する．

(i) (S^*,d^*)は完備である．

(ii) 任意の$x,y\in S$に対して$d(x,y)=d^*(\varphi(x),\varphi(y))$.

(iii) $\varphi(S)$はS^*において密である．すなわち$\overline{\varphi(S)}=S^*$.

また，このような距離空間(S^*,d^*)と写像$\varphi:S\to S^*$との組$((S^*,d^*),\varphi)$は，与えられた(S,d)に対して本質的にはただ1つだけ存在する．くわしくいえば，次のことが成り立つ：上の$((S^*,d^*),\varphi)$とともに，今1つの距離空間$(\tilde{S}^*,\tilde{d}^*)$と写像$\tilde{\varphi}:S\to\tilde{S}^*$との組$((\tilde{S}^*,\tilde{d}^*),\tilde{\varphi})$もやはり上の(i), (ii), (iii)を満たすならば，S^*から$\tilde{S}^*$への全単射fで，

$$f\circ\varphi=\tilde{\varphi},$$

かつ，任意の$x^*,y^*\in S^*$に対し

$$d^*(x^*,y^*)=\tilde{d}^*(f(x^*),f(y^*))$$

となるものが存在する．

注意 上の条件(ii)の中には，写像$\varphi:S\to S^*$が‘単射’であることが含まれている．実際，$x,y\in S$, $x\neq y$とすれば，$d(x,y)>0$であるから，$d^*(\varphi(x),\varphi(y))>0$. したがっ

て $\varphi(x) \neq \varphi(y)$ となる.

証明　この定理はいろいろな方法で証明されるが，ここでは $\boldsymbol{R}$ の完備性(定理8)を用いる証明を述べる.（証明はいくぶん手間がかかるけれども，各段階の検証はべつに困難なことではない．以下の証明では，そのすじみちに重点をおいて，細部の論点の補充はしばしば読者にゆだねる.）

(a)　距離空間 (S^*, d^*) および写像 $\varphi: S \to S^*$ の構成.

1)　(S, d) の Cauchy 点列 $(x_n)_{n \in \boldsymbol{N}}$ 全部の集合を考え，それを $C(S)$ とする．また以後 $C(S)$ の元を $\xi, \eta, \cdots$ 等で表わすこととする.

そのときまず，次のことが示される：$\xi = (x_n)$，$\eta = (y_n)$ を $C(S)$ の任意の2元とするとき，実数列 $(d(x_n, y_n))_{n \in \boldsymbol{N}}$ は収束数列である．——実際，任意の m, $n \in \boldsymbol{N}$ に対して

$$d(x_m, y_m) \leqq d(x_m, x_n) + d(x_n, y_n) + d(y_n, y_m)$$

であるから，

$$d(x_m, y_m) - d(x_n, y_n) \leqq d(x_m, x_n) + d(y_m, y_n).$$

同様にして

$$d(x_n, y_n) - d(x_m, y_m) \leqq d(x_m, x_n) + d(y_m, y_n).$$

したがって

$$|d(x_m, y_m) - d(x_n, y_n)| \leqq d(x_m, x_n) + d(y_m, y_n). \tag{4.1}$$

いま $(x_n), (y_n)$ はともに Cauchy 点列であるから，任意に正数 ε を与えるとき，適当に自然数 n_0 をとれば，$m > n_0$，$n > n_0$ である任意の自然数 m, n について $d(x_m, x_n) < \varepsilon/2$，$d(y_m, y_n) < \varepsilon/2$ が成り立つ．よって(4.1)から，$m > n_0$，$n > n_0$ ならば

$$|d(x_m, y_m) - d(x_n, y_n)| < \varepsilon.$$

すなわち $(d(x_n, y_n))_{n \in \boldsymbol{N}}$ は $\boldsymbol{R}$ の Cauchy 点列である．しかるに，定理8により $\boldsymbol{R}$ は完備であるから，$(d(x_n, y_n))_{n \in \boldsymbol{N}}$ は収束数列となる.

2)　集合 $C(S)$ において，関係 R を次のように定義する：$C(S)$ の元 $\xi = (x_n)$，$\eta = (y_n)$ に対し，$\lim_{n \to \infty} d(x_n, y_n) = 0$ となるとき（またそのときに限り）$\xi R \eta$ とする．——このとき，R が $C(S)$ における同値関係であることは直ちに証明され

る．(読者みずからたしかめよ.)

$C(S)$ の R による商集合 $C(S)/R$ を S^* とし，$C(S)$ から S^* への自然な写像を π とする．また以後 S^* の元を一般に $x^*, y^*, \cdots$ 等で表わすこととする．

3)　写像 $d^*: S^*\times S^*\to \boldsymbol{R}$ を次のように定義する：x^*, y^* を S^* の任意の2元とし，$\xi=(x_n)$，$\eta=(y_n)$ をそれぞれ $C(S)$ における x^*, y^* の代表——すなわち $\pi(\xi)=x^*$，$\pi(\eta)=y^*$ であるような $C(S)$ の元——とする．そのとき，1)によって実数 $\lim_{n\to\infty} d(x_n, y_n)$ が存在するが，それを $d^*(x^*, y^*)$ と定める：

(4.2)
$$d^*(x^*, y^*)=\lim_{n\to\infty} d(x_n, y_n).$$

ただし，ここで $d^*(x^*, y^*)$ の値が x^*, y^* の代表のとり方にはよらないこと，すなわち $\xi'=(x'_n)$，$\eta'=(y'_n)$ もそれぞれ x^*, y^* の代表であるとすれば，

(4.3)
$$\lim_{n\to\infty} d(x_n, y_n)=\lim_{n\to\infty} d(x'_n, y'_n)$$

であることをたしかめておかなければならない．しかし，これは次のように容易に検証される．—— $x^*=\pi(\xi)=\pi(\xi')$，$y^*=\pi(\eta)=\pi(\eta')$ であるから $\xi R\xi'$，$\eta R\eta'$．したがって $\lim_{n\to\infty} d(x_n, x'_n)=0$，$\lim_{n\to\infty} d(y_n, y'_n)=0$．これと
$$d(x_n, y_n)\leqq d(x_n, x'_n)+d(x'_n, y'_n)+d(y'_n, y_n)$$
から
$$\lim_{n\to\infty} d(x_n, y_n)\leqq \lim_{n\to\infty} d(x'_n, y'_n)$$
が得られる．同様にして
$$\lim_{n\to\infty} d(x'_n, y'_n)\leqq \lim_{n\to\infty} d(x_n, y_n).$$
ゆえに(4.3)が成り立つ．

4)　上に定義した $d^*: S^*\times S^*\to \boldsymbol{R}$ は S^* 上の1つの距離関数である．この証明は読者の練習問題としよう．

5)　写像 $\varphi: S\to S^*$ を次のように定義する：x を S の任意の点とするとき，すべての $n\in \boldsymbol{N}$ について $x_n=x$ とおけば，$(x_n)_{n\in \boldsymbol{N}}$ は明らかに1つの Cauchy 点列，すなわち $C(S)$ の元である．これを ζ_x で表わし，その $\pi: C(S)\to S^*$ による像 $\pi(\zeta_x)$ を $\varphi(x)$ とする．

——以上で，距離空間 (S^*, d^*) および S から S^* への写像 φ が定義された．

次に，これについて定理の条件(i), (ii), (iii)が満たされることを示そう．

(b)　(i), (ii), (iii)の証明．

1)　まず(ii)を示そう．$x, y \in S$ とし，$\zeta_x=(x_n)$，$\zeta_y=(y_n)$ とすれば，すべての n に対し $x_n=x$，$y_n=y$ であるから，

$$\lim_{n\to\infty} d(x_n, y_n) = d(x, y).$$

一方 $\varphi(x)=\pi(\zeta_x)$，$\varphi(y)=\pi(\zeta_y)$ であるから，定義(4.2)によって

$$d^*(\varphi(x), \varphi(y)) = \lim_{n\to\infty} d(x_n, y_n).$$

ゆえに $d(x, y)=d^*(\varphi(x), \varphi(y))$．

2)　次に(iii)を示そう．x^* を S^* の任意の元とし，$x^*=\pi(\xi)$，$\xi=(x_n)_{n\in \boldsymbol{N}}$ とする．そのとき，距離空間(S^*, d^*)において

$$x^* = \lim_{n\to\infty} \varphi(x_n) \tag{4.4}$$

となることが次のように証明される．定義により $\varphi(x_n)=\pi(\zeta_{x_n})$ で，ζ_{x_n} はすべての $m \in \boldsymbol{N}$ に対し $x_m^{(n)}=x_n$ として定められた点列 $(x_m^{(n)})_{m\in \boldsymbol{N}}$ である．したがって，定義(4.2)により

$$d^*(x^*, \varphi(x_n)) = d^*(\pi(\xi), \pi(\zeta_{x_n})) = \lim_{m\to\infty} d(x_m, x_m^{(n)}) = \lim_{m\to\infty} d(x_m, x_n).$$

$(x_n)_{n\in \boldsymbol{N}}$ は(S, d)の Cauchy 点列であるから，明らかに

$$\lim_{n\to\infty}(\lim_{m\to\infty} d(x_m, x_n)) = 0.$$

したがって

$$\lim_{n\to\infty} d^*(x^*, \varphi(x_n)) = 0.$$

ゆえに(4.4)が成り立つ．——(4.4)と定理2から $x^* \in \overline{\varphi(S)}$．すなわち，$S^*$ の任意の点は $\overline{\varphi(S)}$ に属する．ゆえに $S^*=\overline{\varphi(S)}$．

3)　最後に(i)を証明しよう．$(x_n^*)_{n\in \boldsymbol{N}}$ を距離空間(S^*, d^*)の任意の Cauchy 点列とする．すでに示されているように，$\varphi(S)$ は S^* において密であるから，各 $n \in \boldsymbol{N}$ に対し

$$d^*(x_n^*, \varphi(x_n)) < \frac{1}{n} \tag{4.5}$$

を満足する S の点 x_n をとることができる．このとき，$(x_n)_{n\in \boldsymbol{N}}$ は (S, d) の

Cauchy 点列となる．実際，d^* に関する三角不等式によって

$$d^*(\varphi(x_m),\varphi(x_n)) \leqq d^*(\varphi(x_m),x_m^*)+d^*(x_m^*,x_n^*)+d^*(x_n^*,\varphi(x_n))$$

であるが，$(x_n^*)_{n\in\boldsymbol{N}}$ が (S^*,d^*) の Cauchy 点列であることと(4.5)を用いれば，この不等式から，任意の $\varepsilon>0$ に対し適当に n_0 をとれば，$m>n_0$, $n>n_0$ である m,n について

$$d^*(\varphi(x_m),\varphi(x_n)) < \varepsilon$$

の成り立つことがわかる．しかるに，これもすでに示されている(ii)によって

$$d(x_m,x_n) = d^*(\varphi(x_m),\varphi(x_n)).$$

したがって，$m>n_0$, $n>n_0$ ならば $d(x_m,x_n)<\varepsilon$. ゆえに $\xi=(x_n)$ は (S,d) の Cauchy 点列，すなわち $C(S)$ の元である．——そこで，ξ の $\pi:C(S)\to S^*$ による像 $\pi(\xi)$ を x^* とする．そうすれば，2)で示したように，$x^*=\lim_{n\to\infty}\varphi(x_n)$, すなわち $\lim_{n\to\infty}d^*(x^*,\varphi(x_n))=0$. 一方(4.5)から $\lim_{n\to\infty}d^*(x_n^*,\varphi(x_n))=0$. これと，不等式

$$d^*(x_n^*,x^*) \leqq d^*(x_n^*,\varphi(x_n))+d^*(\varphi(x_n),x^*)$$

から，$\lim_{n\to\infty}d^*(x_n^*,x^*)=0$ が得られる．すなわち

$$\lim_{n\to\infty}x_n^* = x^*.$$

ゆえに (x_n^*) は収束点列である．——よって (S^*,d^*) は完備である．

以上で，(i), (ii), (iii) を満足する距離空間 (S^*,d^*) と写像 $\varphi:S\to S^*$ との組 $((S^*,d^*),\varphi)$ の存在が証明された．——

残るところはその一意性の証明であるが，これについてはここでは要点だけを述べ，詳細はすべて読者の検討にゆだねることとする．

(c)　一意性の証明.

$((S^*,d^*),\varphi)$ および $((\tilde{S}^*,\tilde{d}^*),\tilde{\varphi})$ がともに定理の条件(i), (ii), (iii)を満足するとする．

1)　写像 $f:S^*\to\tilde{S}^*$ を次のように定める．x^* を S^* の任意の点とすれば，$((S^*,d^*),\varphi)$ に関する(iii)によって

$$x^* = \lim_{n\to\infty}\varphi(x_n) \tag{4.6}$$

となる S の点列 (x_n) が存在する．$((S^*,d^*),\varphi)$ および $((\tilde{S}^*,\tilde{d}^*),\tilde{\varphi})$ に関する

(ii)によって，このとき $(\tilde{\varphi}(x_n))$ は $(\tilde{S}^*, \tilde{d}^*)$ の Cauchy 点列となることが示され，$(\tilde{S}^*, \tilde{d}^*)$ の完備性によって，それは $(\tilde{S}^*, \tilde{d}^*)$ の収束点列となる．したがって，$\tilde{S}^*$ において

$$(4.7) \qquad \tilde{x}^* = \lim_{n\to\infty} \tilde{\varphi}(x_n)$$

が存在する．そこで，$x^* \in S^*$ にこの $\tilde{x}^* \in \tilde{S}^*$ を対応させる S^* から $\tilde{S}^*$ への写像を f とするのである．(この場合，(4.6)を満足する S の点列 (x_n) は一般に一意的にはきまらないが，(x_n) をどのようにとっても，(4.7)の $\tilde{x}^*$ は一意的にきまる．そのことも，$((S^*, d^*), \varphi)$ および $((\tilde{S}^*, \tilde{d}^*), \tilde{\varphi})$ に関する(ii)から直ちに示される.)

2)　上に定義した $f: S^* \to \tilde{S}^*$ は全単射である．――これは，上の操作の逆によって，$\tilde{S}^*$ の点 $\tilde{x}^*$ から S^* の点 x^* がきめられることに注意すれば，直ちにわかる．

3)　f に対して，$f \circ \varphi = \tilde{\varphi}$ が成り立つ．――これは，$x \in S$ のとき，S^* の点 $\varphi(x)$ に対しては，(4.6)の点列 (x_n) として，すべての n に対し $x_n = x$ である点列をとることができることに注意すればよい．

4)　S^* の任意の2点 x^*, y^* に対して，$d^*(x^*, y^*) = \tilde{d}^*(f(x^*), f(y^*))$ が成り立つ．――実際，$x^* = \lim_{n\to\infty} \varphi(x_n)$，$y^* = \lim_{n\to\infty} \varphi(y_n)$ とすれば，$d^*(x^*, y^*)$ も $\tilde{d}^*(f(x^*), f(y^*))$ もともに $\lim_{n\to\infty} d(x_n, y_n)$ と一致することが，$((S^*, d^*), \varphi)$ および $((\tilde{S}^*, \tilde{d}^*), \tilde{\varphi})$ に関する(ii)を用いて証明される．――

以上で，われわれの定理の証明が完了した．(証明終)

定理13の条件を満たす $((S^*, d^*), \varphi)$ において，前にも注意しておいたように，$\varphi: S \to S^*$ は単射である．したがって，通常は S の点 x と S^* の点 $\varphi(x)$ とを同一視して，$S \subset S^*$ と考えることが多い．そのように考えれば，(S^*, d^*) は (S, d) をちょうど部分距離空間として含む完備距離空間となるわけである．この (S^*, d^*) を (S, d) の**完備化**(または**完備拡大**)という．

例　$\boldsymbol{Q}$ において $d^{(1)}(x, y) = |x-y|$ と定義すれば，$(\boldsymbol{Q}, d^{(1)})$ は距離空間となる．この距離空間の完備拡大は $(\boldsymbol{R}, d^{(1)})$ にほかならない．

問　　題

1. 距離空間の性質として，(FC) と (FC)$'$ とは同等であることを証明せよ．

2. 定理 13 の証明の (a) の 4) をたしかめよ．

3. 定理 13 の証明の (c) についてくわしく考えよ．

4. (S,d) をコンパクトな距離空間とし，$\mathfrak{U}$ を S の任意の開被覆とする．そのとき，次の性質を満たす正数 $\tau=\tau(\mathfrak{U})$ が存在することを示せ：$\delta(M)<\tau$ であるような S の任意の部分集合 M は必ず $\mathfrak{U}$ の少なくとも 1 つの元に含まれる．

（ヒント：S の各点 x に対して $B(x;\varepsilon(x))$ が $\mathfrak{U}$ のある元に含まれるような正数 $\varepsilon(x)$ がある．$\{B(x;\varepsilon(x)/2)\}_{x\in S}$ は S の開被覆で，S はコンパクトであるから，適当に $x_1, \cdots, x_k\in S$ をとれば $S=\bigcup_{i=1}^{k}B(x_i;\varepsilon(x_i)/2)$．そこで $\tau=\min\{\varepsilon(x_i)/2\mid i=1,\cdots,k\}$ とおけばよい．）

5. (S,d) をコンパクトな距離空間とし，$\mathfrak{F}$ を S の有限個の閉集合から成る集合族とする．そのとき，次の性質を満たす正数 $\sigma=\sigma(\mathfrak{F})$ が存在することを示せ：$\delta(M)<\sigma$ であるような S のある部分集合 M が $\mathfrak{F}$ の部分集合 $\mathfrak{F}'$ の各元と交わるならば，$\bigcap\mathfrak{F}'\neq\phi$．（この σ を $\mathfrak{F}$ の **Lebesgue 数**という．）

（ヒント：$\bigcap\mathfrak{F}\neq\phi$ ならば，σ として任意の正数をとればよい．$\bigcap\mathfrak{F}=\phi$ の場合は，$\Omega=\{\mathfrak{F}'\mid\mathfrak{F}'\subset\mathfrak{F},\ \bigcap\mathfrak{F}'=\phi\}$ とし，$\mathfrak{F}'\in\Omega$ に対し $\{S-F\mid F\in\mathfrak{F}'\}=\mathfrak{U}_{\mathfrak{F}'}$ とおけば，$\mathfrak{U}_{\mathfrak{F}'}$ は S の開被覆であるから，前問の性質を満たす正数 $\tau(\mathfrak{U}_{\mathfrak{F}'})$ が存在する．そこで $\sigma=\min\{\tau(\mathfrak{U}_{\mathfrak{F}'})\mid\mathfrak{F}'\in\Omega\}$ とおけば，これが求める性質を満たす．）

6.* 一般に集合 X 上のフィルター（§1，問題 14 参照）$\mathfrak{F}$ に対し，$\mathfrak{F}\subset\mathfrak{F}'$，$\mathfrak{F}\neq\mathfrak{F}'$ となるような X 上のフィルター $\mathfrak{F}'$ が存在しないとき，$\mathfrak{F}$ は X 上の**極大フィルター**であるという．

この概念について次のことを証明せよ．

(a) $\mathfrak{X}$ が有限交叉性をもつ X の部分集合系ならば，$\mathfrak{X}$ を含む X 上の極大フィルターが存在する．

(b) $\mathfrak{F}$ が X 上の極大フィルターで，A が $\mathfrak{F}$ のすべての元 F と交わる X の部分集合ならば，$A\in\mathfrak{F}$ である．

(c) $\mathfrak{F}$ が X 上の極大フィルターならば，X の任意の部分集合 A に対して，A または $A^c=X-A$ のいずれか一方は $\mathfrak{F}$ に属する．

7.* S を一般の位相空間（必ずしも距離空間でない）とする．S に関する次の 3 条件は互に同等であることを証明せよ．

（i） S はコンパクトである．

(ii)　S 上の任意の極大フィルター $\mathfrak{F}$ に対して $\bigcap\{\bar{F} \mid F \in \mathfrak{F}\} \neq \phi$.

(iii)　S 上の任意の極大フィルター $\mathfrak{F}$ は収束する.

(フィルターの収束の定義については，§1，問題 14 を参照.)

8.*　S を位相空間とする．S の有向点列(§1, 問題 11 参照) $(a_\alpha)_{\alpha \in A}$ が次の性質(＊)を満たすとき，$(a_\alpha)_{\alpha \in A}$ を**完全有向点列**という：

(＊)　S の任意の部分集合 M が与えられたとき，ある $\alpha_0 \in A$ が存在して，$\alpha \geqq \alpha_0$ であるようなすべての α に対して $a_\alpha \in M$ となるか，または，ある $\alpha_1 \in A$ が存在して，$\alpha \geqq \alpha_1$ であるようなすべての α に対して $a_\alpha \in M^c$ となる.

$\mathfrak{F}$ を S 上の極大フィルターとする．$\mathfrak{F}$ の元 F_1, F_2 に対し $F_1 \supset F_2$ であるとき $F_1 \leqq F_2$ と定義すれば，$(\mathfrak{F}, \leqq)$ は有向集合となる．そのとき，各 $F \in \mathfrak{F}$ に対して $a_F \in F$ を選出すれば，有向点列 $(a_F)_{F \in \mathfrak{F}}$ は完全有向点列であることを証明せよ.

9.*　位相空間 S がコンパクトであることは，S の任意の完全有向点列が収束することとも同等であることを証明せよ．(有向点列の収束の定義については，§1，問題 11 を参照.)

§5　ノルム空間，Banach 空間

A)　ノルム空間

本節では，距離空間の一種であるノルム空間(および Banach 空間)について簡単に説明する．これは解析学，特に関数解析の分野においてきわめて重要なものであるが，本書では定義と二三の基本的な例を述べるだけにとどめる.

まずはじめに，ベクトル空間の概念を説明しよう.

S を空でない集合とする．$S \times S$ から S への 1 つの写像——それを S における**加法**とよび，この写像による $(x, y) \in S \times S$ の像を $x+y$ と書く——と，$\boldsymbol{R} \times S$ から S への 1 つの写像——それを S における(実数をスカラーとする)**スカラー倍法**とよび，この写像による $(\lambda, x) \in \boldsymbol{R} \times S$ の像を λx で表わす——とが与えられ，これら 2 種類の算法について以下の性質 I, II が満たされるとき，S は(これらの算法について)**ベクトル空間**をなすという.

I　加法について：

1)　任意の $x, y \in S$ に対して，$x+y = y+x$.

2)　任意の $x, y, z \in S$ に対して，$(x+y)+z = x+(y+z)$.

3)　S に1つの元 0 —— S の**零元**とよばれる——があって，S のすべての元 x に対して $x+0=x$ が成り立つ．

4)　S の任意の元 x に対し，$x+(-x)=0$ となる S の元 $-x$ が存在する[1]．

——簡単にいえば，S における加法は $\boldsymbol{R}$ などにおける普通の加法と全く同様の法則に従うのである．特に，S においては‘減法’も一意的に可能である．すなわち，任意の $x, y \in S$ に対し $y+z=x$ となる S の元 z が，$z=x+(-y)$ として一意的に求められる．この z を $x-y$ と書く．明らかに $0-x=-x$ である．

II　スカラー倍法(と加法)について：

1)　任意の $x, y \in S$，任意の $\lambda \in \boldsymbol{R}$ に対して，$\lambda(x+y)=\lambda x+\lambda y$.

2)　任意の $x \in S$，任意の $\lambda, \mu \in \boldsymbol{R}$ に対して，$(\lambda+\mu)x=\lambda x+\mu x$.

3)　任意の $x \in S$，任意の $\lambda, \mu \in \boldsymbol{R}$ に対して，$(\lambda\mu)x=\lambda(\mu x)$.

4)　任意の $x \in S$ に対して $1x=x$.（1は実数1である.）

——これらの法則からさらに，

$$\lambda(x-y)=\lambda x-\lambda y, \qquad (\lambda-\mu)x=\lambda x-\mu x,$$
$$(-\lambda)x=\lambda(-x)=-\lambda x, \qquad 0x=\lambda 0=0$$

などの法則も，容易に導かれる．(練習のため，読者は上に仮定されている法則だけを用いて，下に挙げた等式の証明を実行してみよ.）なお，このような式を扱う場合，たとえば $0x=0$ の左辺の 0 は実数 0 であり，右辺の 0 は S の零元であることに，読者は注意しなければならない．混乱を避けるためには，両者を別の記号で表わしたほうがよいが，特にそうしなくても，どちらの 0 を意味するかは文脈によって判断されるであろう．

注意　上に定義したのは，くわしくいえば‘$\boldsymbol{R}$ 上のベクトル空間’あるいは‘実ベクトル空間’である．スカラー倍法として，上のような $\boldsymbol{R}\times S$ から S への写像のかわりに，$\boldsymbol{C}\times S$ ($\boldsymbol{C}$ は複素数全体の集合)から S への1つの写像が与えられ，それについてIとともに上のIIの性質が(スカラー λ, μ を複素数として)成り立つ場合は，S を‘$\boldsymbol{C}$ 上のベ

---

1)　第3章§5, B)に述べた語法を用いれば，この法則Iは，S が加法についてアーベル群をなすことを表わしている．(零元 0 はこの群の単位元である.)

クトル空間' あるいは '複素ベクトル空間' という．[一般に F を1つの体とするとき，'F 上のベクトル空間' の概念も，これと全く同様にして定義される．第3章§5, C)参照.] 本書では実ベクトル空間のみを取り扱うが，以下に述べるノルムなどの概念は複素ベクトル空間に対しても同様に定義することができる．

いま，S を1つのベクトル空間とし，φ を S から $\boldsymbol{R}$ への1つの写像とする．ただし，$x \in S$ の φ による像 $\varphi(x)$ をここでは $\|x\|$ と書くことにする．これについて次の性質(Ni)-(Niv)が成り立つとき，$\varphi=\|\ \|$ を S 上の(または S で定義された)**ノルム**という．

(Ni)　任意の $x \in S$ に対して $\|x\| \geqq 0$.

(Nii)　$\|x\| = 0$ となるのは $x=0$ のとき，またそのときに限る．

(Niii)　任意の $x \in S$, 任意の $\lambda \in \boldsymbol{R}$ に対して $\|\lambda x\| = |\lambda|\,\|x\|$.

(Niv)　任意の $x, y \in S$ に対して $\|x+y\| \leqq \|x\|+\|y\|$. ——

ベクトル空間 S の上に1つのノルム $\|\ \|$ が与えられたとき，S (くわしくは S と $\|\ \|$ の組 $(S, \|\ \|)$) を**ノルム空間**という．

ノルム空間には次のようにして自然に1つの距離関数が導入され，したがってノルム空間は同時にまた距離空間であると考えられる．すなわち，$(S, \|\ \|)$ がノルム空間であるとき，S の任意の2点 x, y に対し

$$d(x, y) = \|x-y\|$$

とおけば，$d: S\times S\to\boldsymbol{R}$ が S 上の1つの距離関数となることは直ちにたしかめられる．(読者みずから検証せよ.) この d をノルム $\|\ \|$ から定められる距離関数といい，必要がある場合にはこれを $d(\|\ \|)$ で表わす．ノルム空間 $(S, \|\ \|)$ を距離空間とみなすときは，いつも，この距離関数 $d(\|\ \|)$ を導入した距離空間 $(S, d(\|\ \|))$ を考えるのである．

B)　ノルム空間の例

本項ではノルム空間の例をいくつか挙げよう．

例 1　集合 $\boldsymbol{R}^n$ において，その2点 $x=(x_1, \cdots, x_n)$, $y=(y_1, \cdots, y_n)$ に対し

$$x+y = (x_1+y_1, \cdots, x_n+y_n),$$

また $\boldsymbol{R}^n$ の点 $x=(x_1, \cdots, x_n)$ と $\lambda \in \boldsymbol{R}$ に対し

$$\lambda x = (\lambda x_1, \cdots, \lambda x_n)$$

と定義すれば，$\boldsymbol{R}^n$ がこれらの算法に関して($\boldsymbol{R}$ 上の)ベクトル空間となることは直ちに示される．[$\boldsymbol{R}^n$ の零元は $0=(0, 0, \cdots, 0)$ である.] さらに，このベクトル空間 $\boldsymbol{R}^n$ において，$x=(x_1, \cdots, x_n)$ に対し

$$\|x\|^{(n)} = \sqrt{\sum_{i=1}^{n} {x_i}^2}$$

と定めれば，$\| \ \|^{(n)}$ は $\boldsymbol{R}^n$ 上の1つのノルムとなる．これも(Schwarz の不等式を用いて)容易に証明される．このノルムから定められる距離関数 $d(\| \ \|^{(n)})$ は，明らかに Euclid 距離関数 $d^{(n)}$ にほかならない．

例 2　ベクトル空間 $\boldsymbol{R}^n$ において，$x=(x_1, \cdots, x_n)$ に対し

$$\|x\|_1^{(n)} = \sum_{i=1}^{n} |x_i|,$$

$$\|x\|_\infty^{(n)} = \max\{|x_1|, \cdots, |x_n|\}$$

とおけば，これらもやはり $\boldsymbol{R}^n$ 上のノルムとなる．$d(\| \ \|_1^{(n)}), d(\| \ \|_\infty^{(n)})$ はそれぞれ §1 の(1.2), (1.3)で定義した $d_1^{(n)}, d_\infty^{(n)}$ である．

例 3　$\boldsymbol{R}^{\boldsymbol{N}}$ の元，すなわち実数の無限列 $(x_n)_{n \in \boldsymbol{N}}=(x_1, x_2, \cdots, x_n, \cdots)$ で，級数 $\sum_{n=1}^{\infty} {x_n}^2$ が収束する —— $\sum_{n=1}^{\infty} {x_n}^2 < +\infty$ —— ものを考え，そのような無限列全体の集合を $l^{(2)}$ とする[1]．$l^{(2)}$ の元 $x=(x_n)_{n \in \boldsymbol{N}}$, $y=(y_n)_{n \in \boldsymbol{N}}$ および実数 λ に対し

$$x+y = (x_n+y_n)_{n \in \boldsymbol{N}}, \qquad \lambda x = (\lambda x_n)_{n \in \boldsymbol{N}}$$

と定義すれば，$\sum_{n=1}^{\infty} (x_n+y_n)^2 \leqq 2\left(\sum_{n=1}^{\infty} {x_n}^2 + \sum_{n=1}^{\infty} {y_n}^2\right) < +\infty$, $\sum_{n=1}^{\infty} (\lambda x_n)^2 = \lambda^2 \sum_{n=1}^{\infty} {x_n}^2 < +\infty$ であるから，$x+y$, λx も $l^{(2)}$ の元となる．これらの算法に関して $l^{(2)}$ がベクトル空間となることは直ちに検証される．[$l^{(2)}$ の零元は無限列 $(0, 0, \cdots, 0, \cdots)$ である.]

次に，$l^{(2)}$ の元 $x=(x_n)_{n \in \boldsymbol{N}}$ に対し

1)　本節では級数の概念，およびこの概念に関する二三の基本的事項について読者が既知であることを仮定する．

$$\|x\| = \sqrt{\sum_{n=1}^{\infty} x_n{}^2}$$

と定める．これがノルムの性質(Ni), (Nii), (Niii)を満たすことは明らかである．また $\boldsymbol{R}^k$ におけるノルム $\| \ \|^{(k)}$ の性質

$$\sqrt{\sum_{n=1}^{k}(x_n+y_n)^2} \leqq \sqrt{\sum_{n=1}^{k} x_n{}^2}+\sqrt{\sum_{n=1}^{k} y_n{}^2}$$

において，$k\to\infty$ とすれば

(Niv) $$\|x+y\| \leqq \|x\|+\|y\|$$

が得られる．よって $(l^{(2)}, \| \ \|)$ はノルム空間となる．このノルム空間を **Hilbert 空間**または $\boldsymbol{l}^{(2)}$ **空間**という．以後，これを単に $l^{(2)}$ で表わす．

例 4　X を空でない任意の集合とし，X 上の有界実数値関数全体の集合を $S^*=\mathfrak{F}^b(X, \boldsymbol{R})$ とする．[§1, A)の例3ではこの集合を S と書いたが，ここでは便宜上これを S^* と書くことにする.]　$f, g \in S^*$，$\lambda \in \boldsymbol{R}$ に対し，X から $\boldsymbol{R}$ への写像 $f+g$，λf を

$$(f+g)(x) = f(x)+g(x), \qquad (\lambda f)(x)=\lambda f(x) \qquad (x \in X)$$

と定義すれば，これらも明らかに X 上の有界実数値関数，すなわち $S^*=\mathfrak{F}^b(X, \boldsymbol{R})$ の元となる．この加法とスカラー倍法について，S^* がベクトル空間をなすことは明らかである．(S^* の零元0は，すべての $x \in X$ において値0をとる定値関数である.)

次に，$f \in S^*$ に対し

$$\|f\| = \sup\{|f(x)| \, ; \, x \in X\}$$

と定める．これがノルムの性質を満たすことは容易に検証される．以後このノルムを導入して得られるノルム空間 $(S^*, \| \ \|)=(\mathfrak{F}^b(X, \boldsymbol{R}), \| \ \|)$ を単に $\mathfrak{F}^b(X, \boldsymbol{R})$ で表わす．このノルム $\| \ \|$ から定められる距離関数 $d(\| \ \|)$ は，§1, A), 例3で定義した $S^*=\mathfrak{F}^b(X, \boldsymbol{R})$ 上の距離関数にほかならない．

この例で，特に X が位相空間である場合が解析学などにおいて重要である．X が位相空間であるとき，X 上の実数値関数で有界かつ連続であるもの全体の集合を $B(X, \boldsymbol{R})$ で表わす．これを S とすれば，もちろん $S\subset S^*=\mathfrak{F}^b(X, \boldsymbol{R})$

であるが，$f, g \in S$ ならば $f+g$, $\lambda f \in S$ である（第4章定理21）から，S もまたベクトル空間——S^* の‘部分空間’——となる．上の S^* 上で定義されたノルム $\| \ \|$ を S 上に制限して考えれば，S 上のノルムが得られるから，ノルム空間 $(S, \| \ \|) = (B(X, \boldsymbol{R}), \| \ \|)$ が得られる．このノルム空間も以後単に $B(X, \boldsymbol{R})$ で表わす．$B(X, \boldsymbol{R})$ は，距離空間として，明らかに $\mathfrak{F}^b(X, \boldsymbol{R})$ の部分距離空間である．

C)　Banach 空間

ノルム空間 $(S, \| \ \|)$ は，$\| \ \|$ から定められる距離関数 $d = d(\| \ \|)$ に関して (S, d) が完備な距離空間であるとき，**Banach 空間**であるといわれる．

たとえば，ノルム空間 $(\boldsymbol{R}^n, \| \ \|^{(n)})$ は Banach 空間である．実際，$d(\| \ \|^{(n)}) = d^{(n)}$ で，距離空間 $(\boldsymbol{R}^n, d^{(n)})$ は完備である（§3，問題11）からである．また $(\boldsymbol{R}^n, \| \ \|_1^{(n)})$, $(\boldsymbol{R}^n, \| \ \|_\infty^{(n)})$ なども Banach 空間である．このことは $d(\| \ \|_1^{(n)}) = d_1^{(n)}$, $d(\| \ \|_\infty^{(n)}) = d_\infty^{(n)}$ がどちらも $d^{(n)}$ と一様同値であり（§3，問題3），したがって $(\boldsymbol{R}^n, d_1^{(n)})$, $(\boldsymbol{R}^n, d_\infty^{(n)})$ も完備距離空間となる（§3，問題8）ことからわかる．

また，前項に挙げた例3，例4について以下の命題が成り立つ．

定理 14　Hilbert 空間 $l^{(2)}$ は Banach 空間である．

証明　$l^{(2)}$ のノルム $\| \ \|$ から定められる距離関数を d とし，$(x^{(k)})_{k \in \boldsymbol{N}}$ を距離空間 $(l^{(2)}, d)$ における任意の Cauchy 点列とする．これが収束することを示せばよい．

$x^{(k)} = (x_n^{(k)})_{n \in \boldsymbol{N}} = (x_1^{(k)}, x_2^{(k)}, \cdots, x_n^{(k)}, \cdots)$ とする．1つの自然数 n を任意に固定するとき，ノルム $\| \ \|$ の定義から明らかに，任意の $k, l \in \boldsymbol{N}$ に対し

$$|x_n^{(k)} - x_n^{(l)}| \leqq \|x^{(k)} - x^{(l)}\| = d(x^{(k)}, x^{(l)}).$$

この不等式と $(x^{(k)})_{k \in \boldsymbol{N}}$ が $l^{(2)}$ の Cauchy 点列であることから，$(x_n^{(k)})_{k \in \boldsymbol{N}}$ は $\boldsymbol{R}$ の Cauchy 点列であることがわかる．したがって（$\boldsymbol{R}$ の完備性により）$\boldsymbol{R}$ の元 $x_n = \lim_{k \to \infty} x_n^{(k)}$ が存在する．そこで，$x = (x_n)_{n \in \boldsymbol{N}}$ とおく．この x が $l^{(2)}$ に属し，かつ $l^{(2)}$ において $\lim_{k \to \infty} x^{(k)} = x$ となることを示そう．

ε を任意の正数とすれば，$(x^{(k)})_{k \in \boldsymbol{N}}$ は $l^{(2)}$ の Cauchy 点列であるから，ある

$k_0 \in \boldsymbol{N}$ が存在して，$k, l > k_0$ である任意の $k, l \in \boldsymbol{N}$ に対して

$$d(x^{(k)}, x^{(l)}) = \|x^{(k)} - x^{(l)}\| < \varepsilon,$$

すなわち

$$\sum_{n=1}^{\infty} (x_n^{(k)} - x_n^{(l)})^2 < \varepsilon^2$$

が成り立つ．よって h を任意の自然数とすれば

$$\sum_{n=1}^{h} (x_n^{(k)} - x_n^{(l)})^2 < \varepsilon^2. \tag{5.1}$$

(5.1) で $l \to \infty$ とすれば，$x_n^{(l)} \to x_n$ であるから

$$\sum_{n=1}^{h} (x_n^{(k)} - x_n)^2 \leqq \varepsilon^2. \tag{5.2}$$

(5.2) は任意の $h \in \boldsymbol{N}$ に対して成り立つから，ここで $h \to \infty$ とすれば

$$\sum_{n=1}^{\infty} (x_n^{(k)} - x_n)^2 \leqq \varepsilon^2 \tag{5.3}$$

となる．そこで

$$x_n^{\ 2} = (x_n^{(k)} - (x_n^{(k)} - x_n))^2 \leqq 2((x_n^{(k)})^2 + (x_n^{(k)} - x_n)^2)$$

に注意すれば，$\sum_{n=1}^{\infty} (x_n^{(k)})^2 = \|x^{(k)}\|^2 < +\infty$ であるから，(5.3) より

$$\sum_{n=1}^{\infty} x_n^{\ 2} \leqq 2(\|x^{(k)}\|^2 + \varepsilon^2) < +\infty.$$

ゆえに $x = (x_n)_{n \in \boldsymbol{N}} \in l^{(2)}$ である．しかも (5.3) から

$$d(x^{(k)}, x) = \|x^{(k)} - x\| \leqq \varepsilon.$$

これが，$k > k_0$ であるすべての $k \in \boldsymbol{N}$ に対して成り立つから，

$$\lim_{k \to \infty} x^{(k)} = x$$

となる．(証明終)

定理 15 X を任意の集合とするとき，ノルム空間 $\mathfrak{F}^b(X, \boldsymbol{R})$ は Banach 空間である．

証明 $(f_n)_{n \in \boldsymbol{N}}$ を $S^* = \mathfrak{F}^b(X, \boldsymbol{R})$ の任意の Cauchy 点列とする．ノルムの性質から容易に示されるように

$$|\,\|f_m\|-\|f_n\|\,|\leqq\|f_m-f_n\|$$

であるから，実数列 $(\|f_n\|)_{n\in\boldsymbol{N}}$ は $\boldsymbol{R}$ の Cauchy 点列で，したがって有界である．すなわち，適当な正の実数 K をとれば，すべての $n\in\boldsymbol{N}$ に対して $\|f_n\|\leqq K$ が成り立つ．一方，X の点 x を任意に固定するとき，S^* におけるノルムの定義によって

$$|f_m(x)-f_n(x)|\leqq\|f_m-f_n\|$$

であるから，$(f_n(x))_{n\in\boldsymbol{N}}$ も $\boldsymbol{R}$ の Cauchy 点列である．したがって $\lim_{n\to\infty}f_n(x)$ が存在する．それを $f(x)$ として $f:X\to\boldsymbol{R}$ を定義すれば，$f\in S^*$ で，S^* において $\lim_{n\to\infty}f_n=f$ となることを示そう．

まず，X の任意の点 x と任意の正数 ε に対し，n を十分大きくとれば，$|f_n(x)-f(x)|<\varepsilon$ が成り立つから

$$|f(x)|<|f_n(x)|+\varepsilon\leqq\|f_n\|+\varepsilon\leqq K+\varepsilon.$$

したがって，f は X 上の有界実数値関数，すなわち $\mathfrak{F}^b(X,\boldsymbol{R})=S^*$ の元である．

また，任意に $\varepsilon>0$ を与えるとき，適当に n_0 をとれば，$m,n>n_0$ である任意の $m,n\in\boldsymbol{N}$ に対して $\|f_n-f_m\|<\varepsilon$ であるから，X のどの点 x についても $|f_n(x)-f_m(x)|<\varepsilon$．この不等式で $m\to\infty$ とすれば $|f_n(x)-f(x)|\leqq\varepsilon$．これがすべての $x\in X$ に対して成り立つから

$$\|f_n-f\|\leqq\varepsilon.$$

ゆえに $\lim_{n\to\infty}f_n=f$．(証明終)

定理 16　X を任意の位相空間とするとき，$B(X,\boldsymbol{R})$ は Banach 空間である．

証明　$(f_n)_{n\in\boldsymbol{N}}$ を $S=B(X,\boldsymbol{R})$ の Cauchy 点列とするとき，これが S の中で収束することを示せばよいが，$(f_n)_{n\in\boldsymbol{N}}$ が $S^*=\mathfrak{F}^b(X,\boldsymbol{R})$ の中で極限 f をもつことは，上の定理15によってすでに知られている．その f が S に属すること，すなわち X 上の実連続関数であることをいえばよい．

a を X の任意の1点，ε を任意の正数とする．$\lim_{n\to\infty}f_n=f$ すなわち $\lim_{n\to\infty}\|f_n-f\|=0$ であるから，適当な $n_0\in\boldsymbol{N}$ をとれば

$$\|f_{n_0}-f\|<\frac{\varepsilon}{3} \tag{5.4}$$

が成り立つ．また f_{n_0} は連続であるから，a の適当な近傍 U をとれば，任意の $x\in U$ に対して

$$|f_{n_0}(x)-f_{n_0}(a)|<\frac{\varepsilon}{3} \tag{5.5}$$

となる．(5.4)によって

$$|f_{n_0}(x)-f(x)|<\frac{\varepsilon}{3},\qquad |f_{n_0}(a)-f(a)|<\frac{\varepsilon}{3} \tag{5.6}$$

であるから，(5.5), (5.6)によって，$x\in U$ ならば

$$\begin{aligned}|f(x)-f(a)|&\leqq|f(x)-f_{n_0}(x)|+|f_{n_0}(x)-f_{n_0}(a)|+|f_{n_0}(a)-f(a)|\\&<\frac{\varepsilon}{3}+\frac{\varepsilon}{3}+\frac{\varepsilon}{3}=\varepsilon.\end{aligned}$$

ゆえに $f:X\to\boldsymbol{R}$ は連続である．（証明終）

位相空間 X 上の実連続関数全体の集合を $C(X,\boldsymbol{R})$ と書く．その元は一般には有界な関数ではないが，特に X がコンパクトな位相空間である場合には，第5章定理16の系2によって X 上の実連続関数は必然的に有界となる．したがってその場合は $C(X,\boldsymbol{R})=B(X,\boldsymbol{R})$ となる．ゆえに定理16より次の系が得られる．

系　X を任意のコンパクトな位相空間とするとき，$C(X,\boldsymbol{R})$ は Banach 空間である．

問　　題

（本節の二三の問題では微積分学の初等的な知識が要求される.）

1. ノルム空間 $(S,\|\ \|)$ において，$d=d(\|\ \|)$ とすれば，任意の $x,y,z\in S$, $\lambda\in\boldsymbol{R}$ に対して

(i)　$d(x+z,y+z)=d(x,y)$,

(ii)　$d(\lambda x,\lambda y)=|\lambda|\,d(x,y)$

が成り立つことを示せ．

逆に，ベクトル空間 S 上に上の (i), (ii) を満たす距離関数 d が与えられているとき，

$\|x\|=d(0,x)$ (0 は S の零元) とおけば，$\|\ \|$ は S 上のノルムとなり，d はそのノルム $\|\ \|$ から定められる距離関数 $d(\|\ \|)$ と一致することを示せ．

2. ノルム空間 $S=(S,\|\ \|)$ において，次のことを示せ．

(a)　S の各元 x に $\boldsymbol{R}$ の元 $\|x\|$ を対応させる写像は S から $\boldsymbol{R}$ への一様連続写像である．

(b)　$S\times S\ni(x,y)$ に $x+y\in S$ を対応させる写像，$\boldsymbol{R}\times S\ni(\lambda,x)$ に $\lambda x\in S$ を対応させる写像は，いずれも連続写像である．

3.* p を $\geqq 1$ である1つの実数とし，ベクトル空間 $\boldsymbol{R}^n$ において，

$$\|x\|_p^{(n)}=\left(\sum_{i=1}^n|x_i|^p\right)^{1/p}$$

とおけば，$\|\ \|_p^{(n)}$ は $\boldsymbol{R}^n$ 上のノルムであることを証明せよ．

［ヒント：$\|\ \|_p^{(n)}=\|\ \|_p$ が(Ni), (Nii), (Niii)を満たすことは容易にわかる．(Niv) すなわち

$$(*)\qquad \left(\sum_{i=1}^n|x_i+y_i|^p\right)^{1/p}\leqq\left(\sum_{i=1}^n|x_i|^p\right)^{1/p}+\left(\sum_{i=1}^n|y_i|^p\right)^{1/p}$$

は **Minkowski の不等式**とよばれるが，この証明は次のようにする．($p=1$ のときは明らかである．$x=0$ または $y=0$ のときも明らかであるから，$p>1$, $x\neq 0$, $y\neq 0$ とする.) まず，$p>1$, $q>1$, $(1/p)+(1/q)=1$, $a\geqq 0$, $b\geqq 0$ ならば

$$(**)\qquad ab\leqq\frac{a^p}{p}+\frac{b^q}{q}$$

が成り立つことを示し，次に，$(**)$に $a=|x_i|/\|x\|_p$, $b=|y_i|/\|y\|_q$ を代入した不等式を $i=1,\cdots,n$ について加えて，

$$(***)\qquad \sum_{i=1}^n|x_iy_i|\leqq\left(\sum_{i=1}^n|x_i|^p\right)^{1/p}\left(\sum_{i=1}^n|y_i|^q\right)^{1/q}$$

を導く．($(***)$は **Hölder の不等式**とよばれる.) 最後に

$$\sum_{i=1}^n|x_i+y_i|^p\leqq\sum_{i=1}^n|x_i||x_i+y_i|^{p-1}+\sum_{i=1}^n|y_i||x_i+y_i|^{p-1}$$

の右辺の2項に$(***)$を適用する.］

4. p を正の実数とし，ベクトル空間 $\boldsymbol{R}^n\,(n\geqq 2)$ において

$$\|x\|_p=\left(\sum_{i=1}^n|x_i|^p\right)^{1/p}$$

とおく．これが $\boldsymbol{R}^n$ 上のノルムとなるためには，$p\geqq 1$ でなければならないことを示せ．

5. $\boldsymbol{R}^n$ の点 x について，次のことを示せ．

(a)　$1\leqq p\leqq q\leqq\infty$ ならば，$\|x\|_p^{(n)}\geqq\|x\|_q^{(n)}$.

(b)　$\lim_{p\to\infty} \|x\|_p^{(n)} = \|x\|_\infty^{(n)}$.

6.　ノルム空間 $(\boldsymbol{R}^n, \|\ \|_p^{(n)})$ $(p \geqq 1)$ は Banach 空間であることを証明せよ．

（ヒント：$\|\ \|_p^{(n)}$ から定められる距離関数 $d_p^{(n)}$ が $d^{(n)}$ と一様同値であることを示せ.）

7.　p を $\geqq 1$ である1つの実数とし，$\boldsymbol{R}^{\boldsymbol{N}}$ の部分集合 $l^{(p)}$ を

$$l^{(p)} = \left\{ x = (x_n)_{n \in \boldsymbol{N}} \,\middle|\, \sum_{n=1}^{\infty} |x_n|^p < +\infty \right\}$$

と定める．$l^{(p)}$ は(加法 $x+y=(x_n+y_n)_{n\in\boldsymbol{N}}$, スカラー倍法 $\lambda x = (\lambda x_n)_{n \in \boldsymbol{N}}$ に関して)ベクトル空間をなし，かつ，$x \in l^{(p)}$ に対して

$$\|x\|_p = \left(\sum_{n=1}^{\infty} |x_n|^p \right)^{1/p}$$

とおけば，$\|\ \|_p$ は $l^{(p)}$ 上のノルムで，$(l^{(p)}, \|\ \|_p)$ は Banach 空間となることを証明せよ．

（ヒント：$\|\ \|_p$ がノルムであることは Minkowski の不等式から導かれる．後半は，定理 14 と同様の方法によって証明される.）

8.　$(l^{(p)}, \|\ \|_p)$ は距離空間として可分であることを示せ．

（ヒント：$(x_1, \cdots, x_n, 0, 0, \cdots)$ $(x_1, \cdots, x_n \in \boldsymbol{Q}$, n は任意の自然数$)$ 全体の集合を M とすれば，$\bar{M} = l^{(p)}$ となる.）

9.　S を ($\boldsymbol{R}$ 上の) ベクトル空間とする．φ を次の条件 (SPi)-(SPiv) を満たすような $S \times S$ から $\boldsymbol{R}$ への写像とする．[以下 $(x, y) \in S \times S$ の φ による像 $\varphi(x, y)$ を $\langle x, y \rangle$ と書く.]

(SP i)　任意の $x, y \in S$ に対して $\langle x, y \rangle = \langle y, x \rangle$.

(SP ii)　任意の $x_1, x_2, y \in S$ に対して $\langle x_1 + x_2, y \rangle = \langle x_1, y \rangle + \langle x_2, y \rangle$.

(SPiii)　任意の $x, y \in S$, 任意の $\lambda \in \boldsymbol{R}$ に対して，$\langle \lambda x, y \rangle = \lambda \langle x, y \rangle$.

(SPiv)　任意の $x \in S$ に対して $\langle x, x \rangle \geqq 0$. さらに $x \neq 0$ ならば $\langle x, x \rangle > 0$.

このとき $\varphi = \langle\ ,\ \rangle$ を S 上の**内積**または**スカラー積**という．[ここに定義した内積は，その性質(SPiv)のために，くわしくは正定符号の内積とよばれる．しかし以下の問題では正定符号の内積のみを取り扱うから，これを単に内積とよぶことにする.]

ベクトル空間 S 上に1つの内積 $\langle\ ,\ \rangle$ が与えられたとき，S の各元 x に対し

$$\|x\| = \sqrt{\langle x, x \rangle}$$

とおけば，次のことが成り立つことを示せ．

(a)　任意の $x \in S$ に対して $\|x\| \geqq 0$ で，$\|x\| = 0$ となるのは $x = 0$ のときまたそのときに限る．

(b)　任意の $x \in S$, 任意の $\lambda \in \boldsymbol{R}$ に対して，$\|\lambda x\| = |\lambda|\,\|x\|$.

(c)　任意の $x, y \in S$ に対して $|\langle x, y \rangle| \leqq \|x\|\,\|y\|$.（これを **Schwarz の不等式**とい

う.)

(d)　任意の $x, y \in S$ に対して $\|x+y\| \leqq \|x\|+\|y\|$.

[上の(a), (b)および(d)によって $\| \ \|$ は S 上の1つのノルムとなる．すなわち，内積の与えられたベクトル空間は自然にまたノルム空間，したがってまた距離空間と考えられるのである.]

10. ベクトル空間 $\boldsymbol{R}^n$ の任意の2点 $x=(x_1, \cdots, x_n)$, $y=(y_1, \cdots, y_n)$ に対して,

$$\langle x, y \rangle = \sum_{i=1}^{n} x_i y_i$$

と定義すれば，$\langle \ , \ \rangle$ は $\boldsymbol{R}^n$ 上の1つの内積となることを示せ．(これを $\boldsymbol{R}^n$ 上の**標準的内積**という.) この内積から前問のようにして定められる $\boldsymbol{R}^n$ 上のノルムは $\| \ \|^{(n)}$ にほかならないこと，また，この内積に関する前問(c)の不等式は p.139 の不等式(1.3)にほかならないことをたしかめよ.

11. Hilbert 空間 $l^{(2)}$ の任意の2点 $x=(x_n)_{n \in \boldsymbol{N}}$, $y=(y_n)_{n \in \boldsymbol{N}}$ に対して，級数 $\sum_{n=1}^{\infty} x_n y_n$ は収束することを示せ．また，この級数の和を $\langle x, y \rangle$ と定義すれば，$\langle \ , \ \rangle$ は $l^{(2)}$ 上の1つの内積となることをたしかめよ．(この内積から定められるノルムは本文で定義した $l^{(2)}$ 上のノルム $\| \ \|$ にほかならない.)

12. 実数の区間 $[0, 1]$ 上で定義された実連続関数全体の作る($\boldsymbol{R}$ 上の)ベクトル空間を S とする．S の任意の2元 f, g に対し

$$\langle f, g \rangle = \int_0^1 f(t) g(t) dt$$

と定義すれば，$\langle \ , \ \rangle$ は S 上の1つの内積となることを示せ．この内積に関する問題9の不等式(c)はどんな式になるか.

13. S を内積 $\langle \ , \ \rangle$ の与えられたベクトル空間とする．S の元 x, y がこの内積に関して**直交**するとは，$\langle x, y \rangle = 0$ であることをいう．$a_1, \cdots, a_m$ をすべて0でない S の元とし，$i \neq j$ ならば a_i と a_j は直交するとする．そのとき，$a_1, \cdots, a_m$ は1次独立である[第3章§5, C)参照]ことを示せ.

14. S を($\boldsymbol{R}$ 上の)ベクトル空間とする．S がその有限部分集合によって生成されるとき，S は**有限次元**であるという．S が有限次元のベクトル空間ならば，S は有限個の元から成る基底をもち，かつ，S の基底に含まれる元の個数はどの基底についても一定であることが，線形代数学において知られている．(ここではこの事実を仮定する.) S の任意の基底に含まれる(一定の)元の個数を S の**次元**という．[生成，基底などの概念については，第3章§5, C)を参照せよ.]

S を内積 $\langle \ , \ \rangle$ の与えられた n 次元のベクトル空間とする．S の基底 $B_0=\{v_1, \cdots, v_n\}$ は，その相異なる任意の2元 v_i, v_j $(i \neq j)$ が互に直交し，かつすべての v_i のノルムが

1 であるとき，S の**正規直交基底**であるといわれる．

S を内積 $\langle\ ,\ \rangle$ の与えられた n 次元のベクトル空間とし，$B=\{w_1, \cdots, w_n\}$ を S の任意の基底とする．そのとき S の元 $v_1', \cdots, v_n'$ を，順次

$$v_1' = w_1,$$

$$v_2' = w_2 - \frac{\langle w_2, v'_1\rangle}{\langle v'_1, v'_1\rangle} v'_1,$$

$$\cdots\cdots\cdots\cdots\cdots\cdots\cdots\cdots,$$

$$v_n' = w_n - \frac{\langle w_n, v_1'\rangle}{\langle v_1', v_1'\rangle} v_1' - \cdots - \frac{\langle w_n, v_{n-1}'\rangle}{\langle v_{n-1}', v_{n-1}'\rangle} v_{n-1}'$$

によって定め，

$$v_1 = \frac{v_1'}{\|v_1'\|}, \quad v_2 = \frac{v_2'}{\|v_2'\|}, \quad \cdots, \quad v_n = \frac{v_n'}{\|v_n'\|}$$

とおけば，$B_0=\{v_1, \cdots, v_n\}$ は S の正規直交基底となることを示せ．（本問によって，内積の与えられた任意の有限次元ベクトル空間 S は必ず正規直交基底をもつことがわかる．S にあらかじめ与えられた 1 つの基底から，本問のようにして正規直交基底を作る方法を ‘Gram–Schmidt の正規直交化法’ という．）

15. 標準的内積の与えられたベクトル空間 $\boldsymbol{R}^n$ において，

$$e_1 = (1, 0, \cdots, 0), \quad e_2 = (0, 1, 0, \cdots, 0), \quad \cdots, \quad e_n = (0, \cdots, 0, 1)$$

とおけば，$\{e_1, \cdots, e_n\}$ は $\boldsymbol{R}^n$ の 1 つの正規直交基底であることを示せ．

16. S を内積 $\langle\ ,\ \rangle$ の与えられた n 次元のベクトル空間とし，$B_0=\{v_1, \cdots, v_n\}$ を S の 1 つの正規直交基底とする．そのとき，S の元 x, y を (v_i) の 1 次結合として表わした式をそれぞれ $x=\sum_{i=1}^n x_i v_i$，$y=\sum_{i=1}^n y_i v_i$ $(x_i, y_i \in \boldsymbol{R})$ とすれば，

$$\langle x, y\rangle = \sum_{i=1}^n x_i y_i$$

であることを示せ．

［本問によって，内積の与えられた n 次元の任意のベクトル空間 S は標準的内積の与えられたベクトル空間 $\boldsymbol{R}^n$ と実質的に全く同じ構造をもつ（代数系の用語でいえば‘同型となる’）ことがわかる．実際，S の各元 $x=\sum_{i=1}^n x_i v_i$ に $\boldsymbol{R}^n$ の元 $(x_1, \cdots, x_n)$ を対応させる写像を $\boldsymbol{\Phi}$ とすれば，$\boldsymbol{\Phi}$ は明らかに S から $\boldsymbol{R}^n$ への全単射で，また明らかに

$$\boldsymbol{\Phi}(x+y) = \boldsymbol{\Phi}(x) + \boldsymbol{\Phi}(y), \quad \boldsymbol{\Phi}(\lambda x) = \lambda \boldsymbol{\Phi}(x)$$

であるが，さらに本問によって

$$\langle x, y\rangle = \langle \boldsymbol{\Phi}(x), \boldsymbol{\Phi}(y)\rangle \quad (\text{右辺は } \boldsymbol{R}^n \text{ における標準的内積})$$

も成り立つからである．（このことからまた，‘内積をもつ n 次元ベクトル空間’ は，その内積から定められる距離関数に関して完備な距離空間となることがわかる．）したがっ

てわれわれは，前に与えたものよりも抽象的な定義として，一般に，‘内積をもつ $\boldsymbol{n}$ 次元ベクトル空間’のことを **$\boldsymbol{n}$ 次元 Euclid 空間**（もっと正確ないい方をすれば **$\boldsymbol{n}$ 次元 Euclid ベクトル空間**）とよぶことができる．この抽象的な定義によって，理論の適用対象がいちじるしく拡大されることはいうまでもない．

なお，上のように定義された Euclid 空間の概念の拡張として，同じく抽象的，公理的に定義された Hilbert 空間の概念がある．すなわち一般に，S が $\boldsymbol{R}$ 上のベクトル空間（有限次元であることは仮定しない）で，S の上に1つの内積が与えられ，その内積から定められる距離関数に関して S が完備であるとき，S を**（実）Hilbert 空間**というのである．（今日慣用されているのはこの定義の意味のものである．）この概念も関数解析などの分野において基本的なものである．]

§6　Urysohn の距離づけ定理

A)　距離づけ問題

距離空間は位相空間の一種であるが，そこでは，距離の概念にもとづいて，種々の直観的に取り扱いやすい手法が導入される．したがって，はじめから距離空間として与えられているのではない位相空間 $(S, \mathfrak{O})$ についても，その上に適当な距離関数 d を定義して，d から定められる位相 $\mathfrak{O}_d$ が与えられた位相 $\mathfrak{O}$ と一致するようにできないか，という問題を考えるのは，自然な要求であろう．これがいわゆる位相空間の**距離づけ問題**である．

与えられた位相空間 $(S, \mathfrak{O})$ に対して，もし $\mathfrak{O}_d=\mathfrak{O}$ となるような S 上の距離関数 d が存在するならば，d はこの位相空間 $(S, \mathfrak{O})$ を**距離づける**といい，また $(S, \mathfrak{O})$ は**距離づけ可能**であるという．

もちろん，任意の位相空間が距離づけ可能ではない．実際，本章の定理5でみたように，距離空間は必ず正規空間であるから，位相空間 $(S, \mathfrak{O})$ が距離づけ可能であるためには，当然まず正規でなければならないからである．しかし，正規という性質だけではまだ十分ではない（問題3参照）．位相空間が距離づけ可能であるために必要十分な位相的性質については，いくつかの結果が知られているが，ここでは，1つの十分条件として，特に重要な Urysohn の定理を述べておくこととする．

本項ではまず，二三の予備的な注意を与えておこう．

a)　位相空間 $(S,\mathfrak{O})$, $(S',\mathfrak{O}')$ が同相で，$(S',\mathfrak{O}')$ が距離づけ可能ならば，$(S,\mathfrak{O})$ も距離づけ可能である．——実際，$(S',\mathfrak{O}')$ を距離づける S' 上の距離関数を d' とし，f を $(S,\mathfrak{O})$ から $(S',\mathfrak{O}')$ への同相写像とするとき，$x,y\in S$ に対し

$$d(x,y)=d'(f(x),f(y))$$

と定義すれば，明らかに，$d:S\times S\to\boldsymbol{R}$ は $(S,\mathfrak{O})$ を距離づける S 上の距離関数となる．

b)　距離づけ可能な位相空間の任意の部分空間は距離づけ可能である．また，有限個の距離づけ可能な位相空間の直積空間も距離づけ可能である．——このことは，§1, F) の所論から直ちに明らかである．

さらに，b) の後半の部分を強めたものとして，次の命題が成り立つ．

補題　位相空間族 $((S_n,\mathfrak{O}_n))_{n\in\boldsymbol{N}}$ があって，どの $(S_n,\mathfrak{O}_n)$ も距離づけ可能ならば，その直積空間 $(S,\mathfrak{O})$ も距離づけ可能である．(すなわち，可算個の距離づけ可能な位相空間の直積空間は距離づけ可能である.)

証明　$(S_n,\mathfrak{O}_n)$ を距離づける S_n 上の距離関数を d_n とし，d_n に関する S_n の直径は 1 を超えない $(\delta_n(S_n)\leqq 1)$ とする．(このように仮定してさしつかえないことは，§2，問題 4 または問題 5 からわかる.) そこで，$S=\prod_{n\in\boldsymbol{N}}S_n$ の 2 点 $x=(x_n)_{n\in\boldsymbol{N}}$, $y=(y_n)_{n\in\boldsymbol{N}}$ に対し

$$d(x,y)=\sum_{n=1}^{\infty}2^{-n}d_n(x_n,y_n) \tag{6.1}$$

とおけば，$d_n(x_n,y_n)\leqq 1$ であるから，

$$\sum_{n=1}^{\infty}2^{-n}d_n(x_n,y_n)\leqq\sum_{n=1}^{\infty}2^{-n}=1.$$

したがって d は $S\times S$ から $\boldsymbol{R}$ への写像となる．これが S 上の距離関数であることは直ちにたしかめられる．(検証は練習問題とする.)

この d が $(S,\mathfrak{O})$ を距離づけること，すなわち $\mathfrak{O}_d=\mathfrak{O}$ となることを証明しよう．

$x=(x_n)_{n\in\boldsymbol{N}}$ を S の任意の 1 点とするとき，距離関数 d に関する球体

$$B(x\,;\varepsilon)$$

の全体は，位相 $\mathfrak{O}_d$ の意味での x の基本近傍系となる．一方，($\mathfrak{O}_n=\mathfrak{O}_{d_n}$ であることに注意すれば)，位相 $\mathfrak{O}$ の意味での x の基本近傍系としては，明らかに

$$B_1(x_1\,;\varepsilon_1)\times\cdots\times B_m(x_m\,;\varepsilon_m)\times\prod_{n\in\boldsymbol{N},\,n>m}S_n$$

の形の S の部分集合全体をとることができる．ただし，ここで $B_n(x_n\,;\varepsilon_n)$ ($n=1,2,\cdots,m$) は S_n の距離関数 d_n に関する球体，m は任意の自然数である．

いま，ε を任意に与えられた正数とする．そのとき，$2^{-m}<\varepsilon/2$ となるように自然数 m をとり，$y=(y_n)_{n\in\boldsymbol{N}}$ を $d_n(x_n,y_n)<\varepsilon/2$ ($n=1,2,\cdots,m$) であるような S の任意の点とすれば，d の定義(6.1)によって

$$d(x,y)=\sum_{n=1}^{m}2^{-n}d_n(x_n,y_n)+\sum_{n=m+1}^{\infty}2^{-n}d_n(x_n,y_n)<\sum_{n=1}^{m}2^{-n}\left(\frac{\varepsilon}{2}\right)+\sum_{n=m+1}^{\infty}2^{-n}$$

$$<\frac{\varepsilon}{2}\sum_{n=1}^{\infty}2^{-n}+2^{-m}<\frac{\varepsilon}{2}+\frac{\varepsilon}{2}=\varepsilon.$$

したがって

$$B_1\left(x_1\,;\frac{\varepsilon}{2}\right)\times\cdots\times B_m\left(x_m\,;\frac{\varepsilon}{2}\right)\times\prod_{n>m}S_n\subset B(x\,;\varepsilon) \tag{6.2}$$

となる．また，正数 $\varepsilon_1,\varepsilon_2,\cdots,\varepsilon_m$ を任意に与えるとき，正数 δ を $\min\{\varepsilon_1/2,\varepsilon_2/2^2,\cdots,\varepsilon_m/2^m\}$ よりも小さくとり，$y=(y_n)_{n\in\boldsymbol{N}}$ を $d(x,y)<\delta$ となる S の任意の点とすれば，$n=1,2,\cdots,m$ に対して，$2^{-n}d_n(x_n,y_n)\leqq d(x,y)<\delta<2^{-n}\varepsilon_n$，したがって $d_n(x_n,y_n)<\varepsilon_n$．ゆえに

$$B(x\,;\delta)\subset B_1(x_1\,;\varepsilon_1)\times\cdots\times B_m(x_m\,;\varepsilon_m)\times\prod_{n>m}S_n \tag{6.3}$$

となる．(6.2), (6.3)によって $\mathfrak{O}_d=\mathfrak{O}$ であることがわかる．(第4章§3，問題9参照.)

系 距離空間族 $((S_n,d_n))_{n\in\boldsymbol{N}}$ の直積位相空間は距離づけ可能である．特に，ある距離空間 S の可算個の直積空間 $S^{\boldsymbol{N}}=\{(x_n)_{n\in\boldsymbol{N}}\,|\,x_n\in S\}$ は距離づけ可能である．

B) Urysohn の定理

前項に準備したことを用いて，次の定理を証明しよう．

定理 17 (Urysohn) 位相空間 $(S,\mathfrak{O})$ が正規で第2可算公理を満足すれば，

$(S, \mathfrak{O})$ は距離づけ可能である.

証明 $\mathfrak{B}$ をたかだか可算な基底とし, $\mathfrak{B}\times\mathfrak{B}$ の元 $\Phi=(U, V)$ で, $\bar{U}\subset V$ という条件を満たすもの全部の集合を $\mathfrak{M}$ とする. $\mathfrak{M}$ ももちろんたかだか可算であるから, $\mathfrak{M}=\{\Phi_n\}_{n\in\boldsymbol{N}}$ と表わすことができる. $\mathfrak{M}$ の各元 $\Phi_n=(U, V)$ に対し, $\bar{U}\cap V^c=\phi$ で, S は正規であるから, Urysohn の補題(第5章定理24)によって, $\bar{U}$ 上で値 0, V^c 上で値 1 をとり, かつ値域が閉区間 $J=[0,1]$ に含まれるような S 上の実連続関数が存在する. いま, 各 n に対してそのような実連続関数 f_n を 1 つずつ定めておき, S から直積空間 $J^{\boldsymbol{N}}$ への写像 φ を

$$\varphi(x) = (f_n(x))_{n\in\boldsymbol{N}}$$

で定義する. このとき, φ が S から $J^{\boldsymbol{N}}$ の部分空間 $\varphi(S)$ への同相写像となることが次のように示される.

1) φ が連続であること: これは各 f_n が連続であることと, 第4章§5, 問題15からわかる.

2) φ が単射であること: x, y を S の相異なる2点とする. まず $x\in V$, $y\notin V$ となる $V\in\mathfrak{B}$ をとり, 次にその V に対して $x\in U$, $\bar{U}\subset V$ となる $U\in\mathfrak{B}$ をとる. (このような V, U がとれることは S の正規性からわかる.) そうすれば $(U, V)\in\mathfrak{M}$ であるから, ある n によって $(U, V)=\Phi_n$ と書かれるが, この n に対しては f_n の定義から $f_n(x)=0$, $f_n(y)=1$. したがって $\varphi(x)\neq\varphi(y)$. ゆえに φ は単射である.

3) φ が S から $\varphi(S)$ への開写像であること: O を S の任意の開集合とし, $O^c=A$ とする. 2)によって φ は単射であるから, そのとき

$$\varphi(O) = \varphi(S)-\varphi(A).$$

いま, x を O の任意の 1 点とし, その x に対して $x\in V\subset O$ となる $V\in\mathfrak{B}$ をとり, 次に $x\in U$, $\bar{U}\subset V$ となる $U\in\mathfrak{B}$ をとって, $(U, V)=\Phi_n$ とする. そのとき f_n の定義によって $f_n(x)=0$, $f_n(A)=f_n(O^c)=\{1\}$ であるから, $J=[0,1]$ において $f_n(x)\notin\overline{f_n(A)}$. 一方, $J^{\boldsymbol{N}}$ において明らかに $\varphi(A)\subset\prod_{n\in\boldsymbol{N}}f_n(A)$ であるから, 第4章§5, 問題11によって $\overline{\varphi(A)}\subset\prod_{n\in\boldsymbol{N}}\overline{f_n(A)}$. したがって

$$\varphi(x)\notin\overline{\varphi(A)}$$

となる．このことが O のすべての点 x に対して成り立つから

$$\varphi(O) \subset \varphi(S) - \overline{\varphi(A)}.$$

これとすでに注意した $\varphi(O) = \varphi(S) - \varphi(A)$ とを合わせれば，

$$\varphi(O) \subset \varphi(S) - \overline{\varphi(A)} \subset \varphi(S) - \varphi(A) = \varphi(O).$$

ゆえに

$$\varphi(O) = \varphi(S) - \overline{\varphi(A)} = \varphi(S) \cap (J^{N} - \overline{\varphi(A)})$$

となる．したがって $\varphi(O)$ は $\varphi(S)$ における開集合である．——

以上の 1), 2), 3) によって φ は S から $\varphi(S)$ への同相写像であることが示された．前項の補題の系によって J^{N} は距離づけ可能であるから，前項の b) によりその部分空間である $\varphi(S)$ も距離づけ可能である．したがってまた前項の a) により，S も距離づけ可能となる．（証明終）

問 題

1. (6.1) で定義した d は $S = \prod_{n \in \boldsymbol{N}} S_n$ 上の距離関数であることを示せ．

2. 正則で第 2 可算公理を満足する位相空間は距離づけ可能であることを証明せよ．

3.* 集合 $\boldsymbol{R}$ において，$[a, b)$ $(a<b)$ の形の区間全体の集合 $\tilde{\mathfrak{B}}$ で生成される位相を $\tilde{\mathfrak{O}}$ とする．（明らかに，$\tilde{\mathfrak{B}}$ は $\tilde{\mathfrak{O}}$ の基底となる．）$\boldsymbol{R}$ にこの位相 $\tilde{\mathfrak{O}}$ を導入して得られる位相空間 $(\boldsymbol{R}, \tilde{\mathfrak{O}})$ について次のことを示せ．

1) $\boldsymbol{R}$ の各点 x に対し，$[x, x+\varepsilon)$ $(\varepsilon>0)$ の全体は x の基本近傍系をなす．

2) $(\boldsymbol{R}, \tilde{\mathfrak{O}})$ は正規空間である．

3) $\boldsymbol{Q}$ は $(\boldsymbol{R}, \tilde{\mathfrak{O}})$ において密である．（したがって $(\boldsymbol{R}, \tilde{\mathfrak{O}})$ は可分な位相空間である．）

4) $(\boldsymbol{R}, \tilde{\mathfrak{O}})$ は第 2 可算公理を満足しない．

5) $(\boldsymbol{R}, \tilde{\mathfrak{O}})$ は距離づけ可能でない．

あとがき

この‘あとがき’では，いわゆる‘集合論の逆理’など，本文に書き残したことについて二三の注意をつけ加える．

1）本書の第1章のはじめに，われわれは，‘ものの，範囲のはっきりした集まり’を集合という，と述べた．本書のような初等的入門書では，このようにnaive な定義から出発することはやむを得ないし，またそれが当然の処置であろう．しかし実は，この naive な定義は数学的にははなはだ不完全で，この定義からはいろいろ不都合なことが出てくるのである．

そのことを説明するために，いわゆる‘集合論の逆理’とよばれているものを，ここに一二紹介しよう．

たとえばいま，‘すべての集合の集まり’というものを考えてみる．もし上の定義で一応集合の概念が確定しているものとするならば，この集まりの範囲も一応は‘はっきりした’ものとみなされるから，この集まり自身も1つの集合と考えられるであろう．しかし，これを集合と考えると，次のような矛盾が生ずるのである．

いま，‘すべての集合の集まり’を X と書くこととし，これが集合であるとする．そのとき，X の各部分集合はとにかく集合であるから，それは X の元である．いいかえれば，巾集合 $\mathfrak{P}(X)$ の各元は X の元である．それゆえ $\mathfrak{P}(X) \subset X$ となり，したがって $\mathrm{card}\,\mathfrak{P}(X) \leqq \mathrm{card}\,X$ となる．この結果は第2章の定理8に矛盾する．

上述の矛盾は‘Cantor の逆理’とよばれる．

もう1つ，上の X を集合と考えることが不合理である理由を示そう．

もし X が集合であるならば，X の定義によって，X 自身が X の1つの元となる．すなわち $X \in X$ となる．われわれが普通に考える集合では，たしかにこのようなことは起こり得ないから，このこと自体すでに非常に奇妙な結果というべきであるが，とにかく上の X を集合と認める以上，このように‘自分自身を元として含む集合’が存在することになるわけである．それゆえ今度は，一般に集合 x について，‘$x \in x$’という条件，あるいは‘$x \notin x$’という条件を考えても，それほど不自然なことはないであろう．そこでいま，$x \notin x$ という条件を満たすような x 全体の集まりを Y としよう．すなわち

$$Y = \{x \mid x \notin x\}.$$

(ここで文字 x は集合を表わす変数とするのである．) われわれは上に‘集合の全体’X を集合と仮定したのであるから，その元 x で $x \notin x$ という条件を満たすものの集まりである Y も当然1つの集合と考えられる．しからば，この集合 Y については，$Y \in Y$ であろうか，それとも $Y \notin Y$ であろうか？

もし $Y \in Y$ ならば，Y は条件‘$x \notin x$’を満たさないから，これは Y の元ではない．すなわち $Y \notin Y$ である．またもし $Y \notin Y$ ならば，Y は条件‘$x \notin x$’を満たすことになるから，これは Y の元となる．すなわち $Y \in Y$ である．これは明白な矛盾である．

この矛盾は‘Russell の逆理’とよばれる．

上に述べたような矛盾の生ずる原因は，‘すべての集合の集まり’X を集合であると考えたところにある．すなわち，このような集まりは，あまりに大き過ぎて，集合と考えるわけにはいかないのである．

このほか，たとえば‘すべての順序集合の集まり’，‘すべての濃度の集まり’，‘すべての順序数の集まり’のようなものも，やはり集合とは考えられないことがわかっている．‘すべての位相空間の集まり’，‘すべての群の集まり’なども同様である．

2) 上に述べたことは，われわれに，あまりに‘大き過ぎる’集まりまで普通の集合と同じように取り扱ってはならないこと，いいかえれば，集合の概念をあまりに自由に考え過ぎてはならないことを教えている．すなわち，上述のような逆理を生ぜしめないためには，われわれはもっと，集合の概念に厳密な規定を与えなければならないのである．

集合の概念を厳密に規定する方法としてはいろいろなものが考えられよう．

たとえば，集合を構成する手段を十分に検討して，逆理を生ぜしめる恐れのないような構成手段だけによって集合を作ることが考えられるであろう．すなわち，古くから数学の基本的対象となっているいくつかの基本的集合から出発して，いくつかの‘許される操作’によって新しい集合を作り，そのような操作を有限回繰り返して得られるものだけを集合とよぶことにするのである．ここに‘許される操作’というのは，たとえば“集合 A と，その元 x に対する命題 $C(x)$ が与えられたとき，$C(x)$ が真であるような $x \in A$ の全体として A の1つの部分集合を作ること”，“集合 A のすべての部分集合の集合 $\mathfrak{P}(A)$ を作ること”，“集合 Λ の元を添数とする集合族 $(A_\lambda)_{\lambda \in \Lambda}$ が与えられたとき，その和集合 $\bigcup_{\lambda \in \Lambda} A_\lambda$ や直積 $\prod_{\lambda \in \Lambda} A_\lambda$ を作ること”などであるが，これらのことをもっと正確に叙述するためには，公理の形によって述べることが必要であろう．

またたとえば，‘ものの集まり’に段階をつけて取り扱う方法も考えられるであろう．すなわち，上に考えた‘すべての集合の集まり’や‘すべての位相空間の集まり’のようなものは，今までよりも一段と広い意味で‘数学的に範囲のはっきりした集まり’であると考え，そのような集まりを**領域**とよぶことにする．そして，集合は領域であるが領域は必ずしも集合ではないとするのである．もちろんその場合には，集合と領域とについてその性質をはっきり規定するための公理をいくつか設けておかなければならない．

このように，集合論を矛盾なく建設する目的から，現代数学の他の諸部門と同様に，集合論を公理的に展開しようとしたのが，Zermelo, Fraenkel, von Neumann, Gödel などの**公理的集合論**である．(最近ではさらに Grothendieck や MacLane などの考案もある．) これらの集合論の公理系に矛盾がないことを証明するのは，数学基礎論の問題で，今日まだ確定的に解決されてはいないが，そのように展開された公理的集合論に少くとも経験上矛盾は生じていないのである．

なお，上で領域の概念に触れたが，最近ではこの概念も数学の中で積極的に用いられ，これにともなって**圏**(category)や**関手**(functor)の理論が急速に発展しつつあることを注意しておこう．

3)　ついでながら，公理的集合論に関連する最近の話題を1つ述べておく．

連続体仮説というのは，集合論の創始者 G. Cantor が証明に苦心し遂に未解決に終った有名な問題である．それは"$\mathfrak{a}<\mathfrak{m}<\mathfrak{c}$ であるような濃度 $\mathfrak{m}$ は存在しない"という仮説である．(ここに $\mathfrak{a}$ は可算の濃度，$\mathfrak{c}$ は連続の濃度である．) さらに一般に，"$\mathfrak{n}$ を無限の濃度とするとき，$\mathfrak{n}<\mathfrak{m}<2^{\mathfrak{n}}$ であるような濃度 $\mathfrak{m}$ は存在しない"というのが，**一般化された連続体仮説**である．($\mathfrak{a}<\mathfrak{c}$ であること，$\mathfrak{c}=2^{\mathfrak{a}}$ であること，$\mathfrak{n}<2^{\mathfrak{n}}$ であることなどは，すべて第2章で証明された命題であることに注意しておこう．)

K. Gödel は，1938年に，"Zermelo-Fraenkel の公理系(あるいは von Neumannの公理系など)から選出公理をとり去った公理系――仮りにこれを一般集合論の公理系とよぶことにする――が矛盾を含まないならば，それに選出公理および一般連続体仮説をつけ加えてもやはり矛盾は起こらない"ことを示した．また最近(1963年)，アメリカの若い数学者 J. P. Cohen は，"一般集合論の公理系が無矛盾ならば，それに選出公理の否定をつけ加えても無矛盾である"および"一般集合論の公理系に選出公理をつけ加えたものが無矛盾ならば，それに連続体仮説の否定をつけ加えても無矛盾である"という結果を証明した．これは最近の数学における最も重要な成果の1つとして，数学者の関心をひいたものである．

4)　本書では写像についてはかなりくわしく解説したが，写像の'可換図式'のことには全く触れなかった．これは本書の内容ではほとんど応用の機会がないからであるが，代数系の理論(特に homology 代数)などにおいては可換図式はきわめてひんぱんに用いられるし，定義を述べることは簡単であるから，ここに一言触れておくことにする．

一般に，いくつかの集合とそれらの集合の間に与えられている写像とから成る次のような図式を**写像図式**または略して単に図式という．

(i)　$$A_1 \xrightarrow{f_1} A_2 \xrightarrow{f_2} A_3 \xrightarrow{f_3} A_4$$

(ii)　$$\cdots \xrightarrow{f_{-2}} A_{-1} \xrightarrow{f_{-1}} A_0 \xrightarrow{f_0} A_1 \xrightarrow{f_1} A_2 \xrightarrow{f_2} \cdots$$

(iii)

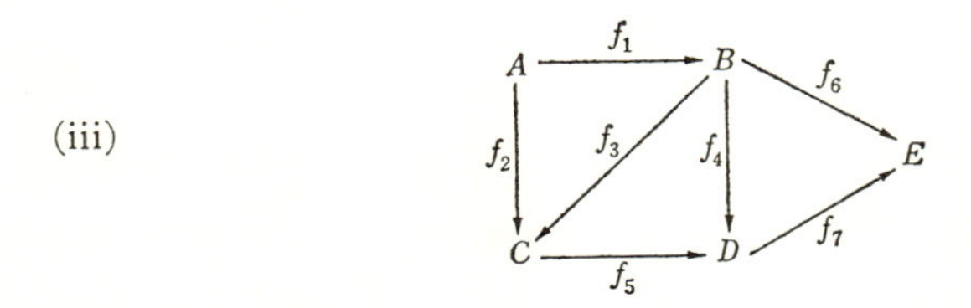

特に(i), (ii)のような図式は**写像系列**または略して系列とよばれる．図式の中に現われる集合をその図式の**頂点**という．

上の(iii)のような図式においては，1つの頂点から他の1つの頂点に行くのにいくつもの系列がある．たとえば A から E へ行く系列としては，(f_1, f_6)，(f_1, f_3, f_5, f_7)，(f_2, f_5, f_7) などがある．ある図式において，その中のどの2つの頂点についても，それらを結ぶ任意の系列の合成写像がいつも同じ写像となるとき，その図式は**可換**であるという．たとえば図式(iii)が可換であるというのは，

$$f_6 \circ f_1 = f_7 \circ f_5 \circ f_3 \circ f_1 = f_7 \circ f_5 \circ f_2,$$

$$f_5 \circ f_2 = f_4 \circ f_1, \qquad f_7 \circ f_4 = f_6$$

などの等式が成り立つことを意味する．

練習として，読者に次の問題を1つ提供しておこう．

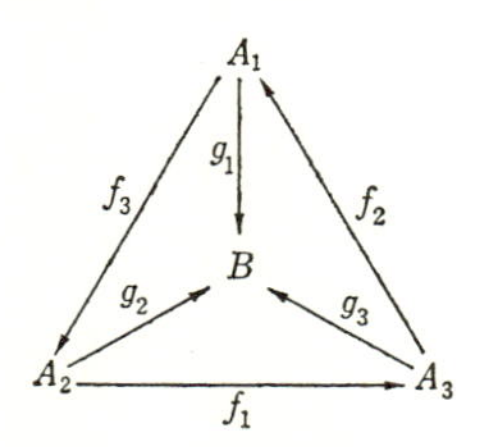

"上の図式が可換で，g_1, g_2, g_3 がすべて単射ならば，f_1, f_2, f_3 はいずれも全単射である．"

5) なお最近の書物では，写像について，たとえば ↦ のような'飾りのある矢印'がしばしば用いられるようになった．この記号の意味は次の通りである．

本書に述べたように，f が集合 A から B への写像であることは $f: A \to B$ と書かれる．この場合，f によって定義域 A の元 a には終集合 B の元 $f(a)$

が対応させられているわけであるが，このことを

$$a \mapsto f(a)$$

という記法で表わすのである．(すなわち，‘普通の矢印’は定義域から終集合へ向けて書かれるのに対し，‘飾りのある矢印’は定義域の元からその元における写像の値へ向けて書かれるのである．)

この記法を用いれば，たとえば，“f を x に x^2 を対応させる $\boldsymbol{R}$ から $\boldsymbol{R}$ への写像とする”あるいは“$\boldsymbol{R}$ から $\boldsymbol{R}$ への写像 f を $f(x)=x^2$ によって定義する”などというかわりに，“f を $x \mapsto x^2$ で定義される $\boldsymbol{R}$ から $\boldsymbol{R}$ への写像とする”，“写像 $f: \boldsymbol{R} \to \boldsymbol{R}$ を $x \mapsto x^2$ によって定義する”などということもできる．また場合によっては，f という文字を省略して，“$\boldsymbol{R}$ から $\boldsymbol{R}$ への写像 $x \mapsto x^2$”という書き方をすることもできるであろう．

写像は，定義域の各元に対して，それに対応させるべき終集合の元をそれぞれ指定することによって記述される．しかもわれわれが通常考える写像においては，定義域の代表的な元(すなわち定義域の元を表わす‘変数’)に対して，それに対応させられる終集合の元が一般的に具体的な形で表示される場合が多い．この理由によって，上述の記法が便宜に用いられるのである．

6)　写像に関連して，形式的なことであるが，さらに一二の注意を補足しておく．

本書では A から B への写像というとき，A あるいは B が空集合である場合のことは考えなかった．これらの場合にも A から B への写像を考えることができるであろうか？

はじめに問題を少し一般化して，A あるいは B が空集合であるとき，A から B への対応について考えてみよう．p. 25 で述べたように，A から B への1つの対応を与えることは $A \times B$ の1つの部分集合を指定することと本質的に同じであった．A, B の少くとも一方が空集合である場合には，$A \times B = \phi$ であるから，$A \times B$ の部分集合としては空集合があるだけである．それゆえ，A から B への対応 Γ はただ1つだけ存在することになる．

次に，A または B が空集合である場合，A から B への(一意的に存在する)

対応 Γ が写像であるかどうかを考えてみよう．$A=\phi$ である場合には，p. 27 に挙げた写像の条件(＊)は trivial に満足されるから，Γ は写像であると考えられる．しかし $A\neq\phi$, $B=\phi$ の場合には，上記の条件(＊)はもちろん満足されないから，Γ は写像ではない．したがって結局，次のように述べることができる: “$A=\phi$ ならば，(B が何であっても)，A から B への写像はただ1つだけ存在する．また $A\neq\phi$, $B=\phi$ ならば，A から B への写像は存在しない.”

上記の写像 $\phi\to B$ は(これも trivial な意味で)単射であると考えられる．この写像が全射であるのは，もちろん $B=\phi$ であるときまたそのときに限る．

しかし，上のように定義域が空集合である写像をも考える場合には，たとえば第1章の定理7(b)のような命題は少しく修正する必要があることに注意しなければならない．実際，もし $B\neq\phi$ ならば，写像 $f:\phi\to B$ は単射であるが，その左逆写像は存在しないからである．

(空集合を取り扱う場合，上述したことに類似の注意が必要となることがときどきある．しかし，それらはほとんど形式的なことであって，本質的に重要な問題ではない．それゆえ本書の本文では，無用の繁雑を避けるために，このような形式的な議論には全く触れなかったのである.)

ついでにもう一言，合成写像の記号について述べておこう．

本書では，写像 $f:A\to B$ と $g:B\to C$ との合成写像を $g\circ f$ と書いたが，この記法は，一般に写像 φ による元 x の像を $\varphi(x)$ と書く習慣に由来するものである．もし写像 φ による x の像を $\varphi(x)$ のかわりに $(x)\varphi$ あるいは x^{φ} などと書くことにすれば，$f:A\to B$ と $g:B\to C$ の合成写像 $a\mapsto(a^f)^g$ は当然 $f\circ g$ と記されることになるであろう．事実，多くの書物ではこうした記法も用いられている．これは単に記法上の問題に過ぎないから，趣味あるいは必要に応じて自由に使い分ければよいのである．

7)　もう1つ，本書で触れる機会のなかった‘束’の概念について，ここで述べておこう．

p. 167 でわれわれは完備束の概念に触れた．それは，空でない任意の部分集合が上限および下限をもつような順序集合のことであった．たとえば p. 167 でみたように，ある集合 S の上で定義される位相全体のなす順序集合 $\mathcal{T}$ は1つの完備束である．もっと初等的な例を挙げれば，ある集合 X の部分集合全体のつくる順序集合 $(\mathfrak{P}(X), \subset)$ は明らかに完備束である．($\mathfrak{P}(X)$ の部分集合 $\mathfrak{M}$ の $\mathfrak{P}(X)$ における上限および下限は，いうまでもなく，それぞれ集合系 $\mathfrak{M}$ の和集合 $\bigcup \mathfrak{M}$，共通部分 $\bigcap \mathfrak{M}$ である.) またたとえば，ある群 G の部分群全体の集合 $\mathfrak{H}$ も包含関係について1つの完備束をつくる．($\mathfrak{H}$ の部分集合 $\mathfrak{H}_1$ の $\mathfrak{H}$ における下限は共通部分 $\bigcap \mathfrak{H}_1$ であるが，上限は必ずしも和集合 $\bigcup \mathfrak{H}_1$ ではない．それは $\bigcup \mathfrak{H}_1$ で生成される G の部分群である.) これらの例は，完備束という概念が数学の基本的な理論の場に現われる概念であることを示している．

束というのは，この完備束の概念を少し弱めたもので，さらに基本的なものである．すなわち，順序集合 $(A, \leqq)$ において，その任意の2元から成る部分集合 $\{a, b\}$ が A の中に上限および下限をもつとき，$(A, \leqq)$ を**束**というのである．完備束はもちろん束である．

束 $(A, \leqq)$ においては，$\{a, b\}$ の上限および下限を通常それぞれ a, b の**結び**，**交わり**とよび，記号 $a \cup b$，$a \cap b$ で表わす習慣である：

$$a \cup b = \sup\{a, b\}, \qquad a \cap b = \inf\{a, b\}.$$

たとえば，任意の全順序集合は明らかに束である．この場合，$a \cup b$，$a \cap b$ はそれぞれ $\max\{a, b\}$，$\min\{a, b\}$ となる．また，束 $\mathfrak{P}(X)$ において，$A, B \in \mathfrak{P}(X)$ の結び，交わりは，それぞれ集合としての結び(和集合)，交わり(共通部分)と一致する．

定義から明らかに，束 $(A, \leqq)$ における結び，交わりの算法については次の法則が成り立つ．

(1) $a \cup a = a, \quad a \cap a = a.$ (巾等律)

(2) $(a \cup b) \cup c = a \cup (b \cup c), \quad (a \cap b) \cap c = a \cap (b \cap c).$ (結合律)

(3) $a \cup b = b \cup a, \quad a \cap b = b \cap a.$ (交換律)

(4) $(a \cup b) \cap a = a, \quad (a \cap b) \cup a = a.$ (吸収律)

逆に，ある集合 A において2種類の算法 $\cup$，$\cap$ が定義されていて，上の(1)

-(4)が満たされるとき，A の2元 x, y に対し，$x \cup y = y$ が成り立つこと(これは容易にわかるように $x \cap y = x$ が成り立つことと同等である)をもって $x \leqq y$ と定義すれば，$\leqq$ は A における順序となり，この順序に関して与えられた $a \cup b$，$a \cap b$ がそれぞれ $\{a, b\}$ の上限および下限となることが，直ちに証明される．(読者はこの証明をこころみよ.) したがって，束という概念を，上の(1)-(4)を満たすような2種類の算法 $\cup$, $\cap$ が定義されている集合として定義することもできる．この定義は，束をいわゆる‘代数系’として取り扱う立場を与えるものである．

束の例は数学ではきわめて豊富にある．その意味では，この概念は当然本文の中で述べておいてよかったものであろう．しかし，本書でそれを省略したのは，いわゆる束論に深入りすると長くなり過ぎるし，本書のような集合論入門の課程はこれを取り扱うのに適した場所ではないからである．

8) 最後に，本書を読了された読者がさらに進んで研究されるために，いくつかの参考文献を挙げておく．(集合や位相に関する良書は数多いが，ここでは比較的新しい書物のなかで，代表的と思われるものをそれぞれ数種ずつ挙げるだけにとどめる.)

集合については，

松村英之：集合論入門 (朝倉書店, 1966),

彌永昌吉，小平邦彦：現代数学概説 I，第1章 (岩波書店, 1961),

P. R. Halmos : Naive Set Theory (Van Nostrand, 1960),

N. Bourbaki : Eléments de mathématique. Livre I. Théorie des Ensembles (Hermann).

位相については，

竹之内脩：トポロジー (広川書店, 1962),

河田敬義，三村征雄：現代数学概説 II，前篇 (岩波書店, 1965),

J. L. Kelley : General topology (Van Nostrand, 1955),

N. Bourbaki : Eléments de mathématique. Livre III. Topologie générale (Hermann).

なお集合と位相の両方について解説した書物には，たとえば

　亀谷俊司：集合と位相（朝倉書店, 1961），

　中山正：集合・位相・代数系（至文堂, 1948）.

などがある．前者は大体本書と同程度の入門書である．

解　　答

第 1 章

§1

2. $\{x \mid x=1$ または $x=2$ または $x=3\}$.

3. (a) $\{1,\ -1,\ (1+\sqrt{3}\,i)/2,\ (-1+\sqrt{3}\,i)/2,\ (1-\sqrt{3}\,i)/2,\ (-1-\sqrt{3}\,i)/2\}$.

(b) $\{1+\sqrt{2},\ 1-\sqrt{2},\ -1+\sqrt{2},\ -1-\sqrt{2}\}$.

(c) ϕ.

(d) $\{-3, -2, -1, 0, 1, 2, 3, 4, 5, 6\}$.

(e) $\{2, 6, 10, 14, \cdots, 4n-2, \cdots\}$.

(f) ϕ.

4. A' については (i) は成り立つが (ii) は成り立たない.

5. $c=|a|^2+|b|^2$, $\bar{a}/c=a_1$, $-b/c=b_1$ とおけば,

$$X^{-1}=\begin{pmatrix} a_1 & b_1 \\ -\bar{b}_1 & \bar{a}_1 \end{pmatrix}$$

となる.

§2

1. (a) A. (b) $A\cap B$.

5. (a) $x\in(A-B)-C \Longleftrightarrow x\in A-B,\ x\notin C \Longleftrightarrow x\in A,\ x\notin B,\ x\notin C$

$\Longleftrightarrow x\in A,\ x\notin B\cup C \Longleftrightarrow x\in A-(B\cup C)$.

(b) $(x\in B-C \Longleftrightarrow x\in B,\ x\notin C)$ であるから $(x\notin B-C \Longleftrightarrow x\notin B$ または $x\in C)$. したがって, $x\in A-(B-C) \Longleftrightarrow x\in A,\ x\notin B-C \Longleftrightarrow x\in A,\ (x\notin B$ または $x\in C)$

$\Longleftrightarrow (x\in A,\ x\notin B)$ または $(x\in A,\ x\in C) \Longleftrightarrow x\in A-B$ または $x\in A\cap C$

$\Longleftrightarrow x\in(A-B)\cup(A\cap C)$.

7. (a) は明白.

(b) de Morgan の法則, 分配律によって, $(A\cup B)-(A\cap B)=(A\cup B)\cap(A\cap B)^c$ $=(A\cup B)\cap(A^c\cup B^c)=(A\cap A^c)\cup(A\cap B^c)\cup(B\cap A^c)\cup(B\cap B^c)=(A\cap B^c)\cup(A^c\cap B)$ $=A\triangle B$.

(c) (b) により $(A\triangle B)^c=((A\cup B)\cap(A\cap B)^c)^c=(A\cup B)^c\cup(A\cap B)=(A^c\cap B^c)\cup(A\cap B)$. よって $(A\triangle B)\triangle C=((A\triangle B)\cap C^c)\cup((A\triangle B)^c\cap C)$

$=[\{(A\cap B^c)\cup(A^c\cap B)\}\cap C^c]\cup[\{(A^c\cap B^c)\cup(A\cap B)\}\cap C]$

$=(A\cap B^c\cap C^c)\cup(A^c\cap B\cap C^c)\cup(A^c\cap B^c\cap C)\cup(A\cap B\cap C)$.

$A\triangle(B\triangle C)$ が上の最終辺と同じ式で表わされることも同様にして示される．

(d) (b) と問題 4 の (e) から，$A\cap(B\triangle C)=A\cap((B\cup C)-(B\cap C))=(A\cap(B\cup C))-(A\cap(B\cap C))=((A\cap B)\cup(A\cap C))-((A\cap B)\cap(A\cap C))=(A\cap B)\triangle(A\cap C)$．

9. $A_1\triangle A_2=B_1\triangle B_2$ ならば $(A_1\triangle(A_1\triangle A_2))\triangle B_2=(A_1\triangle(B_1\triangle B_2))\triangle B_2$．この左辺は $A_2\triangle B_2$，右辺は $A_1\triangle B_1$ となることが，問題 7 の (a), (c) と問題 8 の (a), (c) を用いて示される．

§3

1. 2^{mn}.

4. I_A のグラフは $\{(a,a)\mid a\in A\}$，値 b_0 の定値写像のグラフは $\{(a,b_0)\mid a\in A\}$.

§4

1. (4.2) の証明だけ述べる：$P_1\cup P_2\supset P_i$ であるから $f(P_1\cup P_2)\supset f(P_i)$ $(i=1,2)$．したがって $f(P_1\cup P_2)\supset f(P_1)\cup f(P_2)$．逆に，$b\in f(P_1\cup P_2)$ とすれば，$f(a)=b$ となる $a\in P_1\cup P_2$ が存在する．$a\in P_1\cup P_2$ であるから，$a\in P_1$ または $a\in P_2$．$a\in P_1$ ならば $b=f(a)\in f(P_1)$．$a\in P_2$ ならば $b=f(a)\in f(P_2)$．よって $b\in f(P_1)$ または $b\in f(P_2)$，すなわち $b\in f(P_1)\cup f(P_2)$．ゆえに $f(P_1\cup P_2)\subset f(P_1)\cup f(P_2)$．

4. $b\in f(P_1)\cap f(P_2)$ とすれば，$b\in f(P_1)$ かつ $b\in f(P_2)$．したがって $f(a_1)=b$ となる $a_1\in P_1$，$f(a_2)=b$ となる $a_2\in P_2$ が存在する．$f(a_1)=f(a_2)$ で，f は単射であるから $a_1=a_2$．これを a とおけば，$a\in P_1\cap P_2$，$b=f(a)\in f(P_1\cap P_2)$．したがって $f(P_1)\cap f(P_2)\subset f(P_1\cap P_2)$．

6. A の元 a に対して，$a\in f^{-1}(B-Q)\Longleftrightarrow f(a)\in B-Q\Longleftrightarrow f(a)\notin Q\Longleftrightarrow a\notin f^{-1}(Q)\Longleftrightarrow a\in A-f^{-1}(Q)$．

13. (a) だけ証明する：B の任意の元 b に対し，$g(b)\in C$ で，$g\circ f$ が全射であるから，$g(b)=(g\circ f)(a)=g(f(a))$ となる $a\in A$ が存在する．g は単射であるから $b=f(a)$．ゆえに f は全射である．

14. f が全単射であることは問題 10 の (a), (b) からわかる．また $g=g'=f^{-1}$ であることは，定理 6 (3) と問題 11, 12 からわかる．

18. 前半：A を m 個の元から成る 1 つの集合とする．B の m 個の元から成る 1 つの部分集合 B' を与えるとき，A から B への単射でその値域が B' となるものは $m!$ 個存在する．したがって，A から B への単射の総数は $m!\cdot\binom{n}{m}$ で，それが $(n)_m$ に等しい．

後半：第 1 式は，その左辺が B の部分集合の総数に等しいことからわかる．第 2 式を示すには，B の偶数個の元から成る部分集合の個数と奇数個の元から成る部分集合の個数とが等しいことをいえばよい．B の偶数個の元から成る部分集合の全体を $\mathfrak{P}$，奇数個の元から成る部分集合の全体を $\mathfrak{Q}$ とする．B の 1 つの元 x_0 を固定しておき，$\mathfrak{P}$ の各

元 P に対し，P が x_0 を含むときは $Q=P-\{x_0\}$，含まないときは $Q=P\cup\{x_0\}$ と定める．そうすれば，P に Q を対応させる写像は $\mathfrak{P}$ から $\mathfrak{Q}$ への全単射となる．

19. (a)　A から B への写像の総数は n^m で，そのうち，値域が B の k 個の元から成る部分集合となるものの個数は $\binom{n}{k}S(m,k)$ に等しい．

(b)　$n=1$ のときは，両辺とも 1 となる．次に，$j<n$ であるすべての j について問題の式を仮定すれば，

$$S(m,n)=n^m-\sum_{j=1}^{n-1}\binom{n}{j}S(m,j)=n^m-\sum_{j=1}^{n-1}\binom{n}{j}\left[\sum_{k=0}^{j}(-1)^{j-k}\binom{j}{k}k^m\right]$$
$$=n^m-\sum_{k=0}^{n-1}\left[\sum_{j=k}^{n-1}(-1)^{j-k}\binom{n}{j}\binom{j}{k}\right]k^m.$$

前問の $\binom{n}{m}$ についての公式から $\binom{n}{j}\binom{j}{k}=\binom{n}{k}\binom{n-k}{j-k}$．ゆえに

$$(*)\qquad S(m,n)=n^m-\sum_{k=0}^{n-1}\binom{n}{k}\left[\sum_{j=k}^{n-1}(-1)^{j-k}\binom{n-k}{j-k}\right]k^m.$$

ここで，前問の最後の公式を用いれば $\sum_{j=k}^{n-1}(-1)^{j-k}\binom{n-k}{j-k}=(-1)^{n-k-1}$．これを (*) に代入すればよい．

§5

1. $[0,1]$，$\{0\}$，$(0,1]$，ϕ，$(-1,\infty)$，$[0,1)$．

5. (a) の証明だけ述べる：$x\in\left(\bigcup_{\lambda\in\Lambda}A_\lambda\right)\cap\left(\bigcup_{\mu\in M}B_\mu\right)\Longleftrightarrow x\in\bigcup_{\lambda\in\Lambda}A_\lambda,\ x\in\bigcup_{\mu\in M}B_\mu$
$\Longleftrightarrow\exists\lambda\in\Lambda(x\in A_\lambda),\ \exists\mu\in M(x\in B_\mu)\Longleftrightarrow\exists(\lambda,\mu)\in\Lambda\times M\ (x\in A_\lambda\cap B_\mu)$
$\Longleftrightarrow x\in\bigcup_{(\lambda,\mu)\in\Lambda\times M}(A_\lambda\cap B_\mu)$．

7. λ_0 を Λ の 1 つのきめられた元とし，b を A_{λ_0} の任意の元とする．選出公理により $\prod_{\lambda\in\Lambda-\{\lambda_0\}}A_\lambda$ の元 $(b_\lambda)_{\lambda\in\Lambda-\{\lambda_0\}}$ が存在する．そこで，$a_{\lambda_0}=b$，$a_\lambda=b_\lambda\,(\lambda\in\Lambda-\{\lambda_0\})$ として，$\prod_{\lambda\in\Lambda}A_\lambda$ の元 $a=(a_\lambda)_{\lambda\in\Lambda}$ をきめれば，$\mathrm{pr}_{\lambda_0}(a)=b$．よって pr_{λ_0} は全射である．

13. $h=g\circ f$ となるような $f:A\to B$ が存在すれば，$h(A)=g(f(A))\subset g(B)$．すなわち $V(h)\subset V(g)$．逆に $V(h)\subset V(g)$ であるとし，h,g の終集合を $V(g)$ に変えた写像をそれぞれ $h':A\to V(g)$，$g':B\to V(g)$，また $V(g)$ から C への標準的単射を i とする．$g':B\to V(g)$ は全射であるから，その右逆写像 $s:V(g)\to B$ が存在する．そこで，$f=s\circ h'$ とおけば，$f:A\to B$ で，$g\circ f=(i\circ g')\circ(s\circ h')=i\circ(g'\circ s)\circ h'=i\circ I_{V(g)}\circ h'=i\circ h'=h$．

15. (a)　u の右逆写像を $s:A\to A'$，v の左逆写像を $r:B'\to B$ とする．$f,g\in\mathfrak{F}(A,B)$ に対し $\Phi(f)=\Phi(g)$，すなわち $v\circ f\circ u=v\circ g\circ u$ とすれば，$f=I_B\circ f\circ I_A=r\circ v\circ f\circ u\circ s=r\circ v\circ g\circ u\circ s=I_B\circ g\circ I_A=g$．

(b)　u の左逆写像を $r:A\to A'$，v の右逆写像を $s:B'\to B$ とする．$f'\in\mathfrak{F}(A',B')$ に

対し $f=s\circ f'\circ r$ とおけば，$f\in\mathfrak{F}(A,B)$ で，$\Phi(f)=v\circ f\circ u=v\circ s\circ f'\circ r\circ u=I_{B'}\circ f'\circ I_{A'}=f'$.

§6

2. 任意の $a\in A$ に対し，aRx となる x があり，R が対称的であるから xRa. また R が推移的であるから，aRx, xRa より aRa. すなわち R は反射律も満足する.

5. $\{\{a\}\times B \mid a\in A\}$.

6. §5, 問題 14 を用いればよい.

第 2 章

§1

4. b を B の 1 つの元とすれば，$A\times B$ の部分集合 $A\times\{b\}=\{(a,b)\mid a\in A\}$ は明らかに A と対等である.

6. 選出公理により，まず $\prod_{\lambda\in\Lambda}A_\lambda$ の 1 つの元 $(a_\lambda)_{\lambda\in\Lambda}$ をとり，次に $\prod_{\lambda\in\Lambda}(A_\lambda-\{a_\lambda\})$ の 1 つの元 $(b_\lambda)_{\lambda\in\Lambda}$ をとる．そこで，Λ の各元 μ に対し，$f(\mu)$ を，

$$c_\lambda=\begin{cases}a_\lambda & (\lambda=\mu \text{ のとき}),\\ b_\lambda & (\lambda\neq\mu \text{ のとき})\end{cases}$$

によって定められる $\prod_{\lambda\in\Lambda}A_\lambda$ の元 $(c_\lambda)_{\lambda\in\Lambda}$ として，写像 $f:\Lambda\to\prod_{\lambda\in\Lambda}A_\lambda$ を定義すれば，f は明らかに単射となる.

7. $f:A\to B$ を全射とすれば，前章§6, D) の所論によって $A/R(f)\sim B$ となる.

8. $F:A\to B$ は次のような写像となる．$\pm 1/2^n$ $(n\in\boldsymbol{N})$ 以外の A の元 x に対しては $F(x)=x$；$x=\pm 1/2^n$ $(n\in\boldsymbol{N})$ に対しては $F(x)=2x$.

§2

2. $\boldsymbol{N}\times\boldsymbol{N}$ は可算であるから，$\boldsymbol{N}\times\boldsymbol{N}$ から A への全単射 f が存在する．そこで $f(\{n\}\times\boldsymbol{N})=A_n$ とおけばよい.

4. $\mathfrak{J}$ に属するある区間に含まれるような有理数全体の集合を $\boldsymbol{Q}'$ とする．$\boldsymbol{Q}'$ の各元 r に対し，r を含む $\mathfrak{J}$ の元 I は一意的に定まる．r にその I を対応させる写像を f とすれば，$\mathfrak{J}$ のどの元も必ず有理数を含むから，f は全射となる．したがって $\mathrm{card}\,\mathfrak{J}\leqq\mathrm{card}\,\boldsymbol{Q}'\leqq\mathrm{card}\,\boldsymbol{Q}=\aleph_0$.

5. $\mathrm{card}\,\mathfrak{A}\geqq\aleph_0$ であることは明らかである．また，A の n 個の直積 $A\times\cdots\times A$ を A^n とし，$B=\bigcup_{n=1}^{\infty}A^n$ とすれば，定理 5 によって B は可算である．そこで，B から $\mathfrak{A}$ への写像 f を次のように定める：B の元 x は一意的にある A^n に含まれるが，$x=(a_1,\cdots,a_n)\in A^n$ ならば，$f(x)=\{a_1,\cdots,a_n\}$ とする．――この f は明らかに全射であるから，$\mathrm{card}\,\mathfrak{A}\leqq\mathrm{card}\,B=\aleph_0$.

§3

5. 定理6系1から明らかである.

6. (a)　$\aleph^{\mathfrak{n}}=(2^{\aleph_0})^{\mathfrak{n}}=2^{\aleph_0\mathfrak{n}}=2^{\aleph_0}=\aleph$.　(b)　$\mathfrak{f}\leqq\mathfrak{n}+\mathfrak{f}\leqq\mathfrak{f}+\mathfrak{f}=2^{\aleph}+2^{\aleph}=2\cdot 2^{\aleph}=2^{1+\aleph}=2^{\aleph}=\mathfrak{f}$.　(c)　(3.20) の証明と同様.　(d)　(a) の証明と同様.　(e)　(3.19) における(∗) (p. 84) の証明と同様.

7. $\mathrm{card}(\Lambda\times \boldsymbol{N})=\aleph$ であることに注意すれば，§2の問題2と同様にして証明される.

8. $\aleph$.　((3.20) を用い，§2, 問題5の解にならえ.)

9. A の有限部分集合全体の集合を $\mathfrak{A}'$ とすれば，$\mathfrak{A}=\mathfrak{P}(A)-\mathfrak{A}'$ で，§2の問題5により $\mathrm{card}\,\mathfrak{A}'=\aleph_0$. また (3.19) により $\mathrm{card}\,\mathfrak{P}(A)=\aleph$. したがって定理6により $\mathrm{card}\,\mathfrak{A}=\aleph$.

第 3 章

§1

3. 極小元は X のただ1個の元から成る集合. $\mathfrak{M}$ が最小元をもつのは，X がただ1個の元から成る集合のとき.

5. 上限は $a_1,\cdots,a_n$ の最小公倍数，下限は最大公約数.

8. たとえば，

$$f(x)=\frac{x-c}{(x-a)(b-x)}\qquad (c=(a+b)/2)$$

で定義される f は，開区間 (a,b) から $\boldsymbol{R}$ への順序同型写像である.

9. $\boldsymbol{N}$ は最小元をもつが，$\boldsymbol{Z},\boldsymbol{Q},\boldsymbol{R}$ は最小元をもたないから，$\boldsymbol{N}$ は $\boldsymbol{Z},\boldsymbol{Q},\boldsymbol{R}$ のいずれとも順序同型でない. また，$\boldsymbol{R}$ は $\boldsymbol{Z},\boldsymbol{Q}$ のどれとも対等でないから，当然順序同型でない. 最後に $\boldsymbol{Z},\boldsymbol{Q}$ が順序同型でないことをみるには，$\boldsymbol{Q}$ においてはその任意の2元の間に必ず第三の元があるのに対し，$\boldsymbol{Z}$ にはそのような性質がないことに注意すればよい.

10. 第1章§4, 問題15から直ちにわかる.

§2

2. A に降鎖 $(a_n)_{n\in\boldsymbol{N}}$ が存在すれば，$\{a_n\}_{n\in\boldsymbol{N}}$ は最小元をもたないから，A は整列集合でない. 逆に，A が整列集合でなければ，A の空でない部分集合 M で最小元をもたないものが存在する. そのとき，任意の $a\in M$ に対し，$M_a=\{x\mid x\in M,\ x<a\}\neq\phi$. よって，$M$ で定義された写像 φ で，すべての $a\in M$ に対し $\varphi(a)\in M_a$ となるものがある. そこで，M の元 a_1 を任意に1つとり，$\varphi(a_1)=a_2,\ \cdots,\ \varphi(a_{n-1})=a_n,\ \cdots$ として $(a_n)_{n\in\boldsymbol{N}}$ を定めれば，これは A の降鎖となる.

3. 結論を否定すれば，定理4によって，W は W' のある切片 $W'\langle a\rangle$ と順序同型になる．W から $W'\langle a\rangle$ への順序同型写像 f (の終集合を W に変えた写像)は W からそれ自身への順序単射で，$f(a)\in W'\langle a\rangle$ であるから $f(a)<a$．これは補題2に反する．

5. もし W が無限集合ならば，前問4によって $(W,\leqq)$ は $\boldsymbol{N}$ と順序同型な部分集合を含み，したがって $(W,\leqq^{-1})$ は $\boldsymbol{N}$ の双対順序集合と順序同型な部分集合を含む．しかるに $\boldsymbol{N}$ の双対順序集合は最小元をもたない．これは $(W,\leqq^{-1})$ が整列集合であることに反する．

6. W' が全順序集合であることは直ちに示される．また，もし W' に降鎖 $(a'_n)_{n\in\boldsymbol{N}}$ が存在すれば，$f(a_n)=a'_n$ となる W の元の列 $(a_n)_{n\in\boldsymbol{N}}$ が存在し，それは W における降鎖となる．これは W が整列集合であることに反する．

§3

2. $\mathfrak{M}_0$ について，まず

(1)
$$M_1,\cdots,M_n\in\mathfrak{M}_0\Rightarrow M_1\cap\cdots\cap M_n\in\mathfrak{M}_0$$

を証明する．$M_1\cap\cdots\cap M_n=M$ とおけば，$\mathfrak{M}_0$ の任意の有限個の元 $M',\cdots,M'_m$ に対し，$M\cap M'_1\cap\cdots\cap M'_m=M_1\cap\cdots\cap M_n\cap M'_1\cap\cdots\cap M'_m\neq\phi$．すなわち，$\mathfrak{M}_0\cup\{M\}$ もヒントの条件(＊)を満たす．ゆえに，$\mathfrak{M}_0$ の極大性により，$M\in\mathfrak{M}_0$ でなければならない．次に，$N\in\mathfrak{P}(A)$ が $\mathfrak{M}_0$ のどの元とも交わるとする．そのとき，$\mathfrak{M}_0$ の任意の有限個の元 $M_1,\cdots,M_n$ に対し，(1)によって $M_1\cap\cdots\cap M_n\in\mathfrak{M}_0$ であるから，$N\cap M_1\cap\cdots\cap M_n\neq\phi$．したがって $\mathfrak{M}_0\cup\{N\}$ も条件(＊)を満たす．ゆえに，ふたたび $\mathfrak{M}_0$ の極大性により $N\in\mathfrak{M}_0$．

3. 0でない任意の実数 x が

(1)
$$x=r_1b_1+\cdots+r_kb_k$$

($b_1,\cdots,b_k$ は B_0 の相異なる元；$r_1,\cdots,r_k$ は0でない有理数)

の形に表わされることを証明する．x が B_0 の元 b ならば，$x=1b$ であるから，このことは明らかである．$x\notin B_0$ ならば，B_0 の極大性によって，$B_0\cup\{x\}$ はヒントの条件(＊)を満たさない．したがって，B_0 から適当に相異なる元 $b_1,\cdots,b_m$ をとり，また，そのすべては0でない有理数の組 $r',r'_1,\cdots,r'_m$ を適当にとれば，$r'x+r'_1b_1+\cdots+r'_mb_m=0$ が成り立つ．ここで r' は0ではない．実際，もし $r'=0$ ならば，B_0 が(＊)を満たすことから $r'_1=\cdots=r'_m=0$ となり，仮定に反するからである．そこで，$-r'_i/r'=r_i$ とおけば，$r_i\in\boldsymbol{Q}$ で，$x=r_1b_1+\cdots+r_mb_m$．この右辺から係数 r_i が0であるものをとり除けば，(1)の形の表現が得られる．――(1)の形の表現が一意的であることは，B_0 に関する(＊)から明らかである．

4. (a)　$\mathfrak{F}_1$ を $\mathfrak{F}$ の全順序部分集合とするとき，$E=\bigcup_{f\in\mathfrak{F}_1}D(f)$ とし，写像 $g:E\to B$ を次のように定義する：E の任意の元 x に対し，$x\in D(f)$ となる $f\in\mathfrak{F}_1$ をとり，$g(x)=f(x)$ とする．(この $g(x)$ の定義は $x\in D(f)$ となる $f\in\mathfrak{F}_1$ のとり方によらない.) こ

のように定義された g が $\mathfrak{F}$ における $\sup \mathfrak{F}_1$ となることは，直ちに示される．(b) もし $D(f_0) \neq A$, $V(f_0) \neq B$ ならば，$A-D(f_0)$，$B-V(f_0)$ からそれぞれ1つの元 a, b をとって，$f_0': D(f_0) \cup \{a\} \to B$ を，$f_0'(a)=b$, $f_0'(x)=f_0(x)$ $(x \in D(f_0))$ と定義する．そうすれば $f_0' \in \mathfrak{F}$, $f_0 < f_0'$ となるが，これは f_0 が極大であることに反する．

§4

9. 後半を証明する．$\mathrm{ord}\, A=\mu$, $\mathrm{ord}\, B=\nu$ とし，$A \times B$ を p. 120 のように定義した整列集合とする．もし $\max A=a_1$, $\max B=b_1$ が存在すれば，$(a_1, b_1)=\max(A \times B)$ となることは明らかである．逆に，$(a_1, b_1)=\max(A \times B)$ ならば，任意の $(a, b) \in A \times B$ に対して $(a, b) \leqq (a_1, b_1)$ であるから，まず任意の $b \in B$ に対して明らかに $b \leqq b_1$，したがって $b_1=\max B$．また任意の $a \in A$ に対して $(a, b_1) \leqq (a_1, b_1)$ であるから $a \leqq a_1$，したがって $a_1=\max A$．すなわち，$\max(A \times B)$ が存在することと，$\max A$, $\max B$ がともに存在することとは同等である．ゆえに，前問によって結論を得る．

10. A に導入した順序について，A が全順序集合となることは容易に示される．よって，A が整列集合であることをいうには，A に降鎖が存在しないことを示せばよい(§2, 問題2)．仮りに A に降鎖

$$a^{(1)} > a^{(2)} > \cdots > a^{(n)} > \cdots$$

が存在したとし，$a^{(n)}=(a_\alpha^{(n)})_{\alpha \in \Lambda}$, $\max\{\alpha \mid a_\alpha^{(n)} \neq e_\alpha\}=\alpha_n$ とおく．そうすれば，A における順序の定義から明らかに，$\alpha_1 \geqq \alpha_2 \geqq \cdots \geqq \alpha_n \geqq \cdots$ となるが，Λ は整列集合で，したがって降鎖は存在しないから，適当な自然数 n_0 をとれば，$\alpha_{n_0}=\alpha_{n_0+1}=\alpha_{n_0+2}=\cdots$ が成り立つ．この元を $\bar{\alpha}$ とすれば，ふたたび A における順序の定義から

$$a_{\bar{\alpha}}^{(n_0)} > a_{\bar{\alpha}}^{(n_0+1)} > a_{\bar{\alpha}}^{(n_0+2)} > \cdots.$$

すなわち，$A_{\bar{\alpha}}$ に降鎖が存在することとなって，$A_{\bar{\alpha}}$ が整列集合であることに矛盾する．

第 4 章

§1

1. $A=\{a_1, \cdots, a_k\}$ とする．$\boldsymbol{R}^n-A$ の任意の点 a に対し，正数 ε を $\min\{d(a, a_1), \cdots, d(a, a_k)\}$ よりも小さくとれば，$B(a; \varepsilon) \cap A=\phi$.

2. $0<\varepsilon<d(a, b)/2$ である ε をとって，$U=B(a; \varepsilon)$，$V=B(b; \varepsilon)$ とすればよい．

4. (a)　$A=\{x \mid x_1^2-4x_2 \geqq 0\}$，$A^\circ=\{x \mid x_1^2-4x_2>0\}$，$\bar{A}=A$.

(b)　$B=\{x \mid x_1^2-4x_2<0\}$，$B^\circ=B$，$\bar{B}=\{x \mid x_1^2-4x_2 \leqq 0\}$.

(c)　$C^\circ=\phi$，$\bar{C}=\boldsymbol{R}^2$.

(d)　$D^\circ=\phi$，$\bar{D}=\{x \mid 0 \leqq x_1=x_2 \leqq 1\}$.

(e)　$E=\{x \mid x_1>0,\ x_1{}^2/2\leqq x_2<x_1{}^2\}$,

$E^\circ=\{x \mid x_1>0,\ x_1{}^2/2<x_2<x_1{}^2\}$, $\bar{E}=\{x \mid x_1\geqq 0,\ x_1{}^2/2\leqq x_2\leqq x_1{}^2\}$.

§2

3. x を含むある開集合 O に対して $O\cap M=\phi$ となるならば，$O\subset M^c$，したがって $O\subset M^{ci}=M^e$ であるから，$x\in M^e$．よって $x\notin \bar{M}$．逆に $x\notin \bar{M}$ ならば，$x\in M^e=M^{ci}$ であるから，$M^{ci}=O$ は x を含む開集合で，$O\cap M=\phi$.

4. $x\in O\cap\bar{M}$ とし，O' を x を含む任意の開集合とすれば，$O\cap O'$ は x を含む開集合で，$x\in\bar{M}$ であるから前問により $(O\cap O')\cap M\neq\phi$．すなわち $O'\cap(O\cap M)\neq\phi$．したがってふたたび前問により $x\in\overline{O\cap M}$.

5. $M^{aia}\supset M^{ai}$ であるから，$M^{aiai}\supset M^{aii}=M^{ai}$．他方 $M^{ai}\subset M^a$ であるから，$M^{aia}\subset M^{aa}=M^a$．したがって $M^{aiai}\subset M^{ai}$．ゆえに $M^{aiai}=M^{ai}$．もう1つの等式も同様.

6. (a)　$M^f=M^a-M^i=M^a\cap M^{ic}$ で，M^a, M^{ic} は閉集合であるから，M^f は閉集合である．(b)　M の点は M の内点か境界点かのいずれかであるから，$M\cap M^f=M-M^i$．したがって，$M=M^i \Leftrightarrow M\cap M^f=\phi$．(c)　M の触点は M の点または M の境界点であるから，$M^a=M\cup M^f$．よって，$M=M^a \Leftrightarrow M^f\subset M$.

7. $\bar{M}$ の任意の点 x は，それが M に属していなければ M の集積点であり，M に属していれば定義によって集積点であるか孤立点であるかのいずれかである.

8. $M^{ai}\supset M^i$ であるから，$M^{af}=M^{aa}-M^{ai}=M^a-M^{ai}\subset M^a-M^i=M^f$．また，$M^{ia}\subset M^a$ であるから，$M^{if}=M^{ia}-M^{ii}=M^{ia}-M^i\subset M^a-M^i=M^f$.

9. $(M\cup N)^i\supset M^i$，$(M\cup N)^i\supset N^i$ であるから，$(M\cup N)^f=(M\cup N)^a-(M\cup N)^i$
$=(M^a\cup N^a)-(M\cup N)^i=(M^a-(M\cup N)^i)\cup(N^a-(M\cup N)^i)$
$\subset(M^a-M^i)\cup(N^a-N^i)=M^f\cup N^f$.

§3

1. (i)　$\mathfrak{O}_1\subset\mathfrak{O}_2$ ならば，$M^{i_1}\subset M$，$M^{i_1}\in\mathfrak{O}_2$ であるから $M^{i_1}=M^{i_1i_2}\subset M^{i_2}$．逆にこの条件が満たされているとき，$O\in\mathfrak{O}_1$ ならば $O=O^{i_1}\subset O^{i_2}$ であるから，当然 $O=O^{i_2}$．したがって $O\in\mathfrak{O}_2$．(ii) は関係 $a_1=ci_1c$，$a_2=ci_2c$ によって(i)に帰着する.

3. 条件が必要であることは定理15から明らかである．逆に，この条件が満たされているとき，$\mathfrak{B}$ の元の和集合として表わされる S の部分集合全体の集合を $\mathfrak{O}$ とすれば，$\mathfrak{O}$ は S における位相となる．実際，(Oi) は(O*i)から，(Oiii) は $\mathfrak{O}$ の定め方から明らかである．(Oii)：まず(O*ii)から $W_1, W_2\in\mathfrak{B}$ ならば $W_1\cap W_2\in\mathfrak{O}$ であることが直ちに導かれる．そこで一般に $O_1, O_2\in\mathfrak{O}$，$O_1=\bigcup_{\lambda\in\Lambda}W_\lambda^{(1)}$，$O_2=\bigcup_{\mu\in M}W_\mu^{(2)}$ とすれば，$O_1\cap O_2=\bigcup_{(\lambda,\mu)\in\Lambda\times M}(W_\lambda^{(1)}\cap W_\mu^{(2)})$ で，$W_\lambda^{(1)}\cap W_\mu^{(2)}\in\mathfrak{O}$ であるから，(Oiii) により $O_1\cap O_2\in\mathfrak{O}$

となる．——ゆえに $\mathfrak{O}=\mathfrak{O}(\mathfrak{B})$ となり，$\mathfrak{B}$ はその基底となる．

4. $\mathfrak{O}_1=\mathfrak{O}(\mathfrak{B}_1)$，$\mathfrak{O}_2=\mathfrak{O}(\mathfrak{B}_2)$ とする．$\mathfrak{O}_1\subset\mathfrak{O}_2$ のとき，$V\in\mathfrak{B}_1$ ならば $V\in\mathfrak{O}_2$ であるから，定理 15 によって (*) が成り立つ．逆に (*) が成り立つならば，任意の $V\in\mathfrak{B}_1$ は $\mathfrak{B}_2$ の元の和集合として表わされるから，$V\in\mathfrak{O}_2$．したがって $\mathfrak{B}_1\subset\mathfrak{O}_2$．ゆえに $\mathfrak{O}_1=\mathfrak{O}(\mathfrak{B}_1)\subset\mathfrak{O}_2$．

5. (a) は $x\in M^\circ\Leftrightarrow M\in \boldsymbol{V}(x)$ から明らかである．(b) は (a) の M の代りに M^c を考えればよい．(c) は (b) から，(d) は (c) と $M^f=M^a\cap M^{ca}$ から導かれる．また，(e) は集積点の定義と (c) から，(f) は孤立点の定義と (e) から導かれる．

8. (**V**i) は (**V***i) から，(**V**ii) は $\boldsymbol{V}(x)$ の定め方から，(**V**iii) は (**V***ii) から導かれる．(**V**iv)：$V\in\boldsymbol{V}(x)$ とし，$V\supset U$，$U\in\boldsymbol{V}^*(x)$ とする．この U に対して (**V***iii) の条件を満たす W をとれば，任意の $y\in W$ に対して，$U_y\subset U$ したがって $U_y\subset V$ となる $U_y\in\boldsymbol{V}^*(y)$ があるから，$V\in\boldsymbol{V}(y)$．

10. たかだか可算な基本近傍系 $\boldsymbol{U}^*(x)=\{U_1, U_2, \cdots, U_n, \cdots\}$ を 1 つとって，$V_1=U_1$，$V_2=U_1\cap U_2$，$\cdots$，$V_n=U_1\cap U_2\cap\cdots\cap U_n$，$\cdots$ とおけばよい．

§4

1. $h=f-g$ は S 上の実連続関数で，問題の集合は $\boldsymbol{R}$ の閉集合 $\{0\}$，$(-\infty, 0]$，開集合 $(-\infty, 0)$ の h による逆像である．

2. f が x_0 で連続であるとし，$x_0\in\bar{M}$ とする．$V'\in\boldsymbol{V}_{S'}(x_0')$ $(x_0'=f(x_0))$ とすれば，$f^{-1}(V')\in\boldsymbol{V}_S(x_0)$ であるから $f^{-1}(V')\cap M\neq\phi$．したがって $V'\cap f(M)\neq\phi$．ゆえに $x_0'\in\overline{f(M)}$．逆にこの問題の条件が満たされているとし，$V'\in\boldsymbol{V}_{S'}(x_0')$ とする．もし $f^{-1}(V')$ が x_0 の近傍でないならば，$x_0\in\overline{S-f^{-1}(V')}=\overline{f^{-1}(S'-V')}$．したがって問題の条件により $f(x_0)\in\overline{f(f^{-1}(S'-V'))}\subset\overline{S'-V'}$ となるが，これは V' が x_0' の近傍であることに反する．ゆえに $f^{-1}(V')$ は x_0 の近傍である．

3. 前問から明らかである．

§5

3. M の閉集合 $A\cap M$ (A は S の閉集合) が X を含むためには，$\bar{X}\subset A$ であることが必要十分である．このことから明らかである．

4. X^i は M に含まれる S の開集合であるから，M においても開集合で，しかも $X\supset X^i$ であるから $X^{i'}\supset X^i$．もし M が S の開集合ならば，$X^{i'}$ は S の開集合となるから，逆に $X^{i'}\subset X^i$ が得られ，$X^{i'}=X^i$ となる．また任意の $X\in\mathfrak{P}(M)$ に対して $X^{i'}=X^i$ ならば，特に $M=M^{i'}=M^i$ であるから M は S の開集合である．

6. M の点 x が孤立点であることは，x が $M-\{x\}$ の M における閉包 $\overline{M-\{x\}}\cap M$ に含まれないこと，すなわち $\{x\}$ が M の開集合であることと同等である．これから結論が得られる．

7. B が A_1 においても A_2 においても開集合ならば，$B=O_1\cap A_1=O_2\cap A_2$ となる S の開集合 O_1, O_2 が存在し，$B=(O_1\cap O_2)\cap(A_1\cup A_2)$ となる．したがって B は $A_1\cup A_2$ においても開集合である．閉集合の場合も同様．

8. たとえば，$f:(a,b)\to\boldsymbol{R}$ を $f(x)=(x-c)/(x-a)(b-x)$ $(c=(a+b)/2)$ と定義すれば，f は (a,b) から $\boldsymbol{R}$ への同相写像となる．

11. S の点 $x=(x_\lambda)_{\lambda\in\Lambda}$ の基本近傍系として(5.7)の形の集合の全体をとることができるが，この形の集合がすべて M と交わるためには，明らかに，すべての $\lambda\in\Lambda$ に対し任意の $V_\lambda\in\boldsymbol{V}_{S_\lambda}(x_\lambda)$ が M_λ と交わることが必要十分である．

12. 前半は前問と同様にして直ちに示される．Λ が無限集合の場合には，この等式は成り立たない．たとえば，$S_n=\boldsymbol{R}$，$M_n=(0,1)$ $(n\in\boldsymbol{N})$ とすれば，$M=\prod_{n\in\boldsymbol{N}}M_n$ は $S=\prod_{n\in\boldsymbol{N}}S_n$ の開集合ではないが，$\prod M_n^\circ=\prod M_n=M$.

13. $\boldsymbol{N}$ の有限部分集合全体の集合が可算である(第2章§2，問題5)ことと，p. 192の注意から直ちにわかる．

14. たとえば，$\boldsymbol{R}\times\boldsymbol{R}$ の部分集合 $M=\{(x,1/x)\mid x>0\}$ は $\boldsymbol{R}\times\boldsymbol{R}$ の閉集合であるが，pr_1M は $\boldsymbol{R}$ の区間 $(0,\infty)$ で，これは $\boldsymbol{R}$ の閉集合ではない．

15. f が連続ならば，pr_λ は連続であるから $f_\lambda=\mathrm{pr}_\lambda\circ f$ は連続である．逆に，すべての f_λ が連続ならば，S' の初等開集合 $\bigcap_{i=1}^{n}\mathrm{pr}_{\lambda_i}^{-1}(O'_{\lambda_i})$ (O_{λ_i} は S'_{λ_i} の開集合) の f による逆像 $\bigcap_{i=1}^{n}f_{\lambda_i}^{-1}(O'_{\lambda_i})$ は S の開集合である．

18. たとえば，

$$\{(x_1,x_2)\,;\,|f(x_1,x_2)-f(0,0)|<1/2\}=\{(0,0)\}\cup\{(x_1,x_2)\mid x_1\neq\pm x_2\}$$

で，これは $(0,0)$ の近傍ではない．

19. 定理23と同様にして容易に証明される．

第 5 章

§1

2. もし $M\cap A^f=\phi$ ならば，$M=(M\cap A^i)\cup(M\cap A^e)$，$M\cap A^i=M\cap A\neq\phi$，$M\cap A^e=M\cap A^c\neq\phi$ となって，M が連結であることに矛盾する．

3. S から離散空間 $S'=\{x_1,x_2\}$ の上への連続写像 f が存在すれば，S は2つの空でない開集合 $f^{-1}(x_1)$，$f^{-1}(x_2)$ の直和に分解される．逆に，S が2つの空でない開集合 O_1, O_2 の直和に分解されるならば，O_1 の点をすべて x_1 に，O_2 の点をすべて x_2 にうつす写像は S から S' の上への連続写像である．

4. a を S の1点，$f(a)=\alpha$ とすれば，$\{\alpha\}$ は $\boldsymbol{R}$ の閉集合であるから $f^{-1}(\alpha)$ は S の

閉集合である．かつ，$a\in f^{-1}(\alpha)$ であるから $f^{-1}(\alpha)\neq\phi$．また $f^{-1}(\alpha)$ の任意の点を b とすれば，$f(b)=\alpha$ で，適当な $V\in \boldsymbol{V}(b)$ 上で f は定数関数であるから，$V\subset f^{-1}(\alpha)$．したがって $f^{-1}(\alpha)$ は S の開集合でもある．ゆえに $f^{-1}(\alpha)=S$.

5. A が空でない閉集合 A_1, A_2 の直和に分解されたとする．そのとき $A\cap B$ は閉集合 $A_1\cap B$, $A_2\cap B$ の直和となるが，$A\cap B$ は連結であるから，その一方は ϕ でなければならない．いま $A_1\cap B=\phi$ とすれば，A_1 と $A_2\cup B$ は互に素な空でない閉集合で，$A\cup B=A_1\cup(A_2\cup B)$．これは $A\cup B$ が連結であることに反する．

7. M を真部分集合として含む S の部分集合 M_1 をとれば，M は M_1 の中で開かつ閉となるから，M_1 は連結でない．

8. 定理5によって $\prod_{\lambda\in\Lambda} C_\lambda$ は連結で，x を含むから，$\prod_{\lambda\in\Lambda} C_\lambda\subset C$．一方，定理1の系により $\mathrm{pr}_\lambda(C)$ は連結で，x_λ を含むから，$\mathrm{pr}_\lambda(C)\subset C_\lambda$．したがって $C\subset\prod_{\lambda\in\Lambda} C_\lambda$.

9. $A\cup B$ を $A\cup B$ における2つの開集合 O_1, O_2 の直和に表わしたとき，その一方が ϕ となることを示せばよい．A は連結であるから，O_1, O_2 がともに A と交わることはない．したがって，その一方は A を含み，他方は B に含まれる．いま $O_1\supset A$, $O_2\subset B$ とすれば，O_2 は $A\cup B$ において開かつ閉であるから，B においても開かつ閉である．また，B は A^c において開かつ閉であるから，第4章定理24により，O_2 は A^c において開かつ閉となる．ゆえに第4章§5，問題7によって O_2 は $(A\cup B)\cup A^c=S$ において開かつ閉となるが，S は連結であるから，$O_2=\phi$ でなければならない．

10. B^c が B^c における2つの開集合 O_1, O_2 の直和に分解されたとすれば，A の連結性によって，O_1, O_2 の一方は A を含み，他方は B^c-A に含まれる．いま $O_2\subset B^c-A$ とすれば，O_2 は B^c の中で開かつ閉であるから，前問により $B\cup O_2$ は連結である．しかるに $B\cup O_2\subset A^c$ で，B は A^c の連結成分であるから，$B\cup O_2=B$．ゆえに $O_2=\phi$.

11. いえない．反例：S を F) の例で考えた位相空間 M とし，$A=\{(x_1, 0)\mid 0<x_1\leqq 1\}$ とする．そのとき $B=M_1$ は $A^c=S-A$ の1つの連結成分であるが，$A\cup B$ は連結ではない．

13. $\boldsymbol{Q}$ の2点以上を含む部分集合 M は連結でないことをいえばよい．$M\ni a, b$, $a<b$ とし，$a<c<b$ となる無理数 c をとって $O_1=M\cap(-\infty, c)$, $O_2=M\cap(c, \infty)$ とおく．そうすれば，O_1, O_2 は M の空でない互に素な開集合で，$M=O_1\cup O_2$ となる．

14. 一般の弧のかわりに折れ線だけを考えても，定理8の証明はそのまま通用する．

15. $\boldsymbol{R}$ の部分空間 $M(\neq\boldsymbol{R})$ が $\boldsymbol{R}$ と同相ならば，$\boldsymbol{R}$ は連結であるから当然 M も連結で，したがって M は定理6系1に挙げた区間のいずれかとなる．これらの区間のうち，(a, b), (a, ∞), $(-\infty, b)$ が $\boldsymbol{R}$ と同相であることは容易に示される．(たとえば (a, b) が $\boldsymbol{R}$ と同相であることは，第4章§5の問題8でみた.) また，残りの区間はどれも $\boldsymbol{R}$ と同相でない．たとえば，区間 $[a, b)$ はその1点 a をとり除いても連結であるが，$\boldsymbol{R}$ から1点をとり除けば連結でなくなるからである．

19. $m=1$ ならば明らかであるから，$m\geqq 2$, $M\supset S(a^{(1)},\cdots,a^{(m-1)})$ と仮定する．

$$x=t_1a^{(1)}+\cdots+t_ma^{(m)}$$
$$(t_1+\cdots+t_m=1,\ t_1\geqq 0,\cdots,t_m\geqq 0)$$

を $S(a^{(1)},\cdots,a^{(m)})$ の任意の点とする．$t_m=1$ ならば $x=a^{(m)}\in M$ である．

また $t_m<1$ ならば，

$$x=(1-t_m)\left(\frac{t_1}{1-t_m}a^{(1)}+\cdots+\frac{t_{m-1}}{1-t_m}a^{(m-1)}\right)+t_ma^{(m)}$$

で，

$$b=\frac{t_1}{1-t_m}a^{(1)}+\cdots+\frac{t_{m-1}}{1-t_m}a^{(m-1)}$$

は $S(a^{(1)},\cdots,a^{(m-1)})$ に，したがって M に属する．そして $x\in\overline{ba^{(m)}}$; $b, a^{(m)}\in M$; M は凸集合；であるから，$x\in M$ となる．

20. 本題および次の問題の証明のために，まず次のことに注意しておく：一般に，$x,y,z,x_1,y_1,z_1\in \boldsymbol{R}^n$, $z=\lambda x+\mu y$, $z_1=\lambda x_1+\mu y_1$ $(\lambda,\mu\in\boldsymbol{R})$ であるとき，

$$(*)\qquad d(z,z_1)\leqq|\lambda|\,d(x,x_1)+|\mu|\,d(y,y_1).$$

この検証は容易である．

さて，$a,b\in M^a$; $x\in\overline{ab}$, $x=ta+sb$, $t+s=1$, $t\geqq 0$, $s\geqq 0$ とする．$a,b\in M^a$ であるから，任意の $\varepsilon>0$ に対し $a_1\in B(a;\varepsilon)$, $b_1\in B(b;\varepsilon)$ となる $a_1,b_1\in M$ がある．そこで $x_1=ta_1+sb_1$ とおけば，$x_1\in M$ で，また(*)から容易に $x_1\in B(x;\varepsilon)$ であることが示される．ゆえに $x\in M^a$.

21. $x\in\overline{ab}$, $x=ta+sb$, $t+s=1$, $t>0$, $s>0$ とする．$a\in M^i$ であるから，$B(a;\varepsilon)\subset M$ となる ε がある．このとき $B(x;t\varepsilon/2)\subset M$ となることが次のように示される．x_1 を $B(x;t\varepsilon/2)$ の任意の点とする．$b\in M^a$ であるから，$B(b;t\varepsilon/2s)$ に属する M の点 b_1 がある．そこで点 a_1 を $x_1=ta_1+sb_1$ となるように定めれば，$a_1\in B(a;\varepsilon)$ (したがって $a_1\in M$)となることが(*)を用いて容易に証明される．そして $x_1\in\overline{a_1b_1}$ であるから $x_1\in M$. ゆえに $B(x;t\varepsilon/2)\subset M$. よって x は M の内点である．――後半は前半から明らかである．

22. 実数の集合 $\{t\mid a+tc\in M,\ t\geqq 0\}$ が上に有界でないならば，前問から明らかに，半直線 $a+tc$, $t\geqq 0$ はすっかり M に含まれる．そうでない場合には，この集合の上限を t_0 とすれば，やはり前問を用いて，$a+t_0c\in M^f$ であること，および $\{a+tc\mid 0\leqq t<t_0\}\subset M^i$, $\{a+tc\mid t>t_0\}\subset M^e$ であることが，容易に結論される．

§2

3. $\mathfrak{A}$ が(Ai), (Aii), (Aiii)を満たすことは直ちに示される．また，条件(C)′ は次のよ

うに示される: $\mathfrak{X}\subset\mathfrak{A}$, $\bigcap\mathfrak{X}=\phi$ とする. $\mathfrak{X}$ の1つの元を $A_0=\{a_1, \cdots, a_n\}$ とすれば, $\bigcap\mathfrak{X}=\phi$ であるから, $a_i\notin A_i$ となる $A_i\in\mathfrak{X}$ が存在し, $A_0\cap A_1\cap\cdots\cap A_n=\phi$.

4. $\mathfrak{O}_1\supset\mathfrak{O}_2$ であるから, 恒等写像 I_S は $(S, \mathfrak{O}_1)$ から $(S, \mathfrak{O}_2)$ への連続な全単射となるが, $(S, \mathfrak{O}_1)$ はコンパクト空間, $(S, \mathfrak{O}_2)$ は Hausdorff 空間であるから, 定理15によって I_S は同相写像となる. ゆえに $\mathfrak{O}_1=\mathfrak{O}_2$.

5. A を $S_1\times S_2$ の閉集合とし, $\mathrm{pr}_2A=B\subset S_2$ とする. $B^c=S_2-B$ が S_2 の開集合であることを示せばよい. y を B^c の任意の1点とする. そのとき, S_1 の任意の点 x に対して $(x, y)\notin A$ で, A は閉集合であるから, $(U_x\times V_x)\cap A=\phi$ となる $U_x\in\boldsymbol{V}_{S_1}(x)$, $V_x\in\boldsymbol{V}_{S_2}(y)$ が存在する. U_x は S_1 の開集合と仮定してよい. そうすれば $\{U_x\mid x\in S_1\}$ は S_1 の開被覆となるが, S_1 はコンパクトであるから, 適当に有限個の点 $x_1, \cdots, x_r$ $(\in S_1)$ をとれば, $\bigcup_{i=1}^{r}U_{x_i}=S_1$ が成り立つ. そこで $V=\bigcap_{i=1}^{r}V_{x_i}$ とおけば, $V\in\boldsymbol{V}_{S_2}(y)$ で, 明らかに $(S_1\times V)\cap A=\phi$. したがって $V\cap B=\phi$, $V\subset B^c$ となる. ゆえに B^c は S_2 の開集合である.

§3

1. 前半は明らか. 後半: S が無限集合の場合は, S の2つの空でない開集合は必ず交わることに注意すればよい.

2. S に閉集合系 $\mathfrak{A}_1$ を導入して T_1-空間が得られるとすれば, 1点のみから成る集合, したがってまた有限個の点から成る集合はすべて $\mathfrak{A}_1$ に属する. すなわち $\mathfrak{A}\subset\mathfrak{A}_1$.

3. (a) $A^c=S-A$ が開集合であることを示せばよい. x を A^c の任意の点とすれば, $f(x)\neq g(x)$ で, S' が Hausdorff 空間であるから, $U'\cap V'=\phi$ となる $U'\in\boldsymbol{V}_{S'}(f(x))$, $V'\in\boldsymbol{V}_{S'}(g(x))$ が存在する. そのとき $f^{-1}(U')\cap g^{-1}(V')\in\boldsymbol{V}_S(x)$ で, 明らかに $f^{-1}(U')\cap g^{-1}(V')\subset A^c$. したがって A^c は開集合である.

(b) は (a) から明らかである.

5. 正規空間が完全正則空間であることは定理24からわかる. 次に, S を完全正則空間とし, O を S の開集合, x_0 を O の1点とする. $A=S-O$ とおけば, $x_0\notin A$ であるから, (T^*) の条件 (i), (ii), (iii) を満たす実連続関数 $f: S\to\boldsymbol{R}$ が存在する. そこで $O_1=\{x\mid x\in S,\ f(x)<1/2\}$ とおけば, O_1 は x_0 を含む開集合で, $f(O_1)\subset[0, 1/2)$ であるから $f(\bar{O}_1)\subset\overline{f(O_1)}\subset[0, 1/2]$. したがって $\bar{O}_1\cap A=\phi$, すなわち $\bar{O}_1\subset S-A=O$ となる. すなわち S は $(\mathrm{T}_3)'$ を満足するから, 正則である.

6. 相対位相の定義から直ちに証明される.

7. 正則空間の場合についてだけ証明する. まず, すべての S_λ が正則であるとし, O を S の開集合, $x=(x_\lambda)$ を O の1点とする. $x\in O_0\subset O$ となる初等開集合 O_0 をとり, $O_0=\prod_{i=1}^{n}O_{\lambda_i}\times\prod_{\lambda\in\Lambda-\{\lambda_1,\cdots,\lambda_n\}}S_\lambda$ とすれば, $x_{\lambda_i}\in O_{\lambda_i}$ であるから, $x_{\lambda_i}\in O'_{\lambda_i}$, $\bar{O}'_{\lambda_i}\subset O_{\lambda_i}$ とな

る S_{λ_i} の開集合 O'_{λ_i} がある．そこで，$O'_0=\prod_{i=1}^{n}O'_{\lambda_i}\times\prod_{\lambda\in\Lambda-\{\lambda_1,\cdots,\lambda_n\}}S_\lambda$ とおけば，$x\in O'_0$，$\bar{O}'_0\subset O_0\subset O$．ゆえに S は正則である．逆に S が正則のとき，λ を Λ の1つの元とし，λ 以外の μ に対してそれぞれ1つずつ S_μ の点 x_μ をとれば，S_λ は S の部分空間 $S_\lambda\times\prod_{\mu\in\Lambda-\{\lambda\}}\{x_\mu\}=S'_\lambda$ と同相で，前問により S'_λ は正則である．したがって S_λ は正則である．

8. S を正則とし，$U\in V(x)$ とすれば，$x\in U^\circ$ であるから，$x\in O_1$，$\bar{O}_1\subset U^\circ$ となる開集合 O_1 がある．そこで，$\bar{O}_1=V$ とおけば，V は x の閉近傍で $V\subset U^\circ\subset U$．逆に，各点 x の閉近傍全体が基本近傍系をなすとする．そのとき，$x\in O$，O は開集合，とすれば，$V\subset O$ となる x の閉近傍 V がある．$V^\circ=O_1$ とおけば $x\in O_1$ で，$O_1\subset V$ であるから $\bar{O}_1\subset V\subset O$．

9. U を S の点 x の任意の近傍とし，V を x のコンパクトな近傍とすれば，ヒントに述べたように V は正則で，$U\cap V$ は V における x の近傍であるから，前問により，$x\in W\subset U\cap V$ となる V における x の閉近傍 W が存在する．定理14によって V は S の閉集合であるから，W は S においても閉集合である．また，V は x の S における近傍，W は x の V における近傍であるから，W は x の S における近傍ともなる(第4章§5，問題20)．したがって W は S における x の閉近傍で，しかも $W\subset U$ である．ゆえにふたたび前問により，S は正則となる．

10. U を S の点 x の任意の近傍とする．V を x のコンパクトな近傍とすれば，前問で示したように $W\subset U\cap V$ となる S における x の閉近傍 W が存在する．定理11によりこの W はコンパクトで，$W\subset U$ である．

11. ヒントに述べたように，$M=O\cap A$ の任意の点 x に対し，$x\in V\subset O$ となる x の(S における)コンパクトな近傍 V が存在する．$V'=V\cap M$ とおけば，V' は x の M における近傍で，また $V'=V\cap A$ となるから，V' はコンパクト空間 V の閉集合である．したがって V' はコンパクトである．

12. $x\in M$ とし，x の M におけるコンパクトな近傍を V とする．V は S の閉集合である．V は x の M における近傍であるから，$x\in U\cap M\subset V$ となる S の開集合 U が存在し，第4章§2の問題4によって，$x\in U\cap\bar{M}\subset\overline{U\cap M}\subset V$．したがって V は x の $\bar{M}$ における近傍となる．ゆえに M は $\bar{M}$ において開集合となる．したがって $M=O\cap\bar{M}$ (O は S の開集合)と表わされる．

第 6 章

§1

1. (Diii), (Div) から (Diii)′ が導かれることは明らかである．逆に (Diii)′ で $z=y$ とおけば，(Dii) と合わせて $d(y,x)\leqq d(x,y)$ が得られ，x,y を入れかえても同様であるから(Diii)が導かれる．したがってまた，(Div)も導かれる．

10. $\lim_{n\to\infty} a_n = a$, $\lim_{n\to\infty} b_n = b$ とすれば，$\lim_{n\to\infty} d(a_n, a) = 0$, $\lim_{n\to\infty} d(b_n, b) = 0$. 三角不等式から $|d(a_n, b_n) - d(a, b)| \leqq d(a_n, a) + d(b_n, b)$ は直ちに示されるから，$\lim_{n\to\infty} d(a_n, b_n) = d(a, b)$. 後半は，前半に示したことと前問および定理3から導かれる．

11. (a)　(a_α) が M の有向点列で $a_\alpha \to a$ ならば，$a \in \bar{M}$ であることは明らかである．逆に $a \in \bar{M}$ とする．問題の中に注意されているように，点 a の近傍系 $\boldsymbol{V}(a)$ において，その2元 U, V に対し，$U \supset V$ であることを $U \leqq V$ と定義すれば，$(\boldsymbol{V}(a), \leqq)$ は1つの有向集合となる．$a \in \bar{M}$ であるから，この有向集合 $A = \boldsymbol{V}(a)$ のどの元 V も M と交わる．そこで，各 $V \in A$ に対し $M \cap V$ からそれぞれ1つの元 a_V を選出すれば，$(a_V)_{V \in A}$ は M の有向点列で，明らかに $a_V \to a$ となる．

(b) は(a)から明らかである．

12. 定理3の証明と同様である．(p. 242 の注意参照.)

13. S のある有向点列 $(a_\alpha)_{\alpha \in A}$ が(S の中に)異なる極限点 a, b をもつとする．U, V をそれぞれ a, b の近傍とすれば，適当な $\alpha_1, \alpha_2 \in A$ が存在して，$\alpha \geqq \alpha_1$ であるすべての α に対して $a_\alpha \in U$, $\alpha \geqq \alpha_2$ であるすべての α に対して $a_\alpha \in V$ が成り立つ．A は有向集合であるから，$\beta \geqq \alpha_1$, $\beta \geqq \alpha_2$ となる $\beta \in A$ が存在し，$a_\beta \in U \cap V$. したがって $U \cap V \neq \phi$. ゆえに S は Hausdorff 空間でない．逆に S が Hausdorff 空間でないとすれば，S の適当な相異なる2点 a, b をとるとき，a の任意の近傍と b の任意の近傍とが交わる．いま，$A = \boldsymbol{V}(a) \times \boldsymbol{V}(b)$ とおき，A の2元 $(U_1, V_1), (U_2, V_2)$ に対し，$U_1 \supset U_2$ かつ $V_1 \supset V_2$ であることを $(U_1, V_1) \leqq (U_2, V_2)$ と定義する．そうすれば明らかに，$(A, \leqq)$ は1つの有向集合となる．仮定により，この有向集合 A の各元 $\alpha = (U, V)$ に対し $U \cap V \neq \phi$ であるから，$a_\alpha \in U \cap V$ であるような有向点列 $(a_\alpha)_{\alpha \in A}$ をとることができる．この有向点列 $(a_\alpha)_{\alpha \in A}$ は明らかに a にも b にも収束する．

14. (a)　$M \in \boldsymbol{V}(a)$ ならば，もちろん $\lim \mathfrak{F} = a$ である任意のフィルター $\mathfrak{F}$ に対して $M \in \mathfrak{F}$. 逆に，M が a に収束する任意のフィルターに属しているならば，特に $\boldsymbol{V}(a)$ は a に収束するフィルターであるから，$M \in \boldsymbol{V}(a)$.　(b)　$a \in \bar{M}$ ならば，M と $\boldsymbol{V}(a)$ のある元 V との共通部分 $M \cap V$ を含むような S の部分集合の全体 $\mathfrak{F}$ は，a に収束するフィルターで，$M \in \mathfrak{F}$. 逆に $\lim \mathfrak{F} = a$, $M \in \mathfrak{F}$ となるフィルター $\mathfrak{F}$ が存在すれば，$\boldsymbol{V}(a) \subset \mathfrak{F}$ であるから，任意の $V \in \boldsymbol{V}(a)$ に対して $M \cap V \neq \phi$.

15. 定義から直ちに証明される．

§2

1. 任意の $a \in A$, $b \in B$ に対し

$$(*) \qquad d(a, b) \leqq d(A, B) + \delta(A) + \delta(B)$$

を示せばよい．$a' \in A$, $b' \in B$ を任意にとれば

$$d(a,b) \leqq d(a',b') + d(a,a') + d(b,b') \leqq d(a',b') + \delta(A) + \delta(B).$$

a', b' に関する右辺の inf をとって(*)を得る.

2. 前問あるいは補題1を用いて直ちに示される.

3. 補題2から直ちに導かれる.

4. $a \geqq 0,\ b \geqq 0$ のとき

$$\frac{a}{1+a} + \frac{b}{1+b} \geqq \frac{a}{1+a+b} + \frac{b}{1+a+b} = \frac{a+b}{1+a+b}$$

に注意すれば, 三角不等式が導かれる. 他の検証もすべて容易である.

5. 三角不等式は次のように示される: $d(x,y) \geqq 1$ のときは $d''(x,z) \leqq 1 = d''(x,y) \leqq d''(x,y) + d''(y,z)$. $d(y,z) \geqq 1$ のときも同様. また $d(x,y) < 1$, $d(y,z) < 1$ ならば, $d''(x,z) \leqq d(x,z) \leqq d(x,y) + d(y,z) = d''(x,y) + d''(y,z)$. ——他の検証は容易.

7. (2.1) より $\delta(A) \leqq \delta(\bar{A})$ であるから, $\delta(\bar{A}) \leqq \delta(A)$ を示せばよい. $\delta(A) = +\infty$ のときは明瞭. $\delta(A) < +\infty$ のとき, $x, y \in \bar{A}$ とし, ε を任意の正数とすれば, $d(x,a) < \varepsilon$, $d(y,b) < \varepsilon$ となる $a, b \in A$ があり,

$$d(x,y) \leqq d(x,a) + d(a,b) + d(b,y) < \delta(A) + 2\varepsilon.$$

したがって $\delta(\bar{A}) \leqq \delta(A) + 2\varepsilon$. これが任意の ε に対して成り立つから $\delta(\bar{A}) \leqq \delta(A)$.

8. $d: S \times S \to \boldsymbol{R}$ が連続で, $A \times A$ は $S \times S$ のコンパクトな部分集合であるから, 第5章定理16, 系2によって $d(A \times A) = \{d(x,y) \mid x \in A,\ y \in A\}$ には最大値が存在する. このことから結論を得る.

9. $f_B(x) = d(x,B)$ とおけば, $f_B: S \to \boldsymbol{R}$ は連続(補題4)で, A はコンパクトであるから, $f_B(A) = \{d(x,B) \mid x \in A\}$ には最小値が存在する.

10. 前問と補題2による.

11. いえない. たとえば, $\boldsymbol{R}^2$ において $A = \{(x_1, x_2) \mid x_2 = 0\}$, $B = \{(x_1, x_2) \mid x_1 x_2 = 1\}$ とおけば, A, B は閉集合で, $A \cap B = \phi$, $d(A,B) = 0$.

12. 簡単のため, M は $\boldsymbol{R}^n$ の原点 $0 = (0, 0, \cdots, 0)$ を内点として含むコンパクトな凸集合とする. また B^* を原点を中心とする半径1の閉球体, S をその境界である球面とする. いま, x を原点0と異なる $\boldsymbol{R}^n$ の任意の点とすれば, 0を端点とし x の向きをもつ半直線は S および M^f とそれぞれ1点で交わる(第5章§1, 問題22). それらの点をそれぞれ $\varphi_0(x)$, $\varphi_1(x)$ とすれば, φ_0, φ_1 は $\boldsymbol{R}^n - \{0\}$ から S または M^f への写像であるが, これらはいずれも連続である. 実際, 明らかに $\varphi_0(x) = [1/d(0,x)]x$ であるから φ_0 は連続である. また $\varphi_0 | M^f = \varphi_0'$, $\varphi_1 | S = \varphi_1'$ とすれば, φ_0', φ_1' は互に他の逆写像となるが, φ_0' はコンパクト空間 M^f で定義された連続な全単射であるから, その逆写像 φ_1' も連続となる(第5章定理15). そして $\varphi_1 = \varphi_1' \circ \varphi_0$ であるから φ_1 も連続となる. そこで $\boldsymbol{R}^n$ からそれ自身への写像 ψ を, $\psi(0) = 0$, また $x \neq 0$ に対して $\psi(x) = [1/d(0, \varphi_1(x))]x$

と定義する．そのとき，容易にわかるように，ψ は連続な全単射となり，$\psi(M)=B^*$，$\psi(M^f)=S$ となる．

§3

3. $d_\infty^{(n)}(x, y) \leqq d^{(n)}(x, y) \leqq d_1^{(n)}(x, y) \leqq n d_\infty^{(n)}(x, y)$ より明らかである．

5. たとえば，$\boldsymbol{R}$ の区間 $(0, \infty)$ を S とし，d_1 を S における通常の意味の距離関数，d_2 を

$$d_2(x, y) = d_1\left(\frac{1}{x}, \frac{1}{y}\right) = \left|\frac{1}{x} - \frac{1}{y}\right| \qquad (x, y \in S)$$

で定義される距離関数とすれば，d_1, d_2 は同値であるが，一様同値ではない．

6. 加法が一様連続であることは直ちに示される．また，もし乗法も一様連続とすれば，$\varepsilon>0$ に対し

$$d^{(2)}((x', y'), (x, y)) < \delta \Rightarrow |x'y' - xy| < \varepsilon$$

を満たす $\delta>0$ が存在する．しかるに，x, y を $x+y>2\varepsilon/\delta$ であるようにとって，$x'=x+(\delta/2)$，$y'=y+(\delta/2)$ とすれば，$d^{(2)}((x', y'), (x, y))<\delta$ であるが，$x'y'-xy>\varepsilon$．これは矛盾である．

7. $S \times S$ の任意の 2 点 (x_1, x_2)，(x_1', x_2') に対し

$$|d(x_1, x_2) - d(x_1', x_2')| \leqq d(x_1, x_1') + d(x_2, x_2')$$

が成り立つことに注意すれば，直ちに示される．

9. M が S の閉集合ならば，$(a_n)_{n \in \boldsymbol{N}}$ を M の Cauchy 点列とするとき，(a_n) は S の中に極限 a をもつが，その極限 a は M に属するから，M は完備である．また，M が閉集合でなければ，M の点列 (a_n) で M に属さない点 a に収束するものがある．そのとき (a_n) は M の Cauchy 点列ではあるが収束点列ではないから，M は完備ではない．

12. $(a_n)_{n \in \boldsymbol{N}}$ は Cauchy 点列であるから，$\varepsilon>0$ に対し，$n_0 \in \boldsymbol{N}$ が存在して $m, n>n_0$ ならば $|a_m - a_n|<\varepsilon/2$．また (a_n) のある部分列 (a_{i_n}) が a に収束するから，$i_k>n_0$，$|a_{i_k}-a|<\varepsilon/2$ となる i_k がある．したがって，$n>n_0$ ならば $|a_n-a| \leqq |a_n-a_{i_k}|+|a_{i_k}-a| < \varepsilon$．ゆえに $\lim_{n\to\infty} a_n = a$．

14. $\boldsymbol{R}^n$ の有界部分集合 M は有界閉集合 $\overline{M}$ に含まれ，$\overline{M}$ はコンパクトである(第5章定理16)から，明らかに有限な ε 被覆をもつ．

15. (S, d) が全有界ならば有限な ε 網をもつことは定理 9 の証明の中で示した．逆に，M を有限な ε_0 網(ただし $\varepsilon_0<\varepsilon/2$)とすれば，$\{B(a\,;\varepsilon_0)\}_{a \in M}$ は明らかに有限な ε 被覆となる．

16. M が $S=S_1 \times S_2$ の有限な ε 網ならば，$\mathrm{pr}_1 M$，$\mathrm{pr}_2 M$ はそれぞれ S_1, S_2 の有限な ε 網となる．逆に，M_1, M_2 をそれぞれ S_1, S_2 の有限な $\varepsilon/\sqrt{2}$ 網とすれば，$M_1 \times M_2$ は S の有限な ε 網である．

§4

1. (FC)$\Rightarrow$(FC)$'$: M を S の無限部分集合とすれば，M の点列 $(a_n)_{n\in N}$ で，$i\neq j$ ならば $a_i\neq a_j$ となるものが存在する．(FC)により，(a_n) のある部分列は収束するが，その極限点は明らかに M の集積点である．

(FC)$'\Rightarrow$(FC)：$(a_n)_{n\in N}$ を S の任意の点列とする．もし $M=\{a_n\}_{n\in N}$ が有限集合ならば，適当に自然数列 $i_1<i_2<\cdots<i_n<\cdots$ をとれば，$a_{i_1}=a_{i_2}=\cdots=a_{i_n}=\cdots$ となり，$(a_{i_n})_{n\in N}$ は収束する．M が無限集合の場合には，(FC)$'$ によって M は集積点 a をもつ．そこで，$a_{i_1}\neq a$ となる i_1 をとり，$i_{n-1}<i_n$，$0\neq d(a_{i_n}, a)<d(a_{i_{n-1}}, a)/2$ となるように帰納的に i_n を定めれば，明らかに (a_{i_n}) は a に収束する．

4. ヒントのように τ を定め，M を $\delta(M)<\tau$ であるような任意の部分集合とする．a_0 を M の1点とすれば，$d(a_0, x_i)<\varepsilon(x_i)/2$ となる i があり，M の任意の点 a に対して $d(a, x_i)\leqq d(a, a_0)+d(a_0, x_i)<\varepsilon(x_i)/2+\varepsilon(x_i)/2=\varepsilon(x_i)$ であるから，$M\subset B(x_i; \varepsilon(x_i))$．よって M は $\mathfrak{U}$ のある元に含まれる．

5. ヒントのように σ を定め，$\delta(M)<\sigma$ であるような S のある部分集合 M が $\mathfrak{F}$ の部分集合 $\mathfrak{F}'$ の各元と交わるとする．そのとき，もし $\bigcap\mathfrak{F}'=\phi$ ならば，$\delta(M)<\sigma\leqq\tau(\mathfrak{U}_{\mathfrak{F}'})$ であるから，M は $\mathfrak{U}_{\mathfrak{F}'}$ のある元 $S-F$ $(F\in\mathfrak{F}')$ に含まれる．すなわち，$\mathfrak{F}'$ のある元 F に対して $M\cap F=\phi$．これは矛盾である．

6. (a)　まず，$\mathfrak{X}$ を含むような X 上のフィルターはたしかに存在することに注意する．実際，$\mathfrak{X}$ の有限個の元の共通部分を含むような X の部分集合の全体は，明らかに $\mathfrak{X}$ を含む X 上のフィルターとなるからである．そこで，次には，$\mathfrak{X}$ を含むような X 上のフィルターの集合は包含関係について帰納的順序集合となることに注意すればよい．(b)　$\mathfrak{F}\cup\{A\}$ が有限交叉性をもつことと(a)から結論を得る．(c)　もし A, A^c がどちらも $\mathfrak{F}$ に属さなければ，(b)によって $A\cap F_1=\phi$，$A^c\cap F_2=\phi$ となる $F_1, F_2\in\mathfrak{F}$ があり，$(A\cup A^c)\cap F_1\cap F_2=\phi$，すなわち $F_1\cap F_2=\phi$ となる．これは矛盾である．

7. (i), (ii)が同等であることは，第5章定理9と前問の(a)からわかる．(ii)$\Rightarrow$(iii)：x_0 を $\bigcap\{\bar{F}\mid F\in\mathfrak{F}\}$ の任意の点とする．もし $\mathfrak{F}$ が x_0 に収束しないならば，x_0 の近傍 V で $\mathfrak{F}$ に属さないものがある．そのとき，前問の(c)によって $V^c\in\mathfrak{F}$，したがって $x_0\in\overline{V^c}$ となるが，これは V が x_0 の近傍であることに反する．したがって $\lim\mathfrak{F}=x_0$．(iii)$\Rightarrow$(ii)：$\lim\mathfrak{F}=x_0$ とし，F を $\mathfrak{F}$ の任意の元とする．x_0 の任意の近傍 V は $\mathfrak{F}$ に属するから，V は F と交わり，したがって $x_0\in\bar{F}$ となる．ゆえに $\bigcap\{\bar{F}\mid F\in\mathfrak{F}\}$ は x_0 を含み，空ではない．

8. M を S の任意の部分集合とすれば，問題6(c)によって $M\in\mathfrak{F}$ または $M^c\in\mathfrak{F}$．もし $M\in\mathfrak{F}$ ならば，$M\leqq F$ (すなわち $M\supset F$) であるすべての $F\in\mathfrak{F}$ に対して $a_F\in M$ となる．また $M^c\in\mathfrak{F}$ ならば，$M^c\leqq F$ であるすべての $F\in\mathfrak{F}$ に対して $a_F\in M^c$ となる．

9. S をコンパクトとし，$(a_\alpha)_{\alpha\in A}$ を S の完全有向点列とする．任意の $\alpha\in A$ に対し X_α を $X_\alpha=\{a_\beta \mid \beta\in A,\ \beta\geqq\alpha\}$ と定義すれば，明らかに $\{X_\alpha\}_{\alpha\in A}$ は有限交叉性をもち，したがってすべての $\bar{X}_\alpha$ に属する点 a が存在する．この a は $(a_\alpha)_{\alpha\in A}$ の極限となる．実際，任意の $V\in \boldsymbol{V}(a)$ に対し，(＊)によって $X_{\alpha_0}\subset V$ となる $\alpha_0\in A$ が存在するか，$X_{\alpha_1}\subset V^c$ となる $\alpha_1\in A$ が存在するかのいずれかであるが，後者は $a\in\bar{X}_{\alpha_1}$ であることに反するから，前者の場合が起こらなければならない．ゆえに $a_\alpha\to a$ である．逆を示すには，問題7によって，S 上の任意の極大フィルター $\mathfrak{F}$ が収束することをいえばよい．$\mathfrak{F}$ から前問のようにして完全有向点列 $(a_F)_{F\in\mathfrak{F}}$ を作れば，仮定によってその極限点 a が存在する．このときもし a の近傍 V で $\mathfrak{F}$ に属さないものがあれば，V^c が $\mathfrak{F}$ に属し，$V^c\leqq F$ であるすべての F に対して $a_F\in V^c$ となる．これは $a_F\to a$ であることに反するから，$V\in\mathfrak{F}$ でなければならない．ゆえに $\lim\mathfrak{F}=a$ となる．

§5

2. (a)　$|\,\|x\|-\|y\|\,|\leqq\|x-y\|$ からわかる．

(b)
$$\begin{aligned}d(x+y,\ x_0+y_0)&=\|(x+y)-(x_0+y_0)\|\\&=\|(x-x_0)+(y-y_0)\|\leqq\|x-x_0\|+\|y-y_0\|,\\d(\lambda x,\ \lambda_0x_0)&=\|\lambda x-\lambda_0x_0\|=\|\lambda_0(x-x_0)+(\lambda-\lambda_0)x_0+(\lambda-\lambda_0)(x-x_0)\|\\&\leqq|\lambda_0|\,\|x-x_0\|+|\lambda-\lambda_0|\,\|x_0\|+|\lambda-\lambda_0|\,\|x-x_0\|\end{aligned}$$

を用いて証明される．

3. (＊＊)の証：b を固定し，

$$f(a)=\frac{a^p}{p}+\frac{b^q}{q}-ab\qquad(a\geqq0)$$

とおけば，この関数は $a=b^{1/(p-1)}$ のとき最小値0をとることが導関数を用いて容易に示される．

(＊＊＊) はヒントに述べたようにして(＊＊)から直ちに導かれる．

(＊)の証：(＊＊＊)によって

$$\begin{aligned}\sum_{i=1}^n|x_i+y_i|^p&\leqq\sum_{i=1}^n|x_i|\,|x_i+y_i|^{p-1}+\sum_{i=1}^n|y_i|\,|x_i+y_i|^{p-1}\\&\leqq\left\{\left(\sum_{i=1}^n|x_i|^p\right)^{1/p}+\left(\sum_{i=1}^n|y_i|^p\right)^{1/p}\right\}\left(\sum_{i=1}^n|x_i+y_i|^{(p-1)q}\right)^{1/q}.\end{aligned}$$

$(p-1)q=p$，$1-\dfrac{1}{q}=\dfrac{1}{p}$ に注意して，この不等式の最初の辺と最後の辺を $\left(\sum_{i=1}^n|x_i+y_i|^p\right)^{1/q}$ で割れば(＊)を得る．

4. $\|\ \|_p$ がノルムならば，任意の $x,y\in\boldsymbol{R}^n$ に対して $\|x+y\|_p\leqq\|x\|_p+\|y\|_p$ であるから，特に，$x=(1,0,0,\cdots,0)$，$y=(0,1,0,\cdots,0)$ として $2^{1/p}\leqq2$ を得る．したがって $p\geqq1$.

5. (a)　$1 \leqq p \leqq q < \infty$ のとき：$0 \leqq a \leqq 1$ に対して

$$a^p \geqq a^q.$$

この a に $|x_i| \Big/ \left(\sum_{i=1}^{n} |x_i|^p \right)^{1/p}$ を代入し，$i=1, \cdots, n$ について加えれば，

$$1 \geqq \frac{\sum_{i=1}^{n} |x_i|^q}{\left(\sum_{i=1}^{n} |x_i|^p \right)^{q/p}}.$$

この分母を払って両辺の q 乗根をとれば $\|x\|_p^{(n)} \geqq \|x\|_q^{(n)}$ を得る．

$\|x\|_p^{(n)} \geqq \|x\|_\infty^{(n)}$ は明白．

(b)　たとえば $\|x\|_\infty^{(n)} = \max\{|x_1|, \cdots, |x_n|\} = |x_1|$ とすれば，

$$\|x\|_\infty^{(n)} \leqq \|x\|_p^{(n)} = \left(\sum_{i=1}^{n} |x_i|^p \right)^{1/p} \leqq (n|x_1|^p)^{1/p} = n^{1/p}|x_1| = n^{1/p}\|x\|_\infty^{(n)}.$$

ここで $p \to \infty$ とすれば $n^{1/p} \to 1$．よって $\lim_{p\to\infty} \|x\|_p^{(n)} = \|x\|_\infty^{(n)}$．

6. $d_\infty^{(n)}(x, y) \leqq d_p^{(n)}(x, y) \leqq n^{1/p} d_\infty^{(n)}(x, y)$ であるから，$d_p^{(n)}$ は $d_\infty^{(n)}$，したがって $d^{(n)}$ と一様同値である．

7. $x, y \in l^{(p)}$ のとき $x+y \in l^{(p)}$ であること，および完備性の証明には，不等式 $|\alpha+\beta|^p \leqq 2^{p-1}(|\alpha|^p + |\beta|^p)$ $(\alpha, \beta \in \boldsymbol{R})$ を用いる．

9. (a), (b) は明らかである．

(c)　$x=0$ ならば両辺ともに 0 となる．$x \neq 0$ のときは，λ を任意の実数として $z = \lambda x + y$ とおけば，(SPi)-(SPiv) によって

$$0 \leqq \langle z, z \rangle = \langle \lambda x + y, \lambda x + y \rangle = \lambda^2 \|x\|^2 + 2\lambda \langle x, y \rangle + \|y\|^2.$$

この不等式がすべての λ に対して成り立つためには $|\langle x, y \rangle|^2 \leqq \|x\|^2 \|y\|^2$ でなければならない．

(d)　(c)によって

$$\|x+y\|^2 = \langle x+y, x+y \rangle = \|x\|^2 + 2\langle x, y \rangle + \|y\|^2$$
$$\leqq \|x\|^2 + 2\|x\|\,\|y\| + \|y\|^2 = (\|x\| + \|y\|)^2.$$

ゆえに $\|x+y\| \leqq \|x\| + \|y\|$．

§6

2. 第5章定理23によってそのような位相空間は正規である．

3. 1) および 3) は明らかである．2)：$(\boldsymbol{R}, \tilde{\mathfrak{O}})$ が T_1-空間であることは明らかである．A, B を $(\boldsymbol{R}, \tilde{\mathfrak{O}})$ の閉集合とし，$A \cap B = \phi$ とする．そのとき，A の任意の点 a に対し $[a, a+\varepsilon(a)) \cap B = \phi$ となる $\varepsilon(a) > 0$，B の任意の点 b に対し $[b, b+\delta(b)) \cap A = \phi$ となる $\delta(b) > 0$ がある．そこで，$U = \bigcup_{a \in A} [a, a+\varepsilon(a))$，$V = \bigcup_{b \in B} [b, b+\delta(b))$ とおけば，U,

V はそれぞれ A, B を含む開集合で，$U \cap V = \phi$ となる．実際，もし $U \cap V \neq \phi$ ならば，$[a, a+\varepsilon(a)) \cap [b, b+\delta(b)) \neq \phi$ となる $a \in A$, $b \in B$ があるが，このとき $[a, a+\varepsilon(a)) \ni b$, $[b, b+\delta(b)) \ni a$ のどちらかが成り立つから，矛盾である．4)：$\tilde{\mathfrak{B}}_0$ を $\tilde{\mathfrak{O}}$ の任意の基底とする．$\boldsymbol{R}$ の各点 x に対し $[x, x+1)$ は x を含む開集合であるから，x を含む $\tilde{\mathfrak{B}}_0$ の元 U_x で $[x, x+1)$ に含まれるものがある．$\min U_x = x$ であるから，$x \neq x'$ ならば $U_x \neq U_{x'}$. したがって $\tilde{\mathfrak{B}}_0$ は少なくとも連続の濃度をもち，可算ではない．5)：定理1と 3), 4) からわかる．

索　　引

ア 行

位相　152, 164
位相空間　152
位相構造　152, 164
位相写像(位相同型写像)　183
位相的双対律　159
位相同型　184
位相の強弱　165
1次結合　134
1次従属　134
1次独立　134
1対1の写像　33
一様同相　255
一様同相写像　255
一様同値　263
一様連続　253
ε 近傍　237
ε 被覆　258
ε 網　264

上に有界　91
上への写像　32
Urysohn(=Uryson)の距離づけ定理　290
Urysohn の補題　229

$l^{(2)}$ 空間　279

カ 行

外延的記法　3
開核　141, 154
開核作用子　154
開球体　145, 237
開近傍　161
開区間　5, 144
開写像　182
開集合　144, 154
開集合系　145, 154
外点　141, 159
開被覆　209
外部　141, 159
可換図式　297
拡大(写像の)　37
下限　92
可算(可付番)集合　70
可算(可付番)の濃度　66
可分位相空間　173
関係　52
関数　28
完全正則空間　232
完全不連結　207
完全有向点列　275
Cantor の逆理　293
完備化(距離空間の)　268, 273
完備性(距離空間の)　257
完備束　167

基底(開集合系の)　148, 169
基底(ベクトル空間の)　134
帰納的順序集合　108, 112
基本近傍系　171
基本点列　256
逆写像　34
逆像　27, 30
逆対応　26
球体　140, 236
球面　143, 245
境界　142, 160
境界点　142, 160
共通部分　14, 19, 45
極限(点)　239, 246
極限数　119
極小元　90
局所コンパクト　219
局所定数関数　206
極大元　90

極大フィルター 274
距離 138, 235, 249
距離関数 234
距離空間 235
距離づけ可能 288
距離づけ問題 288
近傍 149, 161
近傍系 161

空集合 6
Kuratowski の公理系 159
グラフ 24, 53
Gram-Schmidt の正規直交化法 287
群 130

下界 91
元 2
原像 27, 30

弧 202
降鎖 105
合成写像 34
恒等写像 28
公理的集合論 295
Cauchy 点列 256
弧状連結 203
孤立数 119
孤立点 160
コンパクト化 219
コンパクト性 209

サ 行

差 16
最小元 90
最小上界 92
最大下界 92
最大元 90
最大値・最小値の定理 218
座標 22, 48
三角不等式 139, 234
算法 50

次元 286
自己双対的 96
始集合 24
始数 123
自然な写像 58
下に有界 91
実連続関数 178
射影 48
写像 27
写像図式 296
集合 1
集合系 18
集合族 44
集合論の逆理 293
終集合 24
集積点 160
収束 239, 246, 247
縮小(写像の) 36
Schwarz の不等式 139, 285
準基底 169
順序(関係) 87
順序型 116
順序写像 94
順序集合 89
順序数 117
順序数の整列積 125
順序数の積 120
順序数の巾 125
順序数の和 119
順序単射 94
順序づけられた組 22
順序同型 94
順序同型写像 94
順序の公理 87
上界 91
上限 92
昇鎖 105
商集合 57
触集合 143, 157
触点 143, 159
初等開集合 192
真部分群 130
真部分集合 9

スカラー積　285

正規空間　226
正規直交基底　287
生成(位相の)　167
生成(群の)　131
生成(部分空間の)　134
正則空間　225
成分　22, 48
整列集合　98
整列集合の比較定理　103
整列定理　113
切片　99
線形順序　88
線形順序集合　89
全射　32
選出公理　47
全順序　88
全順序集合　89
全体集合　16
全単射　33
線分　204
全有界　258

像　24, 27, 30
相対位相　188
双対概念　96
双対順序　96
双対順序集合　96
双対の原理　96
双対命題　96
束　300

タ 行

体　133
台(集合)　89, 153, 235
第1可算公理　172
第1分離公理　223
対応　24
対角線論法　76
第3分離公理　225
第4分離公理　226
対称差　21
対等　61
第2可算公理　170
第2分離公理　224
代表　57
互に素　14
たかだか可算　72
単射　33
単体　208
単調写像　94

値域　25
Tychonoff (=Tihonov) の定理　212
中間値の定理　202
超限帰納法　100
直径　247
直交　286
直後の元　98
直積　22, 46
直積位相　191
直積位相空間　191
直積因子　46
直積距離関数　244
直積距離空間　244
直前の元　98
直和　16, 55
直和分割　55

Zorn の補題　108, 111, 112

T_1-空間　224
定義域　25
定義関数　39
ディスクリート位相　153
ディスクリート空間　153
定値写像　28
添数　44
添数集合　44
添数づけられた族　44

同相　184
同相写像　183
同値　54
同値(距離関数の)　242

同値関係 53
同値律 54
同値類 56
特徴関数 39
凸集合 204
凸包 208
de Morgan の法則 17, 45

ナ 行

内積 285
内点 141, 159
内部 141, 154
内包的記法 5
中への写像 33

濃度(基数) 66
濃度の積 79
濃度の巾 81
濃度の和 78
ノルム 277
ノルム空間 277

ハ 行

配置集合 38
Hausdorff 空間 214, 224
Banach 空間 280
半順序 88

比較可能 88
非可算集合 76
左逆写像 49
被覆 209
標準的写像 58
標準的単射 33
標準的内積 286
Hilbert 空間 279, 288

フィルター 247
部分位相空間 188
部分距離空間 243
部分空間(ベクトル空間の) 133
部分群 130
部分集合 9
部分集合系 18
部分集合族 44
部分順序集合 89
普遍集合 16
プレコンパクト 258
Fréchet の意味でコンパクト 264
分配律 15, 45

閉球体 143, 245
閉区間 5, 144
閉写像 182
閉集合 144, 156
閉集合系 146, 157
閉包 143, 157
閉包作用子 158
巾集合 18
ベクトル空間 133, 275
Hölder の不等式 284
Bernstein の定理 63
変数 4

補集合 16

マ 行

交わり 14, 300

右逆写像 49
密(稠密) 173
密着位相 153
密着空間 153
Minkowski の不等式 284

無限集合 2
無限(超限)順序数 117
無限の濃度 66
結び 12, 300

ヤ 行

有界 91, 216, 248
有界実数値関数 235
有限交叉性 210
有限次元 286
有限集合 2

有限順序数　117
有限生成　131
有限的な性質(条件)　111
有限の濃度　66
有限被覆　209
有向集合　246
有向点列　246
誘導位相　187
Euclid 距離関数　235
Euclid 空間　138, 288
Euclid ベクトル空間　288

ラ 行

Russell の逆理　294

離散位相　153
離散空間　153
領域　295
Lindelöf の性質　265

類別　57
Lebesgue 数　274

連結性　195
連結成分　198
連続　149, 150, 178
連続関数　150
連続写像　150, 176
連続体仮説　296
連続の濃度　66

ワ 行

和集合　12, 19, 45

松坂和夫
1927-2012年．1950年東京大学理学部数学科卒業．武蔵大学助教授，津田塾大学助教授，一橋大学教授，東洋英和女学院大学教授などを務める．
著書に，本シリーズ収録の『集合・位相入門』『線型代数入門』『代数系入門』『解析入門』のほか，『数学読本』『代数への出発』(以上，岩波書店)，『現代数学序説——集合と代数』(ちくま学芸文庫)など．

松坂和夫 数学入門シリーズ 1
集合・位相入門

1968年 6 月10日 初版第1刷発行
2018年 7 月 5 日 初版第60刷発行
2018年11月 6 日 新装版第1刷発行
2025年 3 月 5 日 新装版第9刷発行

著 者 松坂和夫(まつざかかずお)

発行者 坂本政謙

発行所 株式会社 岩波書店
〒101-8002 東京都千代田区一ツ橋 2-5-5
電話案内 03-5210-4000
https://www.iwanami.co.jp/

印刷・精興社 表紙・半七印刷 製本・中永製本

ISBN 978-4-00-029871-1 Printed in Japan